轻松上网

QINGSONG SHANGWANG

开机即会

KAIJI JIHUI

扬乔工作室　编

人民交通出版社

内 容 提 要

本书力图帮助电脑初学者在短时间内实现上网，针对上网的典型应用案例进行讲解，图文配合，用最简单、方便的方法分解上网操作，让读者拿来就用，实现快速上手；用通俗的语言组织文章，并穿插经验、技巧进行点拨，让读者在轻松的学习过程中掌握电脑上网技能。为让读者循序渐进地学习，把图书内容按照目标单元进行细分，既方便读者全面学习，又便于选择性地学习。本书完全针对“从零开始”学习电脑上网的入门读者。本书适合不同年龄层次的电脑初学者，各类电脑培训班，大、中专院校师生及广大电脑爱好者参考使用。

图书在版编目（CIP）数据

轻松上网开机即会／扬乔工作室编．—北京：人民交通出版社，2009．3

ISBN 978-7-114-07632-9

Ⅰ．轻…　Ⅱ．扬…　Ⅲ．因特网－基本知识　Ⅳ．TP393．4

中国版本图书馆 CIP 数据核字（2009）第 024421 号

书　　名：**轻松上网开机即会**
著 作 者：蔡贤芳　扬乔工作室
责任编辑：李露春　白　倩
出版发行：人民交通出版社
地　　址：（100011）北京市朝阳区安定门外外馆斜街 3 号
网　　址：http://www.ccpress.com.cn
销售电话：（010）59757969，59757973
总 经 销：北京中交盛世书刊有限公司
经　　销：各地新华书店
印　　刷：北京市密东印刷有限公司
开　　本：787 × 1092　1/16
印　　张：18
字　　数：460 千
版　　次：2009 年 3 月第 1 版
印　　次：2009 年 3 月第 1 次印刷
书　　号：ISBN 978-7-114-07632-9
定　　价：28.00 元

前言

电脑是21世纪重要的工具，而互联网则成为人们与外界沟通、交流的重要方式。目前，网上购物、网上视听、网上炒股、网络博客、网络聊天、电子邮件等互联网应用已广泛融入到人们的工作、学习、生活中。但是，对大多数刚刚接触互联网或对互联网某些方面应用不熟悉的朋友来说，掌握这些应用也不是一件容易的事情。

因此，为帮助用户快速掌握互联网的在各方面的使用方法，我们组织了长期研究互联网应用的专家，为大家出谋献策推出本书。本书精选了互联网应用的经典案例进行讲解，不仅有带你进入互联网之门的概念解释、图片展示，还有最简单、实用的案例介绍和操作方法，并穿插大量小知识、小提示、小技巧进行补充和点拨，让读者在轻松的学习过程中掌握互联网在各方面的应用。本书图文并茂、通俗易懂，让读者学得快，学得好，并能举一反三。

哪怕你从前没有接触过互联网，本书也能带你从零开始学习。与图书配套的光盘中不仅有视频教学演示，还有专家进行细致地解说，让你有身临其境之感，更轻松地掌握互联网的经典应用。

目录 CONTENTS

目录

CONTENTS

目录 CONTENTS

目录
CONTENTS

目录 CONTENTS

学习目标1 开通互联网连接

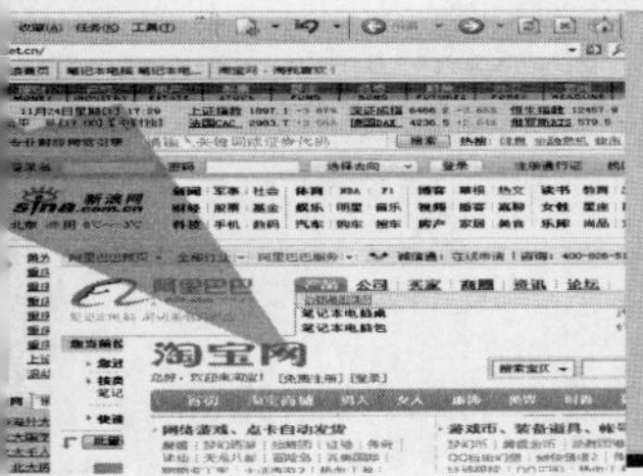

随着互联网应用的扩展，网上聊天、网上购物、网上炒股、网络博客等已成为了一种新时尚，并且为我们的工作、生活带来了很大便利。那么，我们怎样才能体验这些新时尚呢？其实，我们只要开通互联网服务就可以尽情体验网络带来的便利了。先来学习如何申请连接Internet。

一、不可不知的上网方式

连接Internet网络，有多种连接方式可供选择。目前，常用的Internet连接方式有：ADSL、小区宽带、Cable MODEM、无线上网方式。

不同网络服务商提供的上网方式不同，不同地区可选择的上网方式也存在差异。用户可以咨询宽带服务商在当地提供了哪些Internet网络服务，然后再决定选择哪种上网方式。

1. 电话拨号上网

电话拨号接入是个人用户接入Internet最早使用的方式之一，也是到目前为止我国个人用户接入Internet使用较广泛的方式之一。电话拨号方式致命的缺点是接入速度慢。由于受线路的限制，它的最高接入速度只能达到56kb/s。目前，采用这种上网方式的用户越来越少了。

2. ADSL 上网

ADSL是目前被广泛采用的上网方式。它具有安装方便、费用低廉、速度快、稳定等诸多优点，是很多家庭用户首选的上网方式。

(1) ADSL服务商

目前，中国电信、中国网通、中国铁通都提供ADSL上网服务。

(2) 资费方式

由于网络的差异，各服务商的资费方式并不相同。此外，即使是同一个网络服务商，地区不同资费也存在差异。具体收费情况，用户可资讯当地宽带网络服务商。

(3) 需要上网设备

采用ADSL接入互联网，需要准备好ADSL MODEM、网卡、电话线、网线。一般来说，网络服务商都会提供ADSL MODEM、网线和电话线（收费或赠送）。而用户在配置电脑时，网卡已成为标配。因此，开通ADSL上服务，用户通常不需要单独再准备设备了。

3. 小区宽带

与之前的宽带上网方式相比较，小区宽带局域网(FTTX+LAN)具有上网速度快(用户上网速率可达100Mb/s)、价格便宜等特点。目前，很多新修的写字楼、住宅小区都提供这种上网服务。

(1) 服务商

目前提供小区宽带服务的主要有中国电信、中国网通。但中国电信、中国网通并不是每个城市都提供这种上网服务，用户可到中国电信、中国网通在当地的营业厅咨询。

(2) 资费标准

各服务商提供的资费方式不同，用户可到各服务商当地营业厅咨询。

(3) 需要设备

采用小区宽带上网需要准备的设备为网卡和网线。由于配置电脑时，一般都配置有网卡，因此，另外准备好一根网线即可。

4. Cable MODEM上网

Cable MODEM是中国广电公司提供的一种利用闭路线上网的宽带接入方式。其优点是覆盖范围广，上网速度快。缺点是抗干扰能力相对较弱。

(1) 资费标准

各地区广电公司的收费不同，用户可到广电在当地的营业厅咨询。

(2) 需要设备

利用Cable MODEM上网需要用到的设备有Cable MODEM、网卡和网线。一般，广电公司都会提供Cable MODEM（自费或赠送）和网线，因此，无需单独再准备设备。

5. 无线上网

前面几种上网方式都为有线上网方式，即电脑通过有线线缆连接Internet。无线上网最大的优点就是让用户摆脱有线的束缚，能够自由选择上网地点，特别适合上网地点不固定的笔记本电脑用户。

(1) 无线上网类型

目前，无线上网常见的有GPRS无线上网、CDMA 1X无线上网、无线局域网这几种。

GPRS无线上网是由中国移动公司提供的一种无线上网方式。与另外两种无线上网方式相比，上网速度相对较慢，但其适用范围广，在中国移动信号覆盖范围内都可以采用这种无线方式上网。

CDMA 1X无线上网是由中国联通公司提供的一种无线上网方式。其上网速度较GPRS无线上网快，目前国内中国移动信号覆盖的地方都可采用这种无线方式上网。

小知识

热点是指中国电信在某个地方（酒店、机场等）安装的无线路由器，提供无线上网接入服务。只要在该无线路由器信号覆盖范围内，电脑就可以通过无线上网卡无线连接无线路由器，实现无线上网。

无线局域网（WLAN）是由中国电信提供的一种无线上网方式。其上网速度最快，且价格相对便宜。缺点是只能在一些具有无线局域网热点的公共场合（如机场、酒店等）才能采用这种方式上网，用户可到中国电信网站或当地营业厅查看所在地区是否提供这种无线上网热点。

(2) 无线上网资费

各地服务商的无线上网收费不一，可咨询各服务商在当地的营业厅。

(3) 无线上网设备

采用无线方式上网，我们需要单独准备无线上网卡。采用GPRS无线上网需要GPRS无线上网卡；采用 CDMA 1X 上网需要使用CDMA 1X上网卡；采用WLAN无线上网需要使用WLAN无线上网卡。

目前，市场上部分无线上网卡同时支持GPRS无线上网和WLAN无线上网，如图1-1所示。采用这种上网卡上网时，无线网卡会自动检查所在地的网络信号，如果有WLAN热点，则优先采用这种接入方式上网，否则采用GPRS无线上网。

图1-1　神州数码 GPRS／WLAN 双模无线上网卡

此外，无线上网卡又有多种接口类型，即有Express Card接口（如图1-2所示）、PCMCIA接口（如图1-3所示）、USB（如图1-4所示）和PCI接口（如图1-5所示）四种接口类型。由于无线上网的多为笔记本电脑用户，因此，前面三种接口类型的无线上网卡比较多见，PCI接口的无线上网卡主要用于台式机。

采用无线方式上网，应根据电脑的接口类型、采用网络类型来选择无线上网卡。对初学者来说，最好在申请无线上网业务时带上电脑，让网络服务商根据笔记本电脑的接口情况，推荐合适的无线上网卡。

图1-2 Express Card 接口的CDMA 1X 上网卡

图1-3 PCMCIA 接口的CDMA 1X 上网卡

图1-4 USB接口CDMA 1X无线

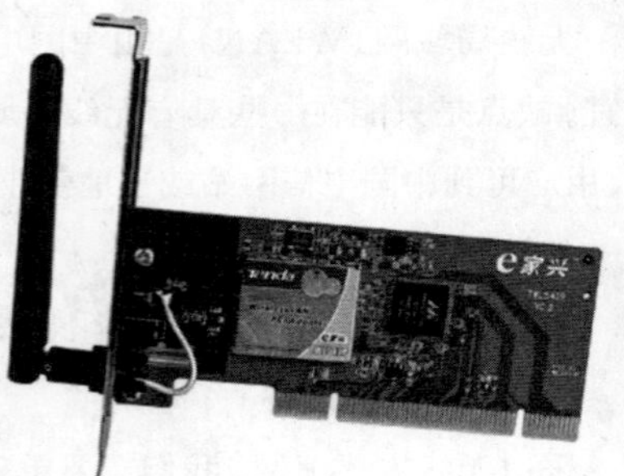

图1-5 PCI接口无线上网卡

二、如何连接到互联网

连接Internet大致要经过网络申请、硬件安装、软件安装、网卡设置几大步骤。下面就来学习如何连接互联网。

1.申请上网

连接Internet，第一步要做的事情就是申请上网服务。通常，需要按以下几个步骤来进行。

(1)选择网络服务商和上网方式

首先，在申请上网业务前，需要了解你所在地有哪些网络服务商可以为你提供服务，比如中国电信、中国网通等。

然后，了解这些网络服务商在当地提供的互联网连接业务种类以及收费情况。比如，笔者所在小区，中国网通提供512K的ADSL宽带；中国电信提供512K、1MB、2MB宽带接入业务。

最后，根据需要选择网络服务商和互联网接入方式。例如，某用户经常打游戏，对网络速度要求较高，可选择中国电信的1MB ADSL这种接入方式。

(2) 申请上网

带上身份证和必须的上网费用到中国电信在当地的营业厅办理互联网接入业务。

2.安装网卡

网卡是电脑接入互联网的必备设备之一，它负责提供电脑与互联网连接的接入口。

目前，几乎所有笔记本电脑都集成以太网卡，非常多的台式电脑也集成网卡。对这部分用户，则不需要单独安装网卡硬件。实际应用中，还有很多台式电脑的主板并没有集成网卡，这时，则需要手动安装独立网卡（如图1-6所示）。其安装操作如下。

第1步，准备一块网卡和必备的工具螺丝刀，如图1-7所示。网卡因厂家或型号不同，外观样式也不一定相同。

图1-6 独立网卡

图1-7　螺丝刀

图1-8　主板上的PCI插槽

第2步，断开电源，打开主机机箱，找到主板上PCI的插槽，如图1-8所示。

第3步，将网卡插入一空的PCI插槽中，如图1-9所示。插的时候注意要将网卡对准插槽；用两只手的大姆指把网卡插入插槽内，并且一定要把网卡插紧。

第4步，用螺丝刀旋紧螺丝，将网卡固定在主板上，如图1-10所示。

第5步，盖上机箱盖板，在主机背后插入网线，如图1-11所示。这样网卡硬件安装完成。

图1-9　将网卡插入PCI插槽中

图1-10　拧紧螺丝

图1-11　插入网线到网卡接口

3．安装网卡驱动程序

成功安装好网卡后，打开电脑电源开关，启动电脑进入系统。系统会自动提示发现网卡硬件，对Windows 98以后的操作系统，一般都会自动安装网卡驱动程序。如果系统未自动安装驱动程序，则需要进行手动安装，安装操作如下。

第1步，在Windows桌面上用鼠标右击“我的电脑”图标，在弹出菜单中选择“设备”，如图1-12所示。

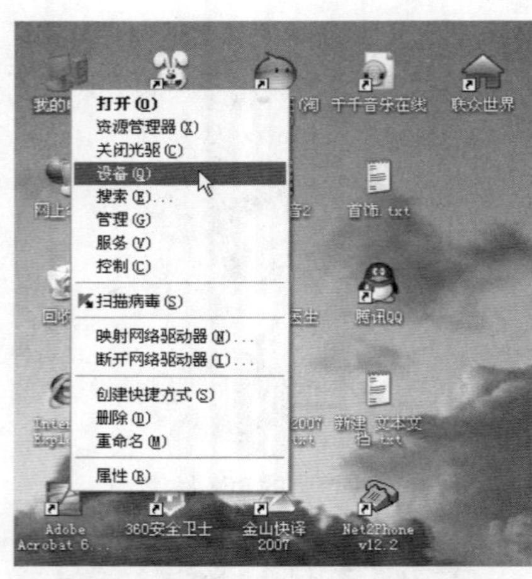

图1－12　选择“设备”菜单项

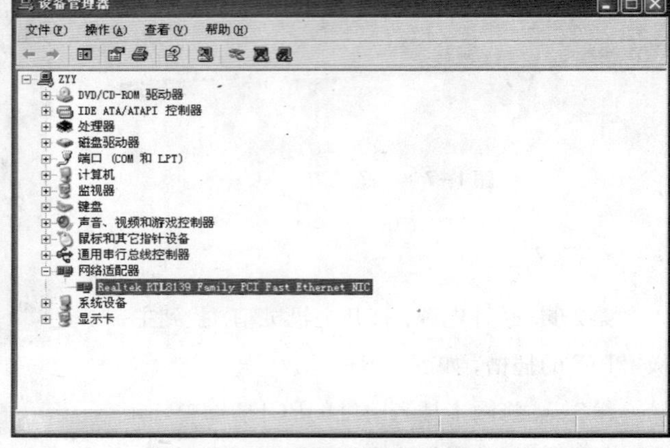

图1－13　正确安装的网卡驱动程序

第2步，弹出“设备管理器”对话框，展开“网络适配器”，查看网卡驱动程序是否已正确安装，如图1–13所示为网卡驱动程序已经正确安装。

小提示

如果网卡未被识别，展开网络适配器时，无任何信息。如果网卡驱动程序未正确安装，对应的网卡前会出现黄色感叹号或问号。

第3步，如果网卡驱动程序未正确安装，则单击“操作”，选择“扫描检测硬件改动”菜单，如图1－14示。

第4步，弹出“硬件更新向导”对话框。选择“从列表或指定位置安装（高级）”，如图1－15所示。单击“下一步”按钮。

第4步，在“请选择您的搜索和安装选项”界面中单击“浏览（R）”按钮，选择包含有网卡驱动程序的目录，如图1－16所示，然后单击“确定”按钮。

第5步，系统开始安装网卡驱动程序，如图1－17所示。安装完成后单击“完成”按钮结束安装操作。

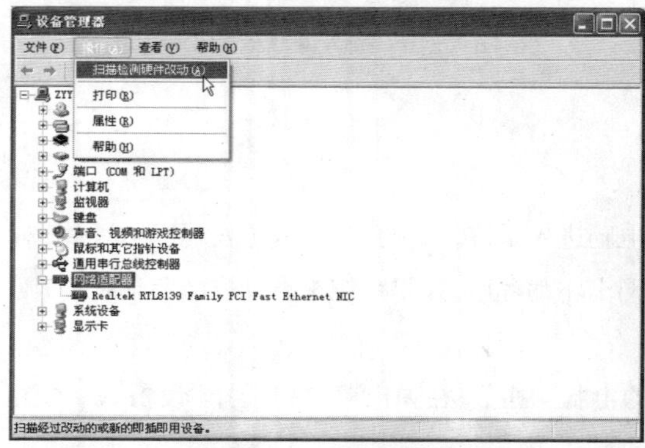

图1－14　执行安装命令

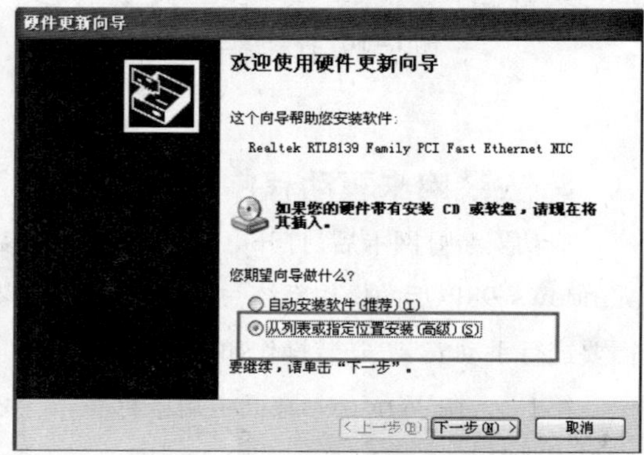

图1－15　“硬件更新向导”对话框

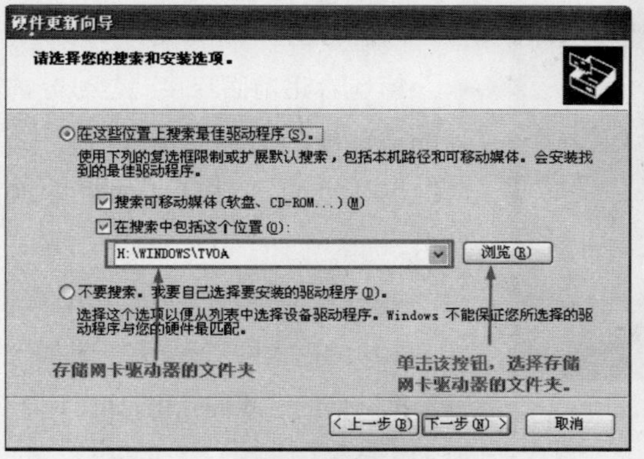

图1－16　选择网卡驱动程序所在的目录

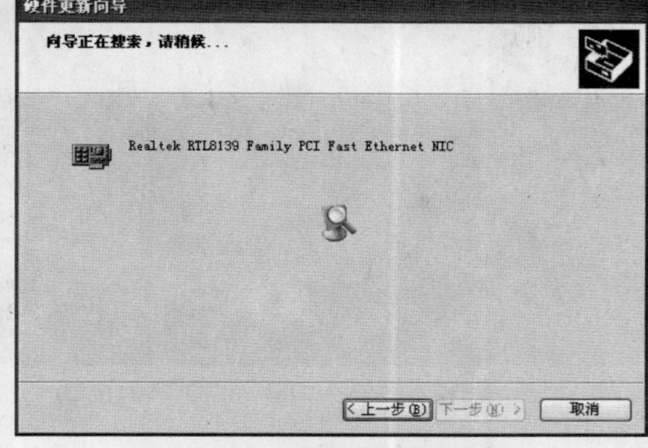

图1－17　安装网卡驱动程序

小提示

目前，Windows 安装光盘都集成了网卡驱动程序，安装时，可利用 Windows 安装光盘来进行安装。此外，网卡驱动程序可以从网站上下载，如网卡生产厂家的网站或其他提供网卡驱动程序的网站，如驱动之家等。

正确完成网卡与网卡驱动程序的安装后，就可以在设备管理的网络驱动器列表中看到网卡的型号。

4. 安装 ADSL　MODEM

尽管目前网络接入方式各种各样，但ADSL宽带接入方式因其自身的优点而得到了广大用户的欢迎。下面就来学习如何安装ADSL　MODEM。

(1) 连接信号分离器

第1步，先将来自电信局端的电话线接入信号分离器的输入端(通常在接口处标注有“LINE”字样)。

第2步，将准备好的电话线一头连接信号分离器的语音信号输出口（通常在接口处标注为“PHONE”)，另一端连接电话机。

第3步，将连接到ADSL　MODEM的电话线的一端与信号分离器相连（通常在接口处标注为“MODEM”)，如图1－18所示。

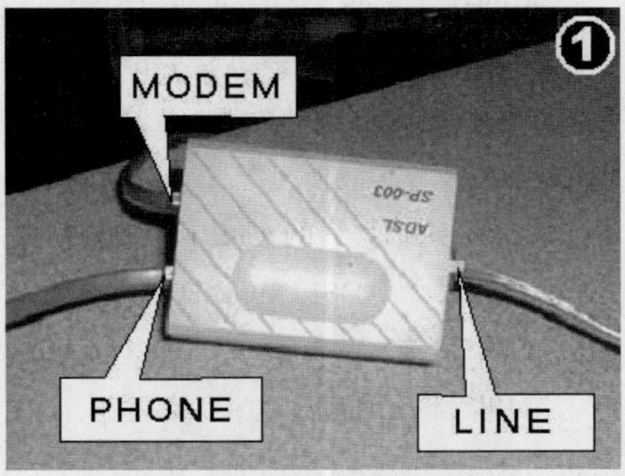

图1－18　连接信号分离器

(2) 连接ADSL　MODEM与电脑

安装ADSL　MODEM与电脑连接接口的不同，可将ADSL　MODEM分为USB接口和以太网接口两种。二者明显的区别就是与电脑连接时采用的连接线不同，前置采用网线，后者采用USB连接线与电脑连接。

①连接以太网接口的ADSL　MODEM

以太网接口的ADSL　MODEM上面有3个接口，分别用于连接ADSL电源线、网线和连接到信

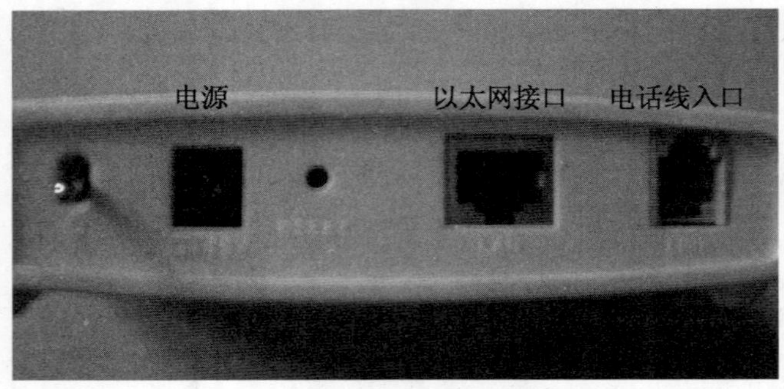

图1-19　ADSL　MODEM的接口

号分离器的电话线，如图1-19所示。

第1步，用前面连接到信号分离器的电话线的另一端接入ADSL MODEM的ADSL插孔，如图1-20所示。

第2步，将网线一头插入ADSL MODEM的以太网插孔，另一头插入计算机网卡的网线插孔中，如图1-21所示。

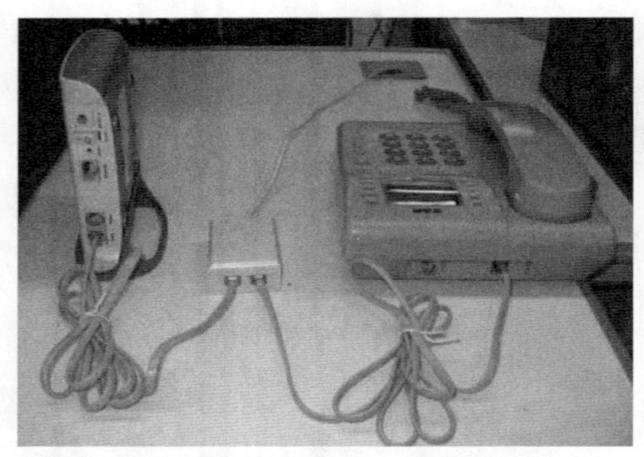

图1-20　连接ADSL　MODEM、信号分离器、电话

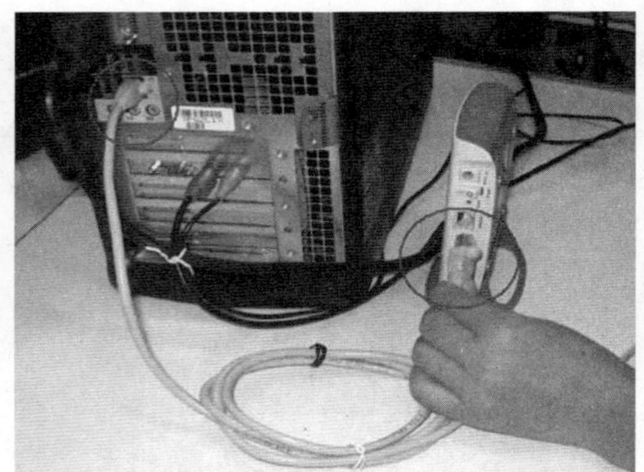

图1-21　连接ADSL　MODEM、计算机

第3步，将ADSL　MODEM电源线的一段插入ADSL　MODEM的电源线接口，另一端插入电源插座的插孔中。

第4步，打开计算机和ADSL　MODEM的电源，如果两边连接网线的插孔所对应的LED都亮了，表示硬件连接成功。

②连接USB接口的ADSL　MODEM

USB接口的ADSL　MODEM上一般只有两个端口，即USB接口和ADSL接口。连接方法如下：

第1步，将分离器上的ADSL输出口（一般标示为“ADSL”或“MODEM”）引出一根电话线插入USB　ADSL　MODEM的ADSL插孔中。

第2步，将USB连接线扁口的一端插入电脑的USB接口中，另一端插入USB　MODEM对应的接口中，如图1-22所示。如果电脑是开启着的，USB接口将自动为USB　ADSL　MODEM供电。

图1-22　连接USB　MODEM

5．安装网络拨号程序

连接好ADSL硬件后，就可以开始安装网络拨号程序了。

第1步，单击“开始”→“程序”→“附件”→“通讯”→“新建连接向导”，如图1－23所示。

图1－23　执行新建连接命令

第2步，打开“新建连接向导”窗口，单击“下一步”按钮，如图1－24所示。

第3步，出现“网络连接类型”界面，选择“连接到Internet”项，如图1－25所示，然后单击“下一步”按钮。

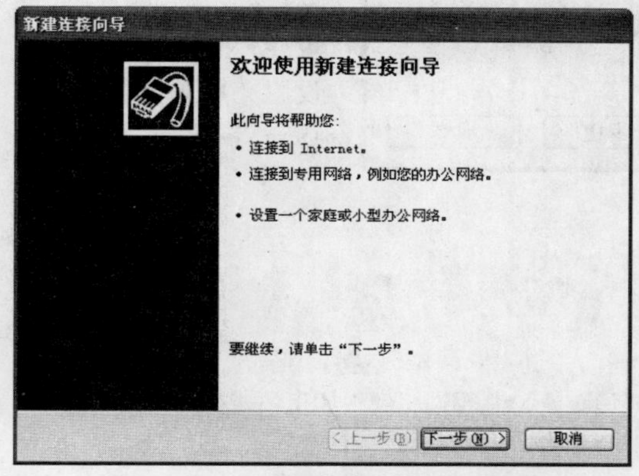

图1－24　“新建连接向导”窗口

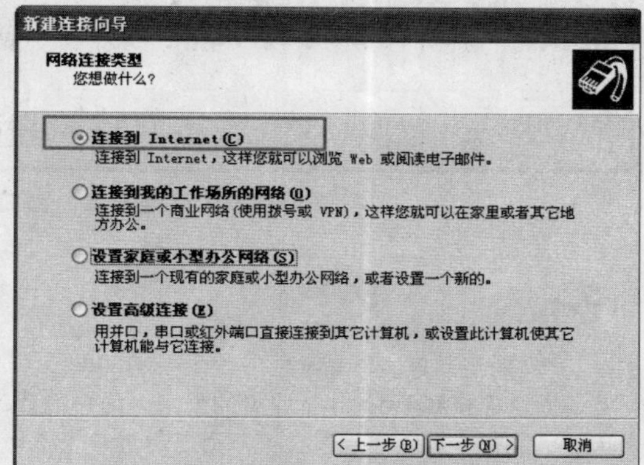

图1－25　选择“连接到Internet”项

第4步，出现Internet连接设置界面，选择“手动设置我的连接”选项，如图1－26所示，然后单击“下一步”按钮。

第5步，出现“Internet连接”界面，选择“用要求用户名和密码的宽带连接来连接”项，如图1－27所示，然后单击“下一步”按钮。

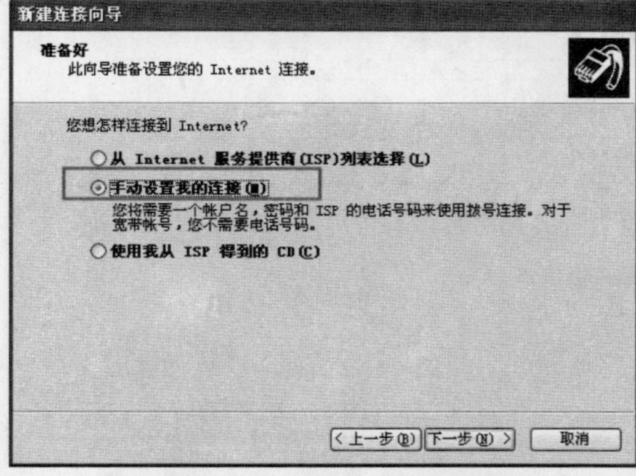

图1－26　选择“手动设置连接”项

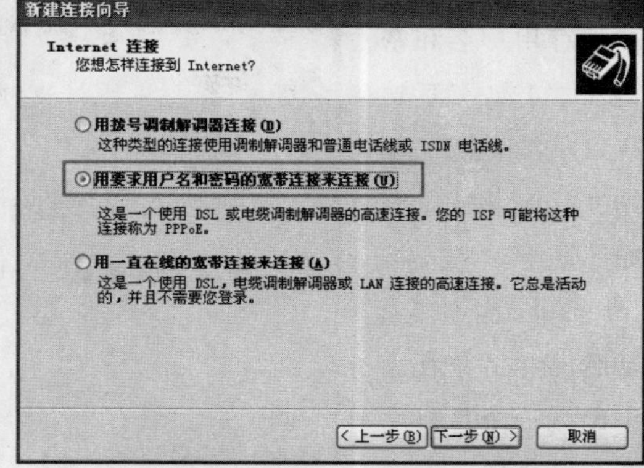

图1－27　选择ADSL上网的连接方式

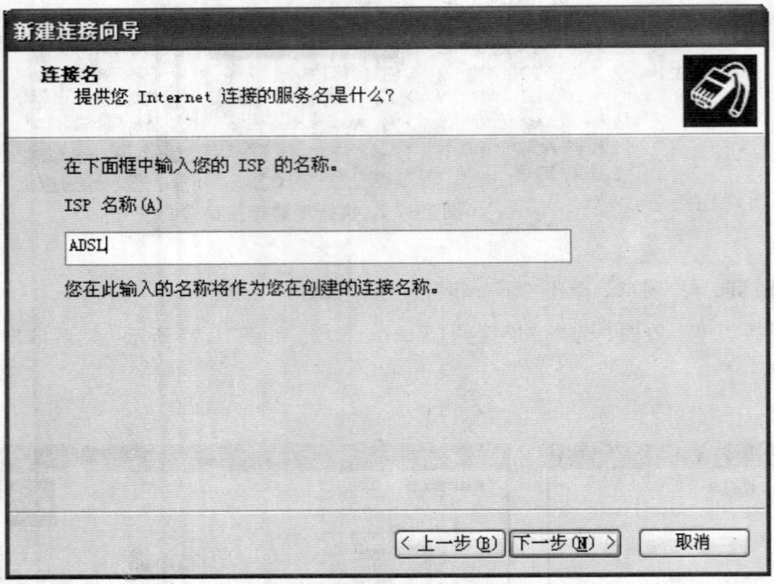

新建连接向导

连接名
提供您 Internet 连接的服务名是什么?

在下面框中输入您的 ISP 的名称。

ISP 名称(A)

ADSL

您在此输入的名称将作为您在创建的连接名称。

<上一步(B) 下一步(N)> 取消

图1-28 "连接名"窗口

第6步，在"连接名"窗口中输入ISP名称，如ADSL，如图1-28所示，然后单击"下一步"按钮。

第7步，出现"Internet 账户信息"窗口，在"用户名"文本框中输入用户名，并在"密码"和"确认密码"后的文本框中输入相同的密码，如图1-29所示。设置完后单击"下一步"按钮。

小知识

ISP的全称是"Internet Service Provider"，译为中文就是"Internet服务提供商"，顾名思义，ISP就是提供连接到Internet服务的公司。用户的计算机通过ADSL等网络硬件和电话线相连后，并不意味着已经和Internet连接上了。而是通过ISP与Internet的接口才能连上Internet。

第8步，并在随后的窗口中单击"完成"按钮，同时在桌面上会生成新建的网络连接。

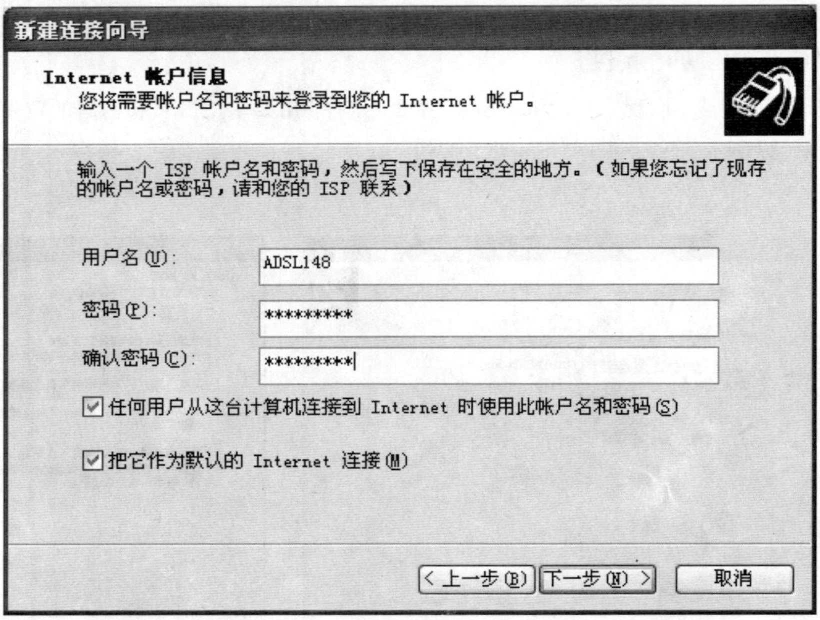

第9步，在桌面上双击新建的ADSL连接，弹出连接窗口，如图1-30所示。为了上网安全，建议取消对"为下面的用户保存用户名和密码"的勾选，然后输入用户名和密码，单击"连接"按钮，开始拨号连接Internet。当连接成功后，会在系统托盘中出现一个带有两个闪烁小电脑的图

新建连接向导

Internet 帐户信息
您将需要帐户名和密码来登录到您的 Internet 帐户。

输入一个 ISP 帐户名和密码，然后写下保存在安全的地方。(如果您忘记了现存的帐户名或密码，请和您的 ISP 联系)

用户名(U): ADSL148

密码(P): *********

确认密码(C): *********

☑ 任何用户从这台计算机连接到 Internet 时使用此帐户名和密码(S)

☑ 把它作为默认的 Internet 连接(M)

<上一步(B) 下一步(N)> 取消

图1-29 "Internet 账户信息"窗口

图1-30 ADSL 连接窗口

图1-31 系统托盘中的连接图标

标，如图图1-31所示。现在我们就可以尽情享受网上冲浪了。

6. 设置网卡上网参数

在互联网上，每一台电脑都有一个IP地址来标志自己。ADSL拨号上网，通常采用的是自动获取IP的方式。如果采用的是小区宽带上网，通常网络服务商都会为电脑设置一个固定IP地址，上网连接时还需要对网卡进行必要的参数设置。设置方法如下：

第1步，用鼠标右键单击桌面上的“网络邻居”图标，选择“属性”菜单项，如图1-32所示。

第2步，打开“网络连接”窗口。用鼠标右键单击用于连接Internet网卡所对应的连接图标，选择“属性”菜单项，如图1-33所示。

第3步，打开该连接的属性窗口。选中“Internet协议(TCP/IP)”项，单击“属性”按钮，如图1-34所示。

第4步，出现“Internet协议(TCP/IP)属性”窗口。选中“使用下面的IP地址”，然后根据服务商提供的地址，设置电脑的IP地址、子网掩码、默认网关，以及

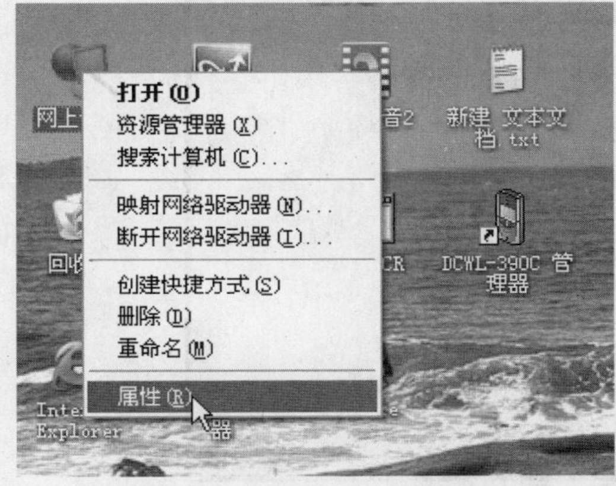

图1-32 右击“网络邻居”，选择“属性”

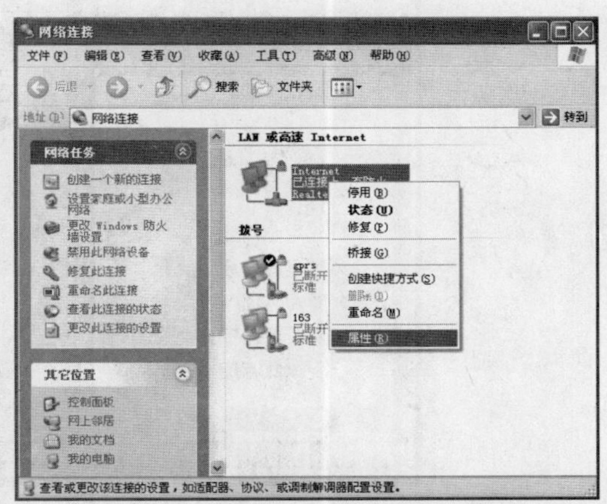

图1-33 右击本地连接，选择“属性”

图1－34 连接属性窗口

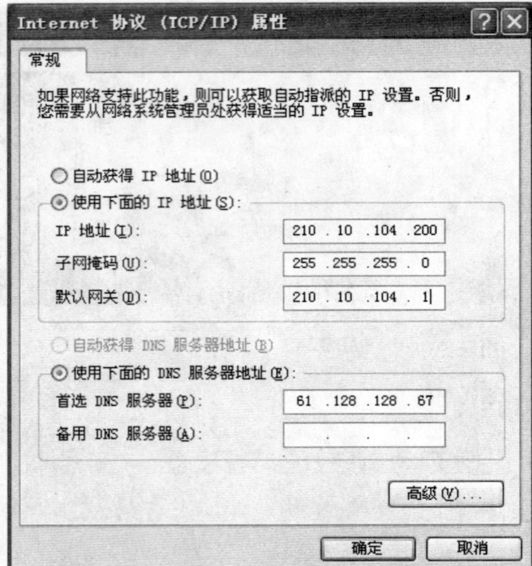

图1－35 设置电脑的IP地址等信息

DNS地址。例如，IP地址：210.10.104.200，子网掩码地址：255.255.255.0，默认网关地址：210.10.104.1，DNS地址：61.125.128.67，如图1－35所示。输入完成，然后一路单击“确定”按钮返回即可。

7.查看宽带连接状态

用鼠标右键单击“网上邻居”图标，选择“属性”，在打开的“网络连接”窗口中可以查看网卡的连接状态。如果网卡图标的说明文字中显示“已连接上”的字样（如图1－36所示），说明一切正

图1－36 网卡正常连接

图1-37 启用网卡

常。如果连接图标呈现灰色，说明文字中有“禁用”等字样，我们就需要在网卡图标上单击鼠标右键，选择“启用”菜单来开启网卡功能，如图1-37所示。

三、巩固练习

本学习目标主要介绍了目前常见的几种上网方式，开通宽带用户需要做好哪些具体工作。在实际应用中，用户可能会反复对ADSL MODEM、网卡等网络设备进行拆卸、安装。这就要求广大用户熟练掌握ADSL MODEM、网卡、网卡驱动程序的安装方法。

练习题：

1. 目前，常用的上网方式有哪些？分别由哪些服务商提供？各需要哪些设备？
2. 如何申请电信ADSL上网。
3. 练习连接ADSL MODEM与电脑。
4. 练习新建ADSL拨号连接。
5. 练习为网卡设置固定IP地址。
6. 如何查看宽带的连接状态。
7. 练习安装网卡、及其驱动程序。
8. 无线上网有哪些方式可供选择？分别由哪些服务商提供？各需要准备哪些设备。

学习目标

2 从学工具开始上网

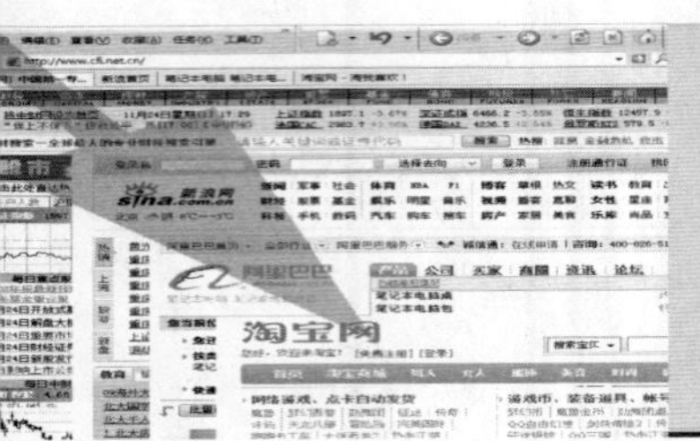

开通Internet服务后，该怎样来使用互联网呢？其实，在互联网上听歌、看电影、玩游戏、聊天、发邮件、查阅资料等都是通过专用的工具软件来实现的。下面就来学习如何利用工具软件上网。

一、IE安装与启动

Internet Explorer（简称IE）是一种目前广泛使用的网页浏览工具。通常，安装Windows操作系统时都会自动安装该软件，因此，一般不会单独安装该浏览器。

双击系统桌面上的“Internet Explorer”图标（如图2-1所示），即可启动IE浏览器。

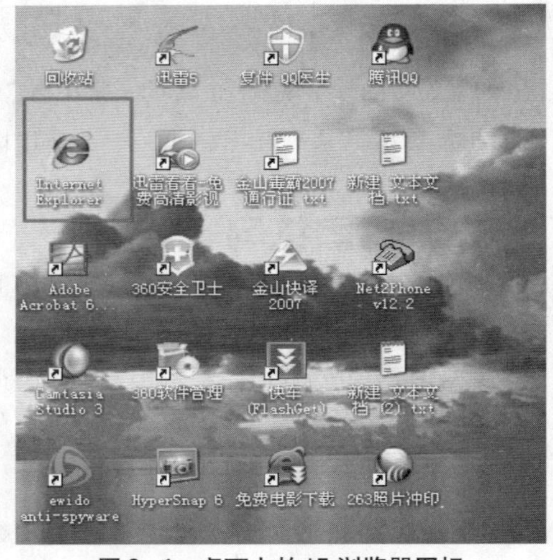

图2-1 桌面上的IE浏览器图标

二、网页浏览基本方法

互联网上的信息主要以网页的形式展示给网民。浏览网页是畅游互联网的一项基本技能。下面就来学习如何浏览网页。

1.Internet Explorer浏览器简介

为了快速掌握浏览网页的基本方法，我们首先应对Internet Explorer浏览器的工作窗口有所了解。

在Windows桌面上，双击Internet Explorer图标，打开Internet Explorer工作窗口。这里使用的是IE8.0，其主窗口由标题栏、菜单栏、工具栏、地址栏、链接工具栏、Web窗口和状态栏等组成，如图2-2所示。

图2-2 Internet Explorer的主窗口

标题栏位于Internet Explorer工作窗口的顶部，

用来显示打开网页的标题。方便用户了解网页的主要内容。

地址栏位于标题栏的左下方，在地址栏可查看当前打开网页的地址。也可在地址栏中输入网址，打开对应的网页。如在地址栏中输入网址：www.baidu.com，即可打开百度搜索引擎。

菜单栏中包含了Internet Explorer中需要的所有命令。

工具栏中存放着用户在浏览Web页时所常用的工具按钮。

收藏夹栏中存放的是用户经常访问的网页连接。

网页窗口用来显示网页的内容。

网页选项卡——自IE7开始IE浏览器采用了选项卡功能，我们可在同一个IE窗口中打开多个网页，每一个网页占一个选项卡，可通过切换选项卡来浏览打开的各个网页。

2. 快速浏览网页

对IE浏览器有了初步的认识后，下面就来学习如何利用IE浏览网页。

(1) 输入网址访问网页

通过网址访问网页是最简便的网页访问方法。访问方法如下：

启动IE浏览器。在地址栏中输入网址：www.sina.com，然后按回车键，浏览器就会自动连接到新浪网的首页，如图2-3所示。

在互联网上，网址是网页的惟一标志。一个网站由多个网页组成，访问网页时输入的www.****.com时出现的网页称为该网站的首页，单击首页中的各项连接可进入网站的其他网页。例如在打开新浪网首页单击“空间”链接即可进入新浪空间首页，如图2-4所示。

(2) 设置Internet Explorer访问的默认主页

浏览器默认访问的主页是指启动浏览器时默认打开的网页。将平时访问比较频繁的网页设置为浏览器默认主页，可方便我们快速浏览网页中的内容。

例如，对喜欢第一时间查看新闻的用户，可将新浪网(www.sina.com)设置为默认主页；对喜欢炒股的用户可将中国财经信息网(http://www.cfi.net.cn)设置为首页等。设置浏览器默认主页的方法如下：

第1步，启动浏览器。在地址栏中输入该网站的网址，如输入中国财经信息网的网址http://

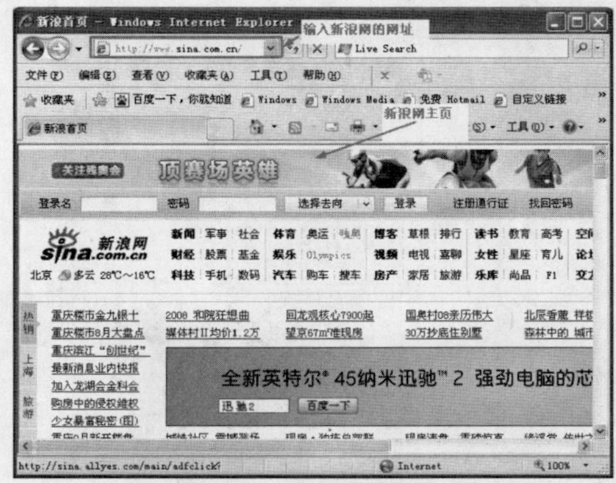

图2-3 输入网址访问网页

图2-4 新浪空间首页

www.cfi.net.cn，进入该网站。

第2步，在Internet Explorer浏览器窗口中，单击菜单“工具”→“Internet 选项”（如图2–5所示），打开“Internet 选项”对话框。

第3步，选择“常规”选项卡。在“主页”选项组中，单击“使用当前页”按钮，即可将打开的中国财经信息网设置为主页，如图2–6所示。这样，每次启动浏览器，都会自动打开中国财经信息网。

图2–5 菜单“工具”→“Internet 选项”

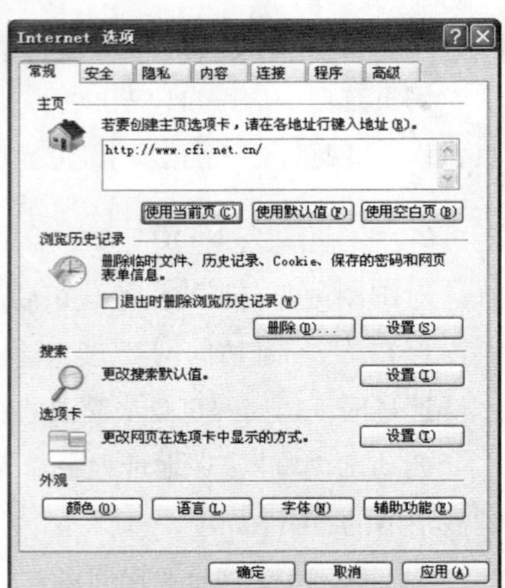

图2–6 设置默认主页

小提示

单击“使用空白页”按钮，可以设置浏览器的主页为空白页，即启动浏览器时不打开任何网页，这样可加快浏览器的启动速度。

(2)使用收藏夹快速访问网页

浏览器默认主页只能快速访问一个网页。但事实上，我们经常访问的网页可能会有很多个，这时该怎么办呢？利用收藏夹，就可以帮助我们实现快速访问某个网页的目的。

①添加网页到收藏夹

在浏览网页的过程中自己喜欢的网页，可将其添加到收藏夹列表中。

图2–7 单击菜单“收藏”→“添加到收藏夹”

第1步，找到要添加到收藏夹列表的网页，单击菜单“收藏”→“添加到收藏夹”，(如图2–7所示）打开“添加收藏夹”对话框。

第2步，单击“添加”按钮，即可将该网页添加到收藏夹中，如图2–8所示。

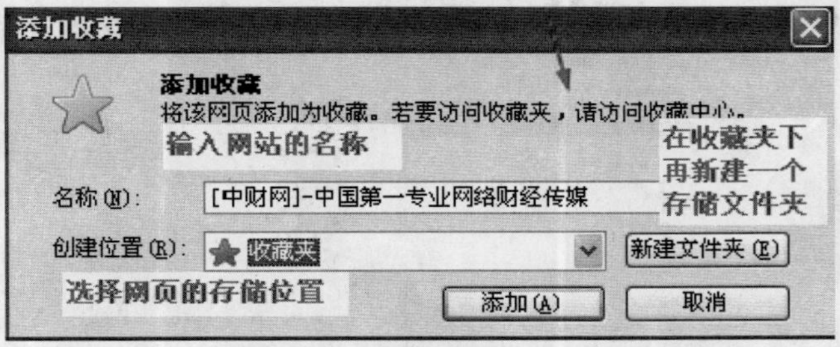

添加收藏

添加收藏

将该网页添加为收藏。若要访问收藏夹，请访问收藏中心。

输入网站的名称

在收藏夹下再新建一个存储文件夹

名称(N): [中财网]-中国第一专业网络财经传媒

创建位置(R): 收藏夹

新建文件夹(E)

选择网页的存储位置

添加(A)　取消

图2–8　“添加收藏”对话框

②访问收藏夹中的网页

在浏览器中，单击菜单“收藏夹”，单击要访问的网页即可打开该网页。如选择百度，即可快速打开百度搜索引擎，如图2–9所示。

(3)使用历史记录快速浏览访问网页

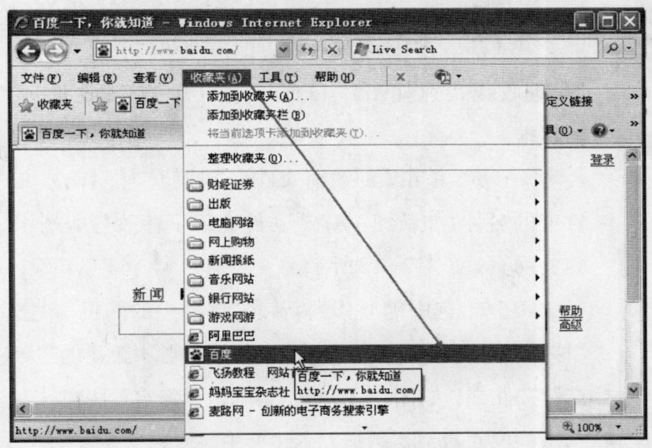

图2–9　访问收藏夹中的网页

在浏览网页的过程中，如果忘记了将喜欢的网页添加到收藏夹中，也可以从历史记录列表中进行查看。在历史记录列表中可以查找在过去几分钟，或几小时，或几天内曾经浏览过的网页。

在浏览器中，单击菜单“查看”→“浏览器栏”→“历史记录”，打开历史记录列表。其中列出了用户今天、昨天或者几个星期前曾经访问过的网页，如图2–10所示。展开一个文件夹，单击其中的某个链接，即可在主窗口中打开连接对应的网页。

三、收藏夹管理

随着使用时间的推移，收藏夹中的网页会越来越多，这时就有必要对收藏夹进行必要的整理，以方便我们快速找到需要的网页。

1．归类收藏夹中的网页

归类整理收藏夹中的网页，可以方便我们快速找到需要访问的网页。

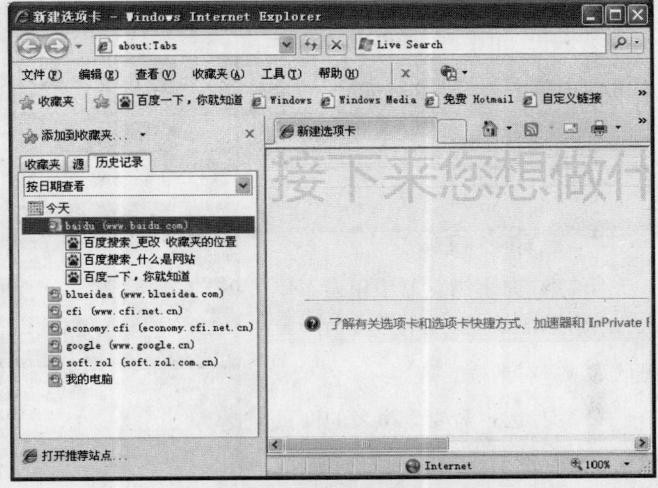

图2–10　使用历史记录访问网页

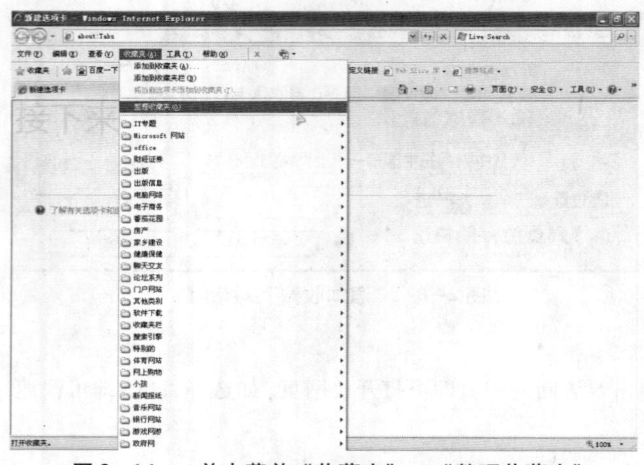

图2−11　单击菜单“收藏夹”→“整理收藏夹”

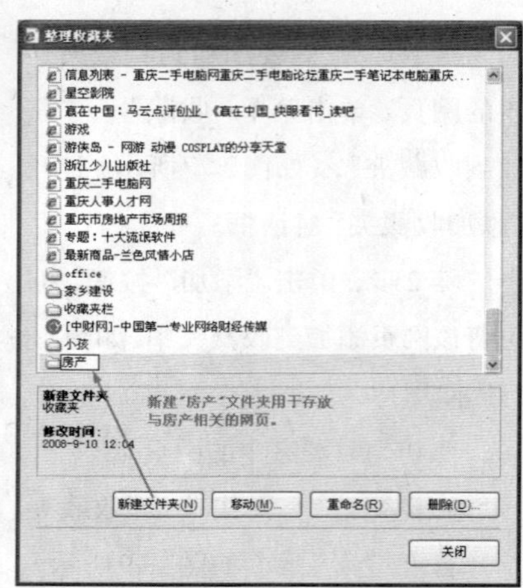

图2−12　新建文件

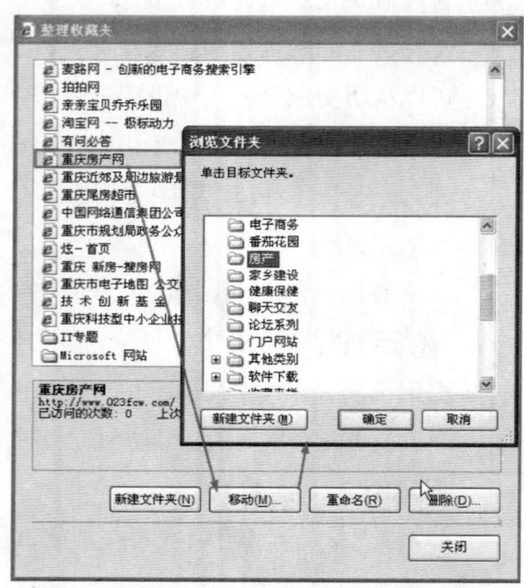

图2−13　归类整理网页

第1步，在IE浏览器中，单击菜单“收藏夹”→“整理收藏夹”(如图2−11所示)，打开“整理收藏夹”对话框。

第2步，单击“创建新文件夹”按钮，然后输入文件夹的名称，如新建“房产”文件夹用于存放与房产相关的网页，如图2−12所示。

第3步，选中需要移到新建文件夹中的网页，单击“移动”按钮，在弹出的对话框中选中刚才新建的“房产”文件夹，如图2−13所示，单击“确定”按钮，将选中的网页移到“房产”文件夹中。

第4步，采用同样的方法，将收藏夹中的其他与房产相关的网页移到“房产”文件夹中。

第5步，单击“关闭”按钮。在浏览器中单击菜单“收藏夹”→“房产”即可查看该文件夹下收藏的网页，如图2−14所示。

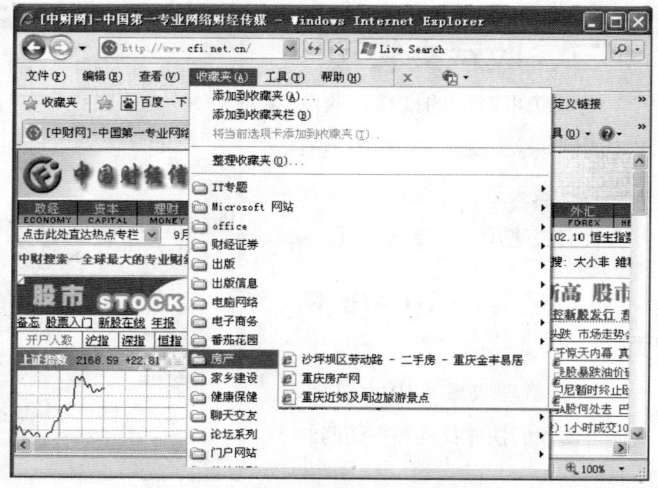

图2−14　归类后的网页

2. 重命名收藏夹

第1步，在IE浏览器中单击菜单“收藏夹”→“整理收藏夹”，打开“整理收藏夹”对话框。

第2步，选中需要重命名的网页或文件夹，例如这里的“政府网”收藏夹，单击“重命名”按钮，该文件

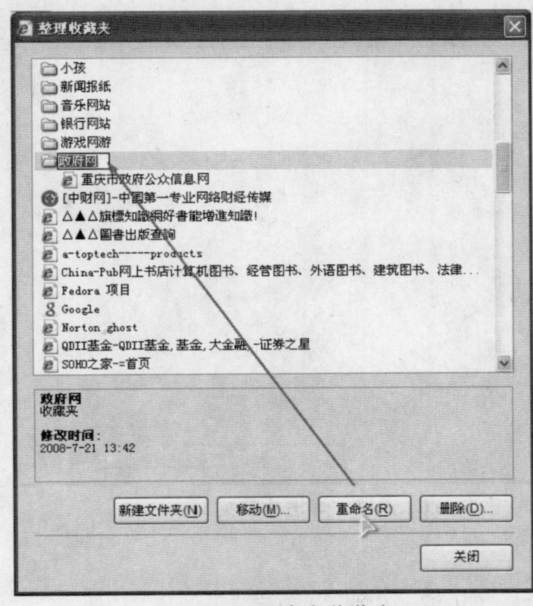

图 2-15　从命名收藏夹

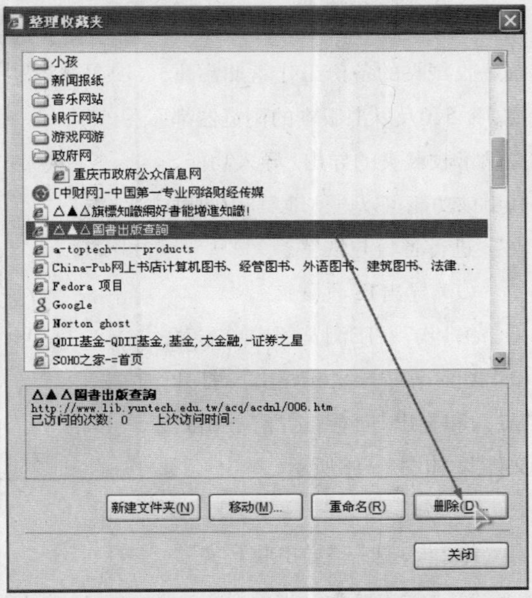

图 2-16　执行删除命令

夹处于可修改状态，如图2-15所示。输入新的名称，然后在其他位置单击鼠标即可。

3. 删除不需要项目

打开“整理收藏夹”对话框。选中不需要的收藏夹或网页，单击“删除”按钮，如图2-16所示。出现提示对话框，询问确实需要将收藏夹（或网页）放到“回收站”中，如图2-17所示。单击“是”按钮确定删除。如果需要一次性彻底删除该链接，请按住“Shift”键，然后单击“删除”按钮。

图 2-17　确认删除

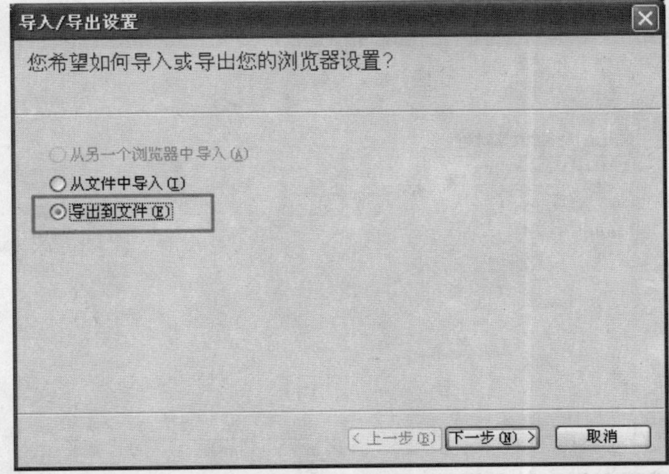

图 2-18　选择“导出到文件”

4. 备份 IE 收藏夹

随着上网时间的不断增多，收藏夹中保存的网页会越来越多。由于软件故障或中毒等原因致使需要重新安装操作系统或IE浏览器才能正常上网，重装系统或浏览器后收藏夹中的信息会丢失。因此，平时做好收藏夹的备份工作就非常重要。IE 5.0及以上版本的浏览器都提供了收藏夹的导出/导入功能，利用该功能可以方便地对“IE收藏夹”，进行备份与恢复。

(1) 导出IE收藏夹

第1步，在IE浏览器中单击菜单“文件”→“导入和导出”，打开“导入和导出”向导。选择“导出到文件”，如图2-18所示，单击“下一步”按钮。

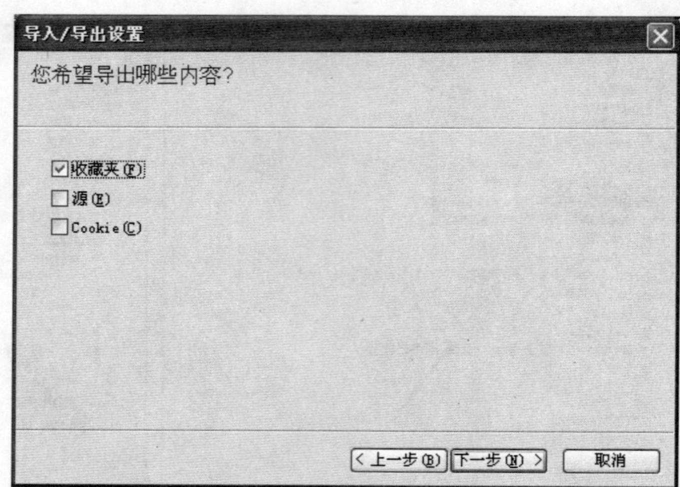

图2-19 选择“导出收藏夹”

第2步，选择“导出收藏夹”，如图2-19所示，单击“下一步”按钮。

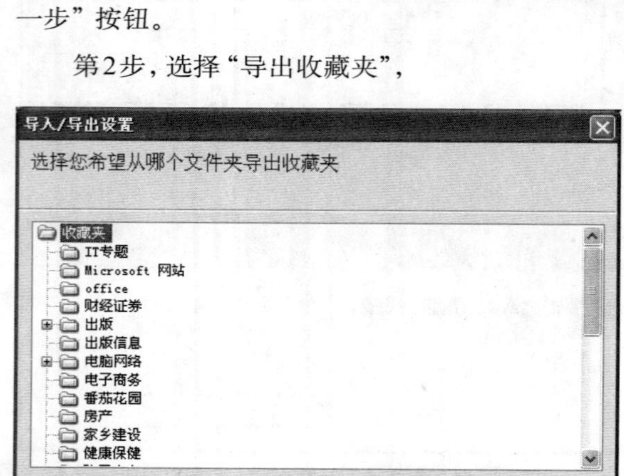

图2-20 选择需要导出的收藏夹

第3步，选择需要导出的收藏夹，选择“收藏夹”，导出收藏夹中所有的内容，如图2-20所示，单击“下一步”按钮。

第4步，导入向导询问将导出的收藏夹存储在何处，如图2-21所示。单击“浏览”按钮设置导出文件的保存位置，然后单击“导出”按钮开始导出收藏夹。

第5步，成功导出收藏夹后单击“完成”按钮即可。

(2) 恢复收藏夹

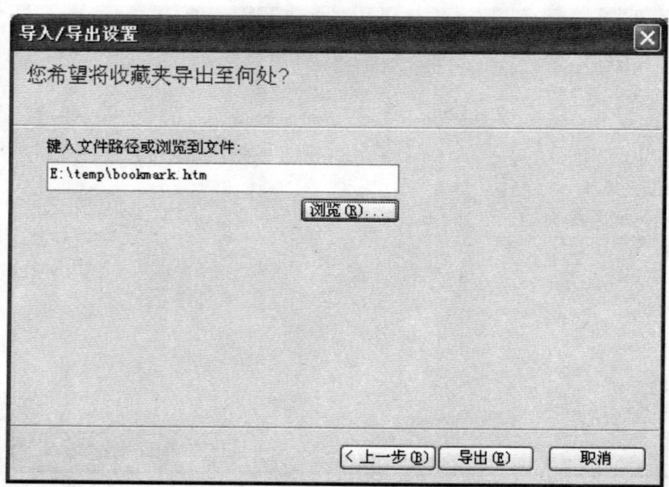

图2-21 选择目标位置

在IE浏览器中单击菜单“文件”→“导入和导出”，打开“导入和导出”向导。选择“从文件中导入”，如图2-22所示，然后单击“下一步”按钮。

随后的操作与收藏夹的导入类似，可参照进行设置。成功导入收藏夹后单击“完成”按钮即可。

四、清理浏览记录

利用浏览器浏览网页的过程中，IE会自动记录用户的访问痕

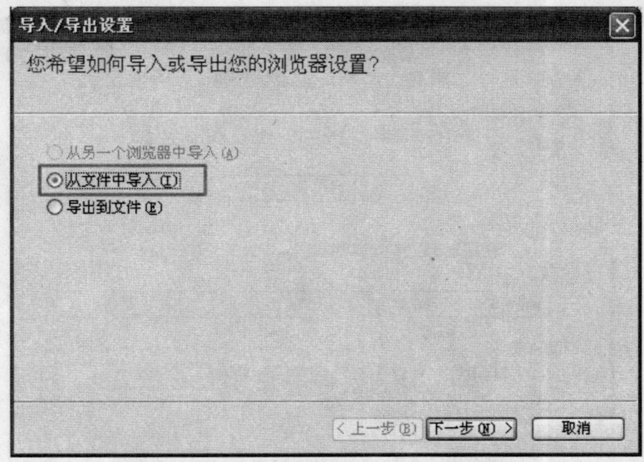

图2-22 选择从文件中导入收藏夹

迹，比如访问过那些网站，访问过那些图片、登录网上银行时用户信息，设置用户密码都会记录在案。IE的这一做法本来是好意：方便用户下次访问该网页时能快速打开网页，或帮助用户快速输入个人登录信息，但却给一些不怀好意者提供了可乘之机。因此，应及时清除你的浏览记录。如何清除可参照学习目标14的有关内容。

五、IE 使用技巧

IE是常用的网页浏览工具，在实际应用中掌握一定的使用技巧可以让你在浏览网页的过程中更加得心应手。

1.保存当前网页的全部内容

在浏览网页过程中，如果希望将某一网页中的全部内容都保存下来，可通过下面的方法来实现。方法如下：

第1步，打开需要保存的网页。单击菜单“文件”→“另存为”，如图2-23所示。

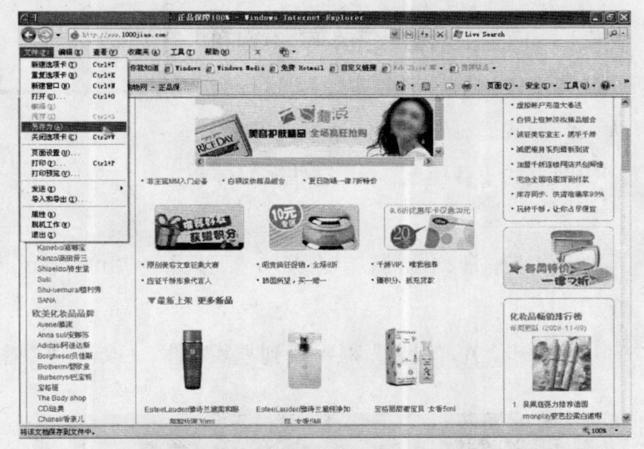

图2-23 单击菜单“文件”→“另存为”

第2步，弹出“保存Web页”对话框。指定文件保存的位置，文件名称和文件类型；文件类型是指保存文件为Web页(*.html，*.htm)，Web电子邮件档案(*.mht)，文本(*.txt)等。这里我们通常选择Web页全部，如图2-24所示。然后“单击”保存按钮即可。

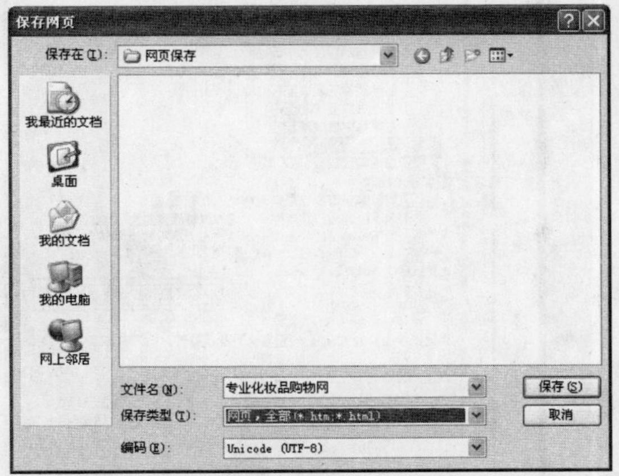

图2-24 设置网页文件的存储位置、名称等

2.启用IE的“自动完成”功能

启用IE的“自动完成功能”后，当我们在IE地址栏中输入一定内容时，会显示以前的匹配条目，从而节省时间。比如，在地址栏中输入“sina.com”，不用输全“http://www.sina.com”就能打开新浪网的主页。要实现这

个功能非常简单，只要改动几个小的设置就可以了。

第1步，首先启动IE浏览器，单击菜单“工具”→“Internet选项”，在打开的“Internet选项”对话框中选择“内容”选项卡，如图2－25所示。

第2步，单击“自动完成”按钮，弹出“自动完成设置”对话框，如图2－26所示。在这里可以设置自动完成可应用的范围，如Web地址、表单等。另外还可以清除以往设置的记录。设好后，单击“确定”按钮即可。

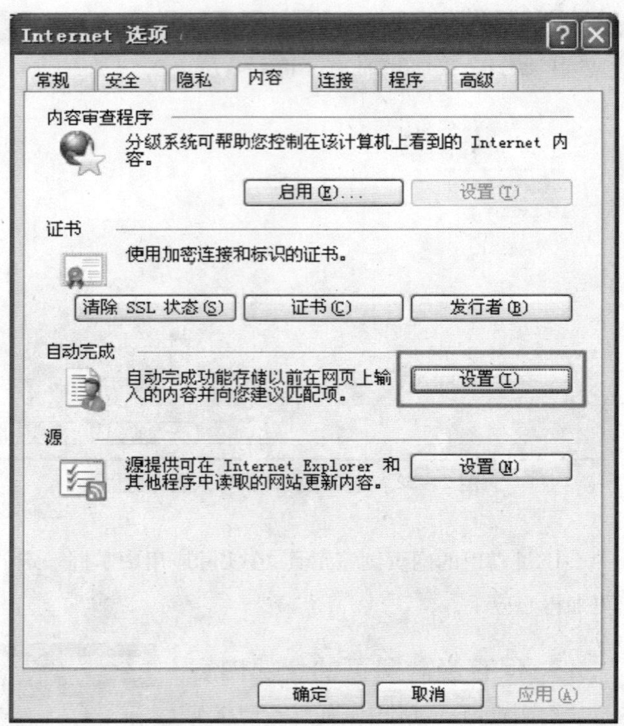

图2－25 选择内容选项卡

3. 如何加快网页下载速度

在缺省的情况下，我们打开一个网页时，网页上的图片、动画、声音和视频等多媒体信息都会被载入，这样会大大降低我们浏览网页的速度。如果要加快网页的下载速度，可将这些多媒体信息禁止。

第1步，开浏览器，单击菜单“工具”→“Internet 选项”，在打开的对话框中选择“高级”选项卡。

第2步，在“设置”框中找到“多媒体”，取消对“播放动画”、“播放声音”、“播放视频”、“显

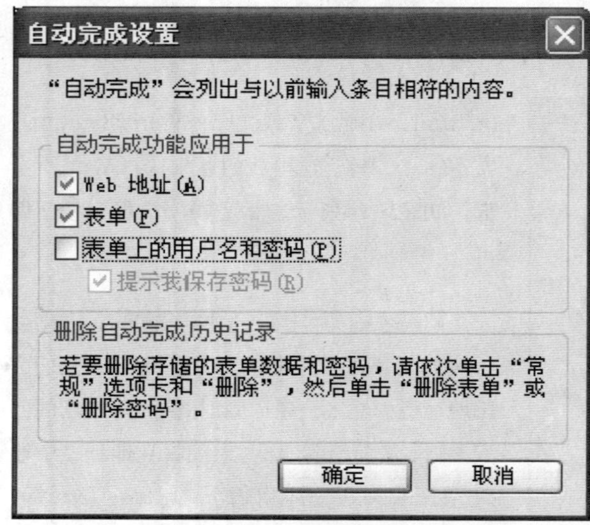

图2－26 设置自动完成的项

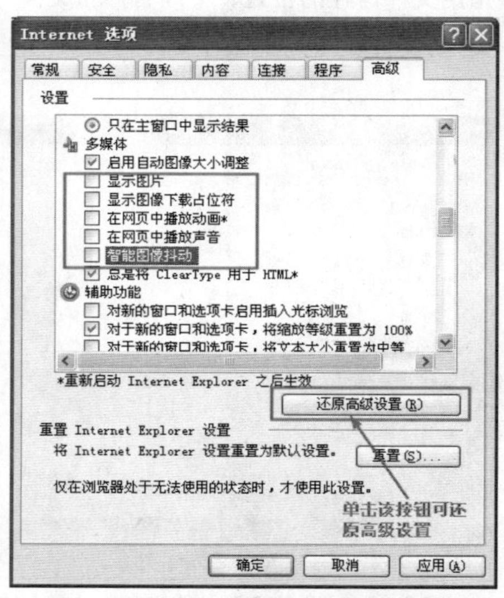

图2－27 取消对某些多媒体元素的显示

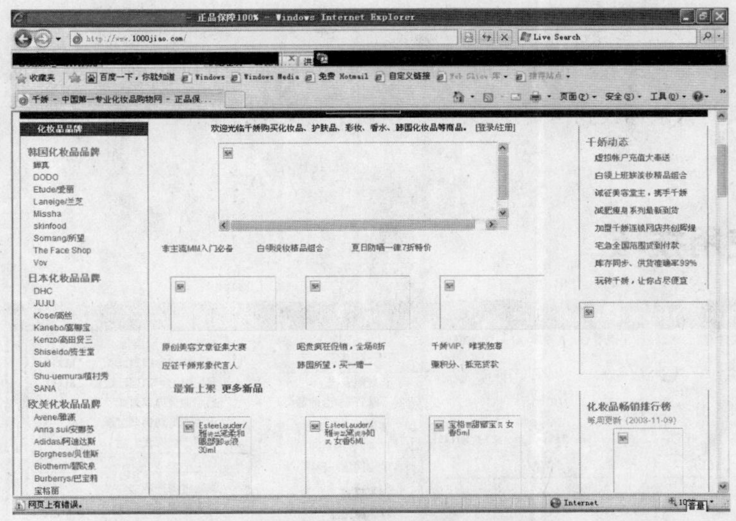

图2–28　不再显示网页上的图片等

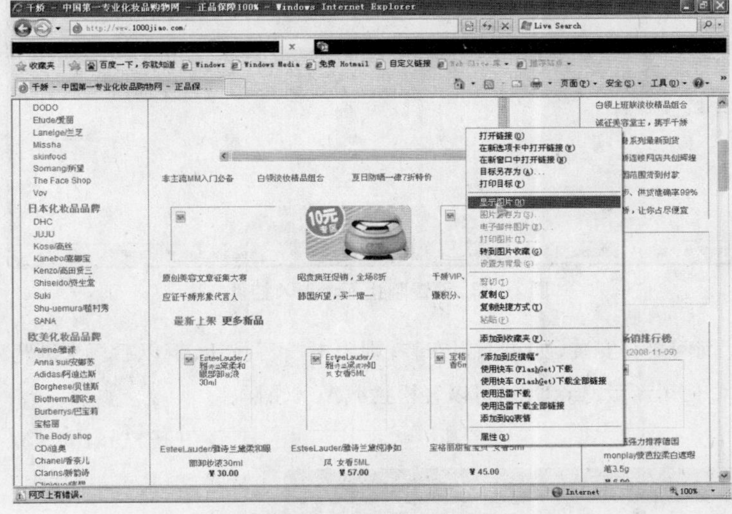

图2–29　显示某一张图片

示图片”等项的勾选，如图2–27所示。单击“确定”按钮即可。

第3步，重新打开一个网页，即可看到网页原来的Gif动画等都显示不出来了，如图2–28所示。

在浏览时如果需要显示某一张图片，用鼠标右键单击该图片，选择“显示图片”命令，即可显示该图片，如图2–29所示。如果需要重新显示所有的多媒体元素，则打开“Internet 选项”对话框，单击“高级”选项卡，单击“还原高级设置”按钮即可。

4. 全屏显示网页

我们用IE等浏览器打开一个网页时，会发现菜单栏、工具栏、状态栏几乎占去很大一部分空间，真正用于显示网页的空间极为有限。这种情况下，网页的全

图2–30　全屏浏览网页

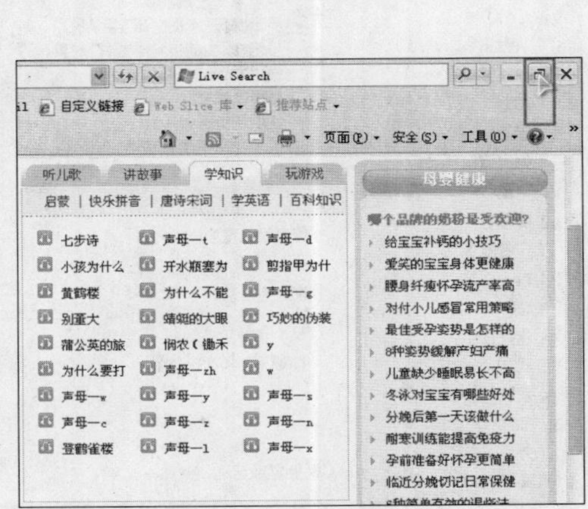

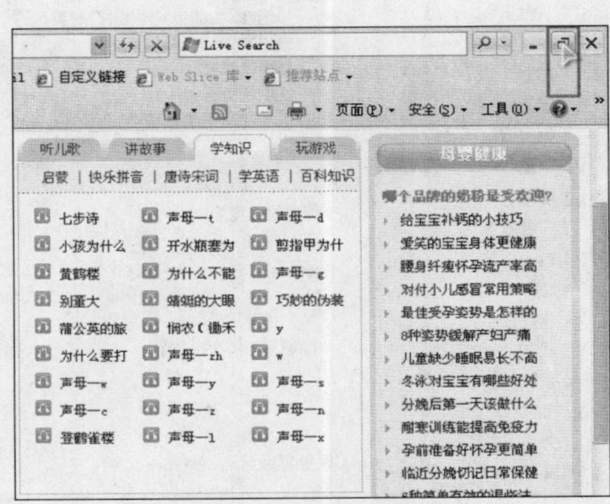

图2–31　单击还原按钮

屏显示就显得尤其重要了。

启动IE后，单击菜单“查看”→“全屏”即可实现网页全屏浏览（快捷键F11），如图2–30所示。如果要恢复以前的设置，只要将鼠标放到网页顶部，就会出现工具菜单，单击右上角的“还原”按钮即可，如图2–31所示。

六、Maxthon使用技巧

Maxthon作为一款单窗口多页面浏览器，具有占用系统资源少、速度快等优点。Maxthon的基本使用方法与IE浏览器的基本使用方法类似。下面主要学习这款浏览器的一些使用技巧。

1.轻松拦截Active插件

由于Active插件可以强行植入浏览器，用户在浏览部分网站时会检测是否安装了此类插件，如没有安装则会弹出一个对话框，询问是否安装，如果不想安装，则单击“否”按钮，但以后再次浏览类似网页时，还会出现此类提示。使用新版Maxthon可以轻松拦截Active插件。

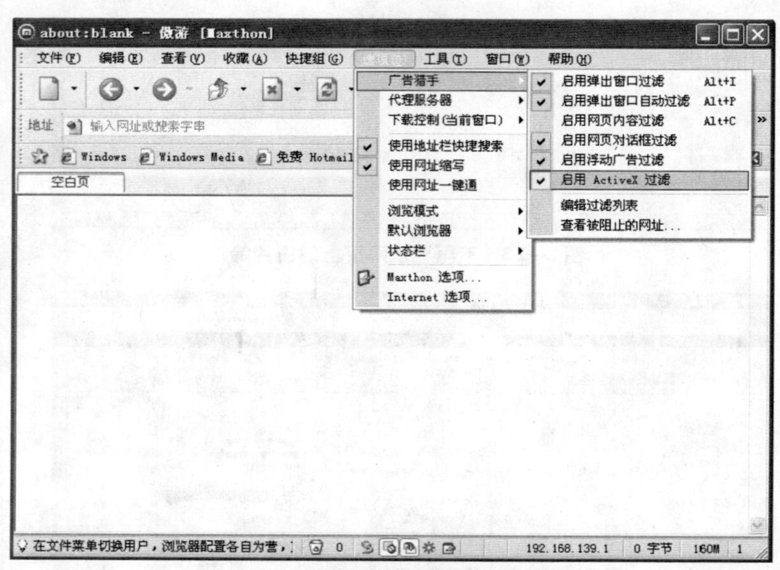

图2–32 设置阻止ActiveX控件

打开Maxthon浏览器，单击菜单“选项”→“广告猎手”，勾选“启用ActiveX过滤”选项，如图2–32所示。再次浏览这类网站时，Maxthon就可以拦截Active插件了。

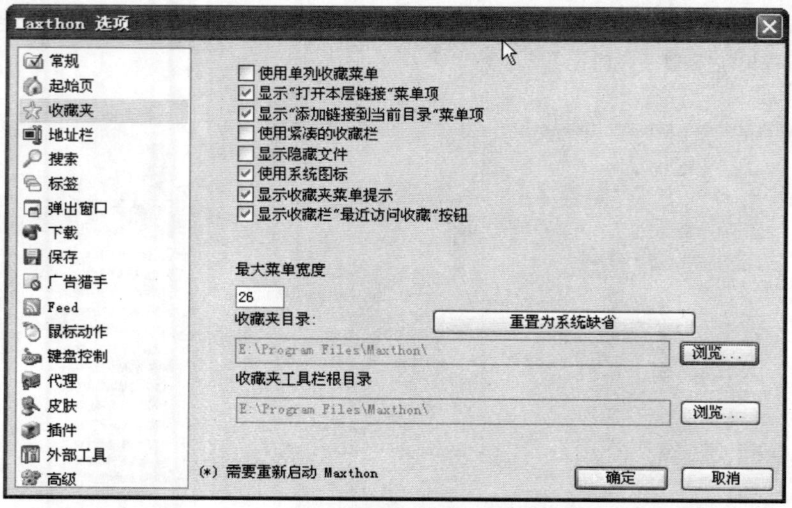

图2–33 指定收藏夹到非系统分区

2.收藏夹永不丢失

平时上网冲浪时，对比较好的网站，用户通常会将其加入收藏夹

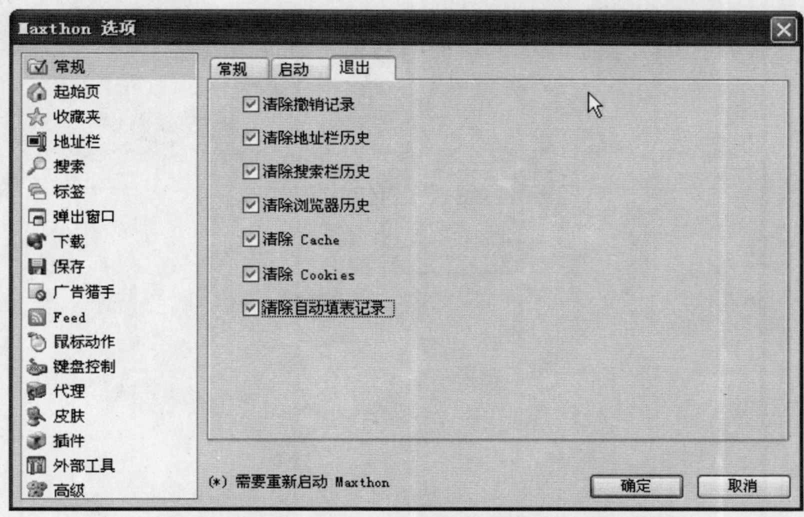

图 2−34 设置关闭Maxthon浏览器时清空上网信息

中保存起来，以备日后浏览需要，可是一旦系统崩溃了，收藏夹的内容也会荡然无存，怎么办呢？用Maxthon浏览器可以打造一个永不丢失的收藏夹。

打开Maxthon浏览器，单击菜单“工具”→“Maxthon选项”，打开“Maxthon选项”窗口。选择“收藏夹”，单击收藏夹目录后的“浏览”按钮，将收藏夹的工作目录指定到非系统分区中，如图2−33所示。这样即使系统分区被格式化，重装Maxthon后，在该对话框中指定收藏夹工作目录到以前的目录，即可找回收藏夹里的内容。

3.保护隐私

用户在上网的时候，总会在电脑里留下一些蛛丝马迹，给系统的安全带来了很大的隐患，Maxthon浏览器可以帮用户解决这个问题。

打开“Maxthon选项”窗口，单击“常规”项中的“退出”选项卡，选中想要清除的内容，一般全选即可，如图2−34所示。这样，用户关闭Maxthon浏览器时，系统会自动清除地址栏或搜索栏的历史记录及各类Cookies信息，从而保护用户的上网隐私。

4.文件下载轻松控制

在Maxthon中，也可以像IE那样选择“另存为”或“下载工具”来下载文件，用户也可以根据需要指定下载工具为默认下载方式。

打开“Maxthon选项”窗口，

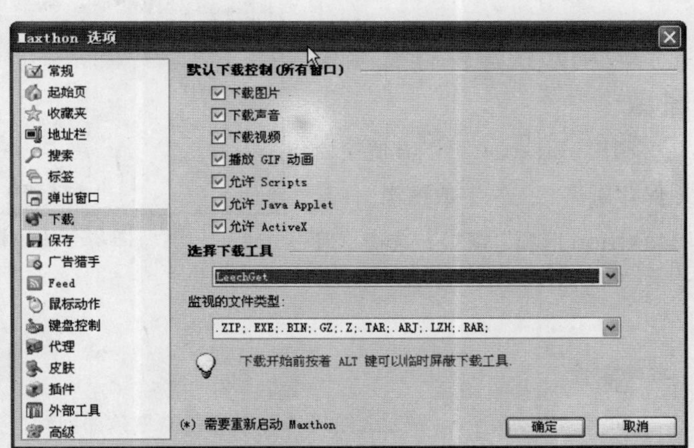

图 2−35　设置默认下载工具

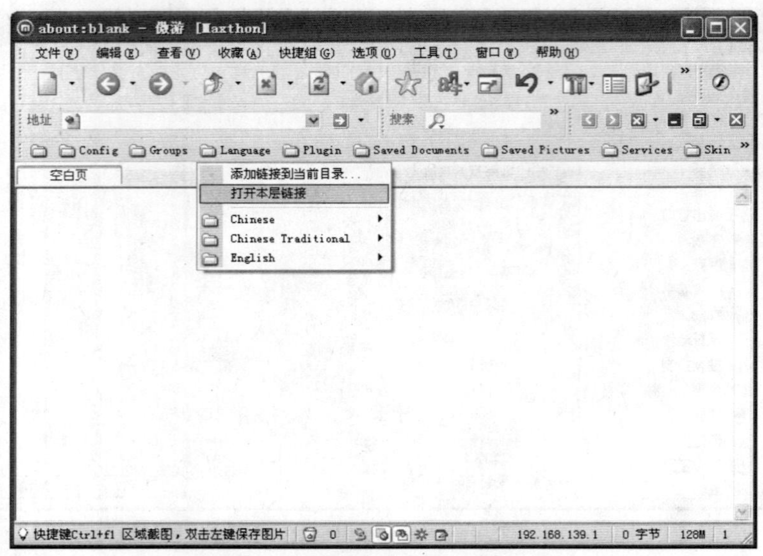

图2-36 设置快速打开多个连接

单击“下载”项，选择默认的下载工具及监视的下载文件类型，如图2-35所示。

使用时，单击下载链接，即可调用设置的下载工具进行下载。如果想暂时屏蔽下载工具用IE下载，可在单击链接时按住“Alt”键直到弹出下载窗口。

5．快速打开多个链接

Maxthon 提供了一个收藏夹工具栏，可以通过单击菜单“查看”→“工具栏”→“收藏栏”来打开。利用该工具栏可以更加方便快捷地访问收藏夹中的内容。显示收藏夹工具栏后，单击某一分类文件夹，在出现的菜单中选择“打开本层链接”即可快速打开其中收藏的所有链接，如图2-36所示。

6．巧妙快速保存文字与图像

利用Maxthon可以方便快捷地保存所需要的文字或图像。打开“Maxthon选项”窗口，选择“保

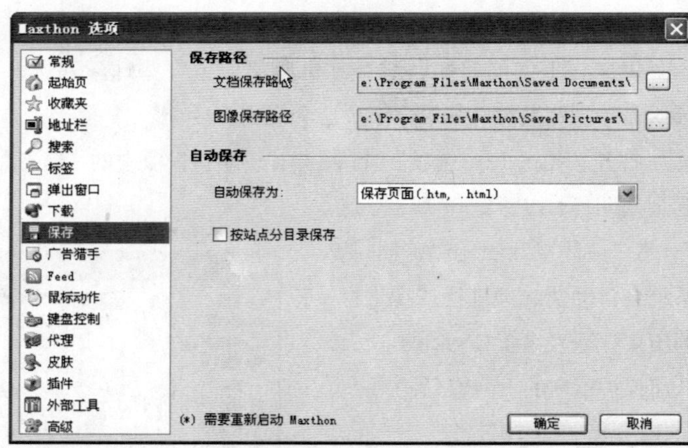

图2-37 设置文字和图片的保存位置

小提示

如果图像有链接，那么上述操作可以把图像链接的网址保存到一个文本文件中。

存”，在“保存路径”中设置用来保存文字或图像的文件夹，以便在里面查找保存的内容，如图2-37所示。

打开网页，选中要保存的文字或图像，再用鼠标拖拽文字或图像的同时按住“Ctrl”键，选择的文字或图像即可自动保存到设置的文件夹中。

七、巩固练习

在互联上获取各种信息，主要通过浏览网页来实现。本学习目标主要介绍了常用网页浏览工具的使用方法，通过本学习目标的学习后，读者应掌握如何利用IE浏览器、Maxthon浏览器浏览网页，以及浏览器安全设置等。

练习题：

1.分别在地址栏中输入网址：www.huajun.com、www.baidu.com、www.126.com、www.taobao.com打开相应的网页。

2.利用Google搜索引擎搜索网页。

3.练习设置www.sina.com为浏览器默认主页。

4.在收藏夹中新建“Office”文件夹，利用该文件夹来收藏与Office有关的网页连接。

5.如何保存网页？

6.备份收藏夹。

7.隐藏网页中的图片、视频文件、声音文件，以加快网页的打开速度。

8.如何全屏浏览网页？

9.练习使用Maxthon浏览网页。

学习目标

3 用搜索引擎找资源

互联网的出现改变了人们的生活，而搜索引擎的出现改变了使用互联网的习惯。伴随着互联网的迅猛发展，面对着成几何级数增长的信息，我们想在互联网上找到自己所需要的资料犹如大海捞针，于是为满足用户信息查询需求的专业搜索引擎便顺势而生。搜索引擎的使命就是帮助用户快速查找需要的文字、图片、声音、视频等资料。下面就来学习用搜索引擎查找资料。

一、常见搜索引擎

目前，常见的搜索引擎有Google、百度、雅虎、新浪爱问等，它们都可以为用户提供详细而周全的搜索服务。常用搜索引擎及网址如表3-1所示。

表3-1 搜索引擎网址

百度	http://www.baidu.com
Goole	http://www.google.com.cn
雅虎	http://cn.yahoo.com/
新浪爱问	http://www.iask.com/
中搜	http://www.163.com
搜狗	http://www.sogou.com/
搜搜	http://www.soso.com/

二、使用 Google 搜索

Google（谷歌）是当今互联网上最流行的搜索引擎之一。它提供网页、图片、资讯、地图、论坛等多种资源的查询，支持数百个国家的语言，是全球最大的搜索引擎。

启动IE浏览器。在地址栏中输入Google的网址（www.google.cn或www.google.com），按回车键进入Google搜索引擎页面。

1. 基本搜索

Google基本搜索功能主要包括网页搜索、图片搜索、新闻搜索等。

(1) 网页搜索

第1步，单击“网页”链接，在搜索文本框中输入要搜索的信息（即关键词），如“Word2007”，然后单击“Google搜索”按钮，就会从互联网上搜索与Word有关的信息，并以列表的形式显示在窗口的下方，如图3−1所示。

第2步，单击其中某一条信息链接，就可打开对应的网页。

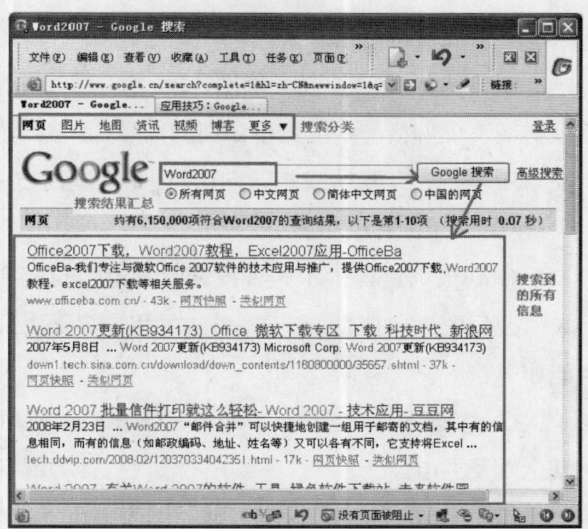

图3−1　使用谷歌搜索网页

小提示

多个关键词之间用空格隔开。通常搜索到的信息比较多，Google 会分页进行显示，但是，一般位于前面的结果会更接近我们的要搜索内容，与关键词含义最相近。

(2) 搜索图片

第1步，在Google搜索窗口中，单击“图片”链接，进入图片搜索模式。

第2步，在搜索文本框中输入要搜索图片的相关信息，如搜索Vista墙纸，则输入“Vista”、或“Vista　墙纸”等信息，单击“谷歌搜索”按钮进行搜索。Google会把搜索到有关Vista桌面主题的图片显示在窗口的下方，如图3−2所示。

第3步，单击需要的图片，即可打开该图片对应的网页，如图3−3所示。

图3−2　搜索图片

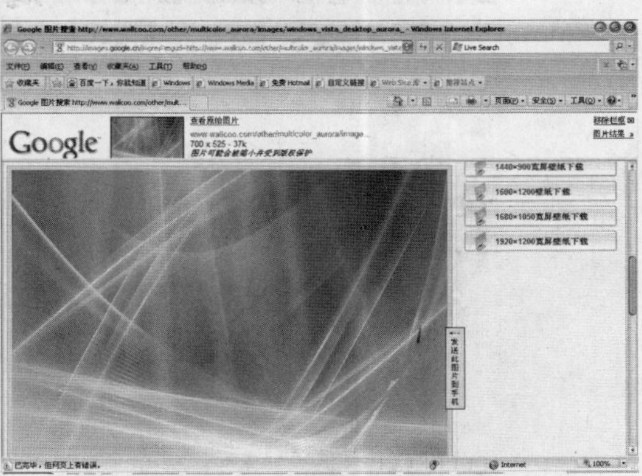

图3−3　打开提供图片的网页

小提示

利用Google搜索图片时，我们可以根据需要在“图片显示”中选择图片的尺寸范围，如“超大图片”、“较大尺寸图片”、“中等尺寸图片”、“较小尺寸图片”，这样搜索到的图片在大小上会更符合要求。

(3) 搜索财经信息

对广大炒股的投资者来说，Google的财经搜索功能，无疑为他们了解财经信息带来了方便。谷歌财经不仅囊括了中国上市公司的信息，还包括了美国纳斯达克、伦敦证券交易所、阿姆斯特丹证券交易所等17家交易所或指数的信息，是中国用户了解全球信息、财经人士进行信息研究的好助手。

①Google财经功能

Google财经提供了一种搜索股票、共同基金以及上市公司和非上市公司的简便方法。它提供了大量公司资讯和信息，在干净整洁的用户界面上显示更具相关性且无偏见的结果。Google 财经的功能如下：

公司搜索——通过 Google 财经，可以使用公司名称和股票代码（如果可用）搜索股票、共同基金以及上市公司。

交互式图表——Google 财经图表将市场数据与相应日期的资讯报道关联起来，有助于股民确定它们之间是否存在关系（例如，将关于某公司的资讯报道置于公司股票当日表现的背景下）。股民还可以点击并拖动图表以查看不同时间段的信息，也可以放大图表查看更详细的信息。

资讯——Google财经中纳入了Google 资讯服务。资讯报道按主题集合在一起，因此股民可以查看有关单个主题的不同观点。还可以按每月日期范围和重要性（由算法决定）查看资讯报道。

公司管理团队——Google 财经可帮助股民认识公司成员。将光标置于管理人员姓名上方时，将显示该人员的职称以及年龄。

②搜索股票

在Google主页中，单击“财经”链接，进入财经信息搜索主页面。在该页面显示了当前市场经济概况（如股票信息、外币与人民币兑换比率等），市场热点资讯、当前的重要经济指标等，如图3–4所示。

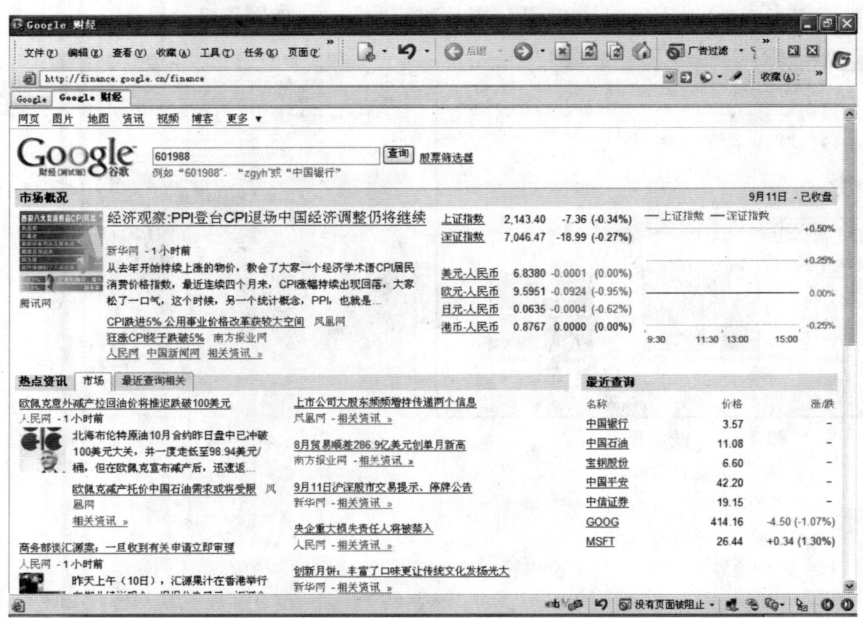

图 3–4 Google 财经搜索主页

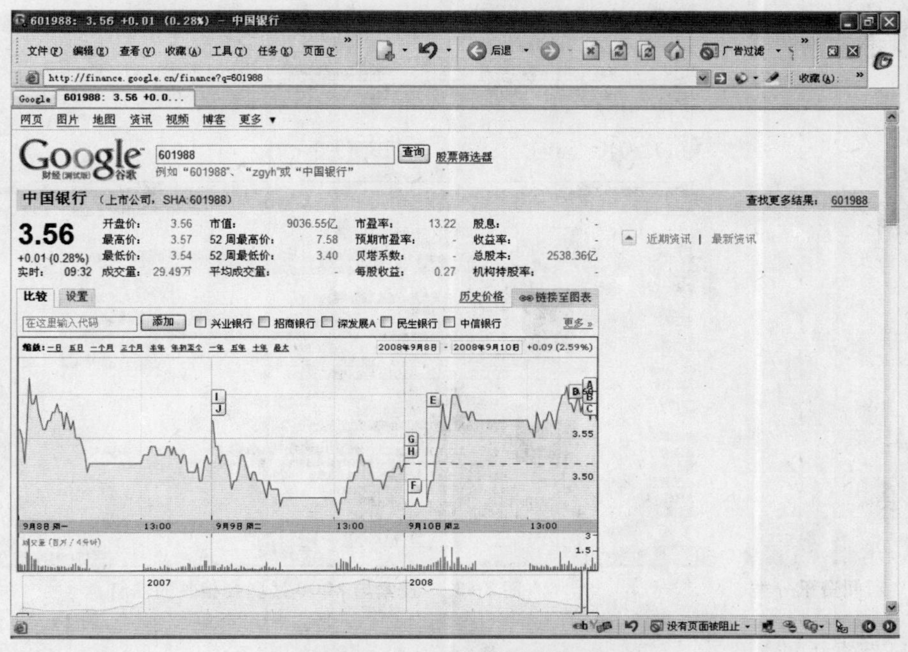

图3-5　查询股票信息

在查询文本框中输入股票编码（或股票中文名称或与股票名相关的拼音），如输入股票代码“601988”单击“查询”按钮，则显示该股票对应的上市公司为中国银行，以及该股票的详细信息，包括股票实时信息、股票交互式图表、与该股票相关的重要报道、上市公司管理团队等，如图3-5所示。

在股票交互式图表中，股民可以按“一日”、“五日”、“一个月”、“十年”等条件缩放图表，也可以拖动手形图标，移动指针在图表中的位置来查看股票在某一时间的交易信息，如图3-6所示。

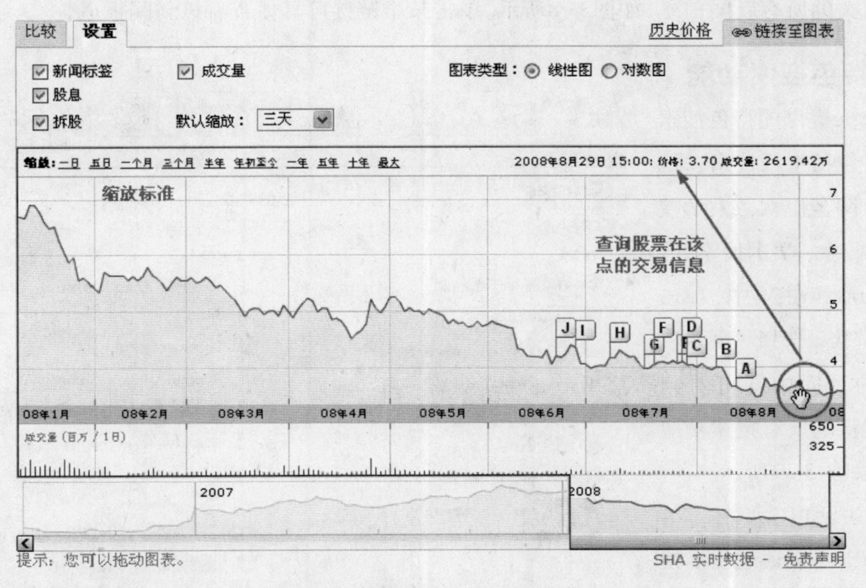

图3-6　利用交互图表查询股票信息

图3-7 新闻资讯分类

图3-8 搜索与2008残奥会相关的信息

(4) 搜索新闻资讯

为满足用户追踪了解某一个主题新闻，Google提供了新闻资讯搜索功能，它将在网上搜索的新闻分类整理，以网页链接的形式展示给用户，方便用户即时了解与该主题有关的所有新闻报道。

在Google主页中单击“资讯”链接，出现资讯搜索页面。在窗口左边，Google对新闻资讯进行了分类，包括财经、娱乐、科技、互联网、体育、社会、汽车、房产、教育、奥运会等，如图3-7所示。

在查询文本框中输入需要查询的新闻主题，如2008残奥会，单击“搜索资讯”按钮，搜索与2008残奥会有关的所有新闻信息，如图3-8所示。单击某个链接可具体查看该新闻报道。

2. 特色搜索功能

Google提供的特色搜索功能主要包括生活搜索、地图搜索、博客搜索、大学搜索、图书搜索、学术搜索等。

在Google主页中，单击“更多”链接，选择“更多”，在打开的页面中即可看到Google提供的所有搜索功能和服务，如图3-9所示。

图3-9 Googole提供的搜索功能与服务

(1) 生活搜索

Google可以通过生活搜索栏目来搜索用户身边的分

图 3—10　Google 生活搜索页面

类生活信息，例如：房屋，餐饮，工作，车票、影视等。

单击Google首页中的“生活搜索”链接，Google会根据你的网络信息显示你所在城市的一些生活信息，如图3—10所示。输入要查询的关键词，单击搜索按钮进行搜索。

(2) 地图搜索

地图搜索功能为广大用户的出行带来了很大方便。单击“地图”连接，Google会自动根据电脑的网络信息展示当地的地区地图，方便用户查询，如图3—11所示。在搜索文本框中输入目标地名，即可查询地址、 索地区周边及规划路线等。

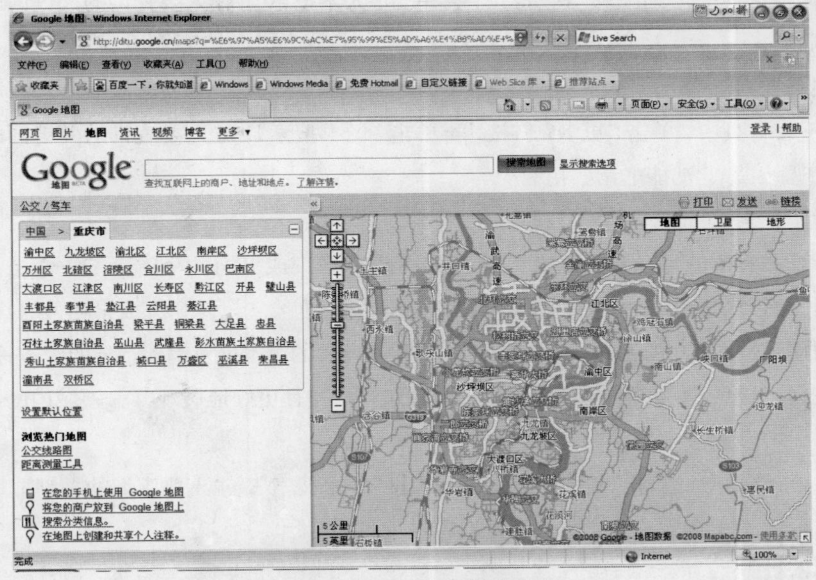

图 3—11　Google 地图搜索功能

图 3—12　Google 博客搜索

(3) 博客搜索

现在，博客是互联网的一大热点。Google提供的博客搜索功能可帮助用户快速搜索感兴趣的博客文章。此外，Google还对当前的热门文章进行了分类，包括体育、娱乐、财经、科技、社会、情感、生活、文化等类别，如图3—12所示。

在Google首页中，单击“博客”链接，然后输入要查询的关键词就可从最新的博客文章中查找你感兴趣的主题。

(4) 大学搜索

在Google首页中，单击“更多”链接，再单击“大学搜索”，输入要查询的关键词即可搜索特定大学的网站。

(5) 图书搜索

在Google首页中，单击“更多”链接，再单击“图书搜索”，输入要查询的关键词即搜索图书全文，并发现新书。此功能非常实用。

(6) 学术搜索

Google学术搜索的每一个搜索结果都代表一组学术研究成果，其中可能包含一篇或多篇相关文章甚至是同一篇文章的多个版本。例如，某项搜索结果可以包含与一项研究成果相关的一组文章，其中有文章的预印版本、学术会议上宣读的版本、期刊上发表的版本以及编入选集的版本等。将这些文章组合在一起，可以更为准确地衡量研究工作的影响力，并且更好地展现某一领域内的各项研究成果。

在Google首页中，单击“更多”链接，再单击“学术搜索”，输入要查询的关键词即可搜索你所需要的专业学术文章。

(7) 热榜查看

在Google首页中，单击“更多”链接，再单击“热榜”，再输入要查询的关键词即可查看众多

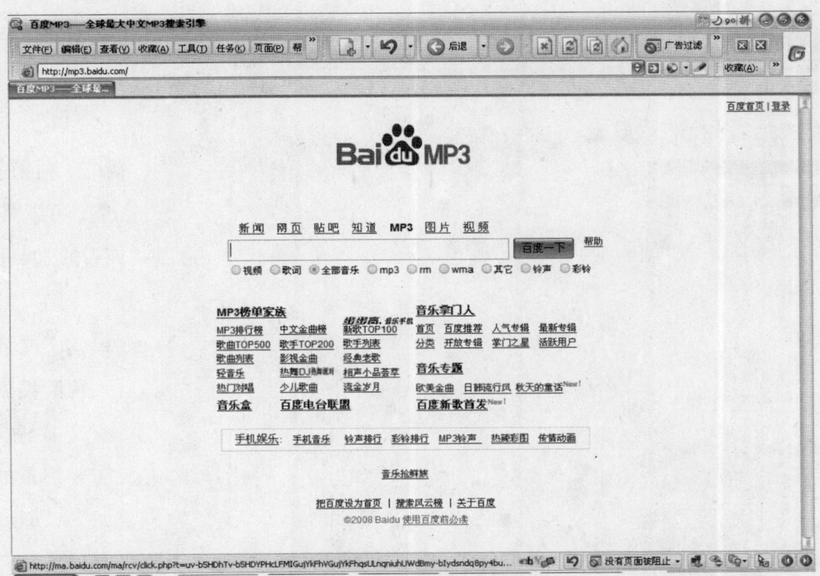

图 3−13　MP3 搜索页面

热门榜单，掌握最新流行，并且还提供了多种热榜分类供用户准确搜索。

三、使用百度搜索

百度是目前互联网上最大、最流行的中文搜索引擎。用户通过百度搜索引擎可以搜到世界上最新、最全的中文信息。

启动IE浏览器。在地址栏中输入百度的网址（www.baidu.com），按回车键进入百度搜索引擎界面。

1. 百度基本搜索

百度的基本搜索包括对新闻、网页、音频、视频、图片的搜索。其中网页、图片、新闻搜索与利用Google搜索网页、图片类似。下面来就来学习如何利用百度搜索音乐、视频。

（1）搜索音乐

第1步，在百度主页中单击MP3链接，进入MP3搜索页面。百度对歌曲库中的歌曲进行了分类，如图3−13所示。单击某个分类链接，可进入相应的歌曲库。

第2步，在搜索文本框中输入歌曲名称，如“我和你”，单击“百度一下”按钮开始搜索“我和你”歌曲，并显示搜索结果，如图3−14所示。单击歌曲链接或“视听”按钮在线收听

图 3−14　搜索到的歌曲

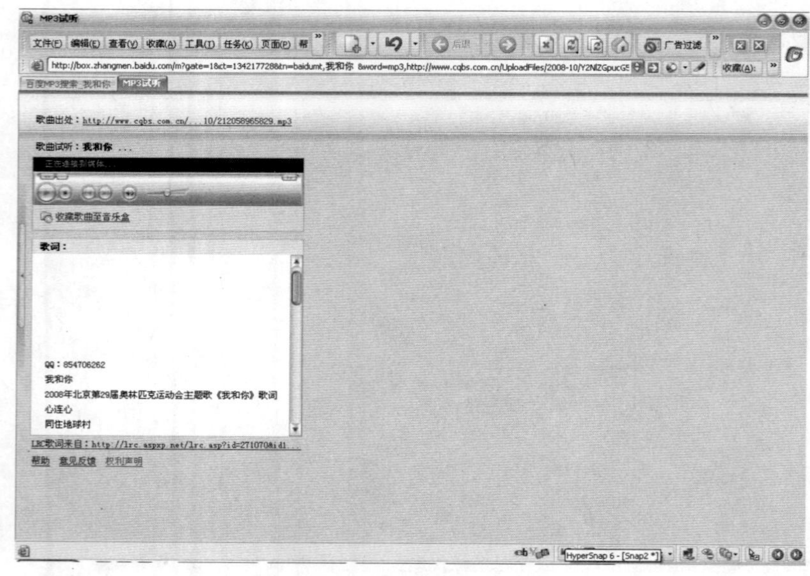

图 3–15　试听歌曲

该歌曲，如图3–15所示。

（2）搜索视频

利用视频搜索功能，可以搜索电影、电视剧、课程教学等。

在百度主页中，单击“视频”链接，进入视频搜索页面。在搜索文本输入框中输入需要搜索的视频名称，如“Word教学”，单击“百度一下”按钮开始搜索，如图3–16所示。在搜索结果中单击一个视频进行观看。

2.特色搜索功能

对于百度而言，还开发了很多极具特色的搜索功能，如地区搜索、地图搜索、博客搜索、教育网站搜索、政府网站搜索、图书搜索、少儿搜索、法律搜索、专利搜索、换页搜索等。下面就来学习如何使用这些特殊搜索功能。

在百度主页中单击“更多”链接，进入百度产品大全页面，即可看到百度提供的搜索功能，如

图 3–16　百度视频搜索

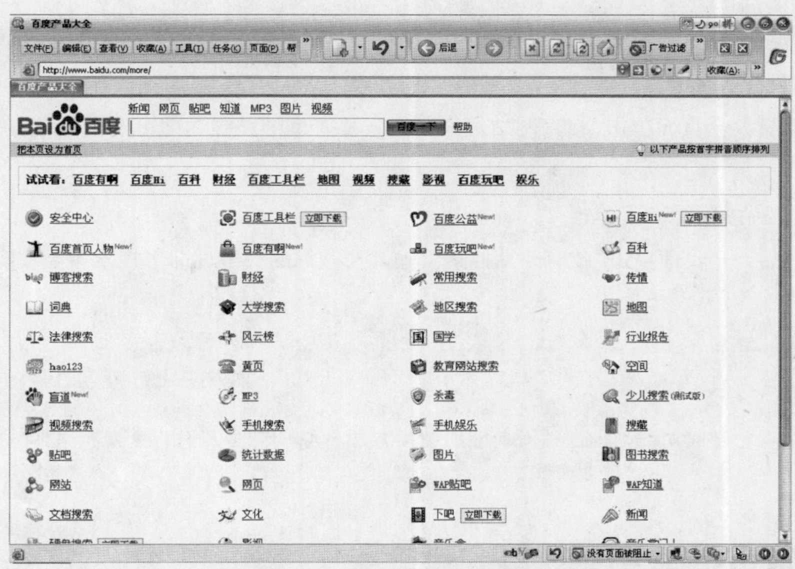

图3-17 百度提供的搜索功能

图3-17所示。

(1) 地区搜索

通过百度地区搜索，可以限定只搜索某个或某几个地区的网页。

单击“地区搜索”进入其搜索页面。选择某个区域、输入要查询的关键词，单击“百度一下”按钮即可获得限制区域内的查询信息，如图3-18所示。

(2) 地图搜索

百度地图搜索是百度联合国内知名的电子地图服务提供商“MAPBAR.COM”推出的本地化地图搜索服务。通过百度地图搜索，可以找到指定的城市、城区、街道、建筑物等所在的地理位置，也可以找到距离最近的所有餐馆、学校、银行、公园等等。百度地图搜索还为用户提供了路线查询功能，如果要去某个地点，百度地图搜索会提示用户如何换乘公交车，如果想自己驾车去，百度地图搜索同样会为你推荐最佳路线。

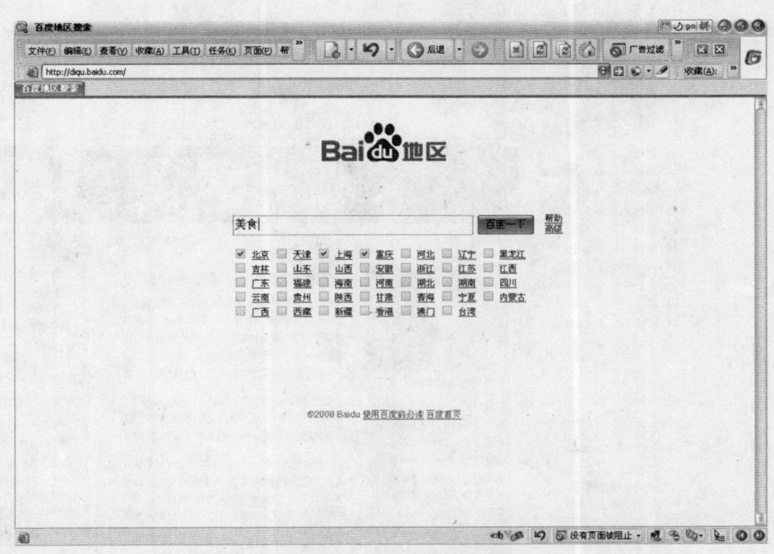

图3-18 地区搜索

百度地图搜索的使用方法与地区搜索方法类似。

(3) 博客搜索

在百度产品大全页面单击“博客搜索”进入其搜

索页面，输入要查询的信息（关键词），就可从最新的博客文章中查找你感兴趣的主题。

（4）教育网站搜索

在百度产品大全页面单击“教育网站搜索”，输入要查询的关键词即可搜索与教育相关的网页信息。

（5）政府网站搜索

在百度产品大全页面单击“政府网站搜索”，输入要查询的关键词即可搜索各类政府公文、政策法规等政府信息。

小提示

百度其他特色搜索功能与地区搜索功能的使用方法类似，可参照进行搜索。

四、网页搜索引擎

目前，很多大型网站都提供了搜索功能，如网易等。用户可进入对应的网站，在搜索文本框中输入搜索关键词进行搜索，如图3−19所示。内嵌的网页搜索引擎的基本使用方法和专业搜索引擎的操作相似。

五、常用搜索技巧

在信息成千上万的互联网上，搜索几乎已经成为我们获取信息的主要方式。即便是这样，有时搜索需要的信息，仍然会花去很多宝贵时间，并且搜索的结果不一定都满意。那么有没有办法可以让

图3−19 网易搜索引擎

搜索引擎迅速、准确地找到我们需要的结果呢？当然有。在利用搜索信息的时候，灵活应用一些搜索技巧，可以迅速、准确地查找需要的信息。

(1) 使用多个词语搜索

输入多个词语搜索（不同字词之间用一个空格隔开），可以获得更精确的搜索结果。

(2) 减除无关资料

如果要避免搜索某个词语，可以在这个词前面加上一个减号（“-”，英文字符）。但在减号之前必须留一空格。

例如，搜索“神雕侠侣”，希望出现的是关于武侠小说方面的内容，却发现很多关于电视剧方面的网页链接。那么，可以这样查询“神雕侠侣 -电视剧”。

需要注意的是：前一个关键词和减号之间必须有空格，否则，减号会被当成连字符处理，而失去减号语法功能。减号和后一个关键词之间有无空格均可。

(3) 精确匹配

如果输入的查询词很长，搜索引擎在经过分析后，给出的搜索结果中的查询词，可能是拆分的。如果对这种情况不满意，可以尝试让搜索引擎不拆分查询的关键词。给查询的关键词加上双引号（适用于Google），就可以达到这种效果。

如果是利用百度搜索引擎进行搜索，则将双引号换为书名号。

(4)把搜索范围限定在特定站点中

如果用户知道某个站点中有自己需要找的东西，就可以把搜索范围限定在这个站点中，提高查询效率。

搜索时，在查询内容的后面加上“site：站点域名”。例如，在晨钟暮鼓中查找有关Google的内容，就可以这样查询：google site：www.ilmay.cn。

(5)把搜索范围限定在网页标题中

网页标题通常是对网页内容提纲挈领式地归纳。把查询内容范围限定在网页标题中，有时能获得良好的效果。

查询时，把查询内容中特别关键的部分用“intitle：”来引领。例如，查找周杰伦的专辑，可以这样查询：专辑intitle：周杰伦。

需要注意的是：“intitle：”和后面的关键词之间没有空格。

(6) 把搜索范围限定在url链接中

网页url中的某些信息，常常有某种有价值的含义。如果对搜索结果的url做某种限定，就可以获得良好的效果。

实现的方式是用“inurl：”后跟需要在url中出现的关键词。

例如，找关于photoshop的使用技巧，可以这样查询：photoshop inurl：jiqiao。其中，“photoshop”可以出现在网页的任何位置，而“jiqiao”则必须出现在网页url中。

需要注意的是：inurl：语法和后面所跟的关键词没有空格。

六、巩固练习

搜索引擎是我们在互联网上查找资料的重要工具。通过本学习目标的学习，读者应掌握至少一种搜索引擎的使用方法，重点掌握网页、图片、音乐、视频的搜索方法。在实际应用中，可同时应用多个搜索引擎帮助自己查找需要的资料。

练习题：

1. 练习用Google、百度搜索网页和图片。
2. 利用百度搜索Word视频教程。
3. 利用百度搜索重庆西亚酒店的位置，并查询其周围的景点。
4. 利用Google查询中石油股票信息。
5. 利用百度查询歌曲“茉莉花”。

学习目标4 网络下载随心所欲

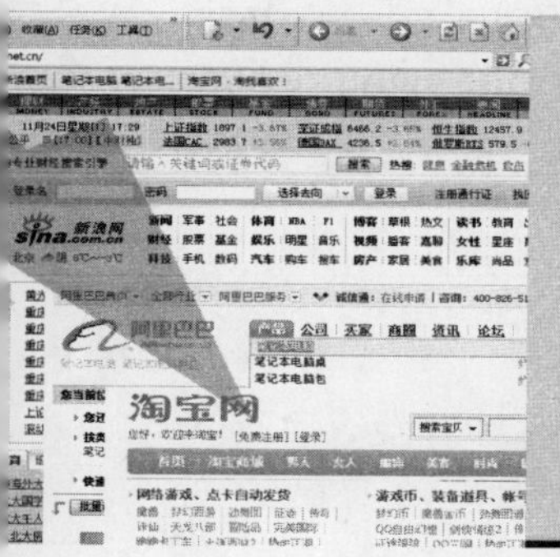

网络下载是我们从互联网上获取资源的主要方式之一。在互联网上，不同的资源，其获取方法和下载方式也不相同。因此，掌握必要的资源获取方法和下载技巧，可以帮助我们快速、准确地下载需要的资源。

一、如何寻找下载资源

互联网上的资源数千万，那么，如何寻找我们需要的下载资源呢？寻找下载资源，可利用搜索引擎搜索，也可以到一些专业网站上寻找。下面就来学习如何在互联网上寻找下载资源。

1.驱动程序

电脑中各硬件正常运行都需要对应驱动程序的支持。即时更新硬件驱动程序可以提高电脑的工作效率和工作质量。例如，更新声卡驱动程序，可以获得更佳的声音效果；更新显卡驱动程序可以获得最佳的视频显示效果等。下面就来学习如何寻找、下载驱动程序。

(1) 获取硬件信息

在查找、下载硬件驱动程序前，首先需要获取硬件的产品厂家、型号等信息。获取信息有两种方式可供选择。

方式一：关闭计算机，打开主机机箱，查看对应硬件芯片上有关厂家、硬件型号等信息，然后将其记录下来。

方式二：利用软件查看硬件信息。

EVEREST是一款专业的测试软硬件系统信息的工具，它可以详细的显示出计算机各硬件的信息。如主板、声卡、显卡的型号等。

运行EVEREST进入其主窗口。展开左侧的“主板名称”可查看主板、CPU、内存等硬件的型号等信息；展开“显示器”→“PCI/AGP视频”，查看显卡的型号nvIDIA GeForce 6500（如图4-1所示）；展开“多媒体”→“PCI/PNP音频”，查看声卡的型号。记录查到的硬件信息。

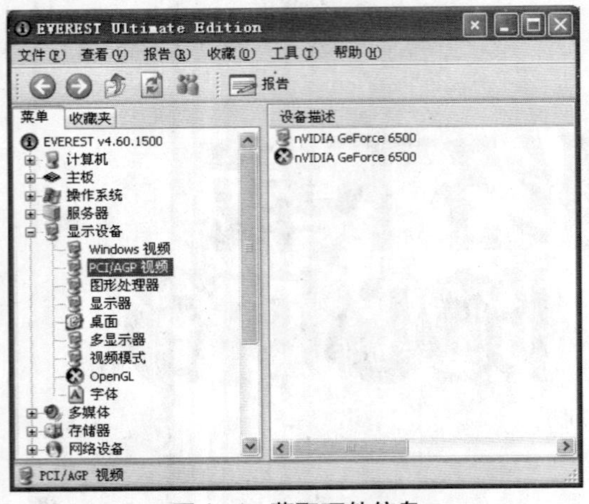

图4－1 获取硬件信息

(2) 寻找驱动程序

获取硬件的准确信息后，就开始到互联网上查找该硬件的驱动程序了。查找硬件驱动程序常采用的方法有以下几种。

方法一：利用搜索引擎搜索。

直接在搜索引擎中输入硬件的名称型号查询驱动程序。例如，输入“NVIDIA GeForce 6500驱动”查找该显卡的驱动程序，如图4－2所示。然后单击一个下载链接，进入显卡驱动程序的下载页面，单击“迅雷下载”开始下载，如图4－3所示。

图4－2 搜索显卡驱动程序

图4－3 下载显卡驱动程序

方法二：专业驱动网站下载

驱动之家(http://www.mydrivers.com/)是专门提供驱动程序下载的网站，我们可以到该网站上查找下载需要的驱动程序，如图4－4所示。如果该页面没有需要的驱动程序，可单击“more”链接进行查找。

此外，还可以到一些大型的硬件网站上（如表4－1所示）查找需要的驱动程序。这些大型网站

图4－4 在驱动之家查找驱动程序

图4－5 驱动之家的站内搜索

表4－1　大型硬件网站

太平洋电脑网	http://dl.pconline.com.cn/
天极网	http://www.yesky.com/
中关村在线驱动下载	http://driver.zol.com.cn/
eNet硅谷动力	http://www.enet.com.cn/home/
PChome	http://download.pchome.net/driver/
驱动－IT168	http://driver.it168.com/
驱动中国	http://www.qudong.com/

都提供站内搜索引擎，如图4－5所示。可以在其中输入要搜索驱动的关键字快速查找。

方法三：到厂家网站上查找

到厂家网站上查找、下载硬件的驱动程序也是不错的方法。

2.应用程序

在互联网上下载需要的应用程序既方便、又经济。查找需要下载的应用程序的方法主要有以下几种。

方法一：利用搜索引擎搜索

在搜索引擎中输入要下载软件的名称，如"Winrar"，如图4－6所示。在查找列表中单击相应的链接，进入下载页面，单击下载链接进行下载，如图4－7所示。

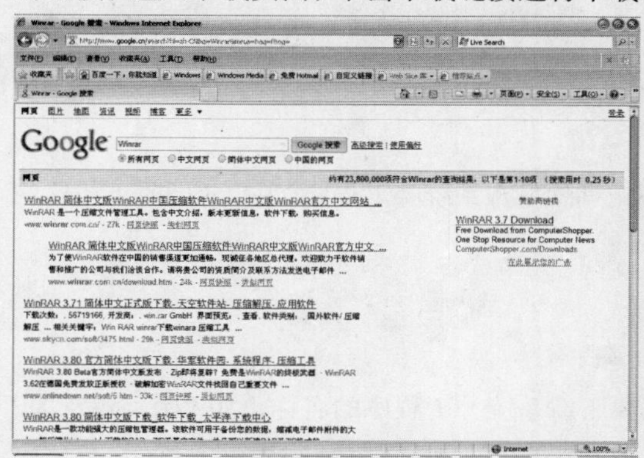

图4－6　搜索软件

图4－7　下载软件

方法二：到大型软件下载网站下载

目前，提供软件下载的网站比较多。查找软件时，应尽量选择大型、专业软件下载网站，可利用这些网站提供的站内搜索引擎进行搜索。常用的软件下载网站如表4－2所示。

小提示

下载软件时，应选择绿色软件下载，这样下载的软件不会包含病毒、流氓软件、不安全插件等，通常绿色软件的下载页面都用绿色标志，如图4－8所示。对包含有插件的软件，部分网站给出了相应的提示信息，如图4－9所示。对这种软件，安装时应注意选择不安装附加的插件。

表 4-2 常用软件下载网站

IT168	http://download.it168.com
IT.com.cn	http://download.it.com.cn
华军软件	http://www.onlinedown.net
天空软件站	http://www.skycn.com
霏凡软件站	http://www.crsky.com/
小熊在线	http://down.beareyes.com.cn
多特软件站	http://www.duote.com/
中关村在线软件下载	http://download.zol.com.cn

图 4-8 绿色软件标志

图 4-9 提示有插件

3.系统补丁程序

为了更好地抵御病毒，操作系统开发商都会不定期地发布系统补丁程序。用户应即时下载这些补丁程序，更新系统。

查找补丁程序常用的方法有以下几种。

方法一：利用搜索引擎搜索。

在搜索引擎中输入要下载系统补丁程序的名称，如 Windows XP SP3。在查找列表中单击相应的链接，进入下载页面进行下载。

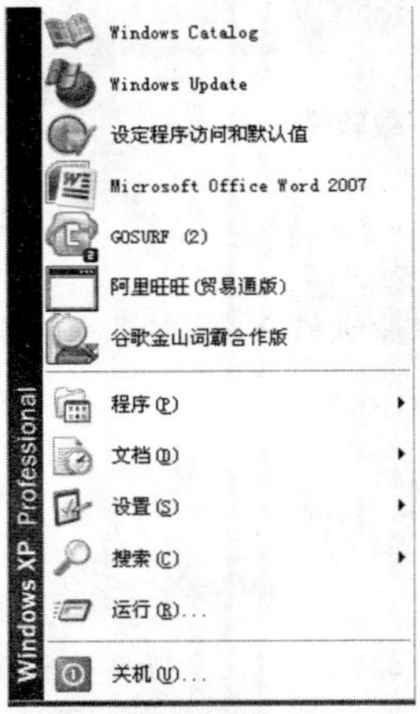

图 4-10 选择"Windows Update"

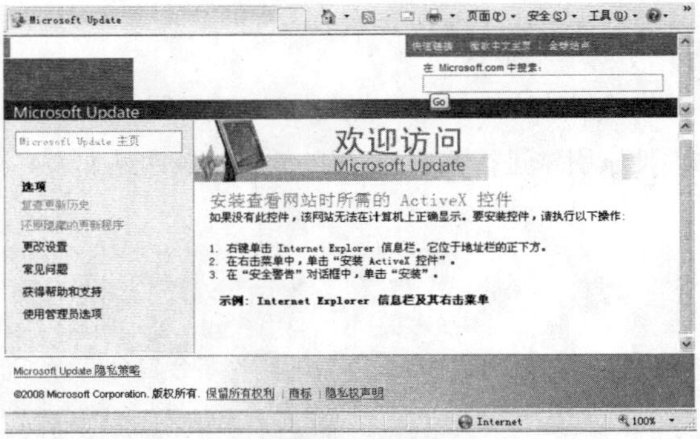

方法二：到官方网站下载。

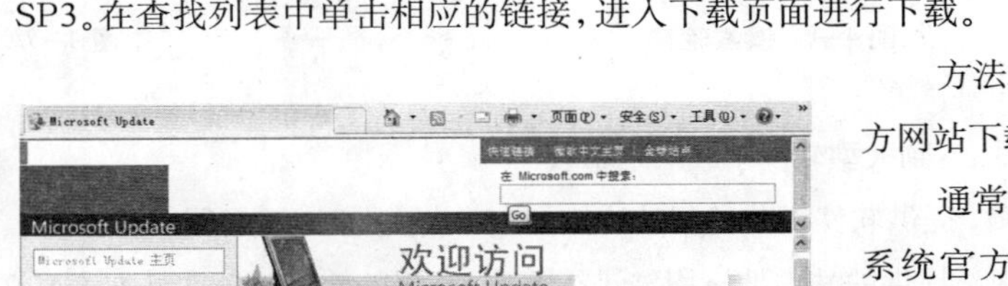

图 4-11 微软更新中心

通常，到操作系统官方网站的下载中心也可下载系统的补丁程序。如微软下载中心（http://www.microsoft.com/down-

loads/Search.aspx?displaylang=zh-cn)。

方法三：利用更新程序更新系统

Windows都提供了系统更新程序，运行该程序，按提示操作也可更新操作系统补丁和相应的驱动程序。

例如在Windows XP中单击“开始”菜单，选择“Windows Update”（如图4-10所示），连接到微软更新网站，如图4-11所示，然后按提示操作更新系统。

4.音乐

在互联网上查找音乐，可利用搜索引擎来进行搜索，也可在专门的音乐网站上查找喜欢的音乐。表4-3列举了常用的音乐搜索网站，表4-4列举了常用的音乐网站。

表4-3 常用的音乐搜索网站和音乐网站

百度MP3	http://mp3.baidu.com/
雅虎音乐	http://music.cn.yahoo.com/
搜狗音乐	http://mp3.sogou.com/
狗狗音乐	http://mp3.gougou.com/

表4-4 常用的音乐网站

天籁之音	http://www.13139.com/
一听音乐网	http://www.1ting.com/
视听在线	http://www.st020.cn/
千千音乐排行	http://www.qianqian.com/
QQ163	http://www.qq163.com/
CCTV 音乐频道	http://www.cctv.com/music/
SoGua 音乐	http://www.sogua.com/
天籁村	http://www.6621.com/
星星音乐谷	http://www.6621.com/
YYMP3	http://www.yymp3.com/
爱听音乐	http://www.aiting.com/
九天音乐	http://www.9sky.com/

5.电影

与音乐查找一样，查找电影可利用搜索引擎来搜索。也可到专门提供电影下载的网站上查找。表4-5列举了常用来搜索电影视频的搜索引擎，表4-6列举了专门提供在线电影的网站。

表4-5 搜索电影视频的搜索引擎

百度视频搜索	http://video.baidu.com/
Google 视频搜索	http://video.google.cn/
OpenV 视频搜索	http://www.openv.tv/
SOSO 视频搜索	http://video.soso.com/

表4－6 专门提供在线电影网站

泡泡电影	http://movie.pcpop.com/
中文BT联盟:	http://www.bt990.com/
优酷	http://www.youku.com/
土豆网	http://www.tudou.com/
酷6网	http://www.ku6.com/
六间房	http://6.cn/
OpenV天线	http://www.openv.com/
腾讯宽频	http://bb.news.qq.com/

此外，中国电信、中国网通为网内用户提供了免费电影、电视剧。用户可到各地网络运营商的网站上观看、下载电影。如重庆电信的星空影院（http://cq2.91q.com/univser/）。

6.图片

查找图片，常用的搜索引擎如表4－7所示。此外，也可到一些图片素材网站上查找需要的图片，表4－8推荐了一些专业的图片素材网站。

提供图片的网站很多，用户可以到网址提供网站上进行查询，如hao123网址之家（http://www.hao123.com/）、百度网址大全（http://site.baidu.com/）等。

表4－7 查找图片，常用的搜索引擎

百度图片:	http://image.baidu.com/
google图片搜索:	http://images.google.cn
雅虎图片搜索:	http://image.cn.yahoo.com/
搜狗图片搜索:	http://pic.sogou.com/

表4－8 图片素材网站

ITbulo	http://photo.itbulo.com/
天堂图库	http://www.ivsky.com/
昵图网共享图库	http://www.ehe.cn/
E库素材	http://www.iecool.com/
网页制作大宝库	http://www.dabaoku.com/
Photoshop素材库	http://www.photoshop.org.cn/

二、在网页中下载

在网页中下载是指不利用下载工具，直接在网页中单击下载连接进行下载。以下载MSN8.5(Windows Live messenger)为例介绍其操作方法。

第1步，进入提供MSN8.5下载的网页，单击显示为空闲（服务器的状态）的下载链接，在弹出的菜单中单击“保存”按钮，如图4－12所示。

第2步，出现“另存为”对话框，在“保存在”中选择保存该软件的文件夹，如图4－13所示，然后单击“保存”按钮，开始下载MSN。

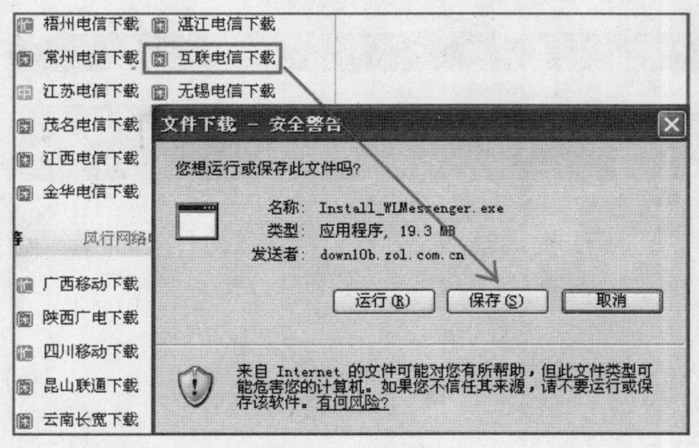

图4-12　下载软件

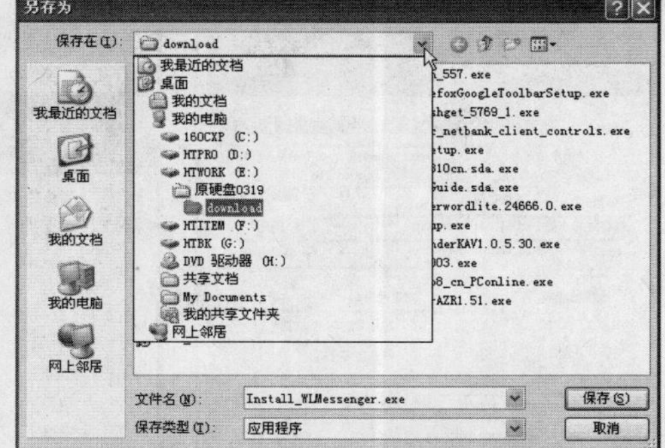

图4-13　指定用于保存软件的文件夹

第3步，下载完成后，进入指定的文件夹，即可看到刚才下载的软件。

三、多线程下载——FlashGet

利用网页下载这种方法，对体积比较小的软件包下载速度还可以承受，但是有时需要下载的文件包容量比较大，如Office软件、PhotoShop等工具软件。这时，就需要借助工具软件来进行下载。现常用的下载软件有FlashGet、迅雷、Bitcomet（BT）等，这些下载软件都支持多线程下载，具有下载速度快，不定时持续下载等优点。下面先来看看如何使用FlashGet下载软件程序。

1. 多线程下载单个文件

多线程下载是工具下载与网页下载最明显的差别，同时工具下载支持不间断下载。多线程下载文件的操作如下。

第1步，到互联网上（http://www.onlinedown.net/soft/15.htm）下载FlashGet最新版软件，然后按提示安装该软件（安装比较简单）。FlashGet被安装后会自动集成到右键菜单中。

第2步，用鼠标右键单击软件的下载链接，选择“使用快车（FlashGet）下载”，如图4-14所示。

第3步，在弹出的窗口中单击“浏览”按钮，设置文件下载后的保存位置，在“主线程”中调高同时下载的线程数，

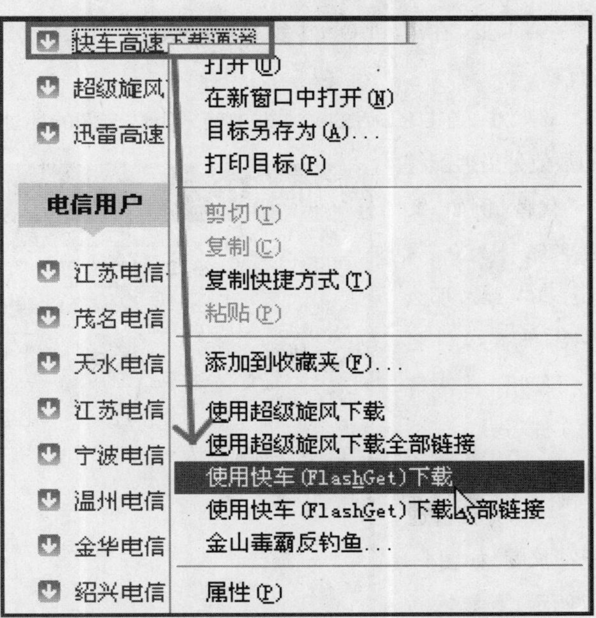

图4-14　选择“使用快车（FlashGet）下载”

小提示

如果将FlashGet设置为默认下载工具，可直接单击下载链接开始下载。

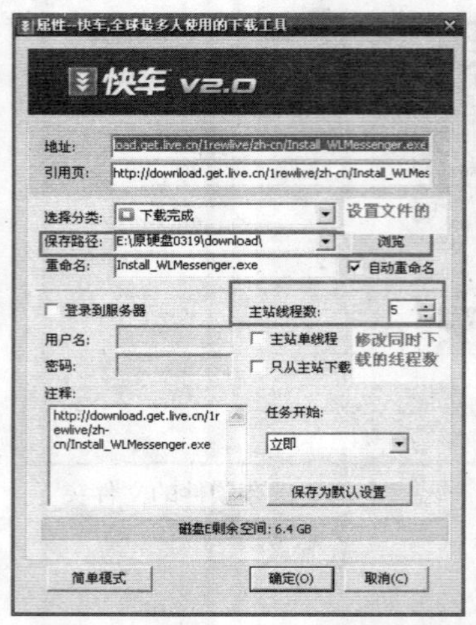

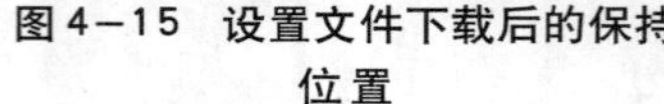
图4－15 设置文件下载后的保持位置

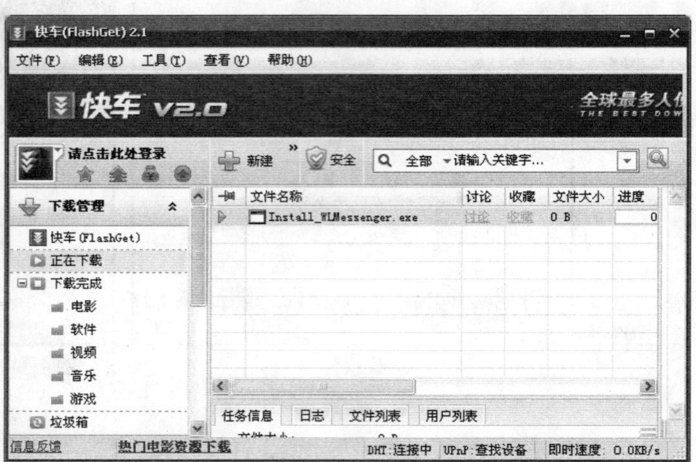

图4－16 在FlashGet主窗口中查看软件的下载状况

以加快下载的速度，也可保持默认设置，如图4－15所示。单击“确定”按钮开始下载。

第4步，双击系统托盘中的快车（FlashGet）图标，打开其主窗口。选择“正在下载”项，查看软件的下载状况，如图4－16所示。

第5步，下载完成后，FlashGet会弹出提示信息，打开“我的电脑”窗口，查看下载的文件。

2．批量下载

FlashGet支持批量下载，如果需要下载的软件有多个压缩包，并且文件的文件名都是按序号排列的，如01、02、03等，这时就可以利用FlashGet提供的批量下载功能进行下载。

第1步，在FlashGet主窗口中依次单击“文件”→“添加成批任务”，打开“添加成批任务”窗口。

第2步，在URL后的文本框中输入下载文件的地址，按照URL窗口下面的例子填写，需变动的数值处用通配符“*”代替。例如，文件名编号为01.rar～04.rar，那么在URL的文件名处可使用“*”来替代文件序号，在下面的范围中填写01～04，并设置通配符长度，如图4－17所示。设置好后单击“确定”按钮即

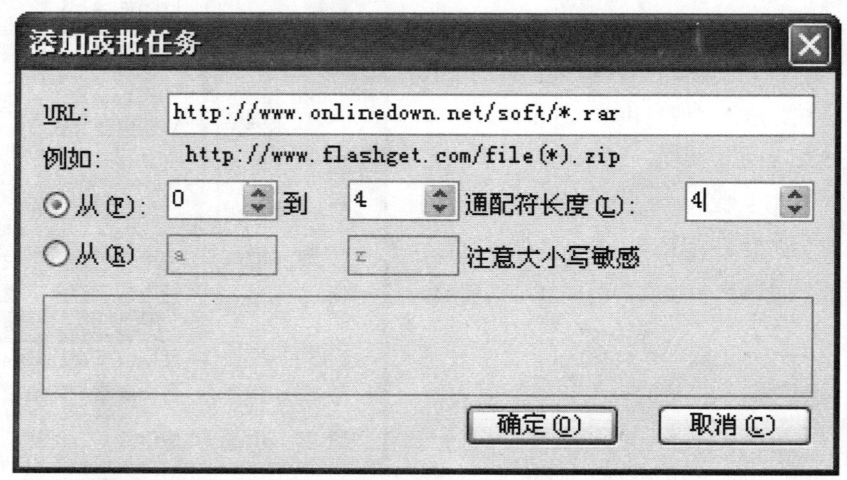

图4－17 设置批量下载

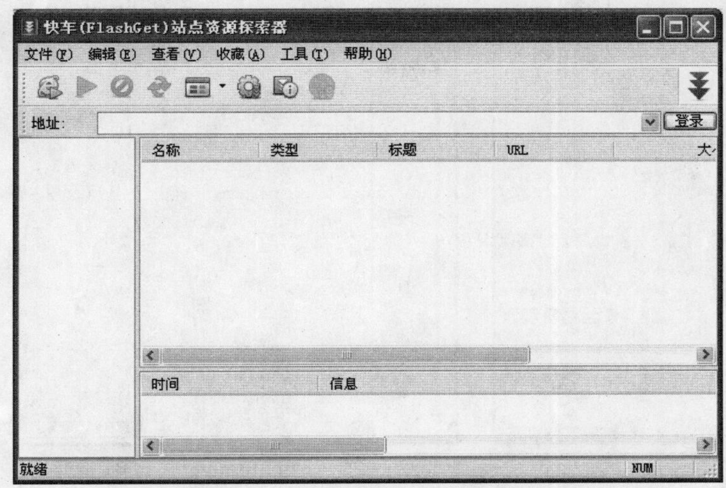

图4-18　“站点资源探索器”窗口

可添加批量下载任务。

3. 下载Flash动画

通常下载内嵌在网页中的Flash动画都需要借助下载软件来进行，使用FlashGet的“站点资源探索器”可以轻松下载为你所喜欢的Flash动画。

第1步，在FlashGet主窗口中依次单击菜单栏“工具”→“站点资源探索器”项，弹出“站点资源探索器”窗口，如图4-18所示。

第2步，在“地址”中输入Flash动画的网页链接地址，然后单击“登录”按钮。在左侧窗口中就会列出该网页的网络树状结构，而右侧窗口则列出网页中包含的网页元素。其中后缀名为“.swf”或“.exe”的文件则为Flash动画。

第3步，依次单击菜单“编辑”→“过滤”，进入“过滤”窗口，如图4-19所示。选中“只显示以下类型”，在“文件类型”中输入要查找的两个文件类型，并用半角分号“;”隔开，最后单击“确定”按钮。

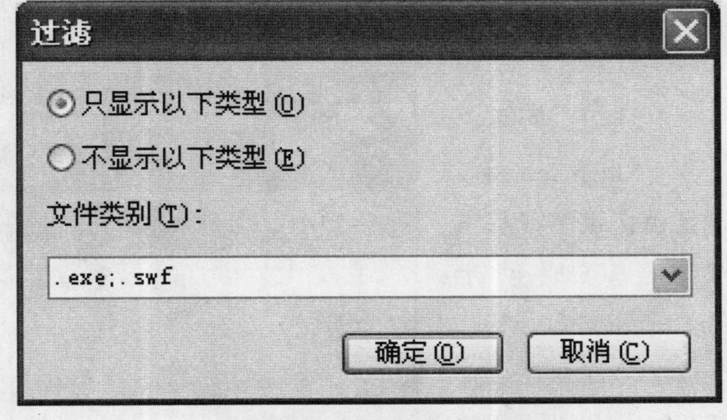

图4-19“过滤”窗口

第4步，探索器右侧则显示出该网页中的所有Flash动画文件。挑选要下载的文件，然后用鼠标右键单击该文件，并选择“下载”即可。

四、边搜索边下载——BT

BT下载是P2P下载的主要方式之一，是近几年来新兴的网络下载方式之一，它改变了传统下载单独依靠服务器的方式。用户在下载服务器上的BT资源时，又为其他下载用户充当了服务器的作用。目前，很多大型软件都提供BT下载。BT下载需要专门的软件，BitComet是目前较受欢迎的BT下载软件之一。BitComet的安装比较简单，下面主要学习如何利用它来下载软件。

第1步，在BT资源搜索、发布网站上寻找相应的BT种子。

第2步，运行BitComet，在工具栏中单击“搜索”按钮，如图4-20所示，在“BT搜索”栏中输入要下载的文件关键字，单击站点找到对应的种子之后，把它下载保存到硬盘上。

第3步，双击下载的种子文件，系统会自动启动BitComet。在弹出的“任务属性”设置框中选

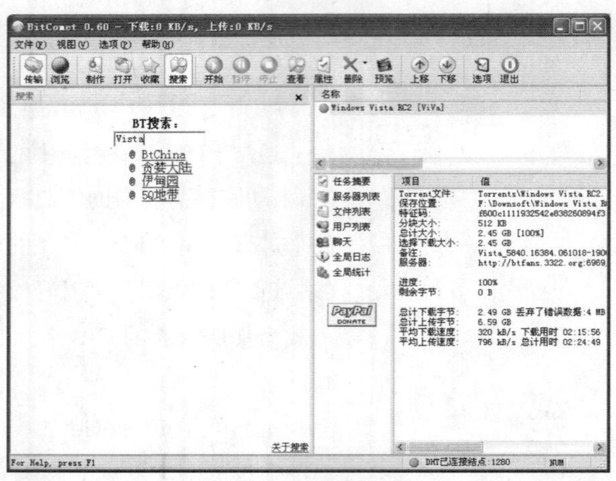

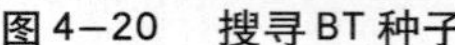

图4-20　搜寻BT种子

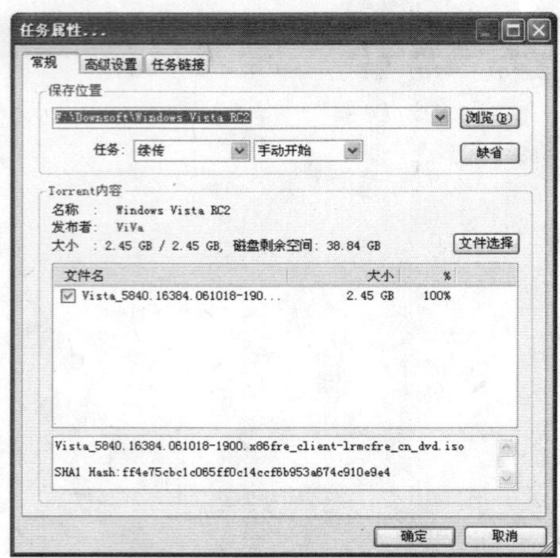

图4-21　用BitComet下载BT资源

择下载文件的保存位置，如图4-21所示。设置好后单击“确定”按钮，这样BitComet就会开始下载文件。如果同一时间下载该文件的用户越多，则下载速度越快。

五、资源疯狂下载——迅雷

迅雷是目前使用得较多的下载工具，具有下载速度快，不影响用户上网速度等优点。下载时，迅雷软件可以对服务器资源进行均衡，有效降低了服务器负载。下面就来学习如何利用迅雷下载需要的资料。

1. 下载视频

与FlashGet一样，迅雷也提供多线程下载。到互联网上(http://www.onlinedown.net/soft/30735.htm)下载迅雷的最新版本，然后安装该软件，其安装操作比较简单，按提示操作即可完成。安装完成以后，就可以使用迅雷软件下载需要的软件、电影和音乐了。

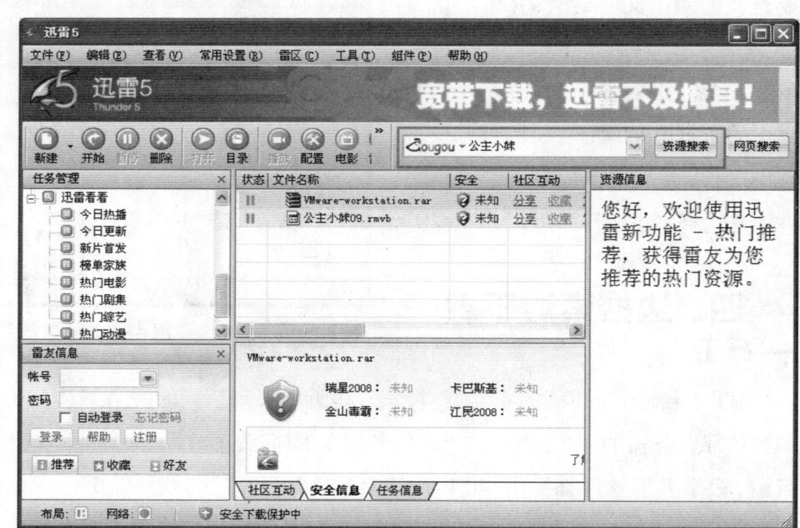

图4-22　搜索需要下载的信息

以下载电视剧《公主小妹》为例进行介绍。

第1步，运行迅雷程序并进入其主窗口中。在狗狗搜索文本框中输入“公主小妹”，单击“资源

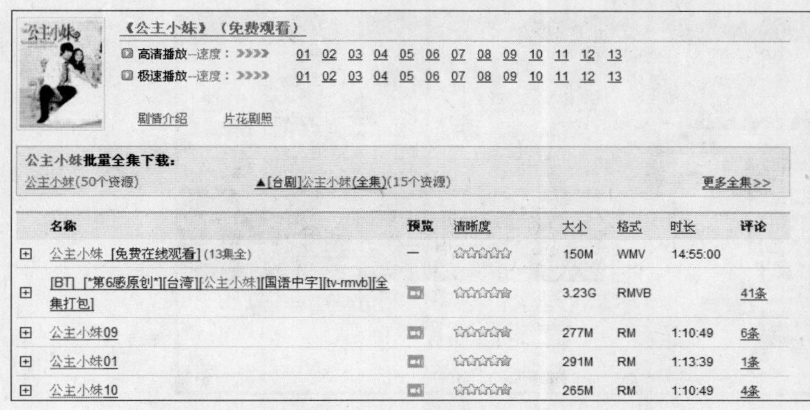

图4—23　搜索结果

搜索”按钮，搜索电视剧《公主小妹》，如图4—22所示。

第2步，进入《公主小妹》下载页面，如图4—23所示。单击需要下载的电视剧，如“公主小妹09”，弹出“建立新下载任务”，如图4—24所示。单击“浏览”按钮设置电视剧下载后的存储位置。单击“确定”按钮开始下载。

第3步，下载完成以后，用播放器播放下载的电视剧就可以尽情地欣赏影片了。

2. 高速下载FTP资源

最新版的迅雷提供了一个相当好用的“资源探测器”功能，它可以将FTP站点中的文件用树状目录的方式呈现给用户。利用它可以更方便、形象地下载网上资料。

第1步，在迅雷主窗口中单击菜单“工具”→“资源探测器”，打开“资源探测器”窗口。

第2步，在“地址”中输入FTP的域名或地址，前面要带上ftp://协议，同时在后面输入用户名和密码，按回车键登录FTP服务器。

第3步，在窗口左边则显示出FPT服务器上的文件夹列表，选中一个文件夹，选中需要下载的文件，单击鼠标右键，选择“下载”，如图4—25所示。想下载的文件就会自动添加到下载任务中。

3. 重启未完成任务

在迅雷主窗口中，展开“正在下载”列表，用鼠标右键单击需要下载的文件，选择“开始任务”即可开始下载未完成的任

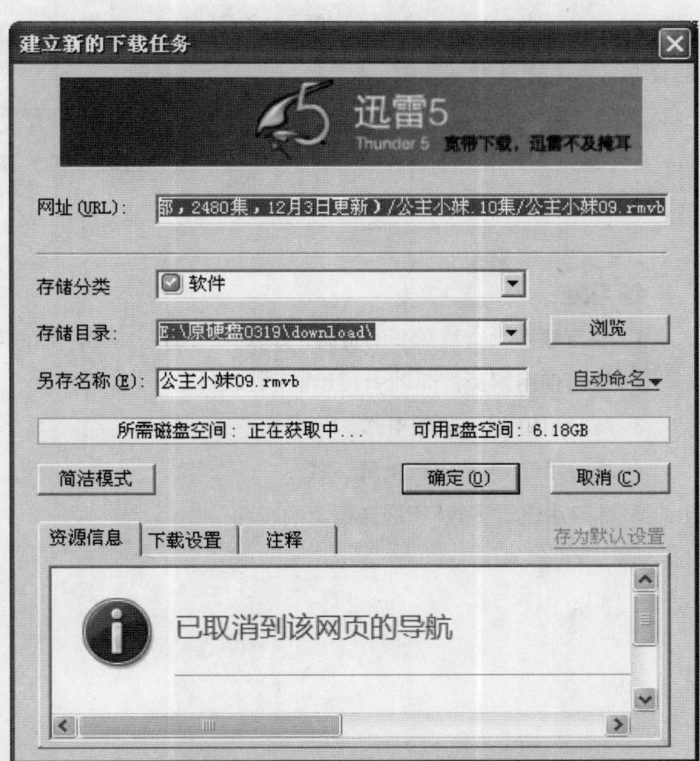

图4—24　设置下载资源的存储位置

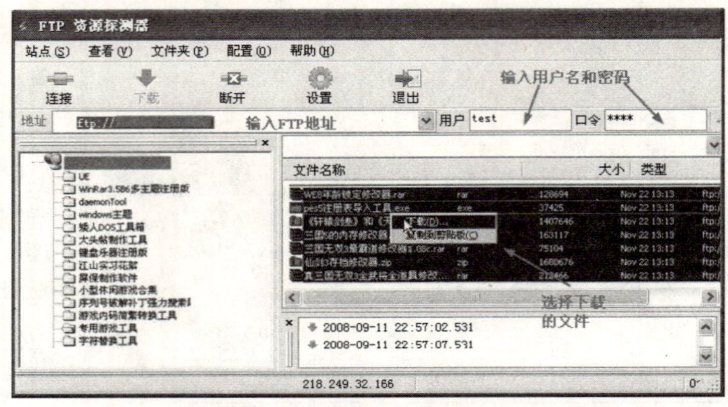

图 4—25　下载 FTP 服务器中的文件

务，如图 4—26 所示。

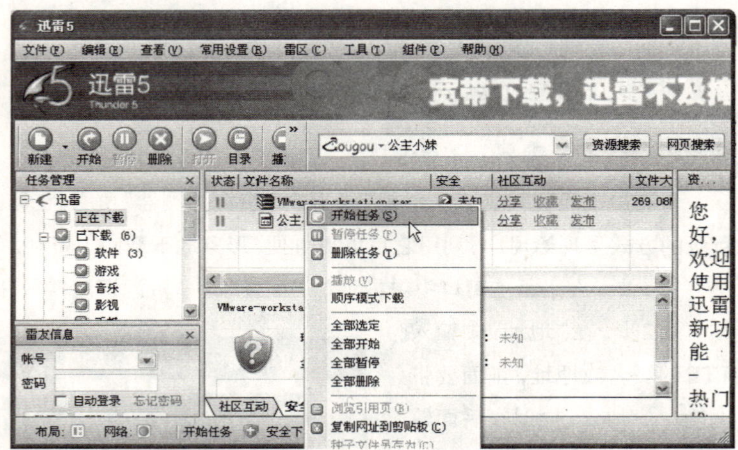

图 4—26　重新开始下载

六、巩固练习

下载是互联网生活中非常重要的常规技巧。通过本学习目标的学习，读者应掌握如何在互联网上查找需要的下载资源，如何下载找到的资源。下载资料可以通过网页直接下载，也可以利用迅雷等下载工具来帮助下载，应在实际应用中灵活应用。

练习题：

1. 在互联网上查找需要的资源，如软件、图片、视频、歌曲等。
2. 练习使用网页、Flashget、迅雷下载软件。
3. 练习用BT方式下载电影。
4. 练习用Flashget进行批量下载。
5. 练习用迅雷下载FTP服务器上的资料。

学习目标5 网络即时交流省时省力

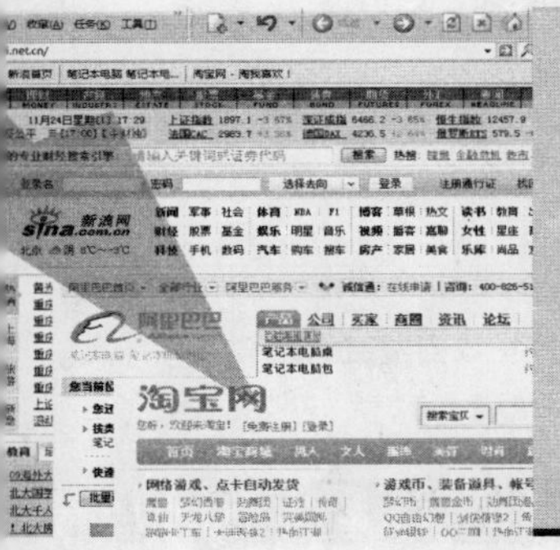

在互联网飞速发展的今天，网络实时交流以经济、方便、快速等优势，成为人们与外界沟通的一种重要方式。QQ、MSN都是使用非常广泛的网络实时交流工具。下面就来学习如何用这些聊天工具与对方进行交流。

一、用QQ2008交友聊天

QQ是目前国内用得非常广泛的一款网络聊天工具，它不仅可以实现即时对话，还可以实现语音、视频聊天。此外QQ还提供网络存储、在线电影、在线游戏等功能。下面，我们主要学习利用QQ交友聊天。

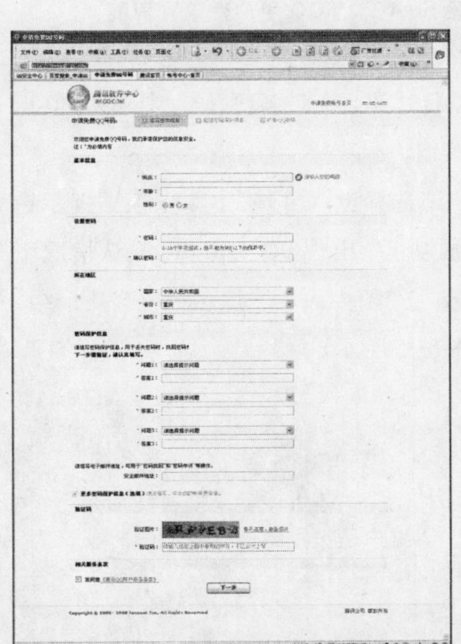

图5-2　输入注册信息

图5-1　申请QQ号码

1. 申请腾讯QQ号

申请QQ号码有两种方法：一种是直接到腾讯网站上进行申请。另外一种是在QQ登录界面单击“申请号码”申请。

第1步，打开腾讯网页面（网址“www.qq.com”），单击“QQ软件”，在新出现的网页中单击“免费申请QQ号码”按钮，出现如图5-1所示申请QQ号码网页（网址“http://freeqqm.qq.com/”）。

图5—3　回答设置的机密问题

第2步，单击“网页免费申请”，在随后出现的界面中输入个人注册信息，并设置QQ号的安全机密问题，如图5—2所示。输入完成后单击“下一步”按钮。

第3步，在随后出现的界面中再次回答刚刚设定的三个问题，如图5—3所示。单击“下一步”按钮。提示申请成功，并给出申请到的QQ号码。

小技巧

密码保护对QQ用户来讲很重要，一旦遇到QQ账号密码被盗，就可以用密码保护找回被盗的账号。

2. QQ交友聊天

图5—4　“QQ用户登录”界面

申请了一个属于自己的QQ账号后，对没有安装QQ软件的用户，还需要到腾讯官方网站(http://im.qq.com/index2.shtml) 下载QQ的最新版本，然后安装该软件。安装好QQ后就可以与好友聊天了。

(1) 登录QQ

第1步，在桌面单击菜单“开始”→“程序”→“腾讯软件”→“腾讯QQ”，启动QQ软件。出现“QQ用户登录”界面，如图5—4所示。在“QQ号码”中输入申请的QQ号码，在“QQ密码”中输入为QQ号码设置的密码，然后单击“登录”按钮。

图5—5　QQ主窗口

第2步，第一次登录QQ，会出现“请选择上网环境”窗口，根据提示选择，然后单击“确定”按钮即可。启动成功后，出现QQ主窗口，默认情况下软件已经创建了“我的好友”、“好朋友”、“陌生人”、“黑名单”这几个组，在“我的好友”中可以看到自己，如图5—5所示。

小知识

“我的好友”是用于方便联系的QQ朋友，“陌生人”是没有被加入“我的好友”的QQ用户，“黑名单”中的QQ用户是被拒绝进行交流的对象。为了方便管理QQ好友，通常添加不同的组分类管理。

(2) 添加好友

第1步，在QQ主界面中单击“查找”按钮，出现“添加好友”窗口。选

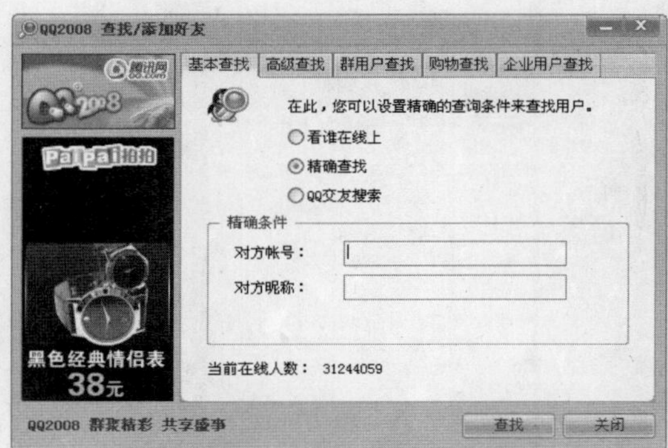

图5–6 “添加好友”窗口

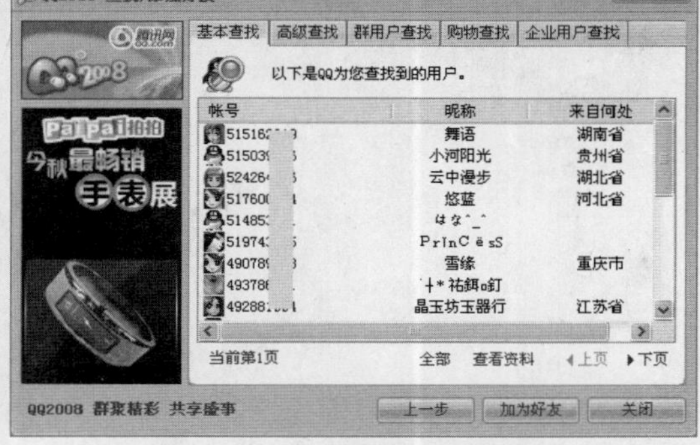

图5–7 分页显示在线好友

择“基本查找”标签。

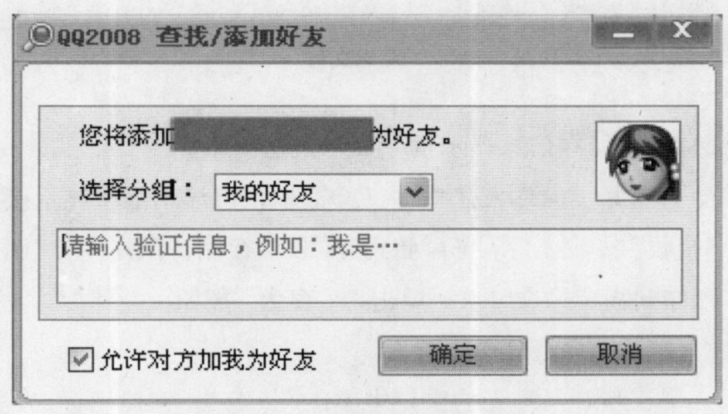

图5–8 “选择分组”窗口

选择“精确查找，在“精确条件”中输入要查找的项，如图5–6所示。如果是以QQ号码进行查找，就在“对方账号”中输入要查找的QQ号码，然后单击“查找”按钮。在随后的界面中显示出查找结果，选中该QQ号码，然后单击“加为好友”按钮。

选择“看谁在线上”，单击“查找”按钮，QQ会分页显示所有在线的用户，如图5–7所示。选中希望成为好友的用户，单击“加为好友”按钮将其添加为自己的好友。

第2步，在随后出现的界面中选择该好友所在的组。如果对方需要验证你的身份，则需要输入表明你身份的验证信息。为方便对方也把自己加为QQ好友，一般保留勾选“允许对方加我为好友”，如图5–8所示。设置好后单击“确定”按钮。

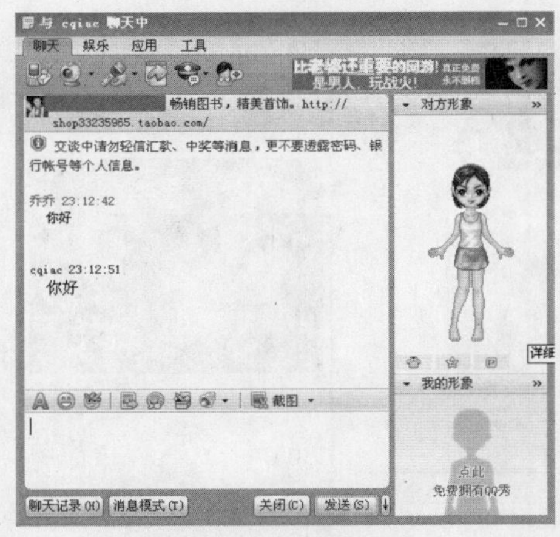

图5–9 聊天窗口

第3步，当好友接受你的添加请求后会弹出提示窗口，单击“确定”按钮即可。

（3）即时交流

在QQ主窗口中，双击要进行即时交流的好友，弹出与该好友的聊天窗口，如图5–9所示。默认状态下窗口有两个区域，上面为交流信息显示框，下面为信息输入框，在信息输入窗口中输入聊天信息，然后单击“发送”按钮即可将信息发送出去。

（4）发送、接受文件

在与好友进行聊天的窗口中单击快捷“传送文件”按钮，如图5–10所示，弹出“打开”文件窗口。找到要发送的文件，然后单击“打开”按钮，开始发送文件。发

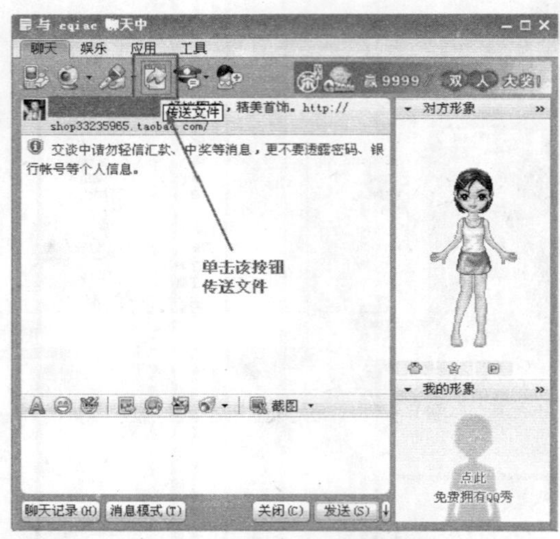

图5−10　传送文件

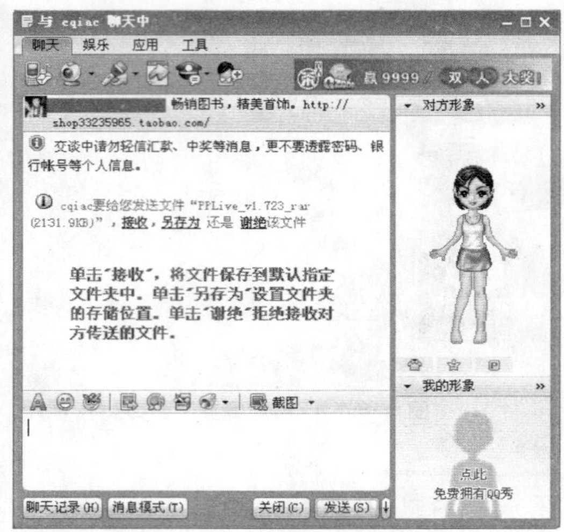

图5−11　接收文件的操作提示

送完成后，在信息显示框中显示发送结果。

当好友向你发送文件，QQ会在信息显示框中显示接收文件的操作提示，如图5−11所示。单击"接收"接收文件，将存储到QQ默认存储目录。单击"谢绝"可拒绝接收文件。如果要把接收文件存储到指定的文件夹，单击"另存为"按钮。

（5）语音、视频聊天

在与好友聊天的窗口中单击"摄像头"快捷图标，在弹出的菜单中选择"超级视频"，即向对方发出视频请求。当对方同意后，会在窗口的右侧显示对方的图像（前提是对方安装有摄像头），在窗口的右下方会显示自己的摄像头获得的图像，如图5−12所示。

如果是别人邀请你进行视频聊天，会出现邀请窗口，如图5−13所示。单击"接受"按钮即可进行视频聊天，否则单击"拒绝"按钮。

单击"麦克风"快捷图表，选择"超级语音"，则向对方发出语音请求。对方同意了请求之后即可进行语音聊天。如果收到对方发出的语音请求，单击"接受"按钮即同意对方的请求。

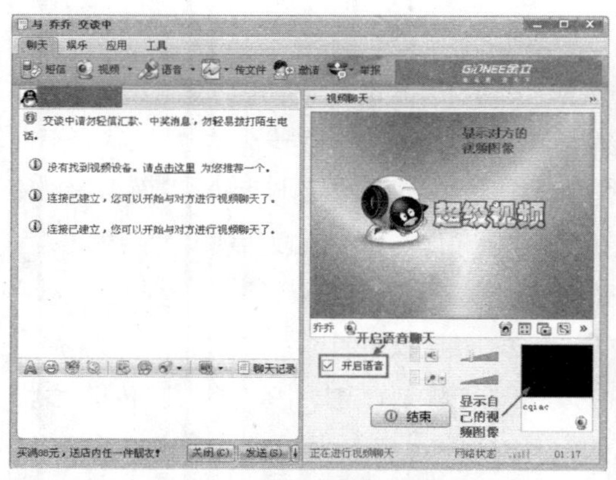

图5−12　视频聊天窗口

图5−13　视频邀请

小提示

要进行语音聊天需要有耳麦等声音输入设备，要进行视频聊天需要安装视频摄像设备，并且在使用前一般还需要安装相应的驱动程序，安装操作比较简单，按提示操作即可完成。

3.QQ群聊

在网络实时交流工具盛行的今天，越来越多的用户开始喜欢上群聊。在群中大家可以讨论一些热门话题，交流工作、学习经验等，甚至有企业将工作会议也搬到了群中。下面就来学习如何用QQ群聊。

(1) 创建群

第1步，登录QQ，在QQ主窗口中单击"QQ群"按钮，在空白处单击右键，选择"创建一个群"菜单项，如图5-14所示。

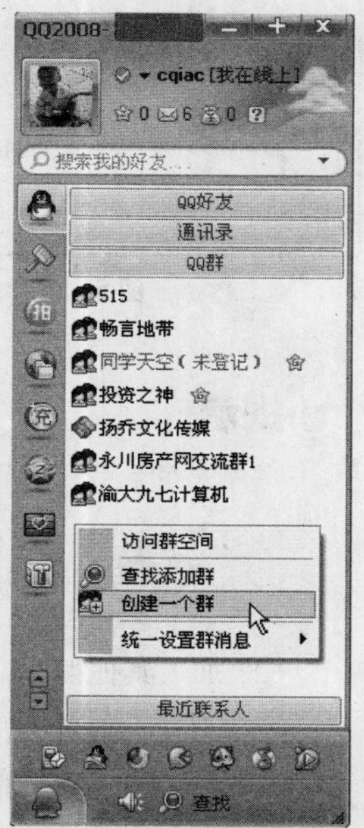

图5-14　选择"创建一个群"

第2步，打开创建QQ群的网页。填写群的资料，包括群的名称，群的介绍，设置加入群QQ号身份的验证，以及QQ信息设置等，如图5-15所示。建议将身份验证设置为"需要通过身份验证才能加入该群"，避免不明身份的人进入到QQ群中，设置好后单击"下一步"按钮。

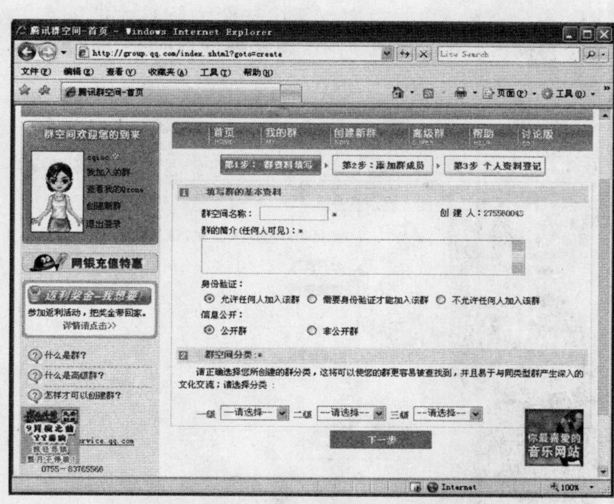

图5-15　填写群的基本信息

小提示

在身份验证中，选择"允许任何人加入该群"，表示所有的QQ用户都可以直接加入到所创建的群中；"需要通过身份验证才能加入该群"，表示只有得到管理员的允许后，申请加入群的QQ用户才能成功加入该群；"不允许任何人加入该群"当然是不让其他任何QQ用户加入到群中。

第3步，出现添加QQ成员界面，如图5-16所示。可以将现有的QQ好友添加为群的成员，选择好之后单击"下一步"按钮。

第4步，出现"个人资料登记"界面，如图5-17所示。输入群创建者的信息资料，输入好后单击"下一步"按钮完成群的创建。然后，系统将给出提示并为创建的群分配一个ID号。接下来其他用户可以通过这个ID号查找并加入到该群。

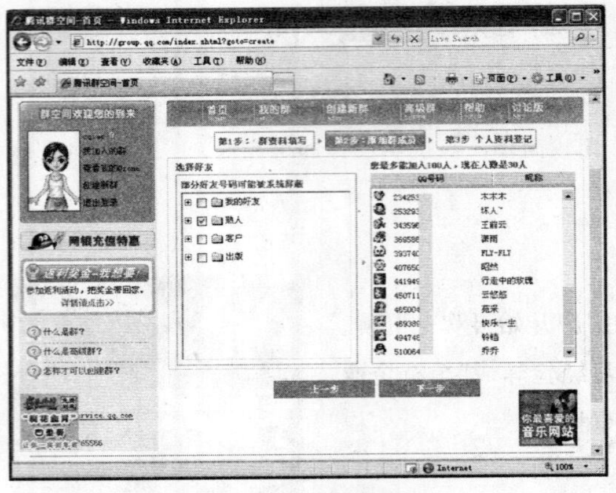
图5—16　添加成员

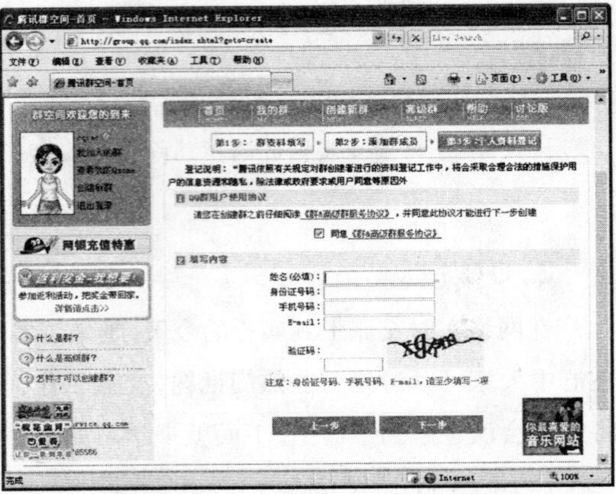
图5—17　“个人资料登记”界面

小提示

并不是每个用户都可以创建QQ群，免费的QQ用户需要16级以上（至少一个太阳）才能拥有（创建或接受转让）一个普通群。QQ会员能拥有4个普通群，QQ会员VIP6能额外拥有一个超级群。

(2) 加入其他群

除了自己创建群外，我们通常还会加入到其他群中，以与更多的朋友交流。

第1步，在QQ主窗口中，单击“查找”按钮，打开“查找/添加好友”窗口，选择“群用户查找”标签。选择“分类查找”，在“分类”中选择QQ群的类别，在“关键字”中设置查找的关键字，如图5—18所示。单击“查找”按钮。

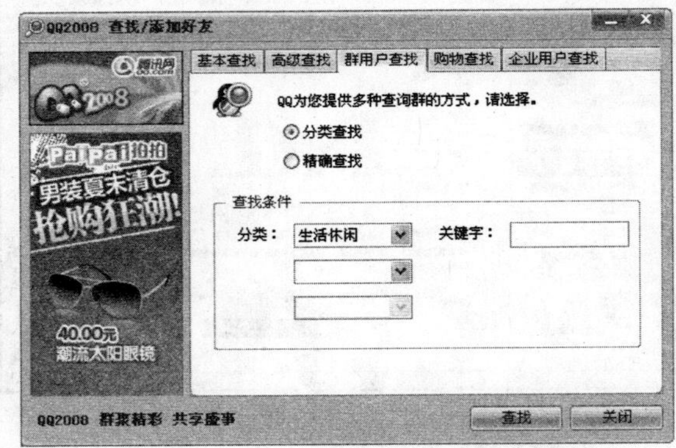

图5—18　选择“群用户查找”标签

小提示

如果知道要加入群的ID号，则选择“精确查找”，在“输入群号码”中输入该群的ID号，然后单击“查找”按钮查找该群。

第2步，连接到腾讯群空间主页，查看已经存在的QQ群。在希望加入的QQ群后单击“允许加入”即可加入该群，如图5—19所示。

如果需要输入验证信息才能加入群，会出现验证页面。输入表明自己身份的信息，然后单击“发送”按钮。在管理员通过身份验证后，会出现提示信息，单击“确定”按钮即可加入该QQ群。

(3) 群聊

在QQ主窗口中，单击“QQ群”选项卡，双击一个群，打开群聊窗口，就可与群中的好友进行

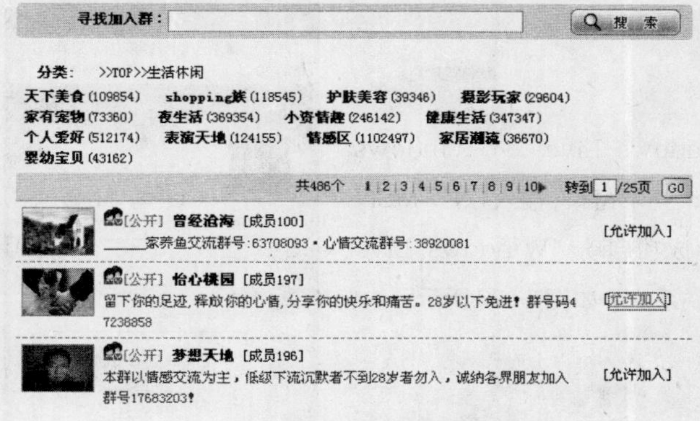

图5-19　加入其他群

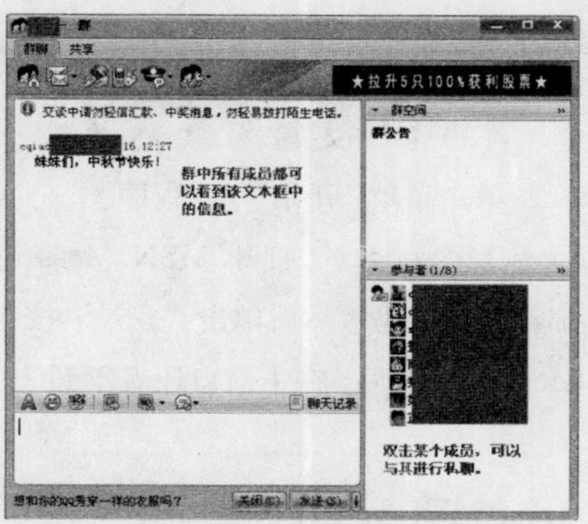

图5-20　群聊窗口

交流了。群中所有的用户都可以看到其他人输入的信息，如图5-20所示。

二、用Windows Live Messenger即时工作交流

随着网络的不断发展，人们沟通不再受到时间和空间的限制。网络实时聊天工具的出现更让我们的交流变得更加经济、方便、快捷。MSN是国际上广泛使用的网络实时聊天工具，通过它，我们可以与他人进行文字聊天，语音对话，视频会议等即时交流。新一代MSN已更名为Windows Live Messenger。下面就来学习MSN在办公中的一些应用。

1.申请MSN Messenger邮箱地址

使用MSN与同事、客户进行实时交流，我们必需拥有一个MSN账户。如果还没有则需要先申请一个账户。

第1步，启动IE浏览器，在地址栏中输入网址“Http://cn.msn.com”，进入MSN中文网站，单击“Messenger”按钮。在出现的网页中单击“获取Live ID”（如图5-21所示），开始申请MSN邮箱账户。

第2步，在随后出现的界面中单击“立即注册”按钮，出现“注册Windows Live”界面，如图5-22所示。根据提示输入注册信息，然后单击“注册”按钮。网站开始处理你提交的注册信息，

图5-21　单击“获取Live ID”

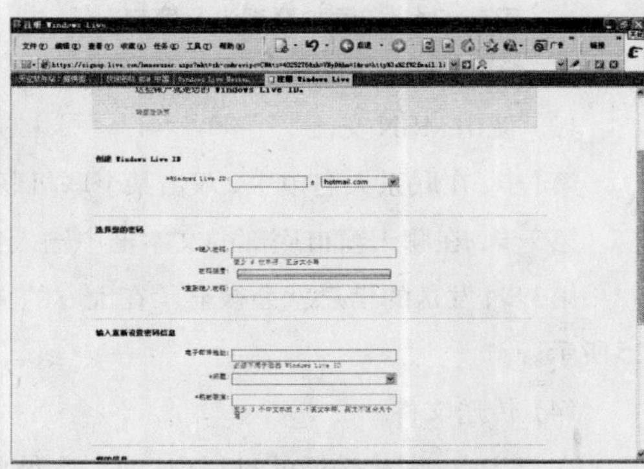

图5-22　填写注册信息

处理完成后显示注册成功的信息。

2. MSN 实时沟通

单击菜单"开始"→"程序" →"Windows Live"→"Windows Live Messenger",打开 MSN Messenger 登录窗口,输入账户(MSN 邮箱)和密码,然后单击"登录"按钮。成功启动"Windows Live Messenger"后,在主窗口还看不到一个联系人,如图5–23所示。

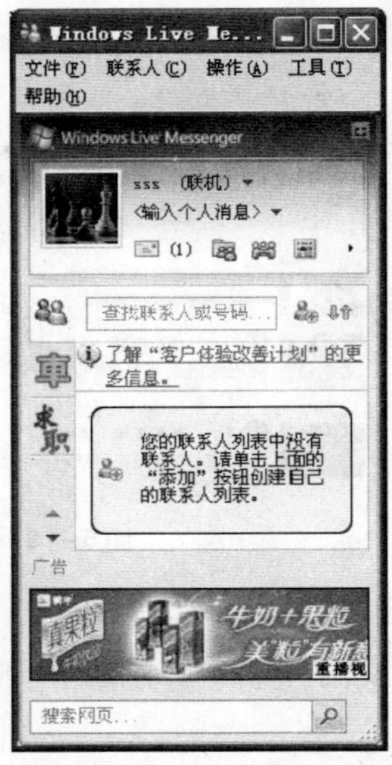

图5–23 "Windows Live Messenger"主窗口

> **小技巧**
>
> 在登录界面中,为避免每次登录时输入邮箱地址或密码,可以勾选"保存我的信息",这样下次在这台电脑上登录时不需再输入邮箱地址。勾选"记住我的密码",可以在下次登录时不再手动输入密码,电脑会自动输入。需要注意的是,如果这台电脑不是一个人用,建议不要勾选"记住我的密码",以防任何人在这台电脑上都可以使用你的MSN号码登录进行即时交流。

图5–24 "添加联系人"窗口

(1)添加联系人

单击"添加联系人"按钮,出现"添加联系人"窗口,如图5–24所示。在"即时消息"中输入添加好友的邮件地址,在"个人邀请"中发送表明你身份的信息(也可不填写)。单击"联系人"项,还可以设置该好友的详细信息。设置好后单击"添加联系人"按钮即可添加该好友。

(2)创建联系人组

单击菜单"联系人"→"创建组",出现"新建组"窗口,输入组的名称,然后单击"保存"按钮即可。你可以根据需要创建"好友"、"同事"、"亲戚"等组。创建了组之后,即可对现有的联系人进行分类,把联系人拖到相应的组中即可。

(3) 使用MSN交流

第1步,在联系人名单中,双击某个联机联系人的名字,即可打开与该联系人的聊天窗口。

第2步,在聊天窗口底部的文本框中输入你的消息,单击"发送"按钮。

第3步,发送的信息就会被显示在上方的文本框中。对方回复信息也会在该文本框中,如图5–25所示。

(4) 传送文件

在与客户、同事沟通的过程中,有时会彼此发送一些文件。利用MSN传送文件的操作如下。

小提示

聊天时，我们只能与在线的联系人进行实时交流。如果联系人在线，其对应的头像为绿色，否则为灰色。

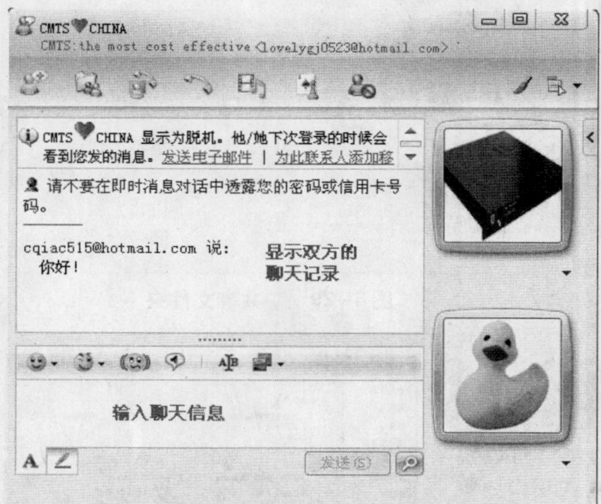

图5-25　使用MSN聊天

第1步，在聊天窗口中单击“显示菜单”按钮，选择“文件”，选择“传送一个文件”，如图5-26所示。

第2步，弹出“文件发送”对话框，找到需要发送的文件，单击“打开”按钮。

第3步，要传送的文件会被显示在聊天记录显示文本框中，如图5-27所示。当对方同意接收文件后，开始发送。发送完成后，会出现发送成功的提示。

如果收到对方发送给自己的文件，单击“另存为”或“接收”按钮，将文件保存到电脑中。

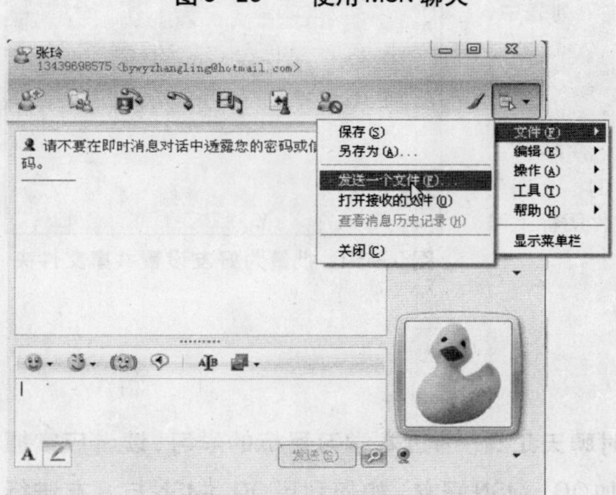

图5-26　执行文件发送命令

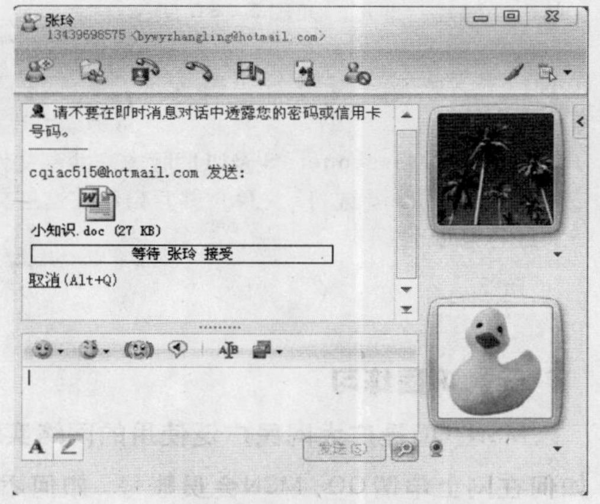

图5-27　传送文件

(5) 与好友共享文件

新版Windows Live Messenger提供了共享文件夹功能，方便好友间进行文件共享，免去了将文件传来传去的麻烦。该功能对需要进行远程协同工作的用户特别有用。

第1步，在好友的聊天窗口中，单击“共享文件”按钮，选择“创建共享文件夹”，如图5-28所示。

第2步，系统自动在共享文件夹中创建一个与该联系人邮件地址同名的文件夹，单击“打开共享文件夹”按钮打开该文件夹。

第3步，单击“添加文件”按钮向共享文件夹中添加与对方共享的文件，如图5-29所示。对共享文件的操作，与系统资源管理器的操作方法一样，可以使用复制、粘贴、剪切等命令。

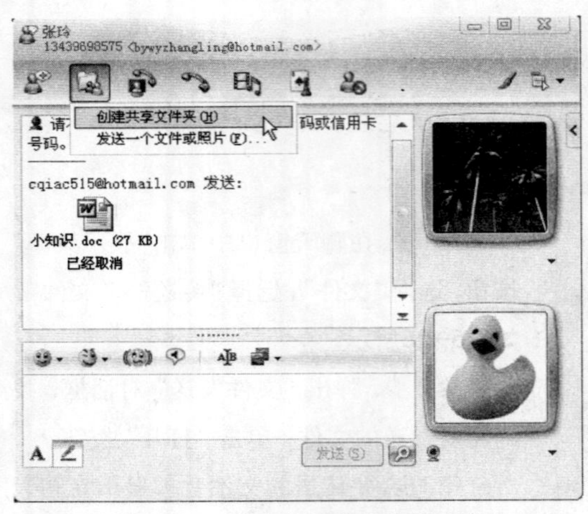

图 5-28　　执行创建共享文件夹命令

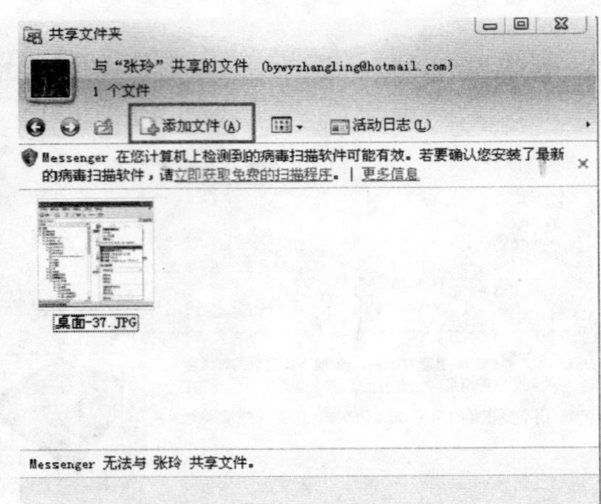

图 5-29　　共享文件夹

小技巧

如果不想一个一个地为好友建立共享文件夹，可以按下述方法批量为好友设置共享文件夹。在MSN主窗口中单击菜单“工具”→“选项”，在打开的对话框中选择“共享文件夹”，然后将好友添加到右侧的“共享文件夹”列表中，单击“确定”即可。如图5-30所示。

小提示

在使用Messenger 8及以后版本来共享文件时，会自动屏蔽.exe、.cmd或.js文件，并且自动在这些文件图标上添加红色感叹号图标。

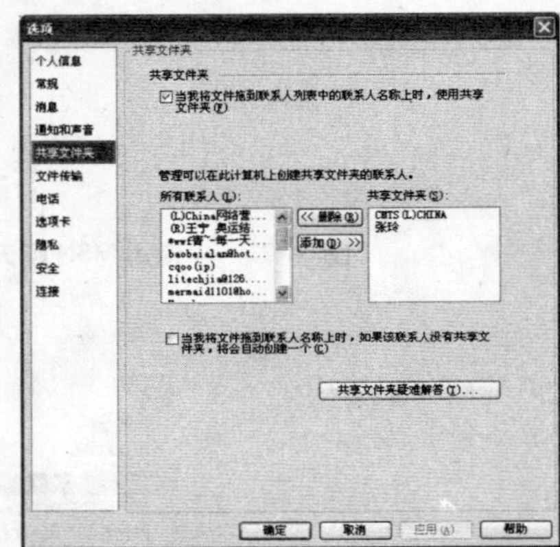

图 5-30　批量为好友设置共享文件夹

三、巩固练习

MSN、QQ是广大网民广泛使用的网络实时聊天工具，通过本学习目标的学习，读者应掌握如何在网上申请QQ、MSN会员账号，如何添加QQ、MSN好友，如何利用QQ、MSN与好友进行交流、传递文件，如何利用QQ、MSN与好友进行语音、视频聊天等。

练习题：

1. 申请QQ号和MSN账号。
2. 练习添加QQ、MSN好友。
3. 练习用QQ、MSN与好友进行聊天，传递文件。
4. 加入一个已知群号码的QQ或MSN群。
5. 练习创建MSN好友共享文件夹。
6. 练习用QQ或MSN与好友进行语音、视频聊天。

学习目标6 网络邮件代替传统信件

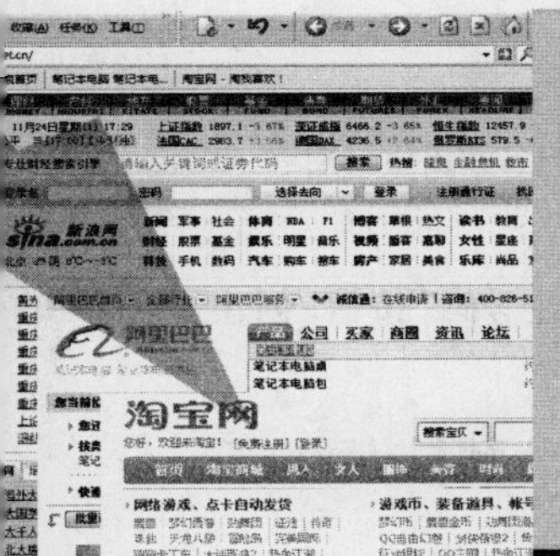

随着互联网的不断发展，电子邮件以经济、快捷等突出优势赢得了广大网络用户的青睐。与传统邮件相比，电子邮件的发送方无需额外交纳邮政费用，也无需到指定地点发送。通常，电子邮件发送后几分钟，接收方就可收到该邮件，而无需长时间等待。下面就来学习电子邮件的发送与接收。

一、申请免费邮箱

利用互联网收发电子邮件，首先需要在提供邮件服务的网站上申请一个电子邮箱。目前，提供电子邮件服务的网站比较多，表6−1列举了常用免费邮箱网站。下面以申请126免费邮箱为例进行介绍。

表6−1 常用免费邮箱网站

网易126免费邮	http://www.126.com/
新浪免费邮箱	http://mail.sina.com.cn/
网易163免费邮箱	http://mail.163.com/
雅虎免费邮箱	http://mail.cn.yahoo.com/
搜狐免费邮箱	http://mail.sohu.com/
QQ免费邮箱	http://mail.qq.com/
21CN免费邮箱	http://mail.21cn.com/

第1步，启动IE浏览器，在地址栏中输入网易126免费邮箱的地址www.126.com，按回车键后进入其主页，如图6−1所示。

第2步，单击“注册”按钮，在出现的网页中输入用户名和出生日期，然后单击“下一步”按钮，如图6−2所示。

第3步，系统会自动检查输入的用户名是否已被注册，如果未被注册，则进入如图6−3所示的页面，否则会提示重新设置用户名。按提示设置邮箱密码，并进行密码保护设置，这两项设置非常重

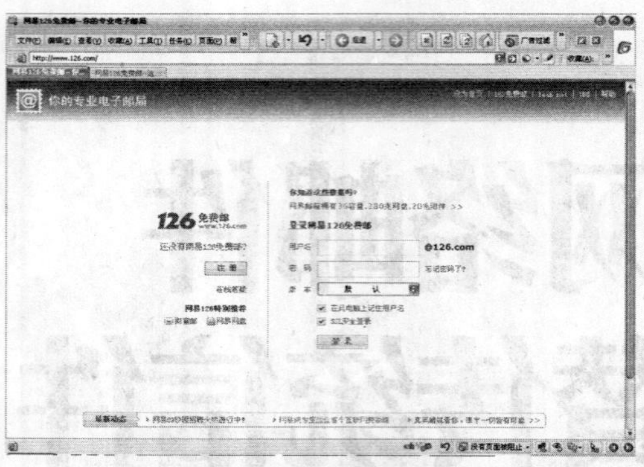

图6−1　126邮箱首页

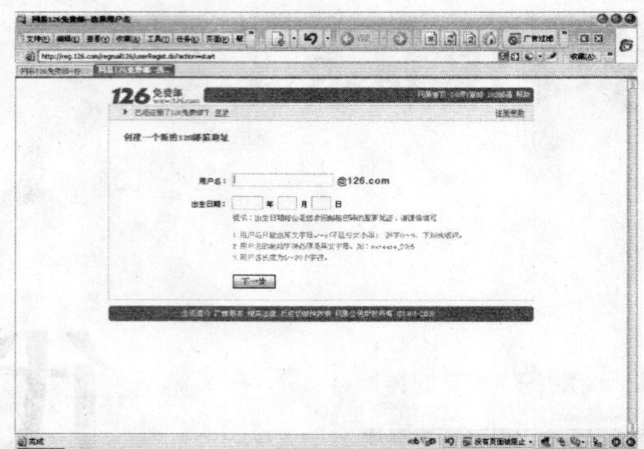

图6−2　输入用户名和出生日期

要。然后根据提示进行其他设置，设置好后，单击“我接受下面的条款，并创建号码”按钮，创建一个邮箱。

第4步，提示邮箱申请成功，如图6−4所示。单击“进入邮箱”链接，进入刚才申请的邮箱。

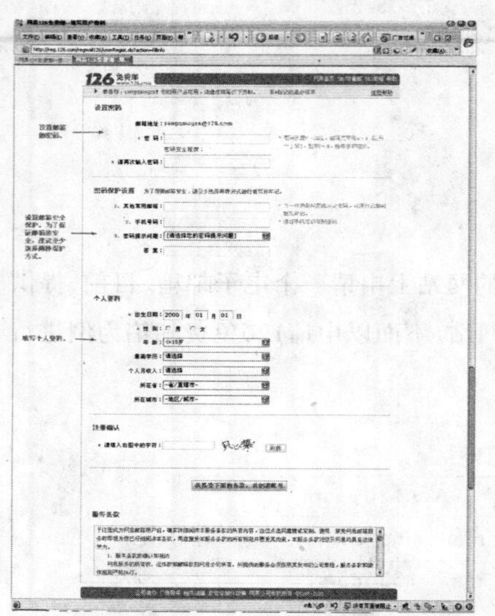

图6−3　设置邮箱密码、密码保护等信息

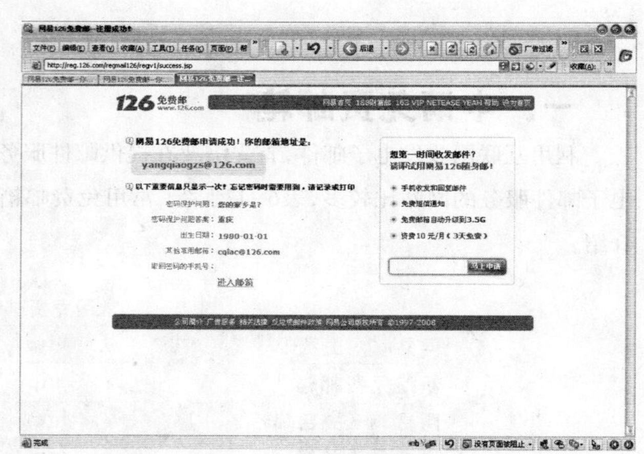

图6−4　提示邮箱申请成功

小提示

申请邮箱后，应妥善保护好自己邮箱的密码和密码保护信息，当密码丢失时，可利用密码保护中的设置即时找回密码。

二、接收邮件

接收电子邮件的方式主要有两种：在线接收和利用邮件工具接收。

1．在线接收邮件

在线接收邮件是指在提供邮件服务的网站上接收电子邮件。下面以在网易的126邮箱网站上收

发邮件为例进行介绍。

第1步，启动IE浏览器，输入126邮箱的网址，进入其主页。输入用户名和密码，单击“登录”按钮(如图6–5所示)，进入邮箱系统。

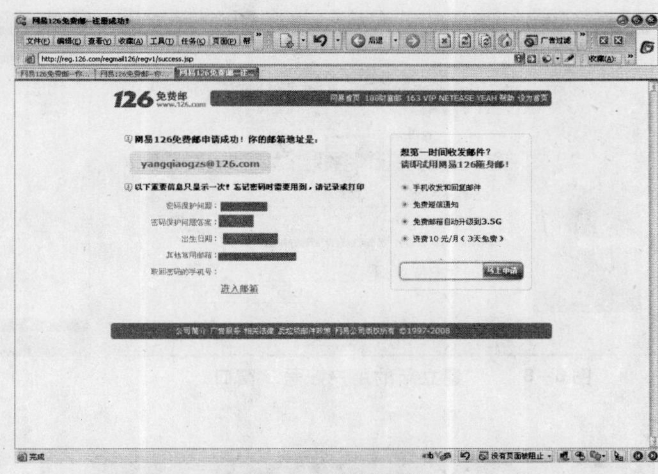

图6–5　登录邮箱

第2步，单击“收件箱”，查看收到的所有邮件，如图6–6所示。再单击某个邮件链接，查看该邮箱的内容，如图6–7所示。

第3步，如果接收到的邮件带有附件（单独的文件），单击“下载附件”链接，将附件文件保存到电脑中，然后进入保存附件文件的文件夹，打开该文件即可。

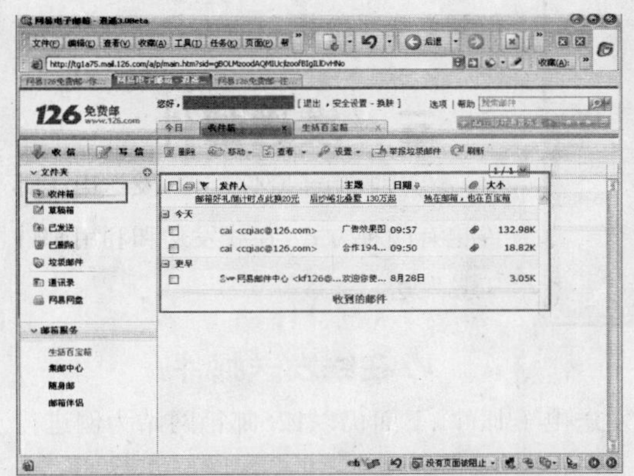

图6–6　查看邮箱收到的邮件内容

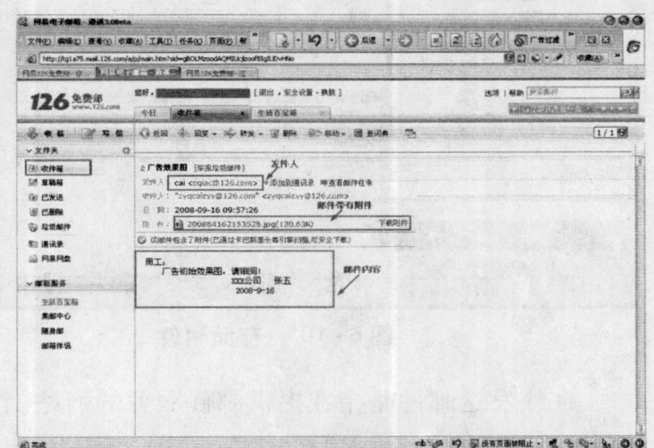

图6–7　查看某个邮件详细内容

2.利用工具接收邮件

常用的邮件收发工具有OutLook、Foxmail。下面以利用Foxmail接收邮件为例进行接收。

第1步，到互联网上下载Foxmail软件，然后按提示安装该软件。

第2步，第一次启动Foxmail时，软件会自动启动Foxmail用户向导程序，进入“建立新的用户账号”窗口，如图6–8所示。在“电子邮件地址”中输入邮箱地址，在“密码”中输入登录邮箱服务器的密码，在账户名称中输入名字，输入完成后单击“下一步”按钮。在随后出现的窗口中单击“完成”按钮打开Foxmail程序主窗口。

第3步，单击菜单“开始”→“程序”→“Foxmail”→“Foxmail”，打开Foxmail主窗口。单击左边的“收件箱”，可以看到收件箱中的所有邮件，双击需要查看的邮件，即可显示该邮件的所有信息，包括发件人、文章主题、邮件的正文等信息，如图6–9所示。

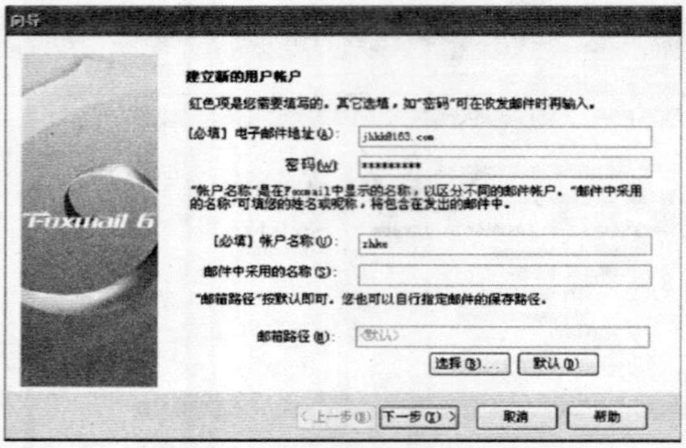

图6-8 “建立新的用户账号”窗口

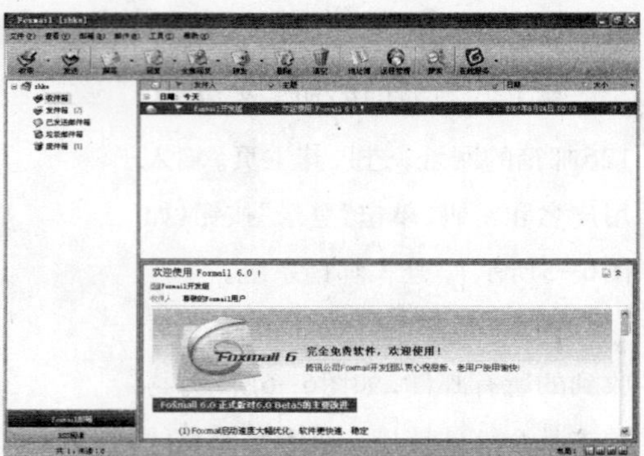

图6-9 新邮件的内容

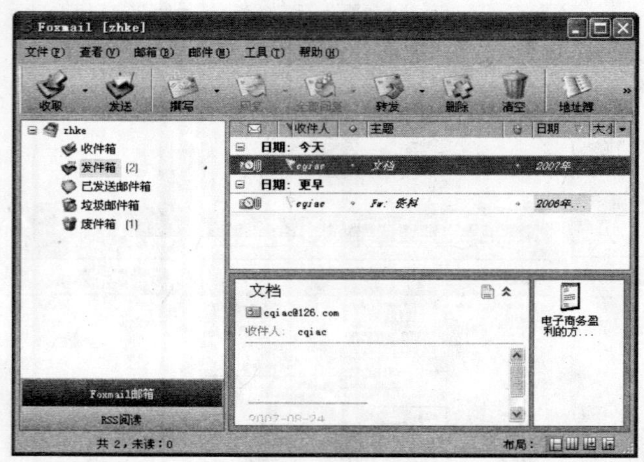

图6-10 存储附件

第4步，如果接收到有附件的邮件，则在邮件正文的右方可以看到一个附件，如图6-10所示。用鼠标右键单击该文件，选择“另存为”，然后把文件存储到本地硬盘上。

三、发送邮件

与接收电子邮件类似，发送电子邮件也有两种方式：在线发送和利用邮件工具发送。

1. 在线发送邮件

在线发送邮件是指在提供邮件服务的网站上发送电子邮件，下面仍以126邮箱网站为例进行介绍。

第1步，启动IE浏览器，输入126邮箱的网址，进入其主页。输入用户名密码，单击“登录”按钮进入邮箱系统。

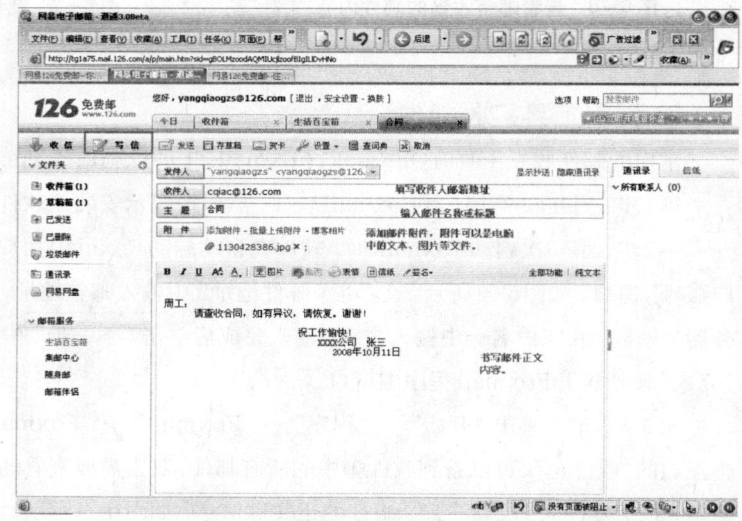

图6-11 写邮件

第2步，单击“写信”按钮。在“收件人”中填写收件人的邮箱地址，在“主题”中填写这封邮件的标题，在窗口下方的文本框中书写邮件的内容，如图6-11所示。

如果要给对方发送其他

文件，则单击“附件”按钮旁的“添加附件”链接，在弹出的窗口中找到需要发送文件，单击“打开”按钮进行添加。

第3步，单击“发送”按钮即可发送写好的邮件。

第4步，系统返回邮件是否发送成功的提示。如果邮件未发送成功，需重新发送。

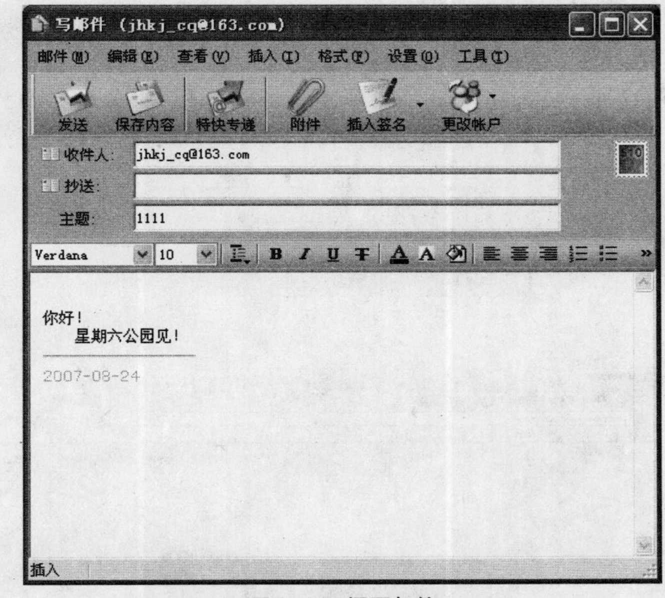

图6-12 撰写邮件

2. 利用工具接收邮件

一般，可以接收邮件的工具软件同时也可发送电子邮件，下面就来学习如何利用Foxmail发送电子邮件。

第1步，运行Foxmail程序，进入其主窗口中。单击工具栏中的“撰写”快捷按钮，弹出“写邮件”窗口。

第2步，在“收件人”中输入接收邮件人的邮箱地址，在“主题”文本框中输入邮件的主题，在最下面的文本框中输入邮件的内容，如图6−12所示。

第4步，单击工具栏中的“发送”按钮，发送该邮件。

小提示

如果需要随邮件发送一个文件，可以单击工具栏中的“附件”按钮来进行添加。

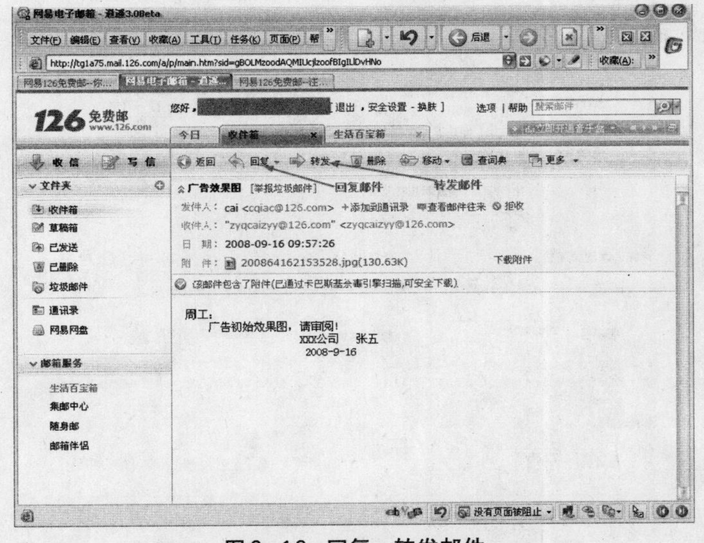

图6−13 回复、转发邮件

3. 回复、转发邮件

打开收件箱，打开需要回复或转发的邮件，然后单击工具栏中的“回复”按钮（如图6−13所示）可以回复该邮件。单击工具栏中的“转发”按钮，则可将该邮件转发给其他朋友，如图所示。回复或转发邮件的操作和写邮件的操作一样，就不再重复。

四、升级VIP邮箱

VIP邮箱即为收费邮箱，与免费邮箱相比，这种邮箱具有稳

表6-2　常用的VIP邮箱服务网站

网易VIP尊贵邮	http://vip.163.com/
网易188财富邮	http://www.188.com/
新浪VIP邮箱	http://vip.sina.com.cn/
263电子邮件	http://mail.263.net/
21CN-VIP邮箱	http://mail.21cn.com/vip/
TOM VIP邮箱	http://vip.163.net/
搜狐VIP邮箱	http://vip.sohu.com/

定、快速、体积更大、可发送50MB附件等优点。目前，提供VIP邮箱服务的网站比较多。表6-2所示列举了常用的收费邮箱网站。我们只需要到这些网站上注册VIP邮箱，即可获得一个VIP邮箱账户。下面以注册新浪VIP邮箱为例进行介绍。

第1步，启动IE浏览器，输入http://vip.sina.com.cn/进入VIP邮箱首页，如图6-14所示。

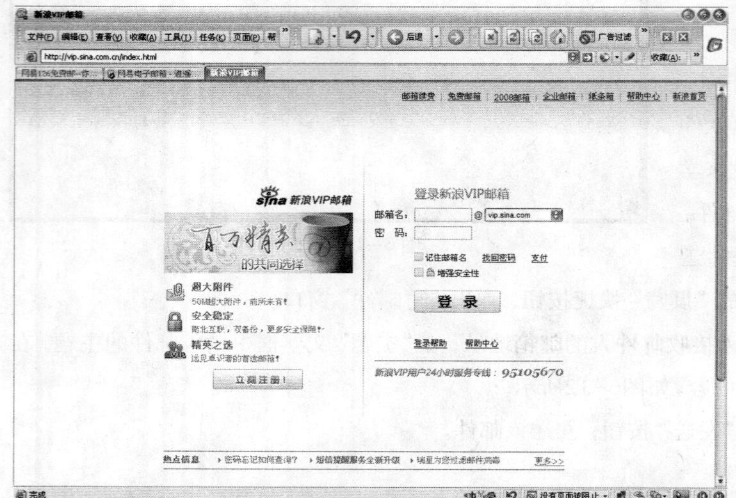

图6-14　新浪VIP邮箱首页

第2步，单击“立即注册”按钮，即进入VIP邮箱注册页面。

第3步，选择“产品类型”；输入邮箱名，单击“查看邮箱名是否可用”检查准备设置的邮箱名称是否已被他人使用；输入验证码，如图6-15所示。设置好后单击“下一步”按钮。

第4步，设置邮箱密码、用户个人信息，如图6-16所示。这些信息对保护账号安全极为重要，应慎重填写、并牢记。填写验证码，单击“提交注册信息”按钮提交。

第5步，提示注册成功，如图6-17所示。需要注意的是，此时的邮箱是试用状态，试用期为7天。单击“立即支付”按钮完成邮箱付费；单击“立即进入邮箱试用”按钮可先

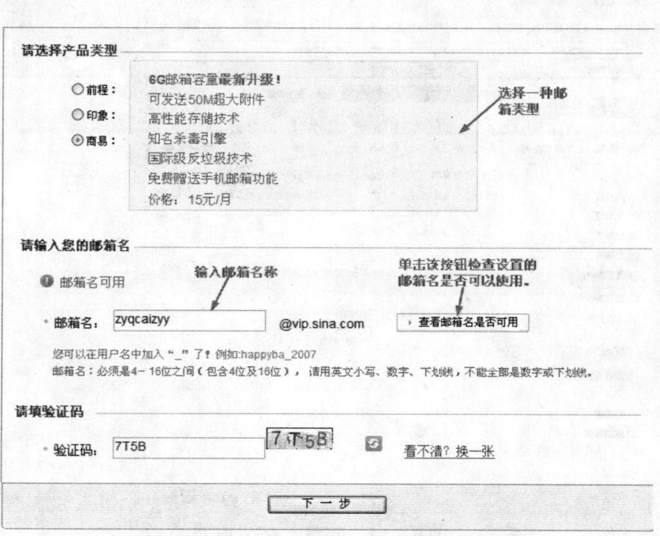

图6-15　选择邮箱类型、设置邮箱账户

小提示

当忘记密码、密码被盗时，“找回密码的手机”、“密码查询问题”以及答案是找回密码的重要依据，所以请务必认真填写，并保存好。

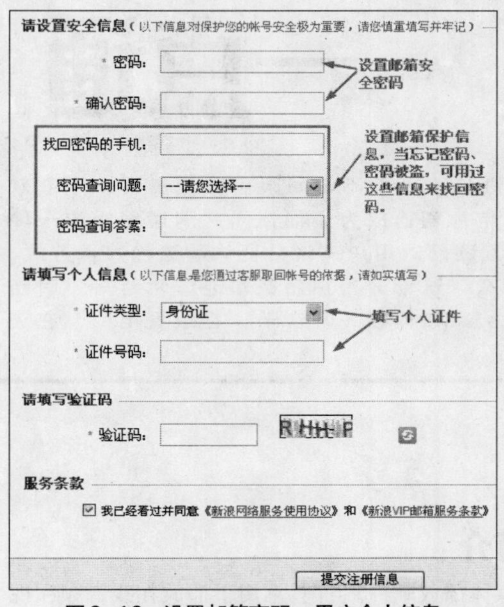

图6-16 设置邮箱密码、用户个人信息

试用邮箱。为了不影响使用VIP邮箱，请在7天试用期内完成邮箱付费。

五、巩固练习

电子邮件是人们利用互联网沟通的又一种重要方式。通过本学习目标的学习，读者应掌握申请电子邮箱、收发电子邮件的基本方法。

练习题：

1. 练习申请126免费邮箱。
2. 练习申请163网站的VIP邮箱。
3. 使用申请的邮箱在线收发邮件、回复邮件、转发邮件。
4. 练习使用Foxmail收发邮件、回复邮件、转发邮件。

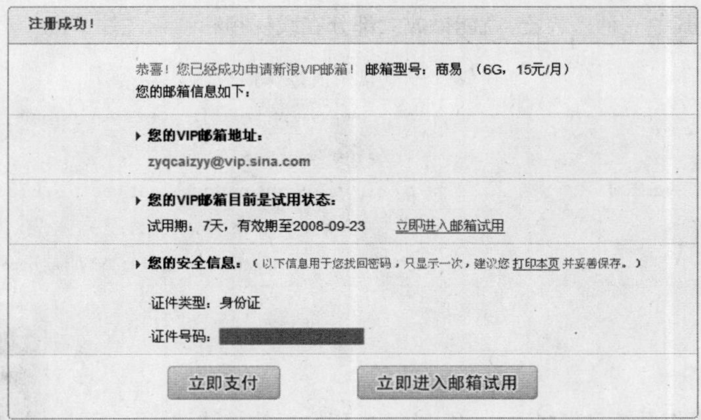

图6-17 提示注册成功

学习目标

在线娱乐一点通

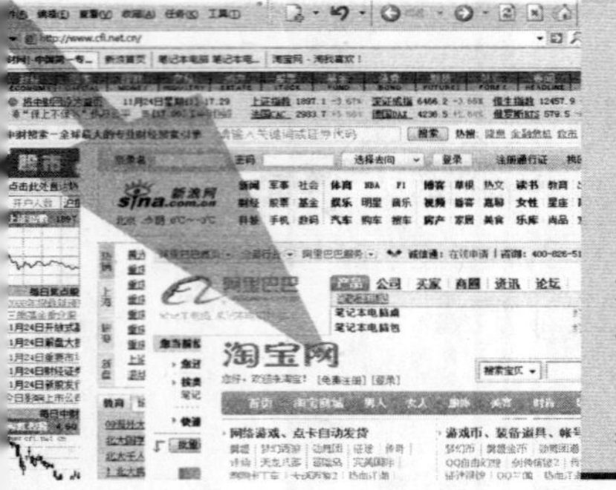

随着互联网技术的不断进步，上网不再局限于查查资料、下载软件，在线听音乐、看电影、电视剧已成为人们休闲、消遣娱乐的一种重要方式。对广大刚刚接触互联网的用户来说，要体验这种娱乐方式，也不是一件容易的事情。那么，这部分用户怎么才能体验新兴、时尚的在线娱乐呢？下面就来教大家如何在线听音乐、在线看电影、在线看电视剧……

一、在线音频、视频播放器简介

体验在线娱乐，首先需要在电脑上安装一款流媒体播放软件。目前，常用于播放在线音频和视频的软件有Microsoft Media Player、RealOnePlayer、暴风影音、QuickTime等，如表7-1所示。我们只需要安装其中一种播放器，就能播放大部分在线视频和音频文件了。

表7-1　常用流媒体播放器

Microsoft Media Player	http://www.microsoft.com/downloads/Browse.aspx displaylang=zh-cn&categoryid=4
RealOne Player2.0	http://www.onlinedown.net/soft/7872.htm
暴风影音3.6	http://www.skycn.com/soft/98.html
QuickTime7.5	http://www.skycn.com/soft/8727.html

Windows操作系统自带Microsoft Media Player播放软件，用户可以采用系统自带的播放器，也可到互联网上下载最新版本的播放器。Windows Vista自带最新的Microsoft Media Player11。

此外，某些在线视频网站为了用户能获得最佳的收视效果，它们提供了专用的播放加速器，如酷6提供的酷6加速器，如图7-1所示。如果用户未安装这种播放加速器，播放电影时按提示进行安装即可。

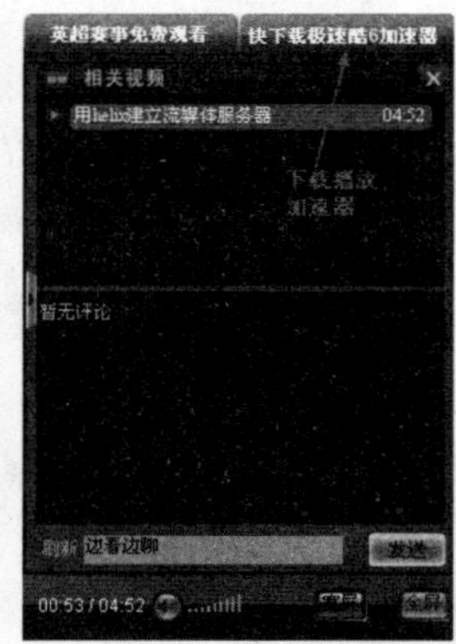

图7-1　下载播放加速器

二、在线听音乐

紧张、繁忙的工作之余，听听喜欢的音乐，可以让我们紧张的情绪得到很好的放松，以便继续全身心投入工作。在线听音乐的方法如下。

第1步，启动IE浏览器，在地址栏中输入一个在线音乐网站的网址，进入该网站，如输入“一听音乐”(http://www.1ting.com/)的网址进入该网站，如图7-2所示。

第2步，单击喜欢的音乐，如“等爱的玫瑰”，即可打开该音乐的播放网页。系统会自动调用已安装的播放软件，开始自动播放。

在播放音乐的过程中，可以自行调整声音的大小，选择暂停、停止播放等，也可在歌词区域查看歌词，如图7-3所示。

单击暂停或停止按钮后，暂停按钮会变成播放按钮，单击该按钮可继续进行播放。

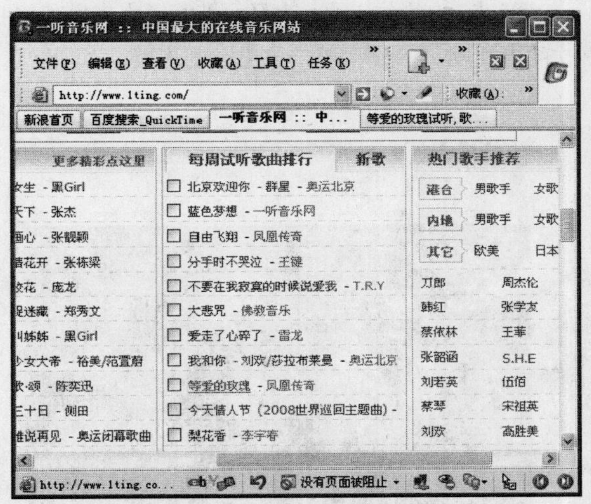

图7-2 进入在线音乐网站

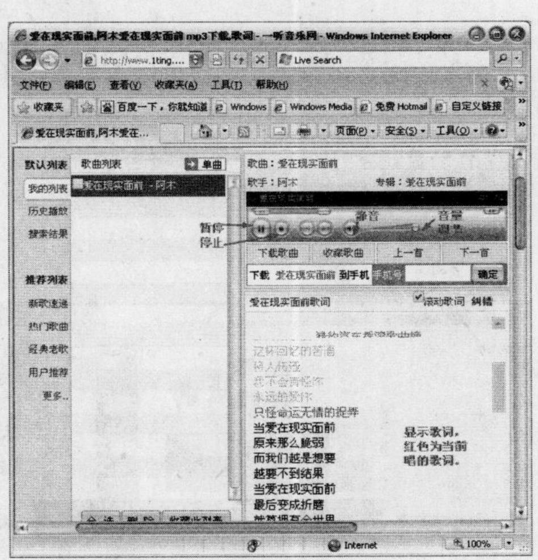

图7-3 在线播放音乐

三、在线收听广播

在线收听广播既不影响正常工作和学习，又可以实时了解各种新闻动态。在线收听广播的方法如下。

图7-4 进入广播电台在线收听网站

第1步，打开IE浏览器，在地址栏中输入在线广播网站的网址(如http://www.941gb.com)，进入该网站，如图7-4所示。

第2步，查看各广播电台区域，单击需要在线收听的频道，如在“中央人民广播电台”区域单击“第二套：经济之声”，即可打开该电台的播放网页。系统会自动调用已安装的播放软件，开始自动播放。在收听广播的过程中，可以自行调整声音的大小，选择暂停、停止播放，如图7-5所示。

图7-5　在线收听广播

四、收看网络电视

网络电视的出现，彻底改变了我们每天只有定时守在电视机前，才能收看喜欢的电视节目的苦恼。通过网络电视，我们可以一次性欣赏完整部电视剧的内容，而不受时间和空间的限制。在线收看网络电视剧的方法如下。

第1步，打开IE浏览器，在地址栏中输入提供在线电视剧网站的网址，如土豆网的网址http://www.tudou.com，进入该网站。单击“频道”，选择“影视”（如图7-6所示），进入影视页面。

第2步，在影视首页，土豆网推荐了许多目前比较热门的电影、电视剧，我们可以查看是否有喜欢的电视剧。如果有，单击该电视剧连接，即可欣赏该电视剧。也可以在“热门影视”区域单击“电视剧”查看土豆网提供的所有电视剧。如果觉得这样查找比较麻烦，可在搜索文本框中输入电视剧名称，如“浪漫满屋”，单击搜索按钮进行搜索，如图7-7所示。

图7-6　选择影视

图7-7　搜索要观看的电视剧

第3步，系统开始按你的设置进行搜索，并弹出搜索页面，显示搜索结果，如图7-8所示。

第4步，在搜索结果中单击一个连接，弹出电视剧播放页面，系统自动启动播放器开始播放，如图7-9所示。单击喇叭按钮，可调整音量；单击“全屏”按钮，可进行全屏播放。单击设置按钮，可调整图像的

图7-8　搜索到的影片

图 7-9 播放页面

图 7-10 调整图像亮度、尺寸

亮度，对显示尺寸进行设置，如图7-10所示。

五、在网上看电影

网上看电影与网上看电视的操作类似，下面以在重庆电信为用户提供的影视网站上看电影为例进行介绍。

第1步，打开IE浏览器，在地址栏中输入提供在线电影网站的网址，如重庆热线的网址http://movie.online.cq.cn，进入该网站。在首页可看到该网站推荐的热门电影、电视剧，如图7-11所示。

图 7-11 重庆热线首页

第2步，单击“环球影库”，进入电影频道。如果已经是重庆电信的用户，输入用户名和密码进行登录，如图7-12所示。否则单击“注册”按钮，注册一个用户账户。

图 7-12 用户登录

第3步，选择电影的类别，如“喜剧”，网页显示环球影院提供的喜剧

小提示

如果是ADSL用户，则选择“宽带用户”，然后输入ADSL用户名和密码登录。

图 7—13 电影列表

图 7—14 电影介绍

影片，如图7—13所示。

第4步，单击喜欢的电影的图片连接，弹出该电影的介绍页面，如图7—14所示。

第5步，单击“播放”按钮，弹出播放页面，系统会自动启动播放软件开始播放电影。在播放窗口中，我们可以调节音量、影片快进、快退，也可选择全屏模式播放，如图7—15所示。当进入全屏模式后，按ESC键可退出全屏模式。

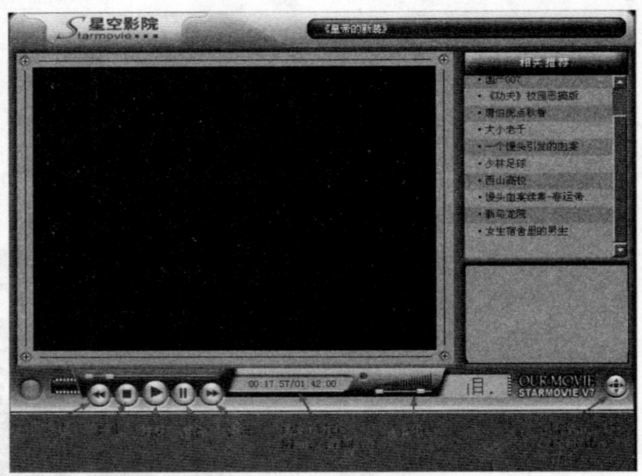

图 7—15 播放电影

六、连接液晶电视看大片

在电脑上欣赏电影，即使全屏播放，获得的图像画面也非常小，特别在欣赏大片时，其效果远远差于电视机。那么，能不能将家中的电视机与电脑相连接来欣赏网上的大片呢？当然可以。随着数字电视的逐渐普及，液晶电视机、等离子电视机和投影仪开始普及，电脑和电视设备之间的数字连接不再是梦想，通过DVI或HDMI接口，可以轻松地实现“数字高速公路”，可完全实现真正的高清播放。下面就来学习如何连接电脑与液晶电视机来欣赏高清大片。

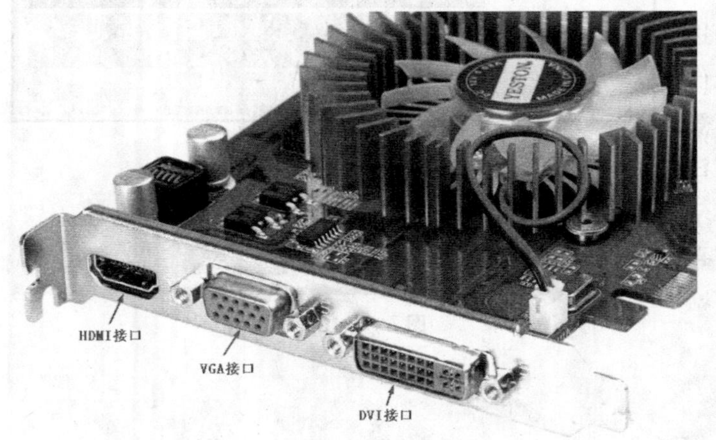

图 7—16 电脑显卡的 VGA、HDMI、DVI 接口

1. 连接准备

在连接液晶电视机与电脑欣

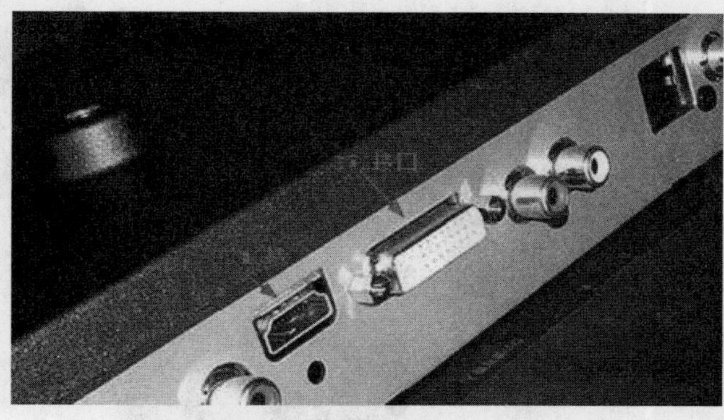

图 7–17　液晶电视机的HDMI和DVI接口

图 7–18　VGA连接线

赏大片前，我们需要做好必要的准备工作。

第1步，检查电脑显卡提供的接口。查看电脑显卡提供的接口，如图7–16所示为同时配备HDMI接口、VGA接口、DVI接口的显卡。

第2步，查看电视机的接口。目前，HDMI和DVI是最常见的两种数字传输协议，绝大部分高清设备，例如液晶电视、等离子电视、投影仪具备这两个接口，如图7–17所示。此外，也有部分电视机提供VGA接口。

第3步，到市场上购买连接线。根据电脑与电视机提供接口确定一种连接方案，然后去购买相应的连接线。如果采用HDMI接口连接，则购买HDMI连接线。如果采用DVI接口连接，则购买DVI连接线。

相对而言，HDMI可以实现10m以上的传输，更加适合远距离连接视频设备。对于没有HDMI接口的电脑，可以采用DVI–HDMI转接头来连接大屏幕显示设备。

2. 连接电脑与液晶电视

电脑与液晶电视机的连线非常简单，用HDMI或DVI数据线连接电脑和家里的视频设备即可。

(1) 通过VGA端口连接

液晶电视的诸多特性与液晶显示器十分相似，所以连接起来完全可以当成一台显示器用。通过VGA端口连接是最简单、传统的一种连接方式，直接用VGA线（如图7–18所示）连接电脑的VGA接口和电视机的VGA接口即可。虽然这种方式连接简单，但是不是高清输出的理想连接端口。

(2) 通过DVI端口连接

采用DVI这种方式来连接电脑和电视机可以获得更好的收视效果。连接时，直接用DVI连接线（如图7–19

图 7–19　DVI连接线

所示）连接电脑的DVI端口和电视机的DVI端口即可。

(3) 通过HDMI接口连接

如果电脑显卡带有HDMI接口，则可以通过HDMI连接线（如图7-20所示）与电视机相连接组合成家庭影院。并且使用HDMI连线进行连接，可以省掉音频线的连接。

图7-20 HDMI 连接线

(4) 多媒体视频色差分量YUV（色差端子）连接

与DVI和HDMI接口相比，色差分量连接应用也非常广泛。几乎所有符合播放HDTV的大屏幕显示设备都提供对此接口的支持。在没有DVI和HDMI连接的条件下，采用这种连接非常方便。而且色差输出端口能够百分百还原显卡自身输出的YPbPr信号，效果并不弱于DVI，并且现阶段的色差输出可支持到1920×1080的分辨率，充分满足了HDTV最高1080P的要求。这种接口为初级用户提供了一个便捷的HDTV播放方案，而且厂商在这方面一般对驱动程序或播放软件都做过优化，其使用起来非常方便。

使用时，用色差转接线连接电脑的S端子（7针或9针），如图7-21所示，然后用AV线分别连接Y、b、r，另外对应连接电视机的Y、Pb（或Cb）、Pr（或Cr）端口。

(5) 转换连接

前面其实都是一些基本、常用的连接方式，使用这些做法一般最简单。实际上，电脑与电视机组合可能不同，其连接方式也远远不止前面几种。例如电脑显卡没有HDMI接口，但是有DVI接口，怎么办呢？为了获得更好的画质，就可以用DVI＋HDMI接口线（如图7-22所示）进行连接，这样也是完全可行的办法。

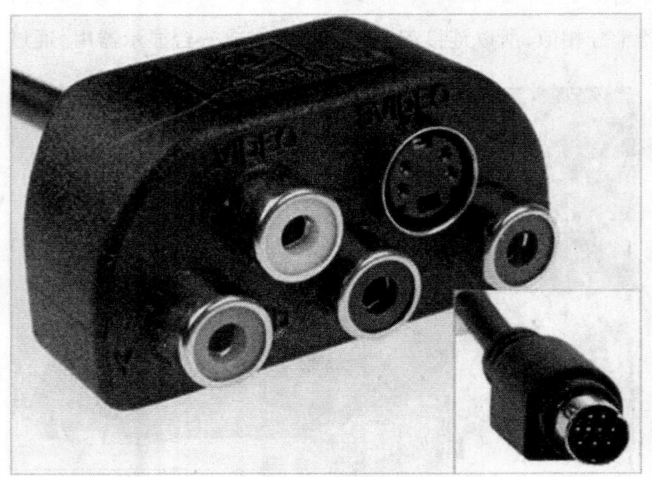

图7-21 色差转接线的插头和转接座

3. 音频线连接

用电脑连接液晶电视收看大片，如果使用HDMI接口以外的其他连接方式，通常还需要连接音频线。如果电脑具备数字输出插口（SPIDF），那么就一定要利用这个接口，用光纤或同轴线缆将笔记本电脑和AV功放连接起来，在播放多声道（AC3、DTS等）的HDTV时，用SPIDF输出到AV功放去解码，可以获得多声道的环绕声效果，真正

图 7—22 DVI 转 HDMI 连接线

实现HDTV的震撼效果。

没有数字输出插口(SPIDF)，推荐用带电源的5.1声道音响来作为声音系统。这样也可以获得不错的效果。

小提示

如果电脑配有音箱，也可以不连接音频线，用电脑音箱来实现声音的输出。

七、巩固练习

网上听广播、看电视剧、看电影是广大网民在互联网上的又一类休闲方式。通过本章的学习，读者应掌握在互联网上收听广播、看电视剧、看电影的一些基本方法。对动手能力较强的读者，还可将电脑与家中的液晶电视机相连接，通过互联网看大片。互联网就是一个影音资源永不枯竭的大仓库，大量影音资源可免费获取，因此使用在线影音不仅可以节省购买影音光盘等资源的成本，还可以不用为保存资源付出成本，并且获取在线影音资源也非常方便。

练习题：

1. 常用的在线音频、视频播放器有哪些？
2. 在线收听百度提供的歌曲。
3. 用百度搜索引擎搜索电视剧《浪漫满屋》，并在线观看。
4. 电脑连接液晶电视机，常用的端口有哪些，分别会用到哪些连接线？

学习目标

网络购物不出门

随着互联网的不断发展，网络购物日益成了上网用户的新宠。网络购物最明显的优势就是同比价格低，不受时间、地点限制。通过互联网，用户足不出户就可以购买自己喜欢的商品，并且所购买的商品会送货上门。下面就来学习如何在互联网上购买喜欢的商品。

一、网络购物注册

网络购物对很多用户来说，既陌生、又好奇。那么，网上购物是怎样实现的呢？首先，用户需要到提供购物环境的网站上注册一个账户，然后以该账户名义在注册网站上购物、结账。

1. 主流购物网站

提供购物平台的网站比较多，表8-1列举了目前知名的几个购物网站。

网站名	网址
淘宝网	http://www.taobao.com/
阿里巴巴	http://china.alibaba.com/
拍拍网	http://www.dangdang.com/
易趣网	http://www.eachnet.com/
当当网	http://www.dangdang.com/
卓越网	http://www.amazon.cn/

(1) 综合购物网

阿里巴巴、淘宝网、拍拍网、易趣网为综合购物网站，它们类似生活中的大商场，在这些商场中有很多经营着不同商品的店铺。每个店铺都有自己的“营业员”，我们可以向他们了解商品的详细信息，售后服务等，也可以讨价还价。在这类综合购物网站上，用户既可以选购喜欢的服装、饰品、玩具，也可以选购家中的家电、家具，甚至还可以找到在现实生活中不好买的商品。

需要注意的是，在阿里巴巴注册的店家主要为各大厂家，他们一般只提供批发业务。

(2) 专营网站

如果把淘宝网、拍拍网、易趣网比作生活中的大商场，那么当当网、卓越网则好比生活中的大型专卖店。这种购物网的店家只有一个，那就是网站的所有者。当当网、卓越网都是以销售图书起步的，目前也扩展到销售其他类型的产品。

为了市场的需要，目前，各大厂家、贸易公司都在网上有自己的官方站点，同时也销售产品。在这些网站上，用户也可以选购到物美价廉的商品。

2. 注册购物账号

与在商场中购物不同的是，网上购物，首先需要到购物网上注册一个账号，然后使用该账号购物。下面以在淘宝网注册账户为例进行介绍。

在淘宝网注册购物账号，用户需要注册淘宝会员和支付宝账户。用户可选择同时注册淘宝会员和支付宝账户，也可分别注册淘宝会员和支付宝账户。

(1)同时注册淘宝会员与支付宝账户

第1步，登录淘宝网(www.taobao.com)，单击页面顶部的“免费注册”连接，如图8−1所示。

第2步，进入注册页面，如图8−2所示。填写会员名和密码；输入一个常用的电子邮件地址，用于激活会员名；将校验码添入右侧的输入框中；仔细阅读淘宝网服务协议，单击“同意以下服务条款，提交注册信息”按钮提交。

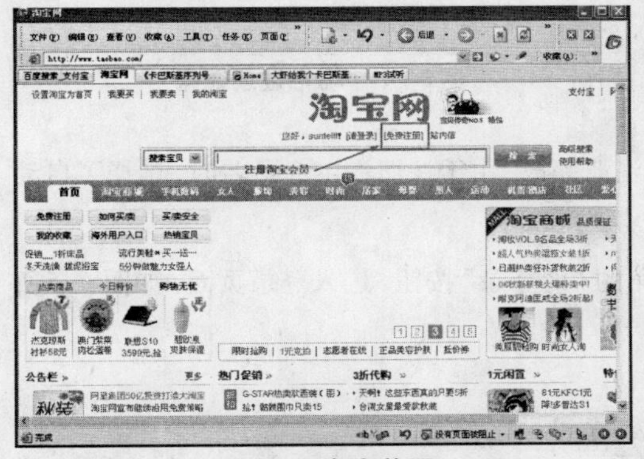

图8−1 淘宝首页

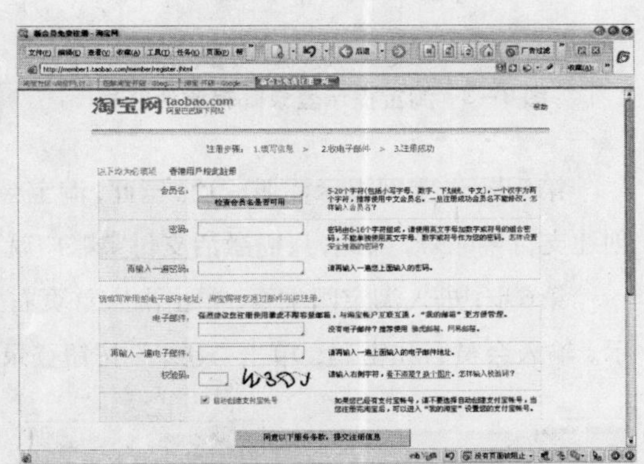

图8−2 填写注册信息

填写注册信息时需要注意以下几点：

①会员名由5~20个字符(包括小写字母、数字、下划线、中文)组成，一个汉字为两个字符，推荐使用中文会员名。如果不能确认注册的会员名是否已有人使用，可以点击“检查会员名是否可用”按钮来查看。一旦注册成功，会员名将不能被修改。

②密码由6~16个字符组成，建议使用英文字母加数字或符号的组合密码，不要单独使用英文字母、数字或符号作为密码。建议不要使用自己的生日、手机号码、姓名以及连续的数字作为密码，以防密码被盗取。

③电子邮件。由于无法正常收取激活信，淘宝不接受qq.com类电子邮件。填写的邮箱应是最常用、且有效的邮件地址。此邮箱用来激活注册的会员名，它是你和淘宝网、会员之间交流的重要工具。注册邮箱具有唯一性，也是淘宝网鉴别会员身份的一个重要条件。因此，请填写真实有效的信息。

④填写校验码时，请务必在英文状态或半角模式下输入，否则系统将会提示校验码出错。

⑤勾选"自动创建支付宝"复选框，可以在创建淘宝会员的同时创建一个支付宝账户，这对刚刚准备在网上购物的用户非常有用。如果已经有了支付宝账户，建议不勾选该复选框。

第3步，淘宝提示将发送一封确认信到刚才你所填写的电子邮箱中，请登录邮箱激活账号，如图8-3所示。

第4步，登录在注册信息中填写的邮箱，打开淘宝发送的邮件，如图8-4所示。单击"确定"按钮激活账号。

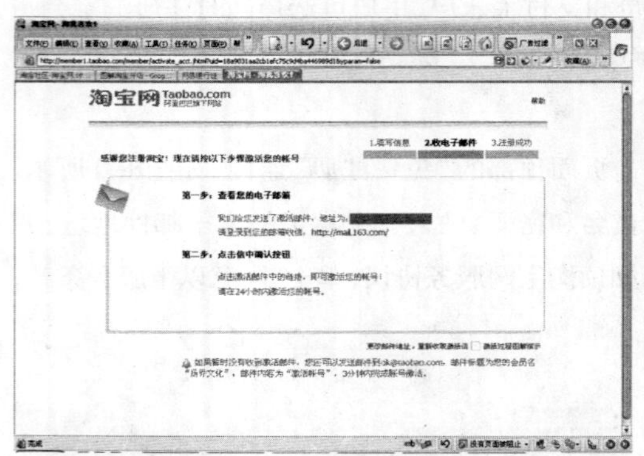

图8-3 淘宝提示登录邮箱激活账号

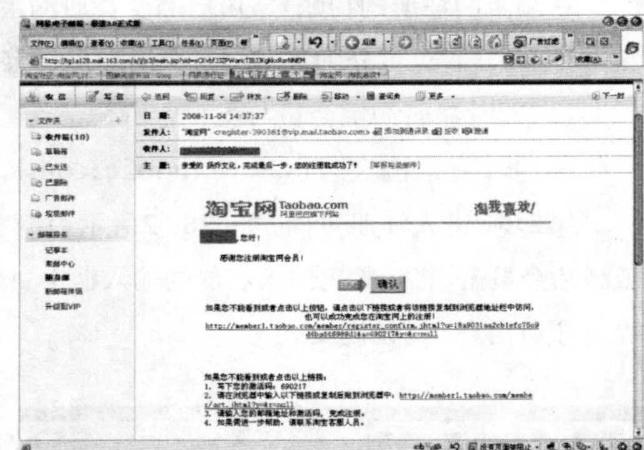

图8-4 激活注册账号

第5步，淘宝网提示注册成功。至此，淘宝会员注册完成。由于注册淘宝会员名时，选择了自动创建支付宝账号，因此，只需激活支付宝账户就可以了。

第6步，进入淘宝网主页，单击淘宝首页右上角的"请登录"按钮，进入登录页面，如图8-5所示。输入会员名和密码，单击"登录"按钮登录。

图8-5 登录淘宝网

图8-6 进入支付宝专区

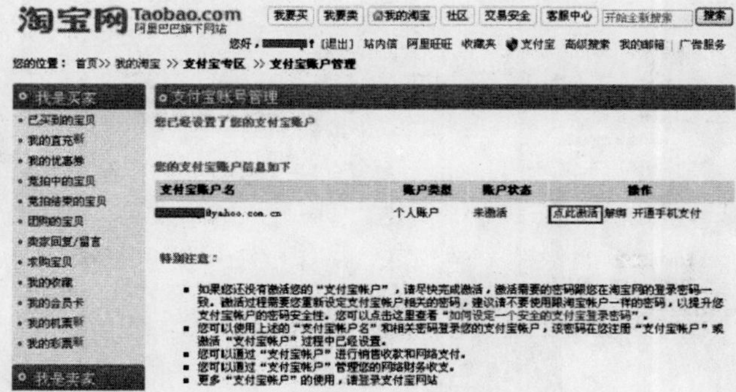

图8—7　单击“点此激活”

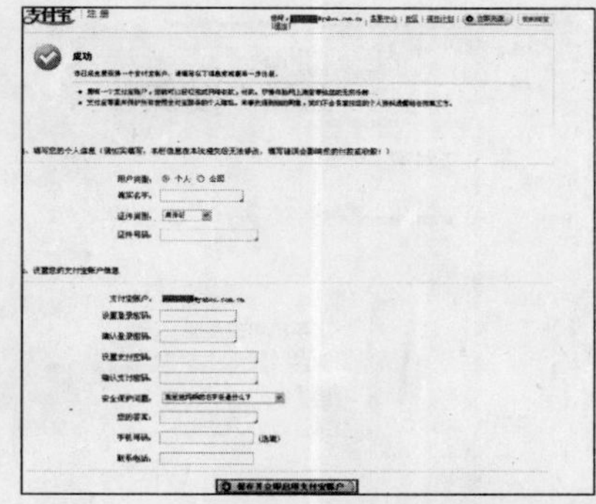

图8—8　填写个人信息与支付宝信息

第7步，单击“我的淘宝”，选择“支付宝专区”，单击“账户管理”按钮，如图8—6所示。

第8步，支付宝账户状态为“未激活”，单击“点此激活”连接，开始激活支付宝账户，如图8—7所示。

第9步，填写用户个人信息，支付宝登录密码、支付密码，支付宝安全保护信息，如图8—8所示。设置好后单击“保存并立即启用支付宝账户”按钮即可。

(2)分开注册淘宝和支付宝账户

①注册淘宝会员

单独注册淘宝会员与同时注册淘宝会员与支付宝账户的方法类似，只是在填写会员信息时不勾选“自动创建支付宝”复选框，可参照进行注册。

②注册支付宝

支付宝是支付宝公司针对网上交易而特别推出的安全付款服务，其运作的实质是以支付宝为信用中介，在买家确认收到商品前，由支付宝替买卖双方暂时保管货款的一种增值服务。用户只要注册一个支付宝账号就可以在其中自由存款、取款、转账、支付。

注册支付宝有两种方式：登录支付宝网站注册和从淘宝网上注册。从淘宝网上注册支付宝，即为在注册淘宝会员的同时注册支付宝账户，前面已经作了介绍。下面就来看看如何通过支付宝网站注册支付宝。

图8—9　支付宝首页

第1步，进入支付宝网站(https://www.alipay.com)，单击“免费注册”按钮(如图8—9所示)开始注册。

第2步，支付宝提供了手机注册和邮件注册两种方式，如图8—10所示。选择“Email注册”，单击“进入”按钮。

第3步，输入注册信息。请按照页面中的要求如实填写(如图8—11所示)，否则会导致你的支付宝账户无法正常使用。

第4步，正确填写了注册信息后，单击“同

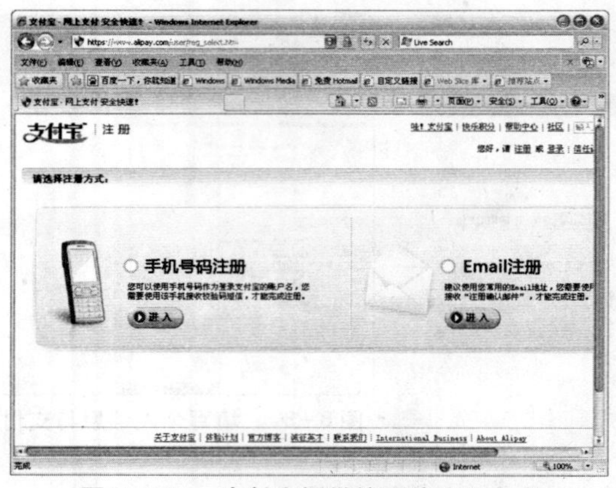

图8-10　支付宝提供的两种注册方式

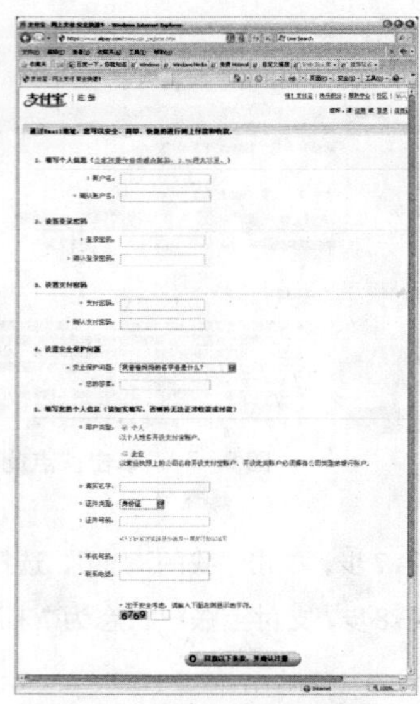

图8-11　填写支付宝注册信息

意以下条款，并确认注册”按钮，支付宝会自动发送一封激活邮件到你注册时填写的邮箱中，并提示用户激活支付宝账号，如图8-12所示。(请确保注册时填写的e-mail真实有效)

第5步，登录邮箱，单击邮件中的激活链接（如图8-13所示），激活注册的支付宝账户。可以看到账户激活后才可以使用支付宝的众多功能。

注意

支付宝账户分为个人和公司两种类型，请根据自己的需要慎重选择账户类型。公司类型的支付宝账户一定要有公司银行账户与之匹配。

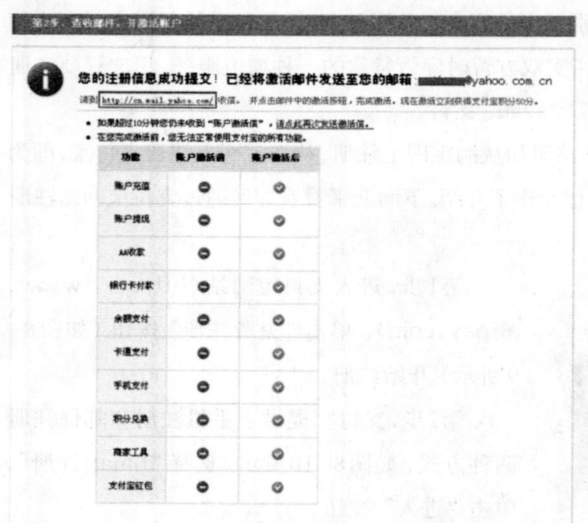

图8-12　提示激活支付宝账号

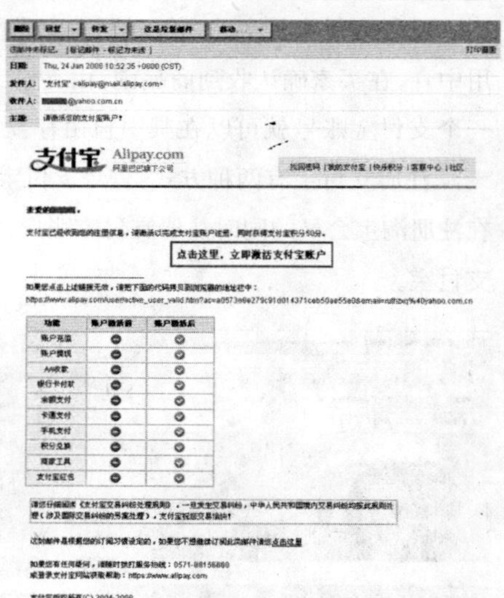

图8-13　激活支付宝账号

第6步，提示激活成功，支付宝注册成功，如图8-14所示。现在就可体验网上安全交易的乐趣了。

图8-14　提示注册成功

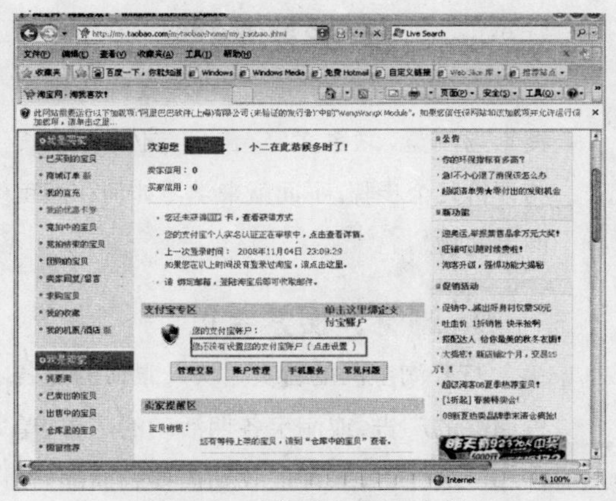

图8－15　在淘宝网设定支付宝

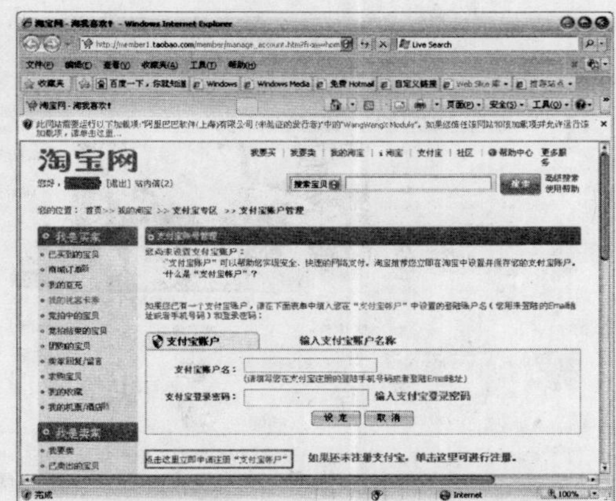

图8－16　输入支付宝账户名和密码

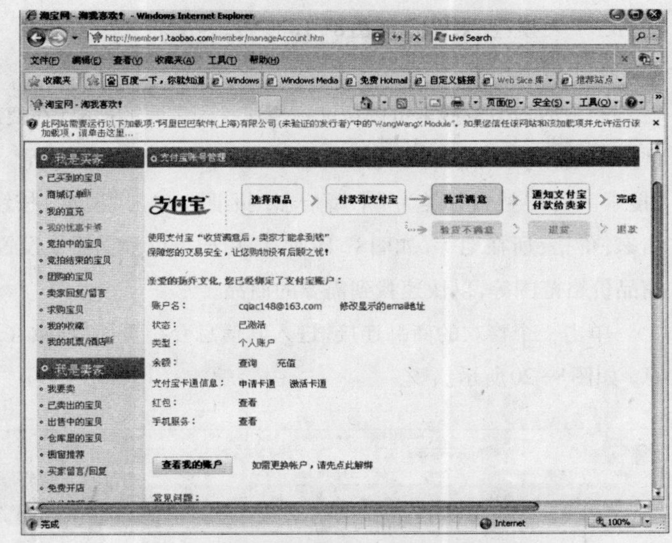

图8－17　提示淘宝与支付宝绑定成功

(3) 绑定支付宝和淘宝

如果用户单独注册淘宝会员和支付宝账户。在淘宝上购物，采用支付宝支付时，需要将淘宝和支付宝进行绑定。

第1步，进入淘宝网主页，单击淘宝首页右上角的“请登录”按钮，进入登录页面。输入会员名和密码，单击“登录”按钮登录。

第2步，单击“我的淘宝”，进入支付宝专区，单击“您还没有设置您的支付宝账户（点击设置）”来设定支付宝账户，如图8－15所示。

第3步，输入支付宝账户名及支付宝登录密码，单击“设定”按钮，如图8－16所示。

第4步，淘宝提示支付宝账户与淘宝账户绑定成功，如图8－17所示。现在就可以尽情享受网上购物的乐趣了。

3．开通网上银行

网上银行以支付方便、快捷等突出优势成为广大爱好网上购物用户的首选支付方式。开通网上银行后，我们既可以进入网上银行查询账目，也可以通过网上银行转账，还可以购买需要的商品、基金、股票等。目前，大部分购物网站都支持直接通过网上银行支付货款；支付宝（淘宝网）、财富通（拍拍网）等电子商务网站的支付系统也支持通过网上银行进行充值。

目前，大部分银行的网上支付功能都需要到银行柜台开通。开通时，需要带上本人的银行卡和身份证。

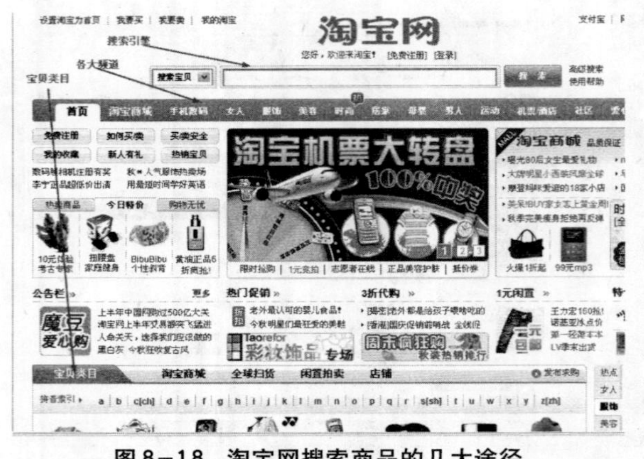

图8-18 淘宝网搜索商品的几大途径

二、淘宝网购物

在淘宝网上购物，通常需要经历宝贝搜索与浏览，联系卖家，出价与付款，收货与评价几个步骤。下面就来学习如何在淘宝网上购物。

1. 浏览、搜索宝贝

打开淘宝网的首页，映入眼帘的是各种商品的广告，或淘宝各期活动的广告，单击相应的广告，兴许能找到需要的商品。但是，做广告的商品毕竟是少数，而淘宝网上的商品不计其数，我们怎样才能找到自己需要的商品呢？在淘宝网上搜索商品主要有三大途径：宝贝类目、十大频道、搜索，如图8–18搜索。

(1) 搜索引擎

利用搜索引擎搜索可以帮助你快速找到需要的产品。在搜索引擎中输入与要查找商品相关的关键字，例如，查找有关局域网网络管理的书籍，可输入“网管 日记”进行查询，并设置搜索类别为“搜索宝贝”、搜索分类为“书籍杂志、报纸”。单击“搜索”按钮，显示搜索结果，包括商品的名称、店家、价格、所在地等，如图8–19所示。用户可以根据需要设置搜索结果的排序方式、店家所在地、商品价格范围等，以快速找到需要的商品。

单击一个喜欢的商品连接，进入其信息介绍页面。通常在这里，用户可以了解该商品的详细信息，如图8–20所示。

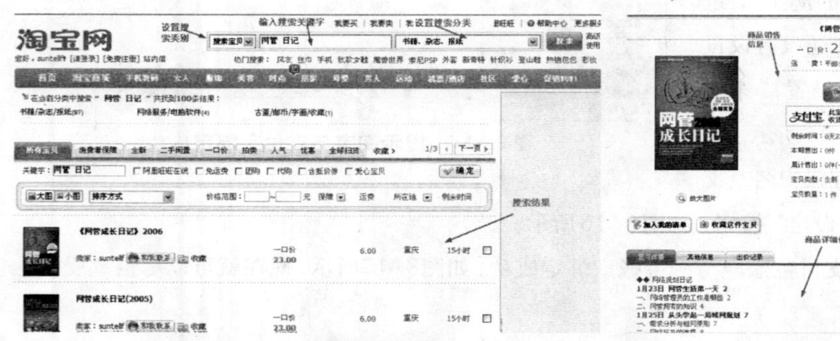

图8–19 搜索需要的产品

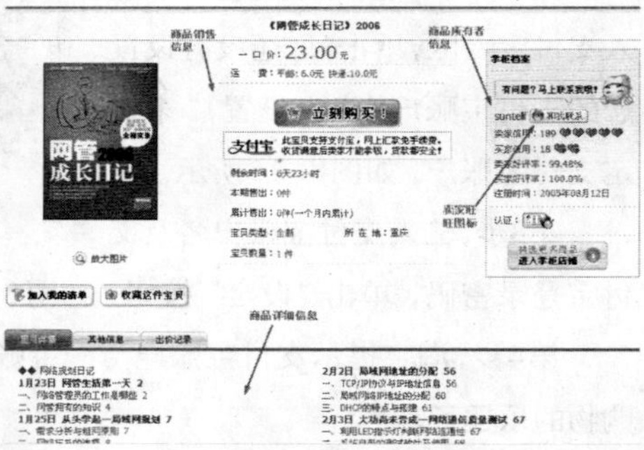

图8–20 商品信息页面

(2) 十大频道

根据当前的热点，淘宝组织了十大热点频道，在这些频道中，用户也可以找到自己喜欢的产品。

在淘宝网首页单击某一频道，如“女人”，进入“女人频道”，在该频道下列举了与女人有关的所有商品分类，以及现在流行的服饰搭配，瘦身、美容，以及女人们感兴趣的热点话题等，如图8–21所示。

接下来，就根据需要单击商品类目中的某个类别，查找是否有自己喜欢的商品。

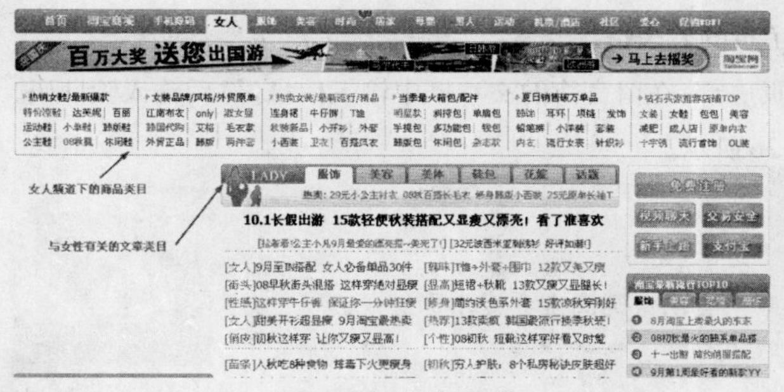

图 8-21　女人频道

图 8-22　淘宝宝贝类目

(3) 宝贝类目

在淘宝网的首页，淘宝把所有的商品进行了详细分类，如图8-22所示。单击某一类别，显示该类别下的所有商品，用户可以在其中浏览、查找需要的商品。

2. 联系卖家

通常在决定购买某一商品前，我们都会向店家资讯有关该产品的一些信息，比如产品的新旧程度、运输方式、售后服务、商品议价等。在淘宝上联系卖家的方式主要有四种：淘宝旺旺、站内信件、商品留言、店铺留言。

(1) 淘宝旺旺

淘宝旺旺是淘宝网上买卖双方即时交流的聊天工具，与腾讯QQ类似。下面就来看看如何利用淘宝旺旺与店家进行交流。

第1步，到淘宝网站上下载阿里旺旺淘宝版（http://www.taobao.com/wangwang/index.php）。

图 8-23　淘宝登录窗口

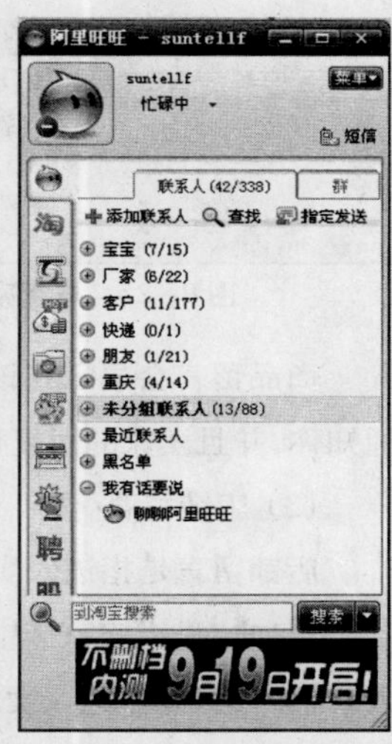

图 8-24　旺旺主窗口

第2步，安装阿里旺旺，其安装操作比较简单，按提示操作即可完成。

第3步，运行旺旺，在登录窗口中，输入淘宝会员账户和密码，如图8-23所示。然后单击“登录”按钮登录。旺旺主窗口如图8-24所示，同时在任务栏中会出现旺旺的快捷图标。

第4步，当需要与卖家进行交流时，可以在打开商品销售网页时，单击该页面中卖家的旺旺图标，系统会自动打开与卖家交流的对话框，与卖家进行交流，如图8-25所示。通过旺旺，我们可以与卖家进行视频、语音交流，传递与产品有关的图片或文件详细了解产品的信息。如果觉得该卖家的产品物美价廉，希望以后再从他那里购买产品，可单击“加为好友”按钮，将其添加为旺旺好友。

(2) 商品留言

如果没有安装旺旺，那么，又如何向卖家了解产品的具体信息呢？当浏览到比较喜欢的宝贝时

小提示

淘宝旺旺会员名和密码即为我们在淘宝网上注册的淘宝会员名和密码，无需单独注册。

可以通过商品留言的方式，向卖家了解该宝贝的有关情况。

在宝贝销售页面中，滚动滚动条到网页底部，在留言簿的文本框中输入信息，然后输入验证码，单击“确定”按钮，给卖家留言，如图8-26所示。

小提示

只有登录淘宝后才能给卖家留言。如果未登录，则淘宝会提示你登录。

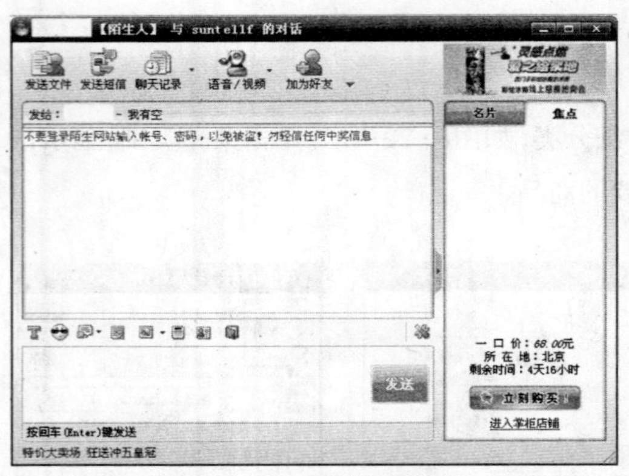

图8-25　与卖家的对话窗口

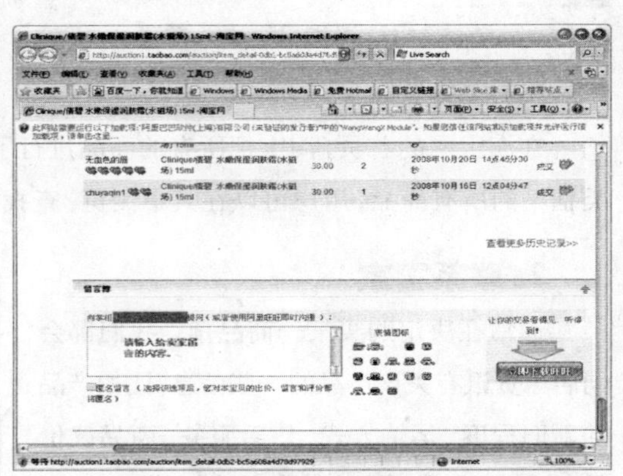

图8-26　商品留言

商品留言会显示在该商品的销售页面中。当卖家回复留言后，淘宝会以旺旺、站内信件等方式通知你，并且卖家的回复也会显示在该销售页面。

(3) 店铺留言

店铺留言是指进入卖家店铺后，在店铺中给卖家留言。

第1步，进入卖家店铺。进入卖家店铺的方式有多种：在宝贝销售页面中单击“挑选更多商品进入掌柜店铺”按钮进入卖家店铺；在与卖家交流的对话框中，单击“进入掌柜店铺”连接可进入卖家店铺。此外，也可利用搜索引擎搜索卖家店铺。

第2步，在卖家店铺页面中，滚动滚动条到网页底部。在店铺最新留言处可以看到卖家与其他买家的留言。单击“我要留言”，如图8-27所示。

第3步，在弹出的页面中输入留言内容，然后输入校验码，单击“确定”按钮，如图8-28所示。

图8-27　单击我要留言

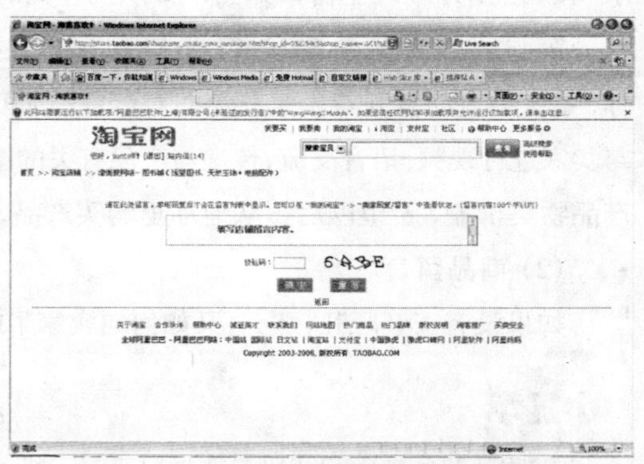

图8-28　填写店铺留言

第4步，当卖家回复留言后，淘宝会以旺旺、站内信件等方式通知你，然后到店家店铺中查看留言即可。

(4) 站内信件

站内信件也是买家与卖家进行沟通的一种方式之一。在卖家店铺(如图8−29所示)或商品销售网页中，单击“发送站内信件”，在出现的网页中输入收件人、信件主题、信件内容，然后输入校验码，如图8−30所示，单击“发表”按钮给卖家发送站内信件。

图8−29　在店家店铺中单击“发送站内信件”

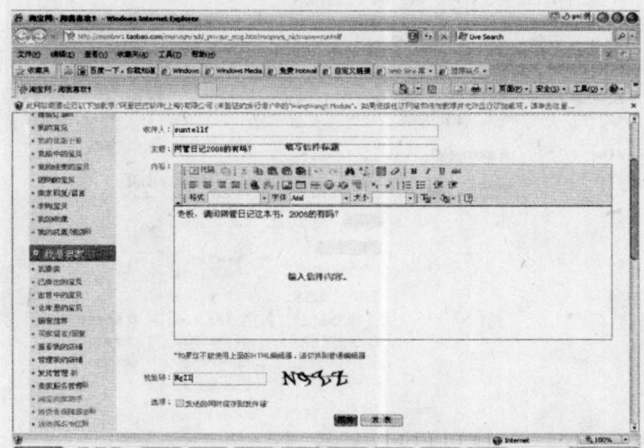

图8−30　发送站内信件

当卖家回复站内信件后，淘宝会以旺旺、站内信件、邮件等方式通知你。登录淘宝网后，在任一网页中单击用户名后的“站内信”，进入自己的站内信件页面，如图8−31所示。单击某个站内信件连接，查看信件的内容，如图8−32所示。

图8−31　查看站内信件

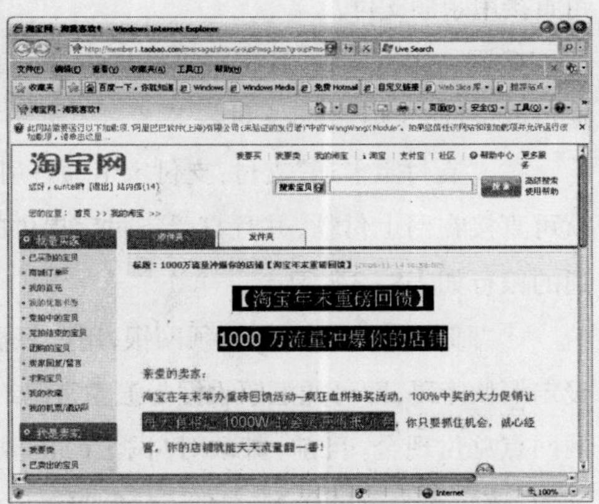

图8−32　查看具体站内信件的内容

3. 出价与付款

通过与卖家的交流，确定购买喜欢的宝贝后，就可以拍下选中的商品，并支付货款了。

(1) 支付宝充值

申请了淘宝会员和支付宝账号，还不能利用支付宝购物付款，这是为什么呢？原因很简单，因为还没有充值支付宝。充值支付宝的方法如下。

第1步，进入支付宝首页，登录支付宝。选择“我的支付宝”选项卡，单击“充值”。

第2步，支付宝支持网上银行充值、支付宝卡通、网点充值这三种充值方式。选择“网上银行”，然后选择一种网上银行。

第3步，输入本次充值的金额，单击“下一步”按钮。如图8−33所示。

第4步，进入相关银行网站，这里进入的是交通银行网站，如图8−34所示。输入你的支付卡号和支付密码，即完成充值。

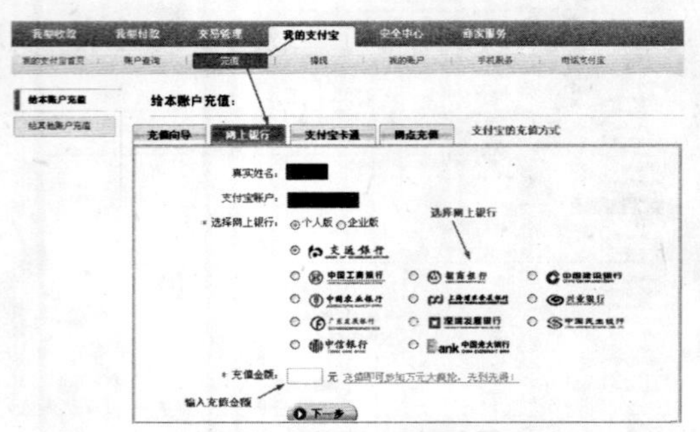

图8−33　支付宝充值

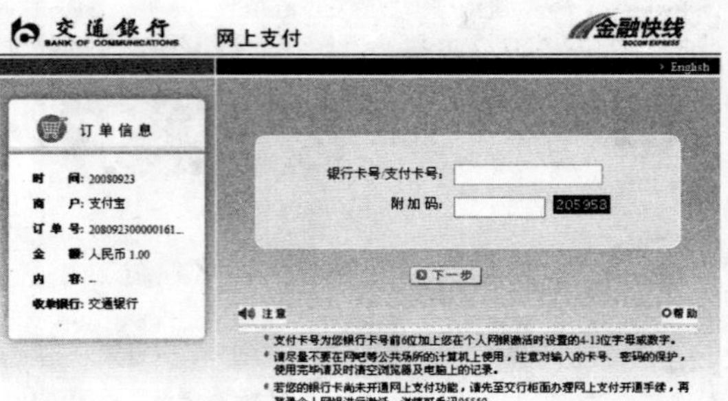

图8−34　交通银行网站

(2) 支付方式

淘宝网支持多种支付方式，通过任意一种方式均可以实现“付款到支付宝”。

①支付宝账户余额支付：通过给支付宝账户充值，使用账户余额付款。若支付宝账户中有余额，可直接用余额支付。

②网上银行支付：我们可以选择和支付宝公司合作的12家银行(如图8−33所示)中的任意一家，通过该银行的网上银行支付。

③“支付宝卡通”支付：支付宝卡通将用户的支付宝账户与银行卡连通，不需要开通网上银行，就可直接在网上付款，并且享受支付宝提供的“先验货，再付款”的担保服务。目前可办理支付宝卡通的银行如表8−3所示。

④“邮政网汇e”支付：无须网银，用户只需用现金或绿卡在邮政汇兑联网网点办理汇款业务，并设定汇款密码，即可凭汇票收据与汇款密码给任意支付宝账户充值；如不充值，也可以在邮政汇兑联网网点兑付现金。目前，邮政对“网汇e”的收费标准为：按每笔金额的0.5%计收，最低每笔2元

⑤网点支付：这是支付宝推出的一种全新的支付方式，用户只需到与支付宝合作的营业网点，以现金或刷卡的方式即可完成账户充值和网上交易订单付款。这种支付方式同样支持支付宝担保交易。您可以直接去带有支付网点标志(如图8−35所示)

图8−35　支付网点标志

如表8－3 可办理支付宝卡通的银行

支付宝卡通	办理网点
支付宝建行卡通	中国建设银行
支付宝温州银行卡通	温州银行
支付宝青岛银行卡通	青岛银行
支付宝台州商行卡通	台州市商业银行
支付宝招行卡通	在支付宝网站上即可申请办理
支付宝邮政卡通	中国邮政
支付宝嘉兴商行卡通	嘉兴市商业银行
常熟农村商业银行	常熟农村商业银行
三峡卡支付宝卡通	宜昌市商业银行
汇通・支付宝卡通	宁波银行
工商银行	开通了网上银行签约；浙江省用户可以通过支付宝端及工行网银端发起签约；浙江省用户（宁波除外）现已可以使用柜面方式签约
长沙商行	长沙商业银行营业网点？
华夏银行卡通	华夏银行全国各网点（天津地区各网点暂不办理卡通业务）
重庆银卡通	重庆银行
盛通卡・支付宝卡通	佛山市南海区农村信用合作联社各网点
徽商银行	徽商银行各网点
西湖卡支付宝卡	通杭州市商业银行
常州农村信用社（圆鼎卡・支付宝卡通）	常州农村信用社
中国光大银行卡通	中国光大银行
吴江农村商业银行卡通	吴江农村商业银行
呼和浩特市商业银行	呼和浩特市商行
富滇银行	富滇银行网点
中信银行	中信银行
恒丰银行卡通	恒丰银行
绍兴市商业银行卡通	绍兴市商业银行

的营业网点购买支付宝充值码，或为网上交易的订单直接付款。支持“现金”和“刷卡”两种收款方式。目前，这种收费方式需要手续费。

⑥即时到账付款：如果你对对方非常信任，可以采用支付宝即时到账付款。即时到账每天付款限额是2000元，对于已经安装了数字证书的用户，每天即时到账的限额为10000元。

小提示

即时到账的收款方须为实名认证会员，否则金额不可使用。由于即时到账不受《支付宝服务协议》交易保护条款的保障，请谨慎使用。

下面主要介绍常用的支付宝余额付款和网银付款。

(3) 支付宝余额付款

第1步，在商品购买页面中单击“立即购买”按钮（如图8–36所示），买下选中的商品。

第2步，在出现的网页中正确填写你的收货地址、收货人、联系电话，以方便卖家发货后快递公司联系收货人，如图8－37所示。填写购买商品的数量、邮寄方式及对商品的留言和检验码，如图8－38 所示，单击“确认无误，购买”按钮继续。

第3步，进入付款界面。选择 “使用余额付款”，输入支付密码，如图8－39所示，单击“确认无误，付款”按钮支付货款。支付成功后，淘宝网会返回支付成功的提示信息。下面就可以在家等待商品送货上门了。

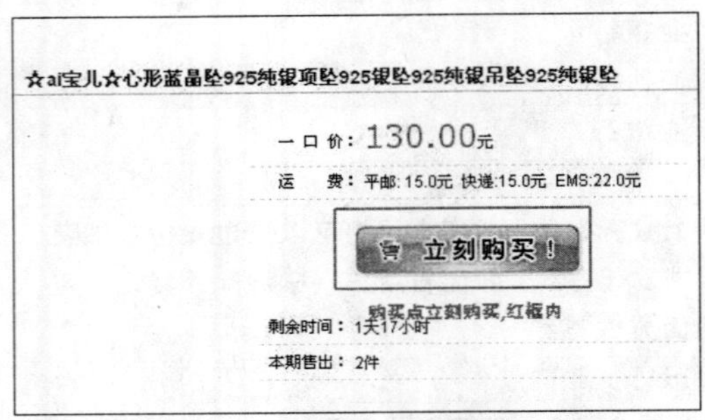

图8－36 “单击”立即购买按钮

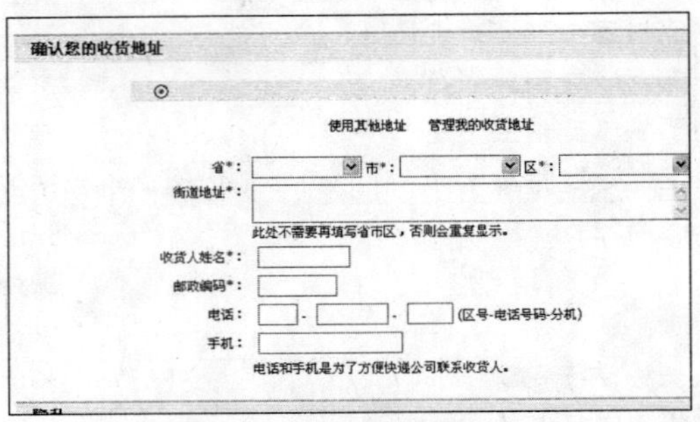

图8－37 填写收货信息

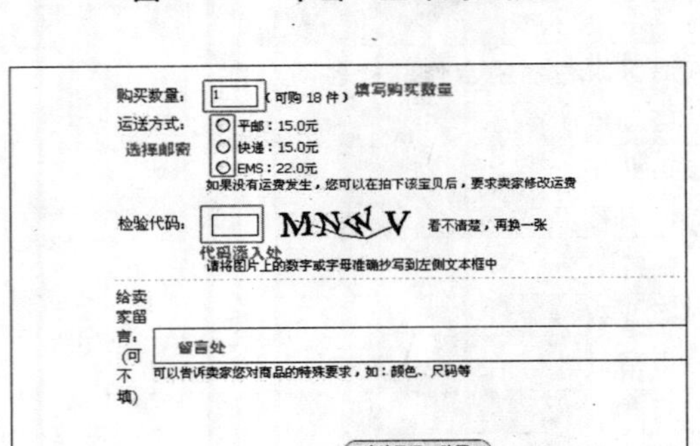

图8－38 选择运输方式和购买商品的数量

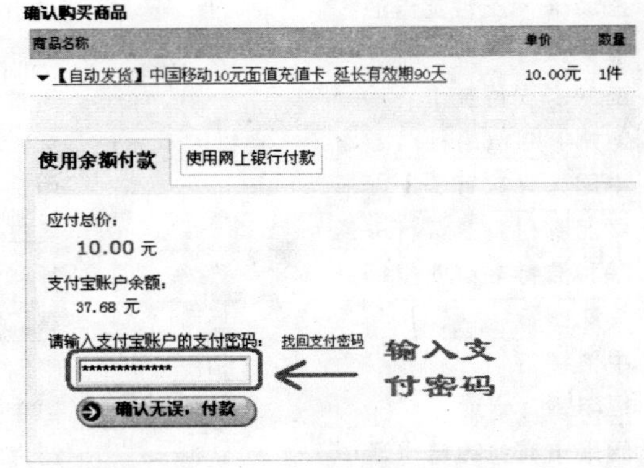

返回交易管理

图8－39 采用支付宝付款

小提示

采用支付宝支付货款，买家只是将钱转入了支付宝中，并未正式转入卖家账户。只有当买家确认收货后，支付宝才将钱转入卖家账户中。通常，买家拍下宝贝后会有一个付款期，自创建交易时起或卖家最后修改交易价格后 7 天买家逾期不付款，淘宝会默认关闭交易。

注意

如果购买的宝贝有多款，请不要在付款页面中付款，而直接关闭该页面，然后再继续拍其他宝贝。因为同时购买多款物品，通常都需要卖家修改邮费。此外，在购买喜欢的宝贝时，如果议价成功，也需要卖家修改宝贝的价格。当卖家修改价格成功后，再登录淘宝，进入“我的淘宝”，单击“已买到的宝贝”，单击已购买宝贝后的“等待买家付款”，在出现的页面中付款即可。

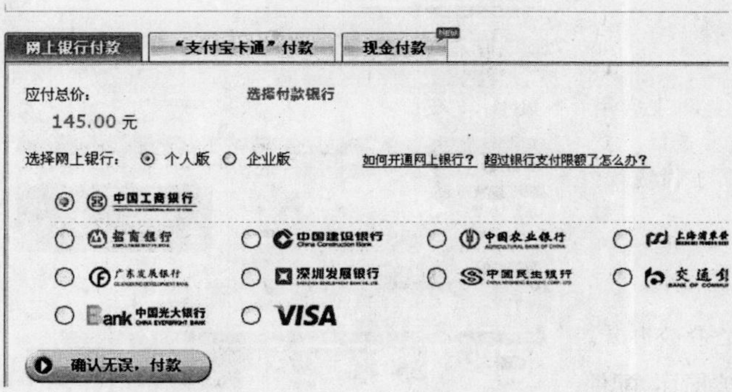

网上银行付款　"支付宝卡通"付款　现金付款

应付总价：145.00 元　选择付款银行

选择网上银行：◉ 个人版 ○ 企业版　如何开通网上银行？ 超过银行支付限额了怎么办？

中国工商银行　招商银行　中国建设银行　中国农业银行　上海浦东发展银行　广东发展银行　深圳发展银行　中国民生银行　交通银行　中国光大银行　VISA

确认无误，付款

图 8-40　选择一个网上银行

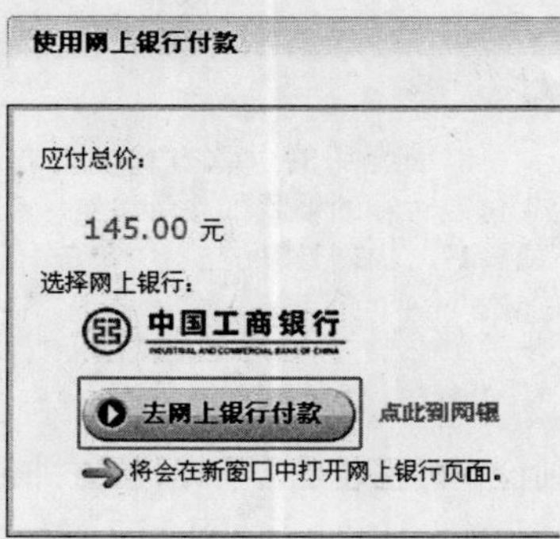

图 8-41　单击"去网上银行付款"按钮

(4) 网银支付

如果支付宝余额不足，可使用网上银行付款。付款方法如下：

第1步，在付款页面中选择"使用网上银行付款"。选择自己开通网上银行的银行，如图8-40所示选择的是工行，然后单击"确认无误，付款"按钮付款。在随后出现的页面中单击"去网上银行付款"按钮，如图8-41所示。

第2步，进入网上银行，输入卡号，验证码，单击"提交"按钮，如图8-42所示。

第3步，确认在工行的预留信息，如图8-43所示，单击"确定"按钮。

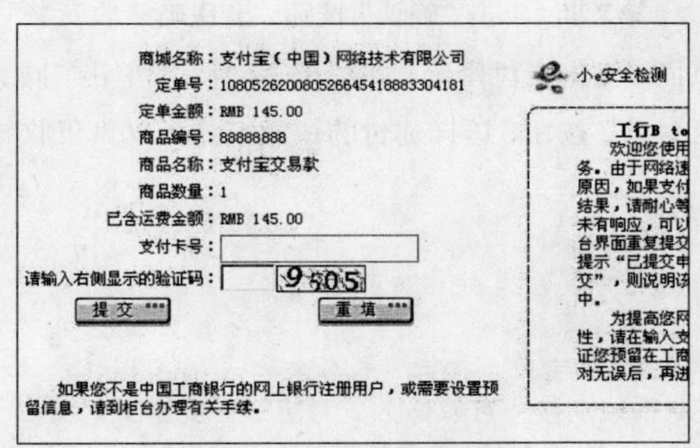

图 8-42　输入银行卡卡号

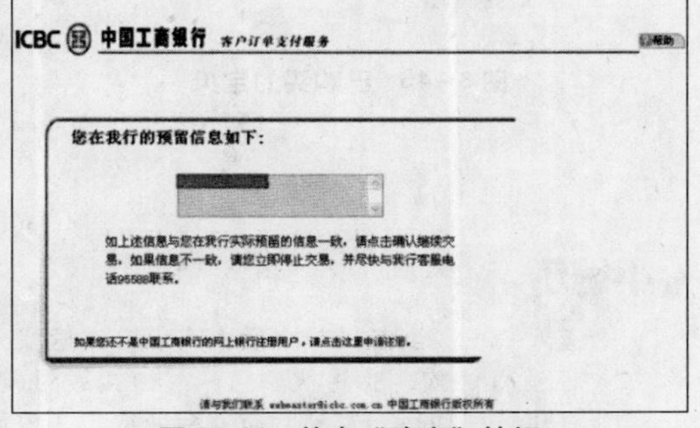

图 8-43　单击"确定"按钮

第4步，输入口令密码、网银登录密码、验证码，如图8-44所示，单击"提交"按钮。

第5步，提示支付成功，接下来就等待商品被送货上门了。

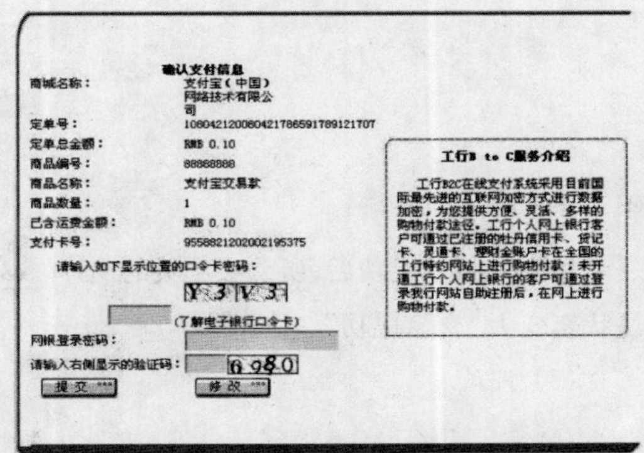

图 8-44　输入银行登录密码支付货款

4. 收货与评价

通常，网上购物，在我们付款之后，还要经历货物签收、确认收货、用户评价这几个过程。

(1) 货物签收

当收到购买的宝贝时，不要立刻签单。应先仔

小提示

前面介绍的付款方式都是通过淘宝网来启用支付宝付款的。我们也可以登录支付宝，选择“交易管理”，在新建的交易中单击“付款”支付货款，如图8-45所示。

图8-45 登录支付宝付款

细检查外包装是否损坏，检查外包装是否被拆开。然后拆开外包装检查购买的商品是否被损坏、配件是否完整、商品的质量是否与卖家说的一致等。只有在确保收到的商品完好无损、且无质量问题后，才能在物流单据上签字。

图8-46 已购买的宝贝

(2)淘宝网确认收货

收到自己喜爱的宝贝后，高兴之余，可别忘记到网上确认收货。

第1步，登录淘宝网，单击“我的淘宝”，单击“已购买的宝贝”，可以看到已经购买的所有商品，如图8-46所示。

第2步，单击“确认”按钮，出现确认收货物页面，输入支付密码，如图8-47所示，单击“同意付款”按钮，这样你付的钱卖家才可以真正收到。

小提示

进入“已买到宝贝”之后，可以在这里找到所有拍下的宝贝，在宝贝的右边有一个交易状态，如果还没有付款，交易状态为“等待买家付款”，单击该连接，可以进入支付宝进行安全支付货款。在付款成功后，交易状态就会变成“买家已付款”，这时你可以跟卖家联系通知他发货。一般情况下，如果你未联系，卖家也会在24小时内发货。在卖家发货之后呢，这里的交易状态又会变成“卖家已经发货”。

第3步，付款成功后，所购买宝贝的交易状态变为“交易成功”。

(3) 评价

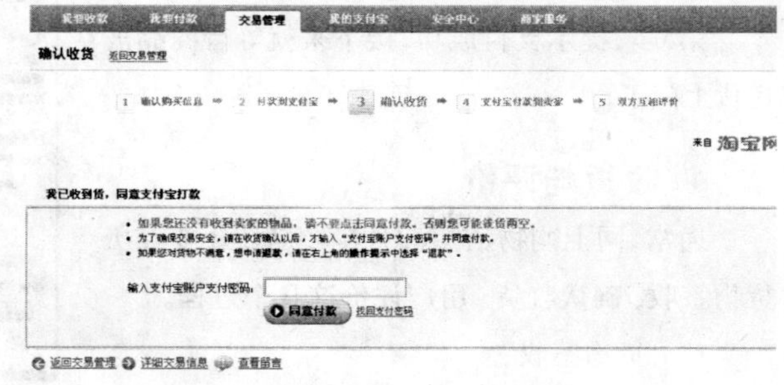

图8-47 确认付款

小提示

卖家发货后，超过一定时间后，买家未确认收货也未申请退款，淘宝会默认交易成功而付款给卖家。因此，购买商品后，应注意收货期限，如果在规定的收货期限内没有收到购买的宝贝，应即时联系卖家延长收货时间或申请退款，否则，可能会导致钱、货两空。通常，收货期限平邮为30天，快递10天，虚拟商品为3天。

评价反映了交易过程中买卖双方对彼此的看法，分为好评（加1分）、中评（不加分）、差评（扣1分）三个级别。淘宝会员在淘宝上的每一笔交易成功后，双方都会对对方交易的情况作一个评价，通过所有交易评价的积分来反映该会员在淘宝网的信誉度。积分越高、好评率越高，信誉度越高。

用户评价的方式有两种。

方式一：确认收货并评价

交易成功后，淘宝会提示用户要去给对方评价，如图8–48所示。单击“给对方评价”按钮，出现评价页面，在该页面中进行评价，并填写“卖家问卷”，包括：用什么和对方联系的，商品实际和网上描述的相符程度，卖家的退货服务是否好，发货时间怎样，商品到达之后的状态等，如图8–49所示。单击“提交”按钮，提交你给对方的评价。

图8–48 提示给对方评价

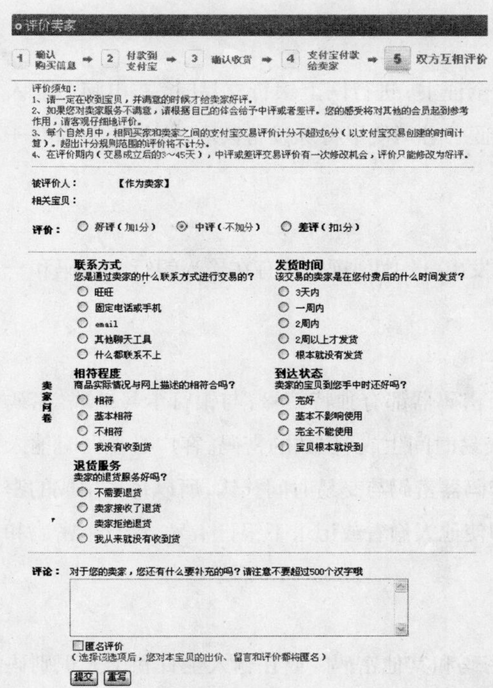

图8–49 评价对方

方式二：未收货评价

收到购买的宝贝后，并不是每一个买家都能确定产品的质量或使用效果，如果希望使用一段时间后再作评价，该怎么办呢？评价方法如下。

登录淘宝网，选择“我的淘宝”→“已购买宝贝”，在购买宝贝列表中，未评价的交易在“评价”列中会显示“评价”字样，单击“评价”连接评价即可。自己已评价的交易，会显示“买家已评”或“双方已评”。

三、网络安全支付

网上购物在给我们日常生活带来便利的同时，也带来不少安全隐患。互联网上的不法分子无时无刻都在窥视着网上交易的账户和过程，一不小心，他们就可能盗取你的网银账户和密码，盗取你的钱财。因此，网上购物，支付安全尤为重要。下面就来学习如何进行网络安全支付。

1. 网银安全措施

尽管网上银行因为其方便快捷而备受用户欢迎，但是现在有一些不法分子通过假电子邮件、假网站、木马(特洛伊)软件，以及其他蓄意诈骗程序等，盗取用户的名称和密码，影响了用户正常使用。银行方面为此设置了不少安全措施，以保证用户安全使用网上银行。

很多银行的网上银行分为大众版和专业版，一般来说大众版是单一身份认证，所以只提供简单的账户查询功能和受限制的同一客户账户间转账功能；只有采取了双重身份认证或多重身份认证，用户可以通过使用动态密码验证、浏览器文件数字证书或移动数字证书等多种安全认证方式后，才能通过网上银行进行各种转账、支付等操作，这样大大加强了网上银行的安全性。除上述安全措施外，部分商业银行还提供电脑数字软键盘密码输入方式、即时短信通知卡交易信息等服务，这些都是为保护你的银行账户作出的努力。目前，被网上银行采用的双重认证方式有以下几种。

(1) 浏览器文件数字证书

浏览器文件数字证书是目前国内商业银行采用最为普遍的双重认证方式之一。可存储于浏览器中，可任意备份证书和私钥，用户端不需要安装驱动程序，而且没有任何成本。个人用户多采用这种认证方式

(2) 移动数字证书

移动数字证书即USB－Key(U盘数字证书)，是目前国内商业银行采用比较普遍的、安全度相对较高的双重认证方式之一。申请移动数字证书后，所有涉及资金对外转移的网银操作，除输入密码外，还必须同时使用移动数字证书才能完成。由于犯罪分子很难同时窃取移动数字证书、移动数字证书的密码、网上银行账号、登录密码和支付密码，所以使用移动数字证书的安全性要大大高于普通的单一使用密码方式。

(3) 智能IC卡

香港地区的智能身份证(IC卡)已含有内置的安全证书，进行网上银行交易时，在电脑上插入IC卡即可有效确认客户身份，但智能身份证中的安全证书必须使用特殊设备读取，在使用时尚有一定程度的不便。

(4) 手机短信密码

用户在发出交易需求后，银行用手机短信向客户发出一次性密码，只有在输入银行卡密码和一次性密码后，整个交易才能被确认并完成。

(5) 电子密码器

银行发给客户一个拇指大小的电子密码器。每个密码器都有独特编号，与银行卡号关联。密码器有内置时钟，每次按下按钮，会根据密码器编号和交易时间生成6位数的密码。客户必须同时输入银行卡密码和密码器密码，才能获得身份认证。由于密码器密码与交易时间挂钩，所以每次生成的密码都不一样，而且每个密码在很短时间内就会失效，即使他人偷看或记录下银行卡号、银行卡密码和密码器密码，也很难来得及窃取资金。

(6) 多因素密码校验法

用户在交易前必须输入姓氏、会员号码、常规密码和其他密码，或在输入生日和个人识别码

(PIN)后，必须回答几个随机问题(已在银行卡资料库中预留的答案)。只有所有的号码均正确、回答问题与预留答案一致，才能使用网上银行服务。

(7) 动态口令卡

动态口令卡相当于一种动态的电子银行密码。每张口令卡与客户在银行的注册信息关联。在动态口令卡上以矩阵的形式印有若干字符串，用户在使用电子银行(包括网上银行或电话银行)进行对外转账、B2C购物、缴费等支付交易时，电子银行系统就会随机给出一组口令卡坐标，客户根据坐标从卡片中找到口令组合并输入电子银行系统。只有当口令组合输入正确时，才能完成相关交易。

(8) 批处理密码

商业银行为持卡人的一张借记卡提供密码单，密码单一般记录50或100个银行卡密码，所有密码的有效期为1～2个月，每个密码使用一次后随即作废。

(9) 动态账号

用户下载专用软件到电脑后，电脑会自动启动安全功能。客户在线购物时，每次提供用户名和密码，电脑都会自动产生随机号码代替信用卡号码，形成“虚拟账号”。

(10) ActiveX安全控件

目前，像中国工商银行(如图8－50所示)、招商银行、中国农业银行、交通银行的网银个人版大多采用ActiveX安全控件作为安全措施。

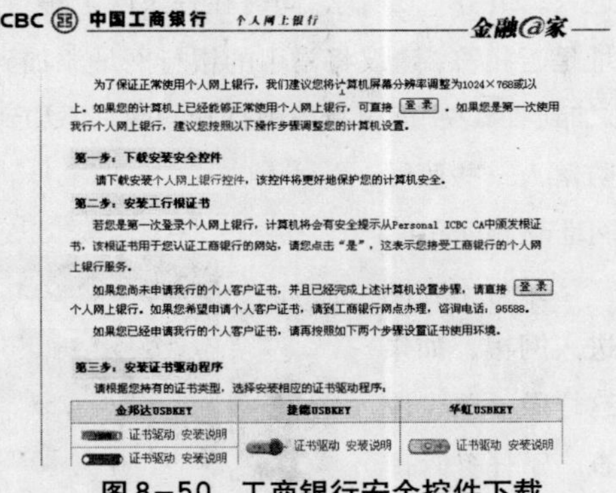

图8－50 工商银行安全控件下载

2.网银安全使用技巧

随着电子商务的不断发展，网上交易越来越频繁，网银的地位举足轻重。虽然网银危机四伏，但只要用户养成良好的网银交易习惯、充分利用现有的安全措施，网银的操作风险还是可以避免的。下面就来看看网银安全使用的方法和技巧。

(1)网银安全从注册做起

保证网银的安全，需要从用户注册开始。

①认真填写身份资料

申请开通网络银行时，银行都会要求用户填写详细的个人资料，这些资料对网银用户的账户来说十分重要。一旦用户将来忘记了账户的密码、账户被盗或被限制等问题发生，正确的填写身份资料的重要性就非常突出了。一般情况下，能够联络到客户的邮政通讯地址、电话、生日、姓名等资料都必须如实填写。因为这几个资料是在处理非常情况时，找到和证明客户身份的直接证明，否则可能损失惨重。即使一个用户拥有一种网银的多个账号，也要分别提供这些资料。

②记录好注册提供的资料，以备后查。

③设计好密码、提示问题等重要信息。有关此项，容后细述。

(2)进入网银有技巧

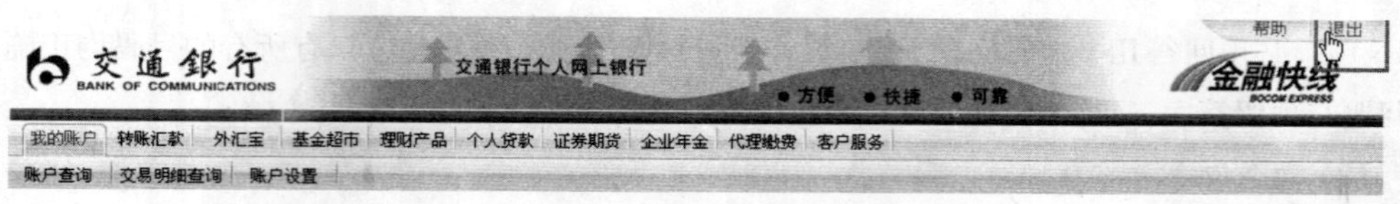

图 8－51 正确推出网银

①没事不要总是进入账户，特别是新用户，似乎一会儿不进去看看就不放心。这很容易给黑客提供盗取信息的机会。

②不要通过代理进入账户，在代理服务器中会留下用户的痕迹，别有用心的人会很轻松地找到这些信息。

③离开网银时，不要一走了之，应单击“退出”按钮正确地退出网银系统，如图8－51所示。而不能简单地关闭网页窗口，以防数字证书等机密资料落入他人之手。

④除了在线支付外，不通过任何网站或邮件等进入网银，只能通过各大银行的网银站点正确链接进入，如图8－52所示。同时在登录网上银行时，须核对登录网址与自己同银行签订的协议书中的网址是否相符，建议将常用的银行网址添加到收藏夹中（在浏览器窗口中，单击菜单“收藏夹”→“添加到收藏夹”即可将当前打开的网页添加到收藏夹）。避免使用搜索引擎等第三方途径登录网银，以防落入一些假网银网址设下的陷阱。

⑤最好不在网吧进入网银，如果非这样做，至少应检查一下任务管理器，查看是否有不正常的进程在运行。退出网银后，应即时清除网页的密码保存和“Cookies”，清除方法请参照本章第一节的有关内

图 8－52 从银行网址进入网银

表 3－1 部分银行官方网址

中国工商银行 www.icbc.com.cn	中国银行 www.bank-of-china.com
中国建设银行 www.ccb.cn	中国农业银行 www.95599.cn
光大银行 www.cebbank.com	华夏银行 www.hxbank.com.cn
民生银行 www.cmbc.com.cn	招商银行 www.cmbchina.com
交通银行 www.bankcomm.com	浦东发展银行 www.spdb.com.cn
福建兴业银行 www.cib.com.cn	广东发展银行 ebank.gdb.com.cn
北京银行 www.bankofbeijing.com.cn	

容。

⑥最好在开机后还没有登录其他网站时先登录网银账户。在操作网银时，建议不要浏览其他网站，因为部分恶意代码可以得到访客电脑上的信息，并利用这些信息攫取用户的账号。建议用户退出网银后再访问其他网站。

⑦多账户操作时，切记不要同时进入，应退出前一个网银后，再进入后一个网银。

⑧做好交易的记录。用户应对自己在网上银行办理的每一笔转账和支付交易等业务做好详细的记录，并定期查看自己的“历史交易明细”和定期打印自己的网上交易业务对账单。

(3) 网银密码安全

密码是用户网银账户的钥匙，躲藏在网络背后的不法分子处心积虑散布虚假信息，四处传播病毒等的目的就是要窃取用户的账户密码。一旦他们窃取了用户的网银密码，盗取用户的钱财犹如探囊取物。对网银用户来说，复杂的网银密码与网银密码保护同等重要。

②网银密码应足够长，并且最好同时使用大、小写字母以及数字和其他字符。

②不用生日、姓名、地址等做密码，容易被不法分子猜出。应当用自己清楚而别人猜想不到的密码。不把网银密码和其电子邮件、网上社区、QQ或MSN的密码都设置成一样，否则这可能给犯罪分子盗取网银和银行卡密码留下可乘之机。

③在输入密码时，可以通过多次的部分密码复制、粘贴的方式进行，以免被键盘记录器记录。粘贴的次序也可以打乱，再加上错误的字符删除，这样就没有任何一个简单的记录器能盗取了。

④网银一般都提供了加密的软键盘，如图8–53所示，目的是防键盘、鼠标监听。除非对方攻破了指点数据包，否则是不会被盗的。

⑤保存好密码，最好是不要记录在计算机里。

⑥登录网银时，对网银站点提供的安全措施，如EG提供的PIN效验，不要因麻烦而将其关闭。

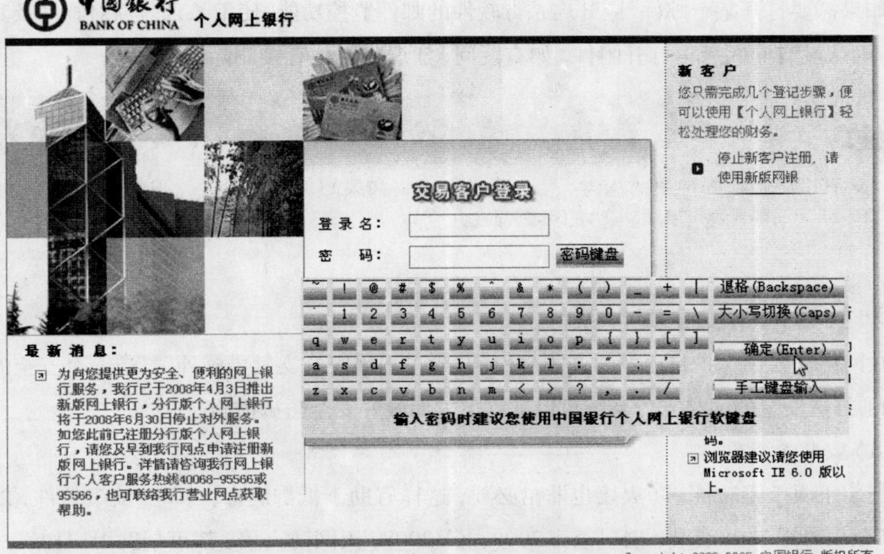

图8–53　中国银行提供的软键盘

小提示

用户在使用网银时，如果不小心在陌生网站上输入了自己的银行卡卡号和密码，并出现了类似于“系统维护”等提示语，应立即拨打银行的客服热线进行确认，一旦发现自己的资料已经被盗，必须马上修改自己的相关密码，并去银行进行银行卡挂失。

一旦发现有异样，应立刻更换密码。

⑦除了密码+附加码的基本认证外，目前银行有动态口令、文件数字证书、移动数字证书等安全措施，如“USBKEY”。客户最好搭配使用多种方式，为自己的钱包多加几道锁。

管好数字证书，避免在公用的计算机上使用网络银行交易，以防止自己的数字证书等相关机密资料落入不法分子的手中，从而让自己的网上身份识别系统遭到不法分子的蓄意破坏，使自己的网上账户被他人盗用。

小提示

为即时了解自己的财务消费状态，建议用户多利用银行提供的各种增值服务。现在很多银行都提供了交易的短信、邮件提醒，用户可以充分利用银行的贴心服务，快速掌握自己的消费情况。

(4) 网银邮箱安全

①网银使用的邮箱应可靠、迅速，最好是专用的。如果有条件，可以使用收费的邮箱。

②通常，网银不会向用户发送一些特别是关于密码之类的邮件，所以不要轻易打开不明来历的邮件，特别声称是某个网银来的邮件，或是带附件的邮件。也不要单击邮件中的任何连接。这些操作可能带来木马病毒或者将客户引向假网站，进而造成不必要的损失。

如果需要打开某个邮件，应开启杀毒软件的邮件监控功能，使用杀毒软件对邮件及其病毒进行清查，确认没有问题后再打开附件。如有疑问，建议将邮件直接删除。

小技巧

对直接隐藏在邮件中的病毒，其判断方法是：如果邮件不带附件，那么正常的邮件应该是在2～20kB，一般加载了病毒控件的页面都在几十kB以上。

3. 打造网络安全支付系统

在网络交易中保护自己的财产不受侵犯，除了采用安全支付措施外，打造一个安全的系统也非常重要。打造安全的网络支付系统可以从以下方面做好安全防御措施。

(1) 安装杀毒软件

安装正版杀毒软件、防火墙也非常必要，这样有助于抵御病毒、木马、流氓软件，以防黑客入侵。像金山毒霸2008套装、瑞星杀毒2008、KV2008、天网防火墙，都可帮助用户构筑一个良好的安全防御系统。我们可以根据需要选择一款杀毒和防火墙软件。为了网银的安全性，建议将防火墙的

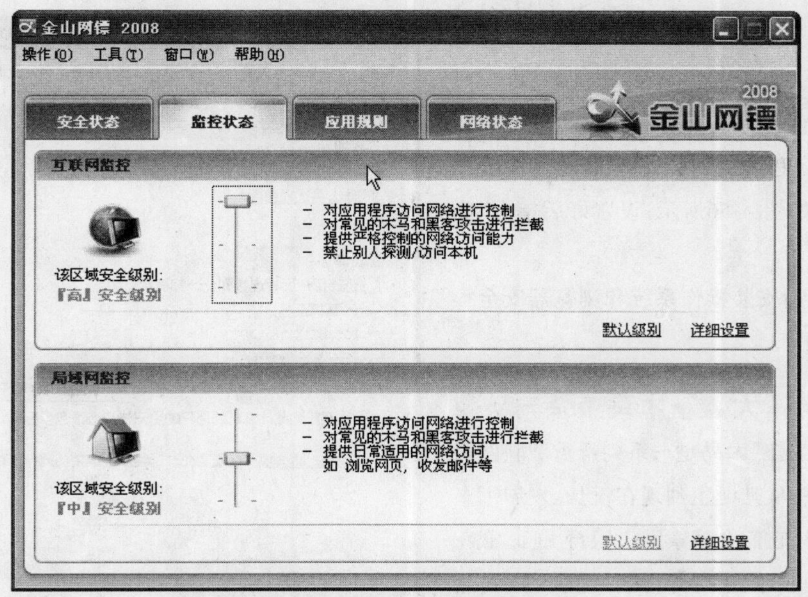

图8-54 将安全级别设置为"高"

级别设置为"高",如在金山网镖中将互联网监控的安全级别设置为"高",如图8-54所示。此外,像瑞星账号保险柜、奇虎360保险箱、江民密保都是专用的密码保护软件,可以选择一款与杀毒软件搭配使用,为网银构筑更安全的防御系统。

由于Windows XP自带防火墙功能,对未安装其他防火墙的用户来说,可开启该防火墙。打开"控制面板"窗口,单击"安全中心",打开"Windows 安全中心"窗口。单击"Windows防火墙",打开"Windows"防火墙窗口,选中"启用(推荐)"单选按钮,开启Windows XP的防火墙,如图8-55所示。

(2) 定期更新杀毒、防火墙和防黑的系统,定期检测和扫描系统,去除各种间谍软件。

(3) 关闭Windows XP远程功能。方法如下:

第1步,在桌面上用鼠标右键单击"我的电脑",选择"属性"

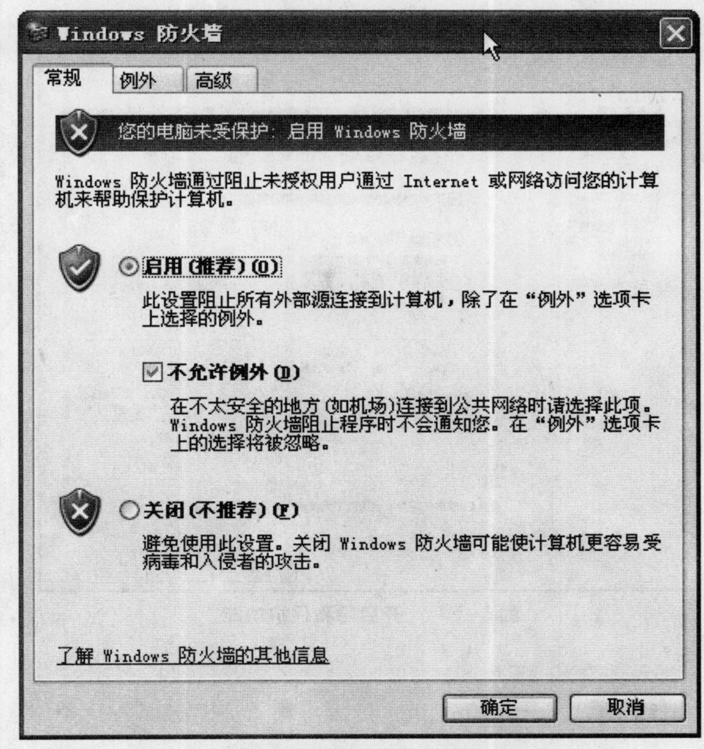

图8-55 开启Windows XP防火墙

菜单项，打开“系统属性”窗口。

第2步，切换到“远程”选项卡，取消对“允许从这台计算机发送远程协助邀请”和“允许用户远程连接到此计算机”这两个复选框的勾选，如图8–56所示。设置好后单击“确定”按钮即可。

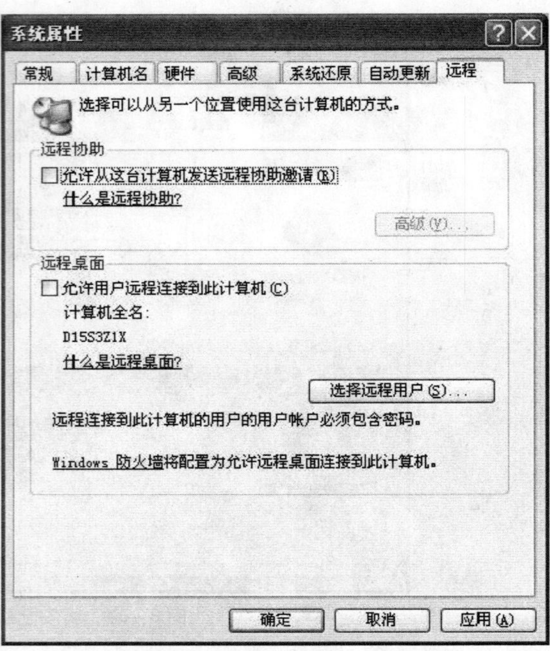

图8–56　关闭Windows XP的远程功能

(4)更新安装操作系统和浏览器安全程序或补丁程序。

4.“网银大盗”木马查杀与防范

“网银大盗”木马是一系列严重威胁网银安全的程序，从其诞生到现在，已经发展了多种变种病毒，它们会搜索网上银行页面，截获用户填写的账号、密码等，然后将信息发送到黑客指定邮箱。下面就来看看如何查杀、防范“网银大盗”木马程序。

(1)网银账户保护

目前，很多杀毒软件都提供了隐私保护功能，它能阻止病毒、木马、间谍软件或其他恶意程序未经允许使用电子邮件来盗取、搜集用户的隐私数据（如网银账号、信用卡号、网游账号和密码等），从而保障用户隐私数据的安全。如金山毒霸2008、KV2008等都提供了这样的功能。下面以金山毒霸2008为例进行介绍。

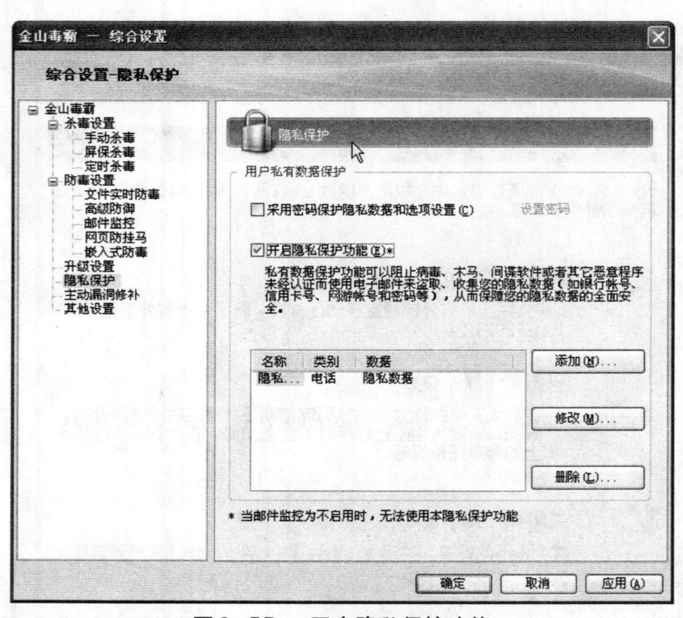

图8–57　开启隐私保护功能

运行金山毒霸2008，进入其主窗口，单击菜单“工具”→“设置”，打开“综合设置”窗口。单击“隐私保护”，在窗口的右边勾选“开启隐私保护功能”复选框，如图8–57所示。

单击“添加”按钮，弹出“添加隐私数据”窗口。在“描述名称”

小提示

启用“隐私保护”功能，需要启用“邮件监视”功能，否则将无法使用隐私保护功能。

图8－58　添加需要保护的隐私信息

中输入隐私数据的名称，在“类别”中选择隐私数据的类型，如密码、电话、银行账号、信用卡账号等，这里选择“银行账号”，在“数据内容”中输入账号信息，设置好后单击“确定”按钮即可，如图8－58所示。

重复此操作可以添加更多的个人保护信息，如网银密码保护等。

小提示

修改保密信息时，只需在“综合设置”窗口中选择“隐私保护”，选中需要修改的隐私数据，单击“修改”按钮进行修改。

(2) 网页实时监控

目前，很多“网银大盗”所采取的偷窃方法，大多都是在网页中嵌入恶意的木马程序，趁用户在浏览该页面的过程内，将木马加载到浏览者的电脑中，从而实施网银资料的偷盗。像瑞星2008、KV2008、金山毒霸2008等专业杀毒软件都提供了网页监控功能，开启杀毒软件的网页监控功能，可以有效阻止隐藏在网页中的“网银大盗”木马。下面以金山毒霸2008套装的“网页防挂马”为例进行介绍。

金山毒霸2008的“网页防挂马”功能可有效拦截并阻止浏览器自动下载网页中木马程序、病毒和其他恶意程序等到用户的电脑上，保护网银的安全。

在金山毒霸2008主窗口中选择“监控和防御”选项卡，选择“网页防挂马”，单击“详细设置”，打开“综合设置”窗口，单击“网页防挂马设置”按钮（如图8－59所示）启动金山毒霸清理专家，进行网页防挂马操作。

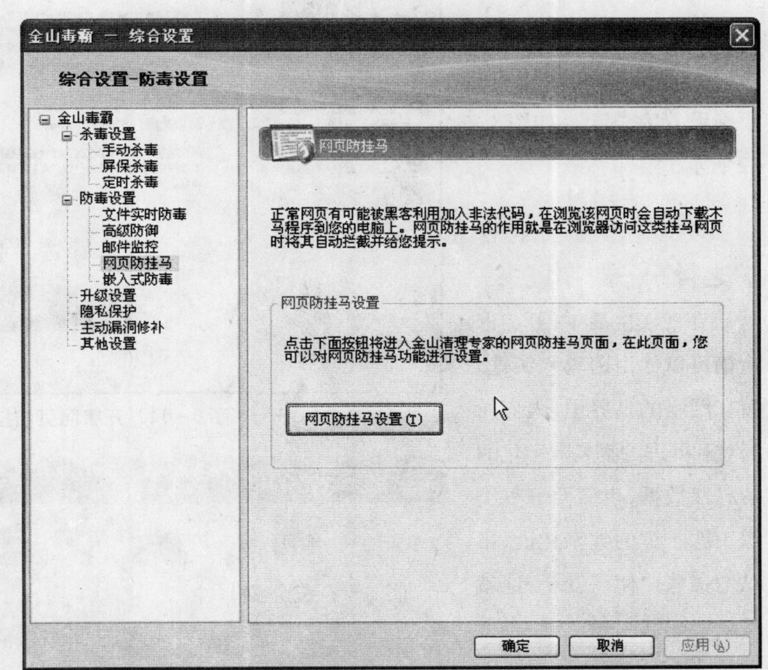

图8－59　单击“网页防挂马设置”按钮

在“功能设置”中开启

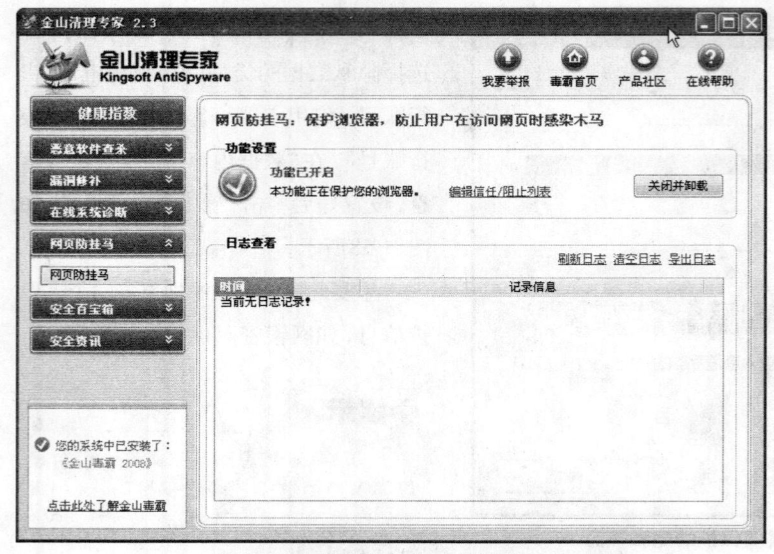
图 8-60 网页防挂马功能已经开启

网页防挂马功能，默认情况下该功能已经开启，如图8-60所示。在“日志查看“中可以查看防挂马安全日志”。

如果网页防挂马功能未开启，启动金山毒霸清理专家时，会出现如图8-61所示界面，如图所示，单击“安装并开启”按钮开启网页防挂马功能即可。

(3)防火墙抵御“网银大盗”

一般，用户不使用杀毒软件进行彻底查杀，是很难发觉到网银木马的存在。如果想起初就不给木马加载机器的机会，可以利用防火墙的抵御、隔离功能，将网银木马阻止在电脑外，这样不法分子也就无法偷盗网银的账号与密码了。

天网防火墙、瑞星个人防火墙、金山网镖、以及Windows XP自带的防火墙都是不错的选择。对网银用户来说，建议将防火墙的级别设置为“高”，如图8-62所示。

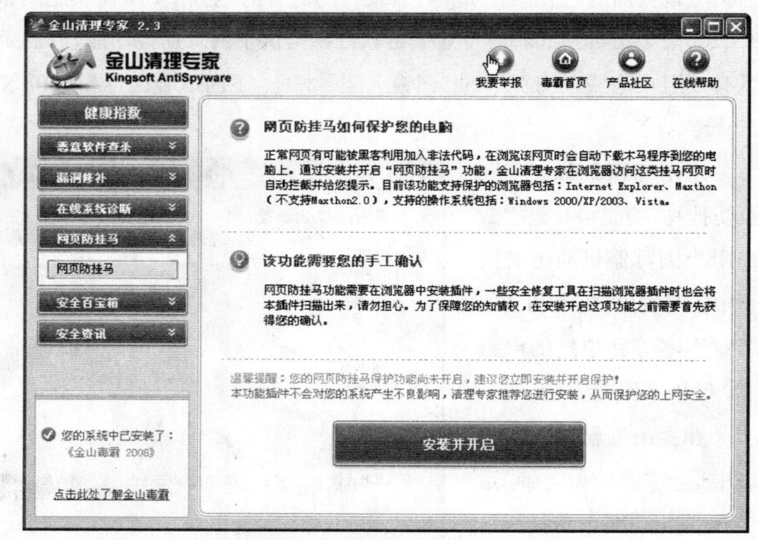
图 8-61 开启网页防挂马功能

5．支付宝安全守护之神——数字证书

在现实生活中，开启保险箱可以使用密码和钥匙。而在网络的世界里，人们所面对和处理的都是数字化的信息或数据，也需要一种类似钥匙一样的数字凭证，用以增强账户使用安全，这就是数字证书。

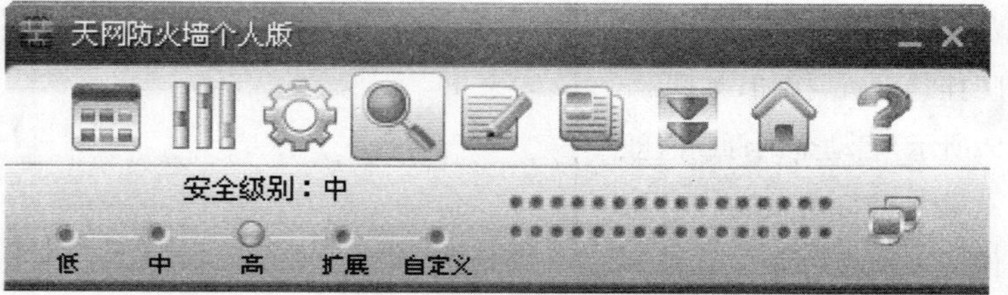

图 8-62 天网防火墙个人版

支付宝数字证书是由

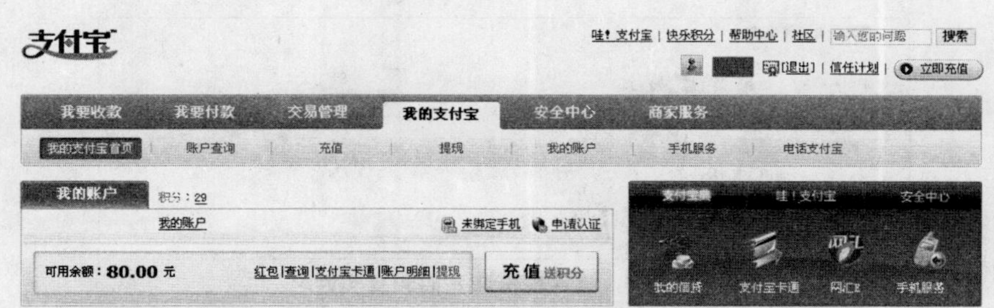

图8-63　单击“申请认证”

支付宝与通过公安部、信息产业部、国家密码管理局等机构认证的权威机构合作，采用数字签名技术，颁发给支付宝用户用以增强支付宝用户账户使用安全的一种数字凭证，并根据支付宝用户身份给予相应的网络资源访问权限。

成功申请数字证书后，用户只有在安装了对应数字证书的电脑上才能登录支付宝进行交易。如果其他人盗用了你的支付宝账户，即使用你的账户登录也不能对账户资金进行操作，从而达到切实保障用户账户的安全。

（1）实名认证

并不是所有的支付宝用户都可以申请支付宝数字证书，只有通过实名认证的会员才能申请安装支付宝数字证书。因此，在介绍数字证书的申请前，有必要先学习如何进行支付宝实名认证。

支付宝认证分为两种：个人实名认证和商家实名认证。下面以个人实名认证为例进行介绍。

第1步，登录支付宝账户，选择“我的支付宝”选项卡，单击“申请认证”（如图8-63所示），进入实名认证流程。

第2步，出现支付宝实名认证的介绍页面，单击“立即申请”按钮继续，如图8-64所示。

图8-64　申请实名认证

第3步，仔细阅读支付宝实名认证服务协议后，单击“我已经阅读并同意接受以上协议”按钮（如图8-65所示），进入支付宝实名认证。

第4步，有两种进行实名认证的方式可选，如图8-66所示。请选择其中一种认证方式，如选择

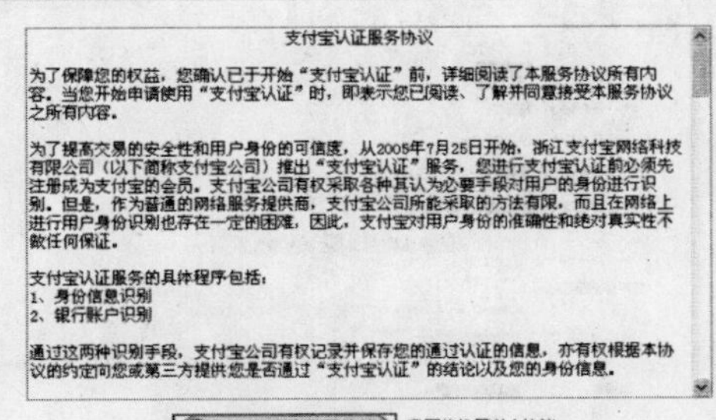

支付宝实名认证服务协议

支付宝认证服务协议

为了保障您的权益，您确认已于开始“支付宝认证”前，详细阅读了本服务协议所有内容。当您开始申请使用“支付宝认证”时，即表示您已阅读、了解并同意接受本服务协议之所有内容。

为了提高交易的安全性和用户身份的可信度，从2005年7月25日开始，浙江支付宝网络科技有限公司（以下简称支付宝公司）推出“支付宝认证”服务，您进行支付宝认证前必须先注册成为支付宝的会员。支付宝公司有权采取各种其认为必要手段对用户的身份进行识别。但是，作为普通的网络服务提供商，支付宝公司所能采取的方法有限，而且在网络上进行用户身份识别也存在一定的困难，因此，支付宝对用户身份的准确性和绝对真实性不做任何保证。

支付宝认证服务的具体程序包括：
1、身份信息识别
2、银行账户识别

通过这两种识别手段，支付宝公司有权记录并保存您的通过认证的信息，亦有权根据本协议的约定向您或第三方提供您是否通过“支付宝认证”的结论以及您的身份信息。

我已阅读并接受协议　我不能接受以上协议

图8-65　同意支付宝认证协议

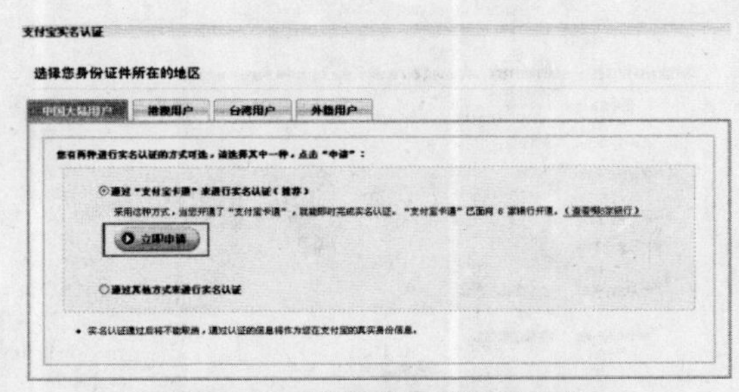

图8-66　选择实名认证的方式

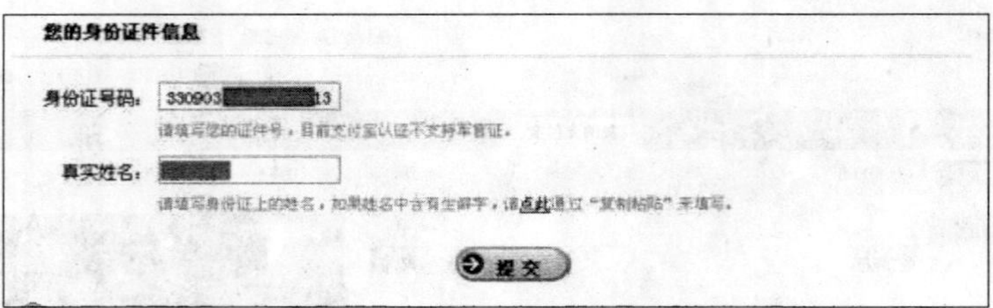

图 8-67　填写身份证号码和真实姓名

“支付宝卡通”方式来进行实名认证。然后单击“立即申请”按钮。

第5步，正确填写个人身份证件号码及真实姓名，如图8-67所示，然后单击“提交”按钮继续。

> **小提示**
>
> 只有正确填写个人的证件信息，才能顺利完成实名认证。

第6步，正确填写个人信息和账户信息，如图8-68所示。填写银行账户信息时，如发现填写的个人信息与银行信息不相符，请“点此更换身份信息”进行修改。如果真实姓名中包含生僻字，请在银行开户名下面的输入框中填写银行开户名。

第7步，核对填写的个人信息和银行账户，如图8-69所示。确认无误单击“确认提交”按钮，保存所填写的信息。

第8步，认证申请提交成功后，等待支付宝公司向你提交的银行卡上打入一元以下的金额。

第9步，在2天后，查看银行账户所收到的准确金额，再登录到支付宝账户中，单击“申请认证”进入确认汇款金额页面。

第10步，单击“输入汇款金额”按钮（如图8-70所示），进入输入金额页面。

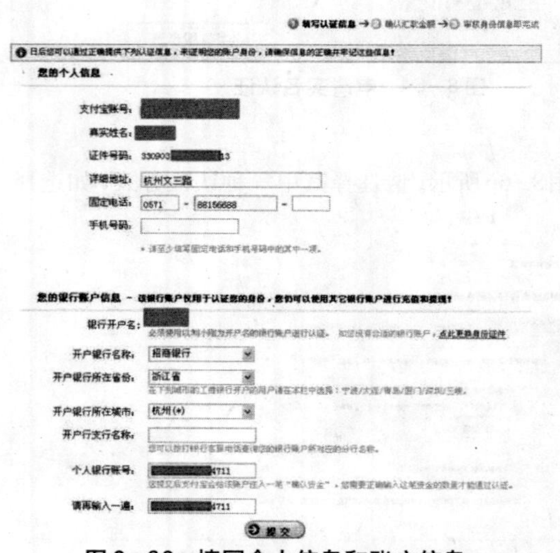

图 8-68　填写个人信息和账户信息

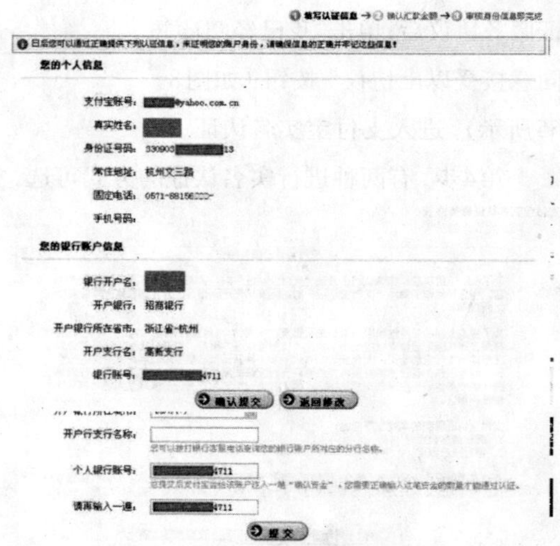

图 8-69　核对个人信息和银行账户

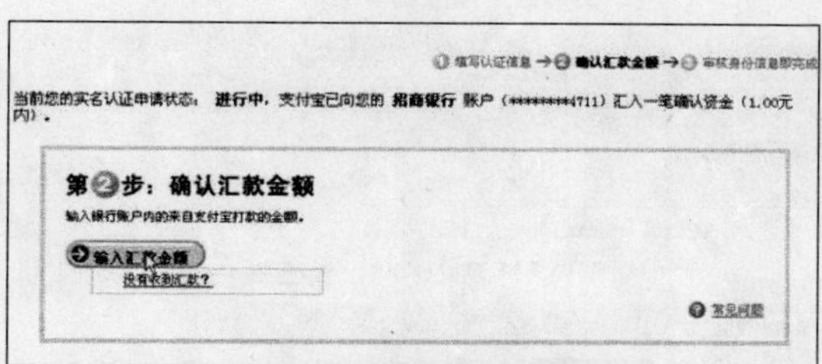
图 8－70　单击“输入汇款金额”按钮

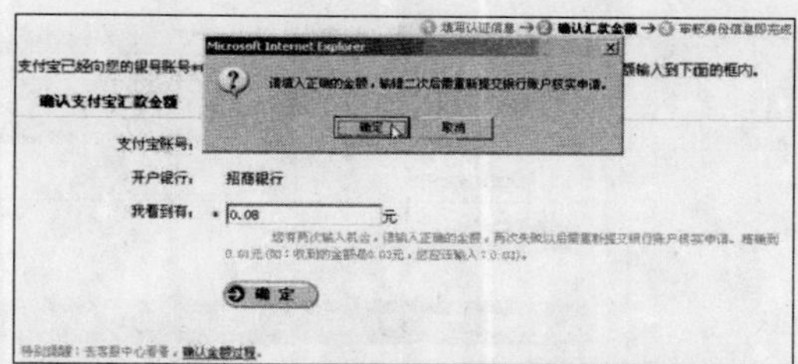
图 8－71　正确输入支付宝的汇款金额

第11步，输入银行账户中收到的准确金额，如图8－71所示，单击“确定”按钮继续完成确认。

小提示

输入支付宝汇款金额时有两次输入机会，请正确填写收到的准确金额，两次输入失败后需要重新提交银行账户进行审核。

第12步，输入的金额正确后，提示系统会即时审核你填写的身份信息，请耐心等待2秒钟，如图8－72所示。

第13步，提示审核通过，如图8－73所示，通过支付宝实名认证。

图 8－72　系统正在审核你填写的身份信息

图 8－73　提示支付宝审核通过

（3）绑定手机

通常在申请数字证书之前，还需绑定手机。支付宝绑定手机，可以免费获得支付宝提供的一些安全服务，如：申请数字证书，手机找回密码，用手机开启或关闭账户余额支付功能等。

第1步，登录支付宝账户，选择“我的支付宝”选项卡，选择“手机服务”，可以看到手机没有绑定支付宝账户的提示，如图8－74所示。单击“申请手机绑定”开始绑定手机。

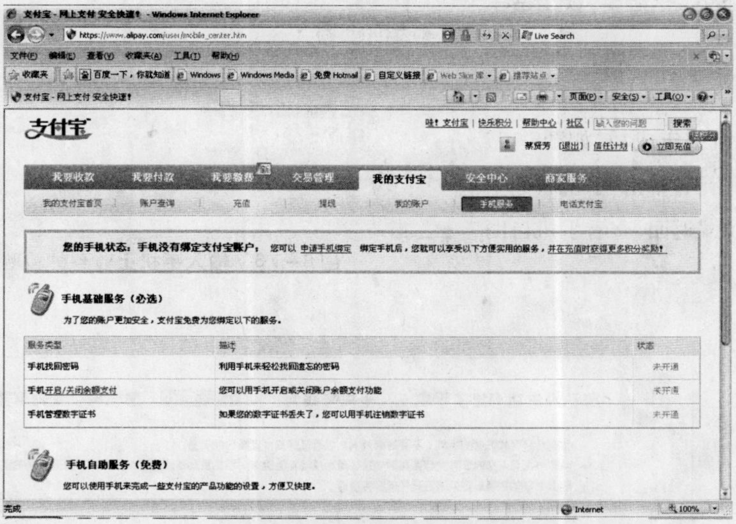

图 8－74　提示未绑定手机

第2步，输入需要绑定的手机号码，然后输入图片中的数字，单击“下一步”按

图 8－75　输入需要绑定的手机号码

钮继续，如图 8－75 所示。

第3步，支付宝会发送6位校验码到指定的手机上。输入手机上收到的6位校验码和支付宝账户的支付密码，如图8－76所示，然后单击“下一步”按钮继续。

第4步，系统提示手机绑定成功，如图8－77所示。单击“手机服务中心”返回，查看手机自助服务。

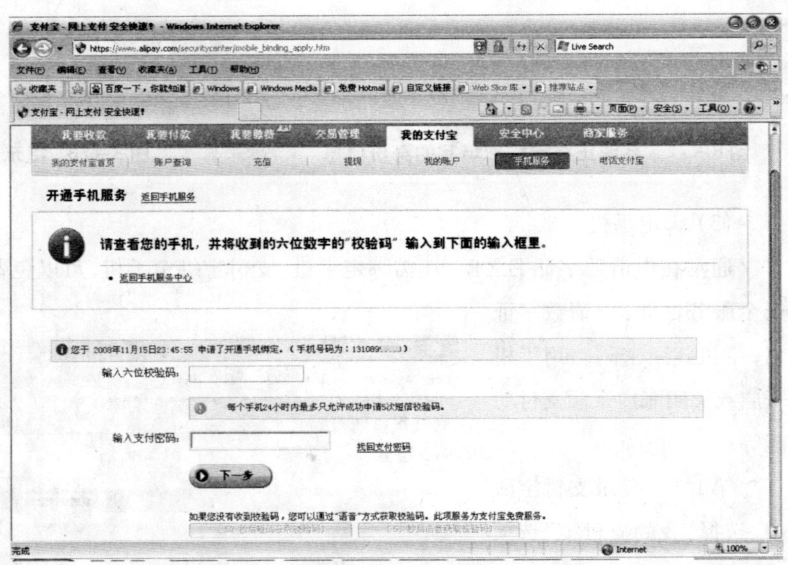

图 8－76　输入手机上收到的校验码和支付宝支付密码

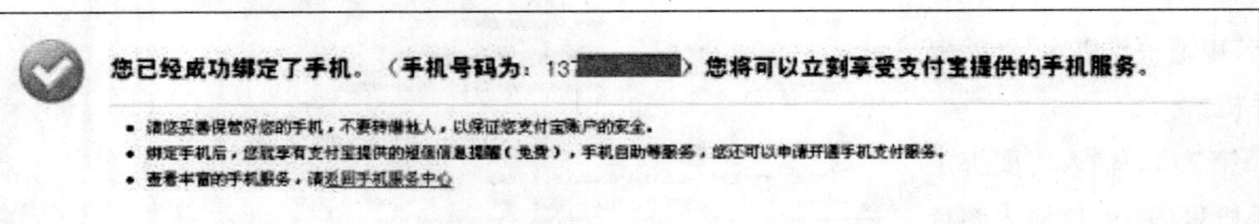

图 8－77　提示手机绑定成功

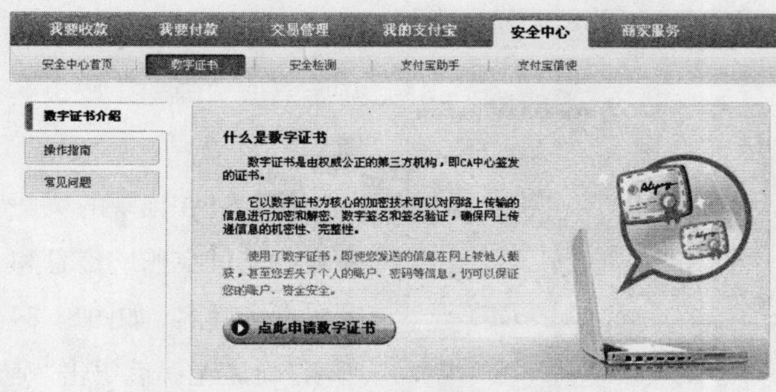

图8-78 单击“点此申请数字证书”按钮

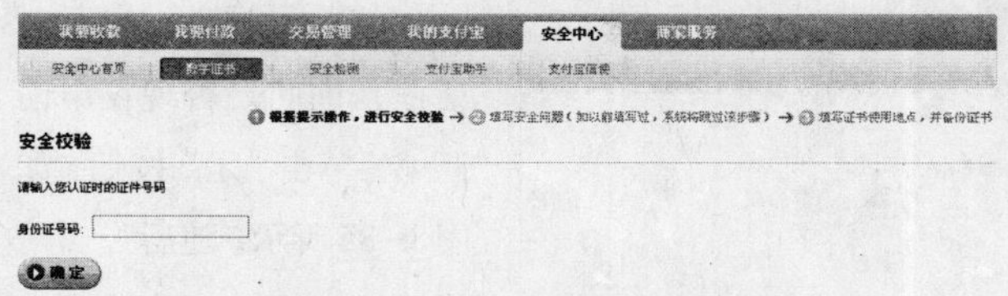

图8-79 输入实名认证时填写的身份证号码

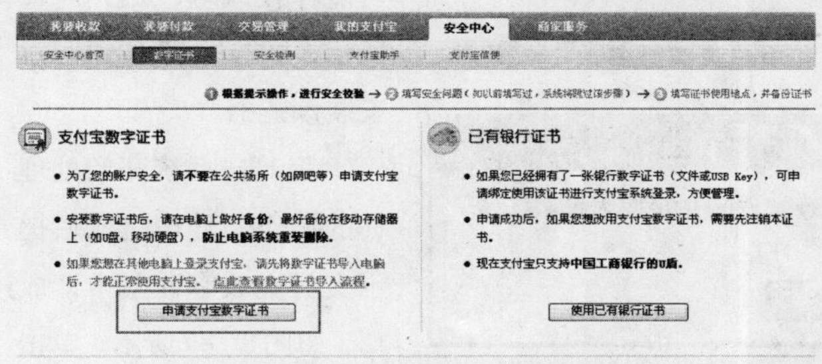

图8-80 单击“申请支付宝数字证书”按钮

图8-81 设置安全问题

图8-82 预览所填写的安全问题答案

(3)申请支付宝数字证书

在通过实名认证和绑定手机后，就可以申请支付宝数字证书，具体操作步骤如下：

第1步，登录支付宝账户，选择“安全中心”选项卡，选择“数字证书”，单击“点此申请数字证书”按钮，如图8-78所示，开始申请支付宝数字证书。

第2步，首先需要进行安全验证。请输入你实名认证时填写的身份证件号码，如图8-79所示，然后单击“确认”按钮。

第3步，校验成功后，出现如图8-80所示页面。仔细阅读数字证书相关信息，并请选择相应的方式申请数字证书。这里单击“申请支付宝数字证书”按钮申请支付宝数字证书。

第4步，如果你的账户还未升级安全保护问题的，页面会提示设置安全问题，如图8-81所示。请认真设置并牢记答案，填写好内容后单击“确定”按钮，设置安全问题后会覆盖原来的密码保护问题。如果账户已设置过安全保护问题，这一步不用操作。

第5步，预览所填写的安全问题答案，如图8-82所示。单击“确认”按钮设置的安全问题生效。

第6步，安全问题设置后，请准确填写证书的使用地点，以方便日后远程管理证书时能清楚辨别证书的使用地

小提示

为了账户的安全，请不要在网吧、公共机房等公共场所申请支付宝数字证书。

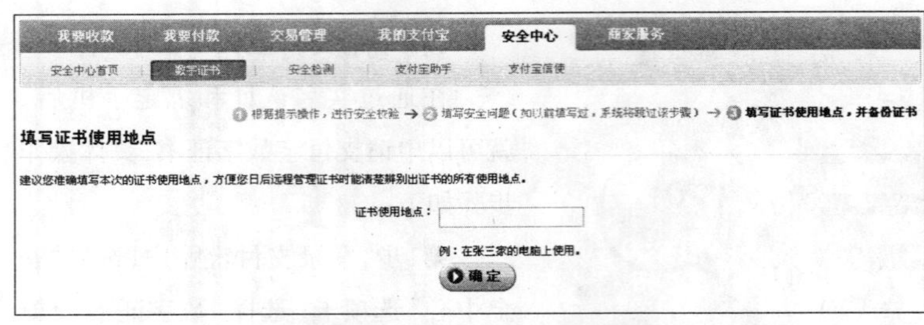

图8-83　填写证书的使用地点

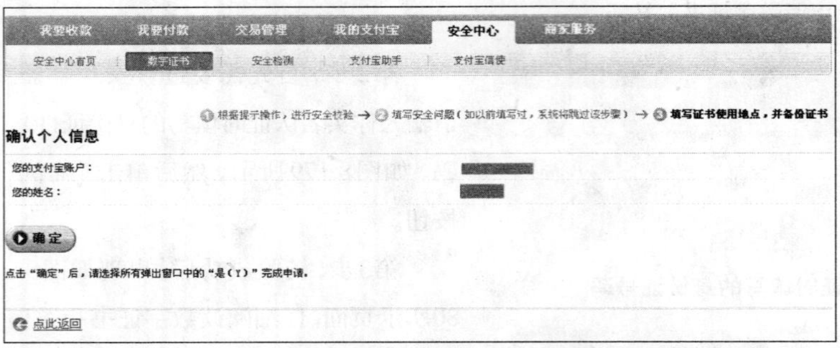

图8-84　确认支付宝账户信息和用户真实姓名

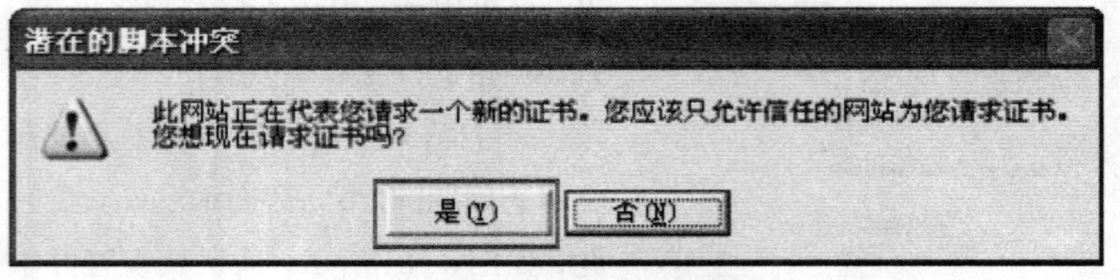

图8-85　单击“是”按钮

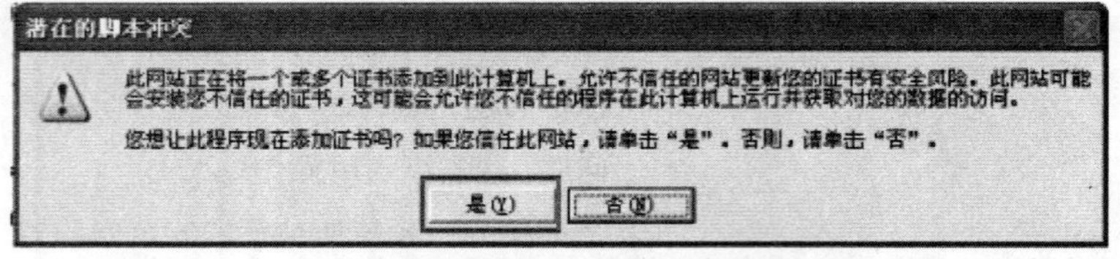

图8-86　单击“是”按钮

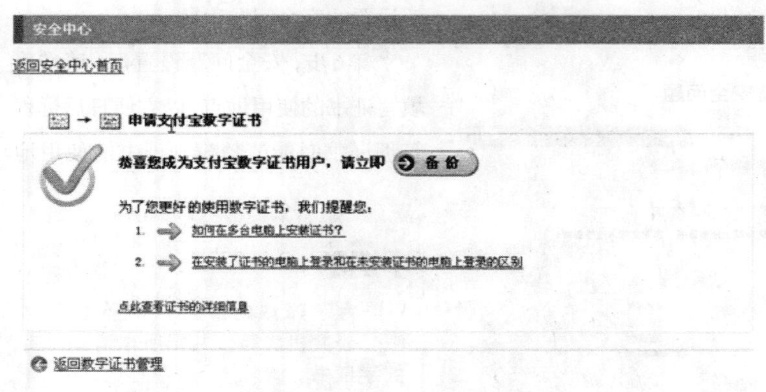

图8-87　提示支付宝数字证书申请成功

点，如图8-83所示。填写好后单击“确定”按钮继续。

第7步，在出现的页面中确认支付宝账户信息和用户真实姓名，如图8-84所示。确认无误后单击“确认”按钮。

第8步，弹出一提示对话框，询问是否现在申请证书，单击“是”按钮，如图8-85所示。随后弹出一对话框，提示安装该证书可能存在风险，如图8-86所示，单击“是”按钮同意安装该证书。

第9步，系统开始处理你的操作，处理完成后提示支付宝数字证书申请成功，如图8-87所示。单击“备份”按钮可以备份数字证书。建议把数字证书备份到移动硬盘、U盘，或备份到电脑其他非系统盘上。

（4）备份支付宝数字证书

通常，申请安装数字证书后，只能利用数字证书登录支付宝后才能进行交易。因此，数字证书的备份非常重要。备份支付宝的数字证书，可以方便用户重新安装操作系统，或需要在其他电脑上导入该数字证书。备份数字证书的方法如下：

小提示

由于备份密码平时用得很少，因此，应注意牢记并保存好备份密码，否则无法导入备份的数字证书。

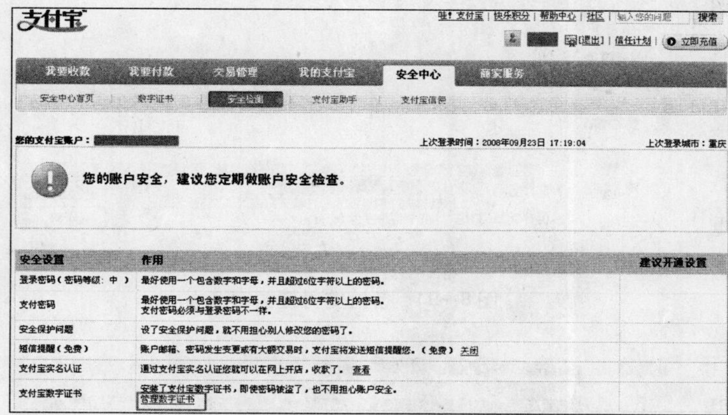

图8-88　单击“管理数字证书”

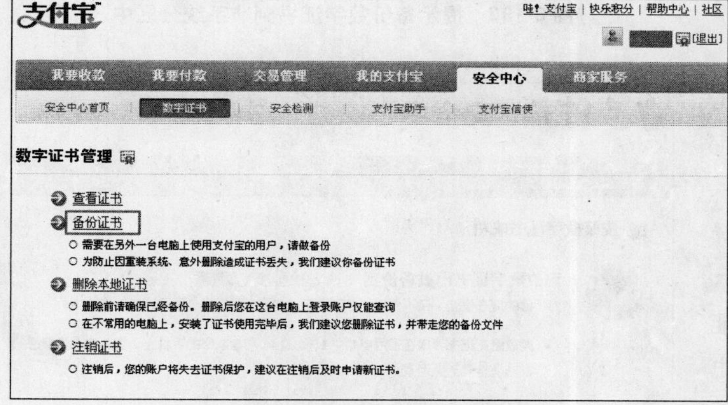

图8-89 单击“备份证书”

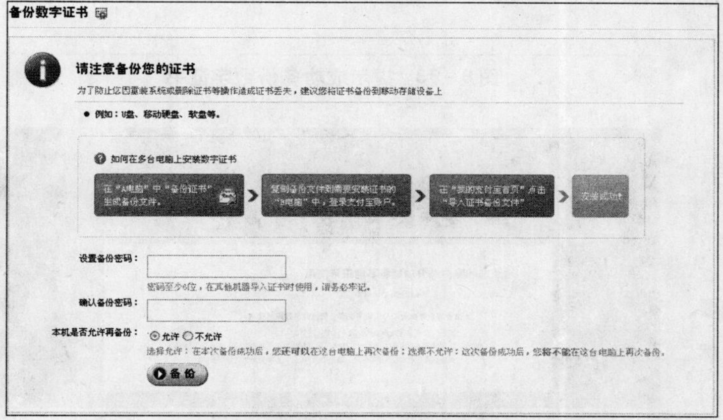

图8-90　设置备份密码

第1步，登录支付宝账户，单击“安全中心”→“安全检测”→“管理数字证书”→“备份证书”，如图8-88所示和图8-89所示。

第2步，在出现的页面中设置证书备份密码，如图8-90所示。在“本机是否允许再备份”中如果选择“不允许”，那么，这次证书备份后，以后都不能在这台电脑上再次备份，建议选择“允许”项，以便以后再次备份。设置好后单击“备份”按钮。

第3步，弹出“另存为”对话框，系统会生成一个“XXXXXX.pfx”的备份文件，通常该文件的名称会自动显示为你的支付宝账户的名字，如图8-91所示。指定备份文件的存储位置，保持文件名不变，单击“保存”按钮备份支付宝数字证书。

第4步，弹出一提示对话框，提示将数字证书备份到非系统分区，如图8-92所示。单击“确定”按钮。

第5步，系统开始备份数字证书，备份完成后提示已成功保存你的证书备份文件，如

8–93图所示。至此，数字证书的备份操作完成。

(5) 导入支付宝数字证书

从前面的学习中我们知道，安装数字证书后，只有在对应的电脑中才能登录支付宝进行交易，那么，如果重新安装的操作系统或需要在其他电脑上登录支付宝进行交易该怎么办呢？这时，只要导入事先备份的支付宝数字证书文件，即可重新安装支付宝数字证书。导入方法如下：

第1步，登录支付宝账户，支付宝会弹出一提示页面，提示本台电脑未导入数字证书，只能进行账户查询，如图8–94所示。单击“请单击此导入证书”。

第2步，在出现的页面中单击“浏览”按钮，选择已备份的支付宝数字证书；输入备份密码；在“导入后是否允许本机备份”中，如果选择“不允许”项，那么这次证书导入后，仅这台电脑能使用证书登录，不能将安装好的证书备份出来在其他电脑上使用，根据实际情况，选择是否允许备份。这里选择“允许”项，如图8–95所示。单击“导入”按钮，并在弹出的对话框中单击“是”按钮导入数字证书。

第3步，成功导入数字证书后，支付宝会给出成功导入的提示。

(6) 删除支付宝数字证书

有时为了某种特殊需要，需要在一些公共场合导入数字证书，然后利用支付宝进行交易。为了支付宝账户的安全，建议在交易完成后

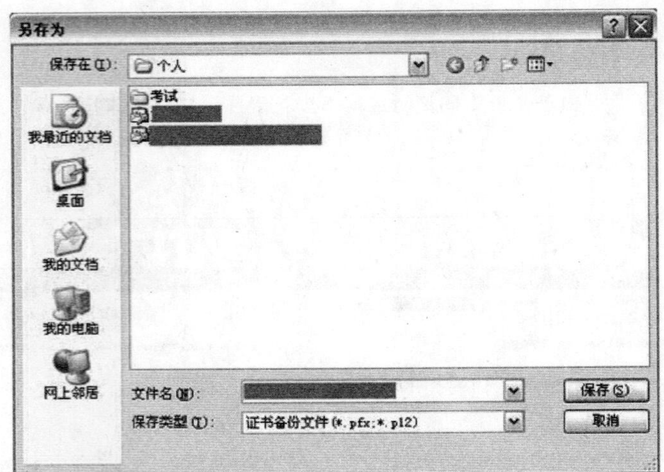

图8–91 备份支付宝数字证书

图8–92 提示备份数字证书到非系统分区中

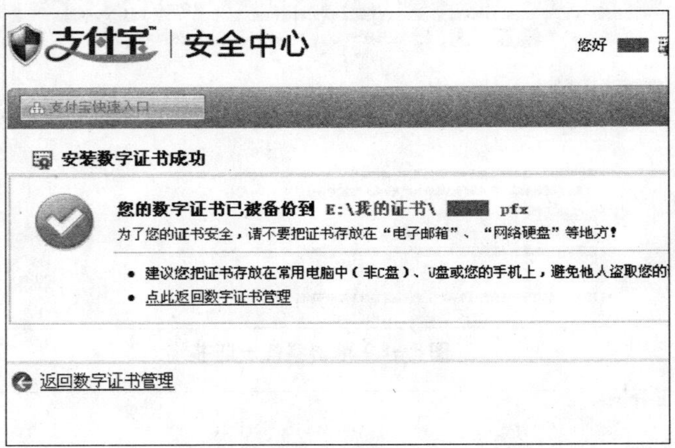

图8–93 提示成功备份数字证书

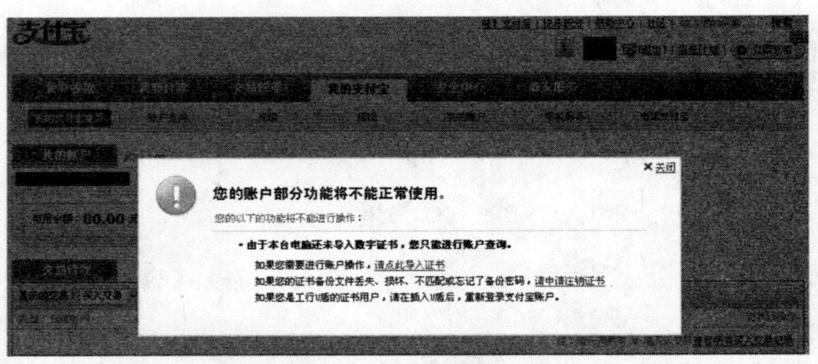

图8–94 提示导入数字证书

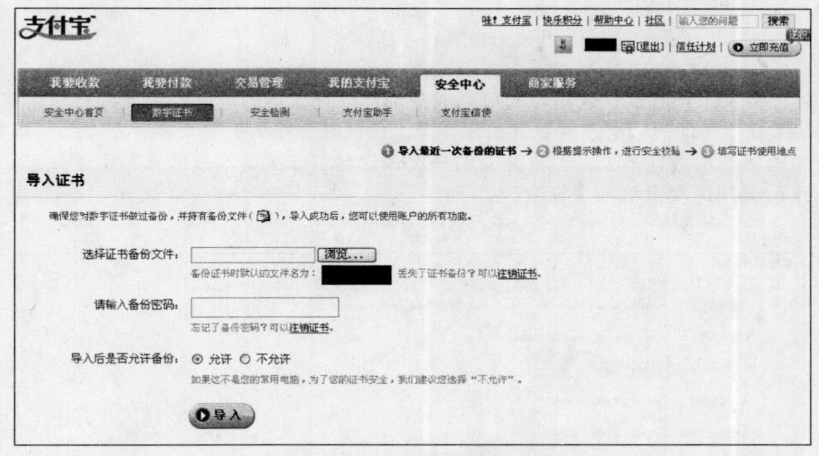

图 8－95　导入证书设置

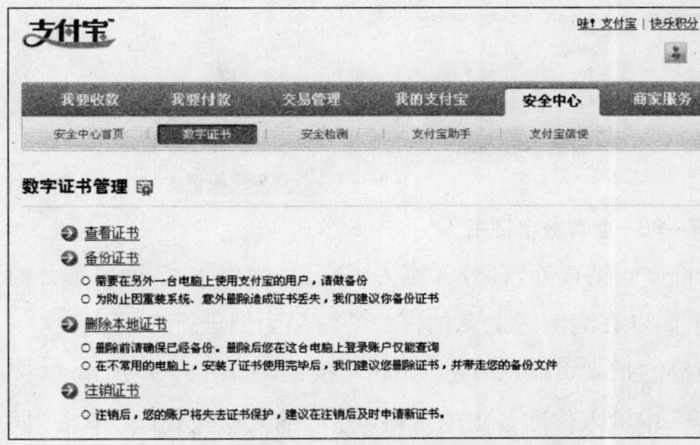

图 8－96　数字证书管理页面

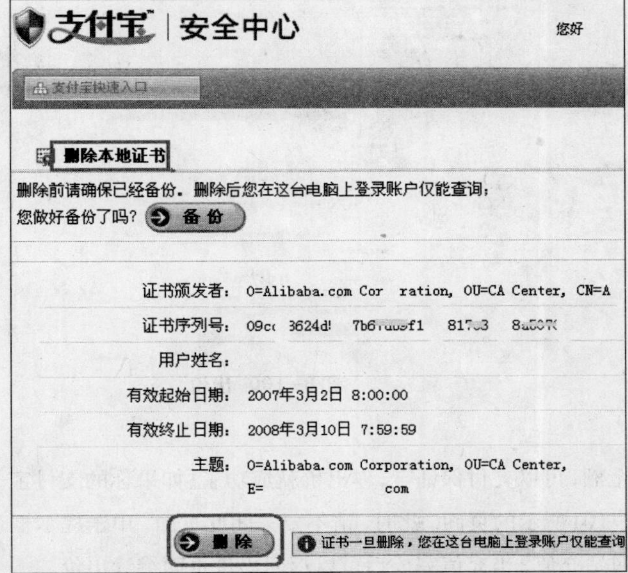

图 8－97　删除数字证书

删除该台电脑上的数字证书，这样即使他人用你的支付宝账户登录，也只能进行账户的查询操作，而不能盗用支付宝中的钱财。

登录到支付宝账户后，单击“我的支付宝”→“管理数字证书”，进入数字证书管理页面，如图8－96所示。单击“删除本地证书”，出现证书删除页面，该页面显示了正在使用证书的详细信息，如图8－97所示。如果未备份数字证书，单击“备份”按钮进行备份。确认删除数字证书后单击“删除”按钮删除该台电脑中的支付宝数字证书。

在数字证书管理页面中单击“查看证书”，可查看当前支付宝证书的有效期，使用记录等，如图8－98所示。如果你的支付宝数字证书已经过期，而没有即时更新，则可单击“注销证书”注销当前的证书，然后重新申请支付宝数字证书。

四、参加网络竞拍

通常，网上各家店铺中都会有很

小技巧

为了防止买家恶意出价，让拍卖的每笔成交都可以更快捷的进行，淘宝网推出了竞拍保证金规则，即买家在出价的时候必须交纳竞拍保证金。保证金金额为每笔5元，每参加一笔拍卖交易，不管出价的价格与次数是多少，都需要交纳一次保证金。如果买家最终未购得该成品，淘宝网会在拍卖结束后退回这次出价的保证金。

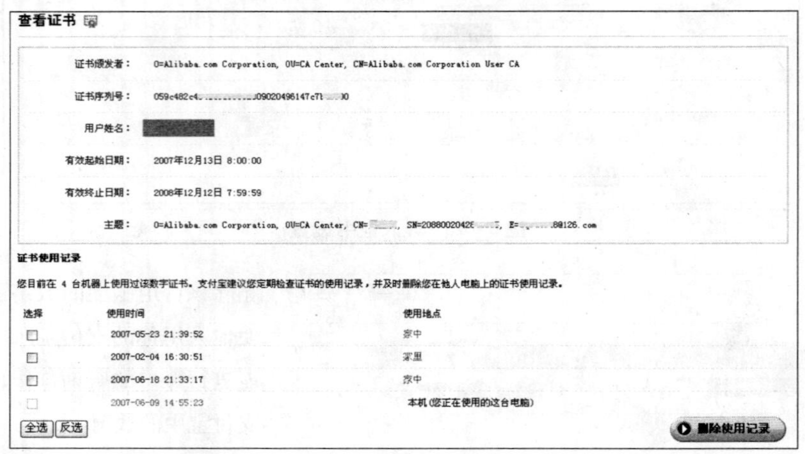

图8-98 查看数字证书

多商品供买家选择，而这些商品除以一口价方式销售外，部分卖家为了宣传、吸引买家，而将部分商品以“1元起”的低价姿态起拍“竞买”。下面以在淘宝网上竞拍喜欢的商品为例进行介绍。

第1步，登录淘宝网，进入想竞拍商品的拍卖页面，单击“出价”按钮，如图8-99所示。

第2步，进入出价页面，在“出价金额”中输入你准备出的价格，然后输入检验代码，单击“同意以下条款，确认无误，出价”按钮出价，如图8-100所示。

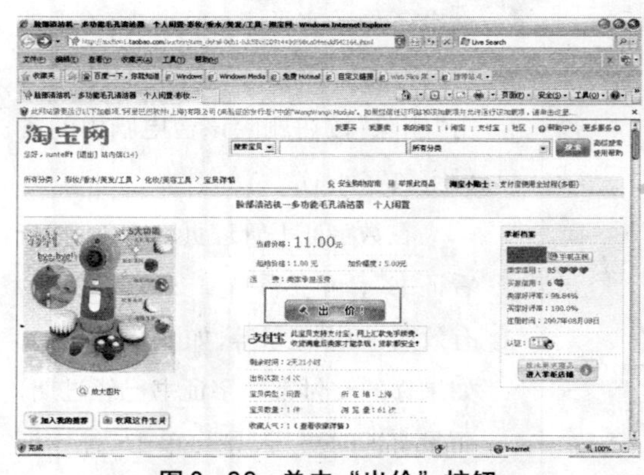

图8-99 单击“出价”按钮

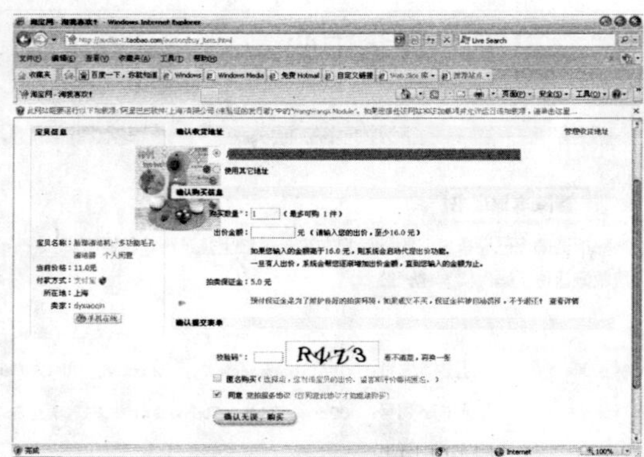

图8-100 出价

第3步，如果你支付宝账户有足够的金额，可以支付保证金，你出价就成功了。如果你的支付宝账户不够支付拍卖保证金，会看到如图8-101所示的页面。此时，请不要关闭此页面，单击提示框中的“向支付宝充值”链接，转向支付宝网站充值，当充值完成后可以返回出价页面继续出价。

小技巧

参加网络竞拍时，如果在你之前没人出价，你可以先出价。如果已经有很多人出价了而剩余时间还有很多，你可以暂时不出价，而先把该商品收藏在收藏夹里（如图 8－102 所示），并牢记竞拍结束的时间。然后在竞拍结束前几分钟出价，这样，竞拍成功几率比较高。

图 8－101　提示支付宝金额不足

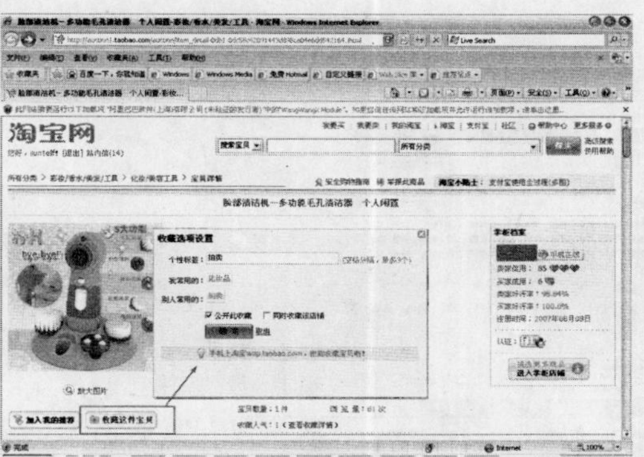

图 8－102　单击“收藏这件宝贝”按钮收藏该商品

五、巩固练习

本学习目标主要介绍了如何在互联网上购买自己喜欢的商品。通过本章的学习，读者应掌握如何在购物网上注册账户、如何开通网上银行、如何在互联网上查找、购买自己喜欢的商品。与此同时，网上购物安全支付至关重要，因此，在网络购物过程中掌握必要的安全支付方法和技巧也非常重要。

练习题：

1. 在淘宝网上注册一个淘宝会员，并同时注册支付宝账户。
2. 开通现持有银行卡的网上银行功能。
3. 下载、安装淘宝旺旺。
4. 在淘宝网上查找需要的商品，如查找一款丝巾。并利用淘宝旺旺与卖家交流、议价。
5. 利用网上银行充值支付宝。
6. 在淘宝网上购买喜欢的商品，并利用支付宝付款。
7. 安装支付宝数字证书，并备份数字证书。

学习目标 9

网络数码生活丰富多彩

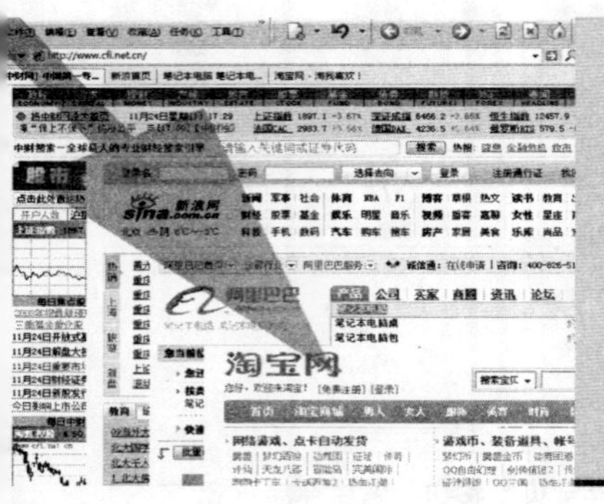

随着互联网的不断发展，我们不仅可以在互联网上查阅资料、听歌、看电影、玩游戏、炒股、购物，而且还可以把自己喜欢的图片或照片上传到互联网上，与其他朋友共同欣赏自己的快乐。下面就来学习如何在互联网上创建电子相册和通过互联网冲印数码照片。

一、创建网络相册

电子相册可以说是广大网民追捧的又一热点，通过它不但可以将自己喜欢的照片发布到网上，而且还可以将相册的照片贴到各种论坛中，这对企业用来宣传自己的产品非常有用。下面先来学习如何在互联网上创建电子相册。

1. 免费网络相册站点

网络相册为我们提供了在网络中存储照片的空间。在互联网迅速发展的今天，网络相册已成为一种新时尚，提供网络相册的网站多如牛毛，其特点也各不相同。有的网络相册完全免费开放，而有的网络相册则捆绑了其网站的其他收费业务。下面先来了解一下常用的网络相册站点。

(1) Flickr

Flickr(http://www.flickr.com/)是全球出名的、基于Web2.0的网络相册。其功能强大，空间无限。普通用户每月上传流量100MB，相册数量限制为3个。高级用户相册数量无限制，流量不限制。因为国内有GFW的原因，导致在国内一般情况下不能浏览以前在farm1、farm2服务器上面的照片，但可以通过FireFox+AccessFlickr方案来解决问题。

Flickr的优点是全球性共享，照片质量高，无广告，有上传工具。其缺点是国内封杀，速度欠佳。

(2) Yupoo

Yupoo(http://www.yupoo.com)是国内新兴最有实力的网络相册。该网站基于Web2.0，形式功能模仿flickr，但有自己一套风格，速度非常快。其特点是速度快，界面友好，个人域名简单，

有上传工具。无用户级别限制，空间无限，相册数量无限制。其缺点是每月流量偏小，缩图质量欠佳，有广告，且照片带水印。

(3) Poco

Poco(http://www.poco.cn/)是大型社区网站。它集博客、摄影作品展示、相册于一体，可以在此开blog。网站功能齐全，电子杂志制作软件Poco功能很强大，可做摄影集，适合开blog与相册于一体的摄影爱好者。

Poco网站速度比较快，服务器稳定，适合存放摄影集。空间无限，相册分类无限，但有缩图规则，上传图片全部自动修正大小，无原始大小。

其优点是：速度快，交互性强，空间无限制，有上传工具。缺点是自行修正图片大小，不便于图片存档。功能繁杂，有飘动广告。

(4) 网易相册

网易相册(http://photo.163.com/)是最受用户欢迎的免费网络相册之一，其特点如下：

①无限容量，永久保存：每个用户使用空间没有限制，个人照片尽情上传。

②独立域名：用户的相册拥有可独立访问的域名，便于分享。

③上传便捷：网易相册专有相片上传工具，界面友好，功能强大。

④快速、稳定、安全：使用国际品牌服务器集群存放照片，2000Mb/s带宽，使你的照片上传下载拥有高速度。

(5) 百度空间

百度空间 (http://hi.baidu.com) 以号称“最快速的免费相册”为很多用户所关注。它提供大容量的免费相册，上传速度较快，编辑功能强大。其特点如下：

①共享照片：通过百度空间提供的免费相册，用户可共享上传的照片，方便用户保存和共享老照片、最近一次旅行的风景照、好友聚会的合影留念等。

②相册管理：一般用户可拥有100MB的上传空间。

③上传照片：一次最多可上传3张照片，每张照片大小为小于500kB；可上传照片的格式为：JPG、GIF、PNG、BMP。

(6) QQ相册

QQ相册 (http://photo.qq.com/) 是腾讯提供的网络相册，它与QQ捆绑，无需用户单独注册。其特点是速度快，空间无限，相册数无限制。其缺点是，用户上传的照片自行修正大小，不能外连，即不能用作论坛贴图，且广告多。

(7) 中国移动彩信相册

中国移动彩信相册(http://photo.monternet.com)是移动梦网为用户提供的存放彩信、图片、音乐和短语的免费网络空间。它共提供了“我的彩信”、“DIY空间”、“贴图地带”三种在线服务。用户可以在“我的彩信”里浏览自己保存在彩信相册中的图片、铃声、短语；也可以使用“DIY空间”的“图片DIY”对照片进行在线编辑，利用“彩信DIY”功能创作出自己的个性彩信，发送到朋友或自己的手机上；还可以在“贴图地带”发表你的摄影、绘画等所有用图像形式表现的作品，与大家分享这些作品的同时还能展现你的才华。

需要注意的是，只有彩信手机，且机主申请开通了GPRS服务，并进行了相关彩信设置，才能正常收到你转发的彩信。

(8) 其他免费网络相册

除了前面介绍的网络相册外，常用的网络相册如下：

雅虎相册(Yahoo！相册)：http://cn.photo.yahoo.com

新浪网络相册:http://photo.sina.com.cn/

21CN免费相册(电子相册):http://photo.21cn.com

TOM相册:http://album.tom.com

搜狐免费相册:http://pp.sohu.com

2. 申请网易网络相册

网易相册无需单独申请，与网易的其他免费服务一样，首先要注册网易通行证。只要申请网易通行证，就可以获得免费的网易相册服务，并可得到网易提供的3GB(送280MB免费网盘)超大空间163免费邮:用户名@163.com 。

(1) 注册网易通行证

第1步，进入网易相册首页，单击“马上注册免费相册”按钮（如图9-1所示），开始注册一个网易通行证。

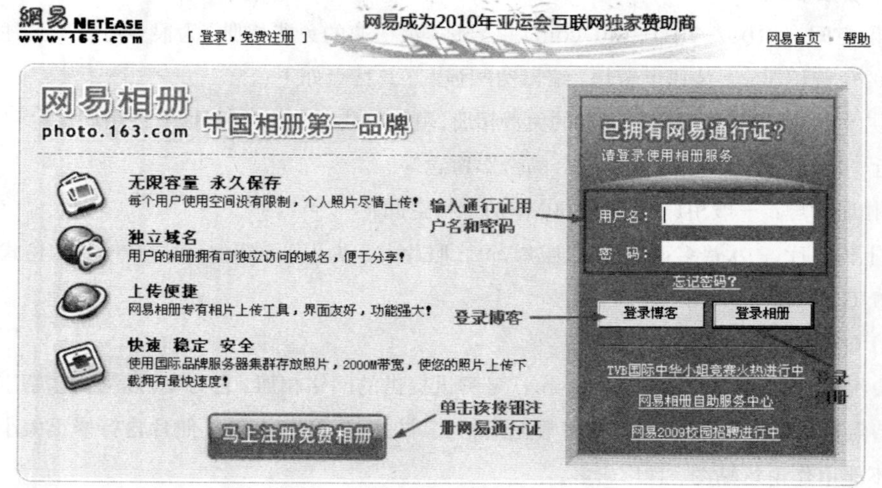

图9-1 单击“马上注册免费相册”按钮

第2步，出现通行证注册页面，如图9-2所示。输入通行证用户名，网易通行证用户名为网易邮箱地址。因此在注册通行证后，可获得一个网易邮箱，可以利用它来收发邮件。填写登录密码，并设置密码保护问题，便于密码丢失时快速找回密码。然后根据实际填写其他注册信息，其中带“*”的项必须填写，填写完成后单击“下一步”按钮注册一个新账号。

请注意：带有 * 的项目必须填写。

请选择您的用户名

温馨提示：本机上次登录的通行证用户名是：@163.com

*通行证用户名： @ 163.com

输入用户名

推荐您注册网易最新的yeah.net免费邮箱

• 由字母a～z(不区分大小写)、数字0～9、点、减号或下划线组成
• 只能以数字或字母开头和结尾，例如：beijing.2008
• 用户名长度为4～18个字符

请填写安全设置（以下信息对保护您的帐号安全极为重要，请您慎重填写并牢记）

设置登录密码 → *登录密码：

*重复登录密码：

密码长度6～16位，字母区分大小写

设置密码保护问题及答案

*密码保护问题：请选择一个问题

*您的答案：

答案长度6～30位，字母区分大小写，一个汉字占两位。用于修复帐号密码

*出生日期： 年 1 月 1 日

用于修复帐号密码，请填写您的真实生日

*性别： ○男 ○女

真实姓名：

昵称：

• 长度不超过20个字符
• 一个汉字占两个字符

保密邮箱：

• 推荐使用网易126邮箱或VIP邮箱

*输入右图中的文字： 换一张图片

* ☑ 我已看过并同意《网易服务条款》

下一步

图 9-2 填写注册信息

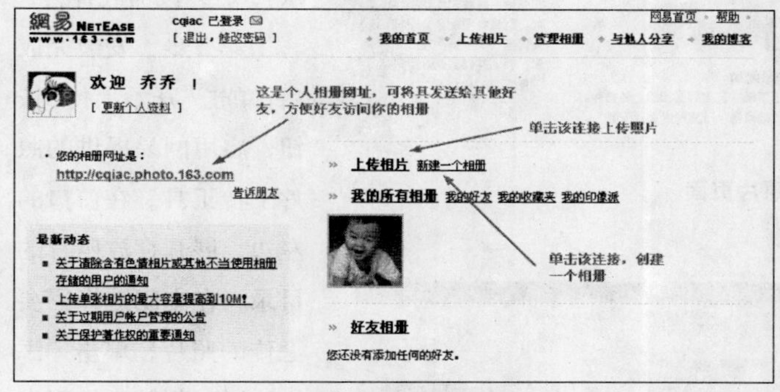

图 9-3 相册首页

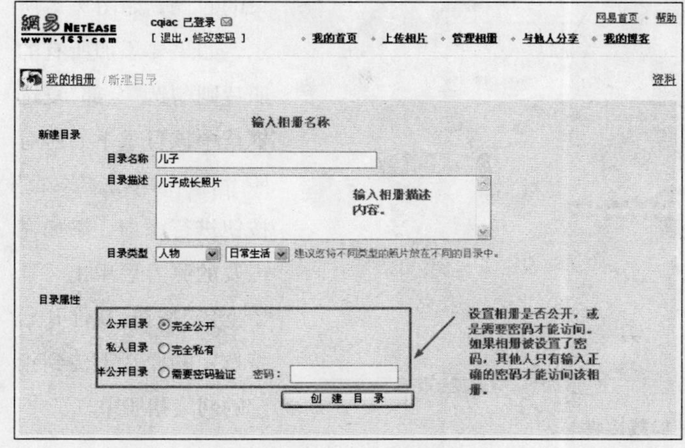

图 9-4 创建一个相册

(2) 新建相册

注册了一个通行证后，就可以登录相册，上传自己的照片到互联网上了。

第1步，打开网易相册的登录页面（http://photo.163.com/），输入注册的通行证用户名和密码，单击“登录相册”按钮进入你的个人相册，如图9-3所示。

第2步，单击“创建一个相册”连接，进入相册新建页面。输入相册的名称，以及相册的描述内容，并设置相册是否公开，如图9-4所示。如果相册被设置为“完全公开”，则任何人都可以打开相册，查看其中的照片；如果被设置为“完全私有”则只有自己才能访问该相册；如果被设置为“需要密码验证”，则只有正确输入密码后才能访问该相册。设置好后单击“创建目录”按钮创建一个相册。

第3步，提示成功创建一个相册，如图9-5所示。单击“返回我的相册”返回个人相册首页，单击“上传照片”可上传照片到新建的相册中。

(3) 上传照片

新建好一个相册后，可以将自己的照片上传到该相册中了。

第1步，在个人相册首页中，选中一个已创建好的相册，单击“上传照片”连接，开始上传照片。

第2步，出现上传照片页面，如图9-6所示。网易提供了专用的照片上传工具，该软件可批量上传照片。单击“开始上传”按钮，在

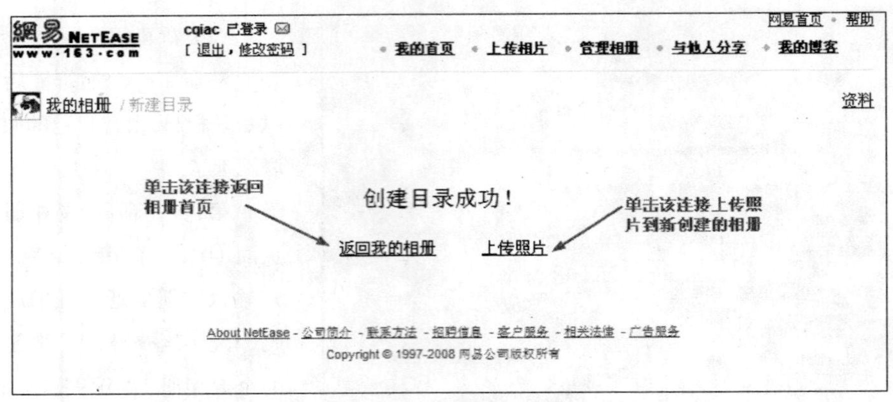

图 9－5　提示成功创建一个相册

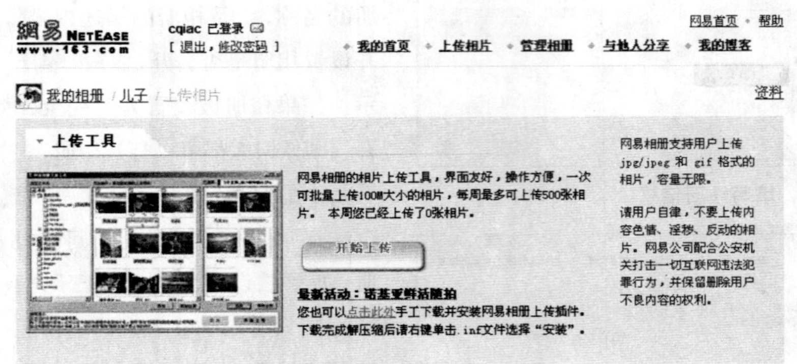

图 9－6 上传照片页面

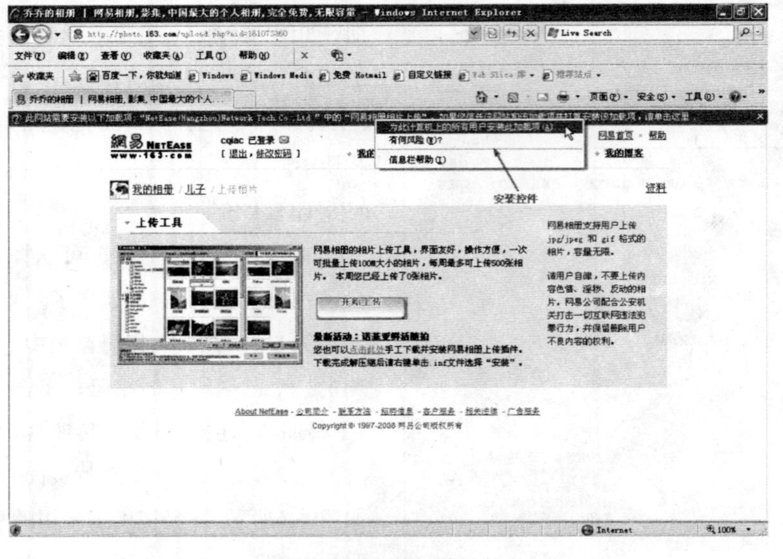

图 9－7　安装加载控件

该网页页面顶部出现需要安装控件的提示，单击该提示，选择“为此计算机上的所有用户安装此加载项”（如图9－7所示），安装该加载控件。

第 3 步，安装完成后，单击“开始上传”按钮，启用网易提供的照片上传工具。在窗口的左边，展开存放照片的目录，在中间选择需要上传的照片，单击“添加”按钮，将其添加到窗口的右侧，如图 9－8 所示。如果要添加所有的照片则勾选“全部”复选框选中该目录下的所有照片，然后单击“添加”按钮进行添加。添加完需要的照片后单击“开始上传”按钮，软件开始将选定的照片上传到指定的网络相册中。

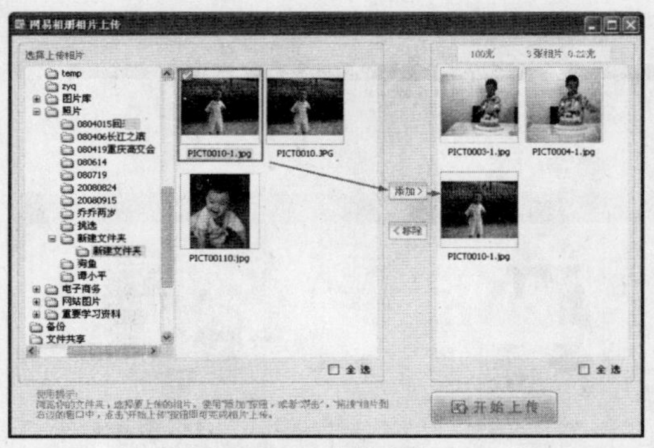

图 9-8　上传照片

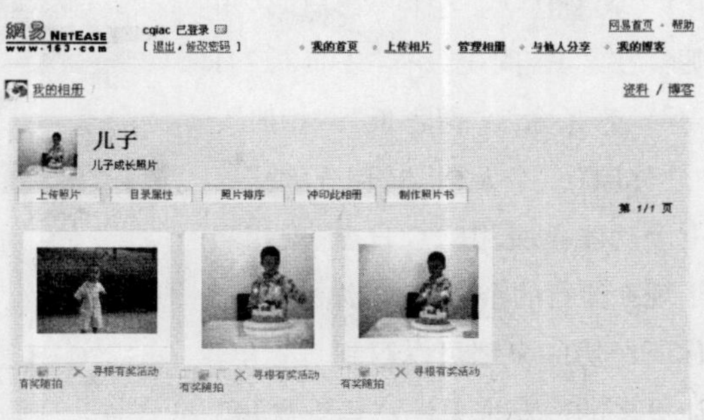

图 9-9　上传到相册中的照片

第4步，上传完毕后自动返回个人相册的首页。双击已创建好的相册，可以查看已上传的照片，如图9-9所示。单击某张照片可打开该照片的链接，浏览该照片。再单击该图片浏览下一张图片。

小提示

对支持论坛贴图的相册，当打开某张图片的网页链接时，IE 地址栏中的地址则为该图片的地址（如图 9-10 所示），可将其对应的网址复制下来以备论坛贴图用。不过这里的网页相册不支持贴图功能。

图 9-10 查看图片连接地址

图 9-11　登录 QQ 空间

3. 实战 QQ 个人相册

QQ相册常被称为QQ空间相册，是QQ空间提供的免费个人相册，属于腾迅Qzone的免费网络相册服务。那么，怎样才能开通个人QQ相册呢？申请QQ相册首先需要有一个自己的QQ号码，开通QQ空间后即可开通QQ相册了。

（1）建立QQ空间

什么是QQ空间？这对于许多新手来说还是个未知的问题。QQ空间又称“Q-ZONE”，这是一个专属于你自己的个性空间。普通会员可免费开通QQ空间（腾讯每天只开通15万个QQ个人空间）。

图9-12 提示不是QQ空间用户

那这个QQ空间又有什么用呢？在QQ空间里设有“主页”、“日志”、“音乐盒”、“留言板”、“相册”、“迷你屋”、“个人档”以及“互动”等七个功能模块。其中“日志”就相当于现在流行的个人博客，你的心情、你所经历的事都可以写到日志里，让更多的网友来关注；“音乐盒”就是你QQ空间里的一个播放器，你可以自定义播放列表，将自己喜欢的歌放到音乐盒里与网友分享；“留言板”是用来供网友给你留言的，当网友光临你的QQ空间时可以通过留言与你更近距离的交流；“相册”可以用来展示你的个人靓照，或是自己收集的好图等；“迷你屋”用来打造自己的个性小屋。

下面就具体来看看如何开通QQ空间。

第1步，打开IE浏览器，在浏览器地址栏中输入“http://qzone.qq.com/”，按回车键打开QQ空间首页。

第2步，在该页面的左上角输入你的QQ号码及密码，单击“登录”按钮进行登录，如图9-11所示。

第3步，在QQ空间页面的左侧出现提示“你还不是QQ空间用户”，如图9-12所示。单击“立即开通”按钮开通QQ空间。

第4步，进入QQ空间新用户登录页面。在窗口右侧为QQ空间选择一种风格样式，如“照片分享型”，如图9-13所示，然后单击“下一步”按钮。

第5步，在出现的页面中填写个人信息。为自己的空间取一个个性化的名称，并简单描述一下自己的空间，以吸引更多的朋友，然后根据实际情况填写个人其他信息，如图9-14所示。填写好个人信息后，单击“下一步”按钮继续。

图9-13 选择QQ空间的风格样式

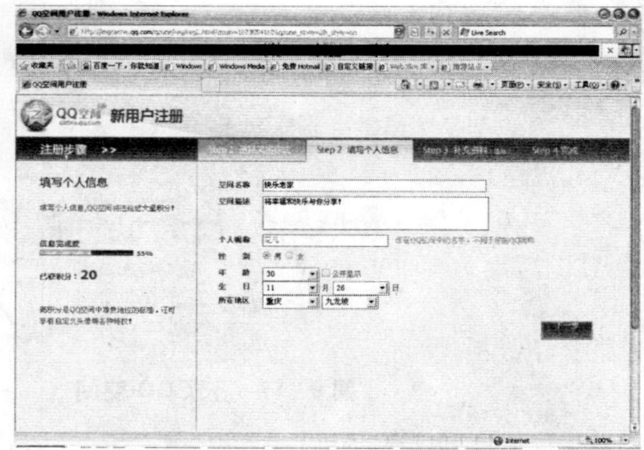
图9-14 填写个人信息

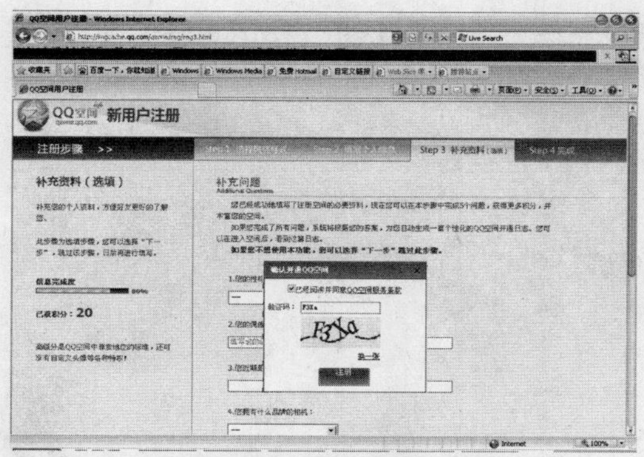

图9-15 填写补充资料并确认注册QQ空间

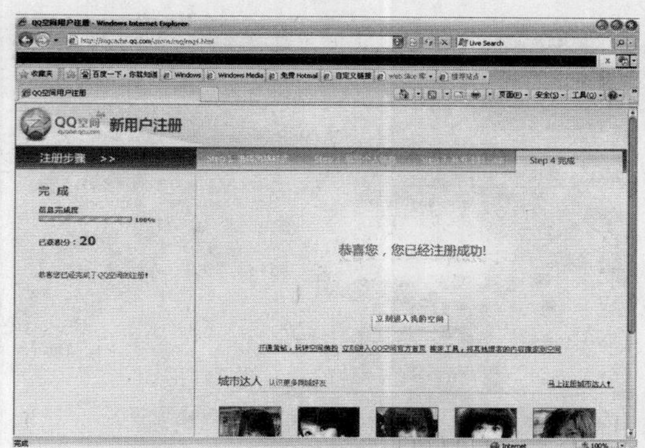

图9-16 提示成功注册QQ空间

图9-17 进入个人QQ空间

第6步，在出现的页面中填写补充资料，如你的性格、偶像等。填写好后单击“下一步”按钮。弹出“确认开通QQ空间”对话框，单击“QQ空间服务条款”，阅读QQ空间服务条款。阅读完后勾选“已经阅读并同意QQ空间服务条款”复选框，输入验证码，然后单击“注册”按钮进行注册，如图9-15所示。

第7步，提示已经成功注册QQ空间，如图9-16所示。单击“立刻进入我的空间”按钮进入你的QQ空间，如图9-17所示。在QQ空间名称右侧的网址为你的QQ空间地址，你可以将地址复制下来发送给其他好友，让好友们都来访问你的空间。

至此，QQ空间的创建就完成了。不过，为了让你的空间更漂亮、更具特色，你可以对自己的空间进行装扮。单击“装扮空间”进入QQ商城（如图9-18所示），选购喜欢的空间皮肤、动画饰品等来装饰自己的空间。

(2) 创建相册

QQ空间提供了相册功能，成功注册QQ空间后，就可以获得一

图9-18 QQ商城

图9-19 单击“QQ空间”

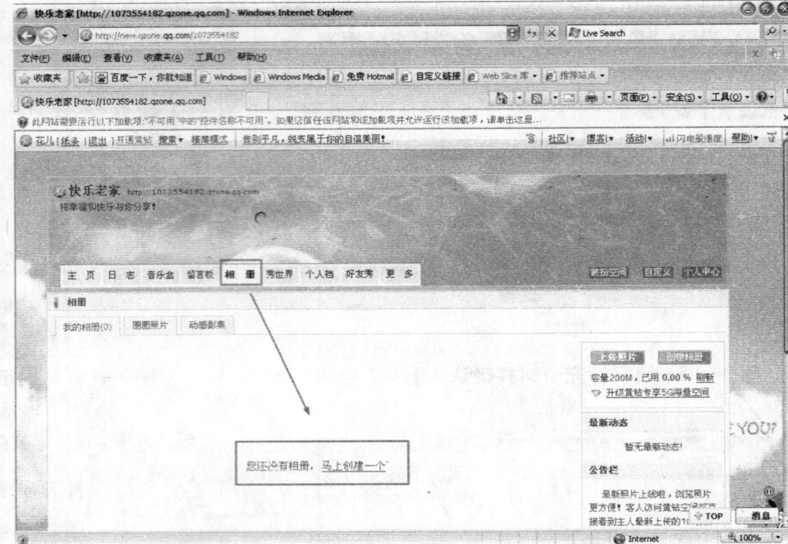

图9-20 执行新建相册命令

个免费的网络相册。

第1步，登录QQ空间。登录QQ的方法有两种。第一种方法是在IE浏览器中输入QQ空间的网址，然后输入QQ号码和密码进行登录。第二种方法是在QQ主窗口中单击“系统菜单”→“QQ空间”（如图9-19所示）启动你的QQ空间。

第2步，单击“相册”，提示还没有相册，单击“马上创建一个”链接新建一个相册，如图9-20所示。

第3步，在新打开的界面中输入相册的名称和简介，并选择相册是否公开及相册类别，如图9-21所示。设置好后单击“提交”按钮即可创建一个相册。

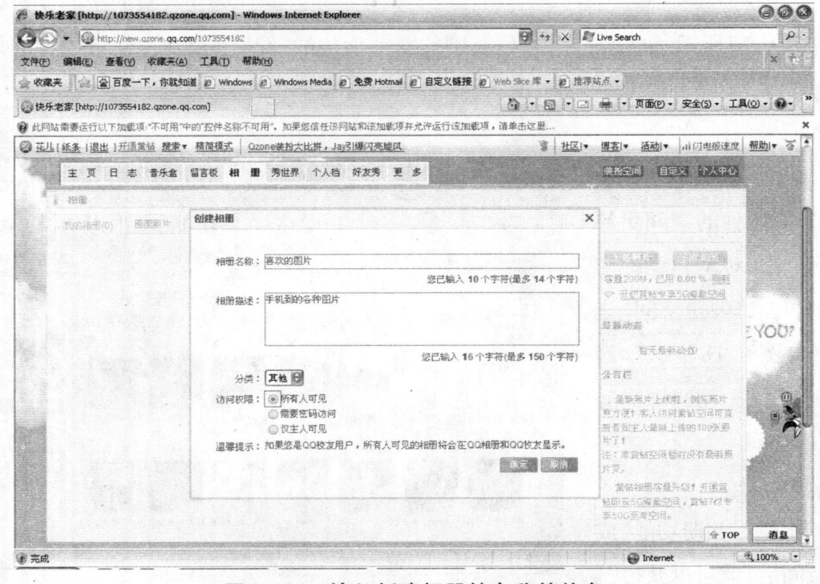

图9-21 输入新建相册的名称等信息

小提示

在添加图片时，可以一次性选择多张图片。单击“开始上传”按钮可一次性上传添加的所有图片。

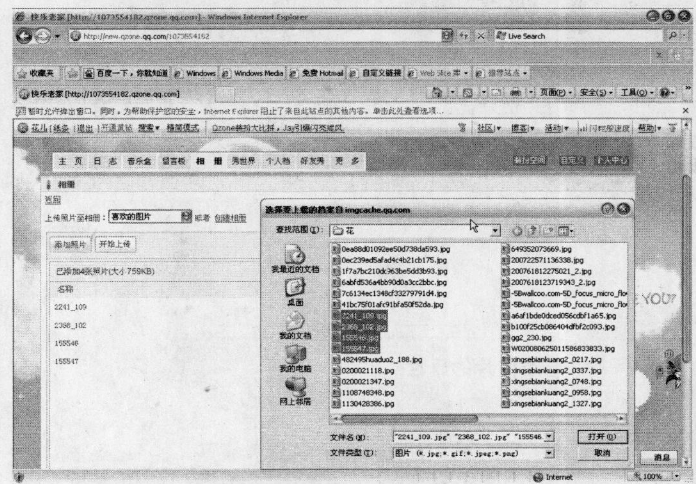

图 9-22　添加图片

(3) 上传照片

相册创建好以后，就可以将事先准备好的照片或需要发布到网上的图片上传到相册中了。

进入新建的相册中，单击“上传照片”按钮，进入照片上传页面。单击“添加照片”按钮，在打开的对话框中选择需要上传的图片，单击“打开”按钮，添加这些图片，如图9-22所示。单击“开始上传”按钮，将添加的图片上传到QQ相册中。

(4) 管理照片

进入相册，单击“相册管理”按钮，在打开的界面中(如图9-23所示)可以对照片批量进行移动、删除操作，还可将某张照片设置为封面。选择一张图片，单击“修改照片信息”可以对该图片的属性进行修改，如图9-24所示。

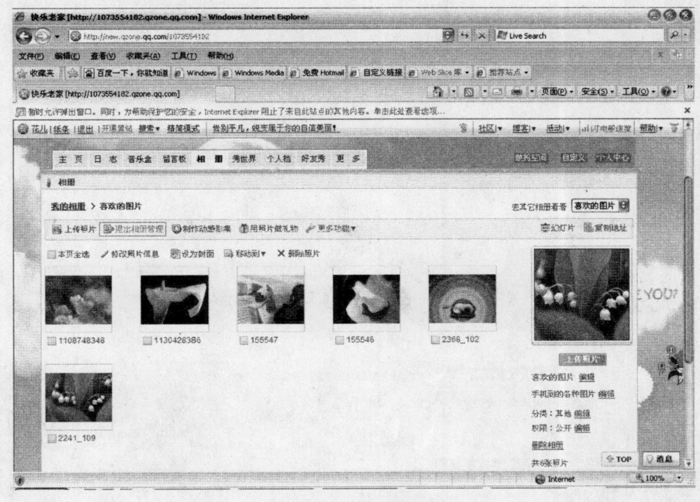

图 9-23　管理相册

4. 实战 QQ 动感影集

利用前面的方法创建的相册都是一些静态相册，并且需要我们手动翻页来查看照片。动感影集则不同，它不但可以自动翻阅照片，而且还有更多的修饰效果，例如相框、影集动态修饰、照片切换效果，背景音乐等，使原来静止的照片炫丽十足，动感十足。那么，如何制作绚丽的动感影集呢？动感影集是QQ相册推出的全新功能，下面就来学习如何利用动感影集创意坊制作QQ动态影集。

第1步，登录你的QQ空间。单击“相册”，单击“动感影集”，进入动感影集页面。在这里可以看到已经制作好的动感影集。这里还未创建动感影集，单击“马上去制作一个”连接(如图9-25所

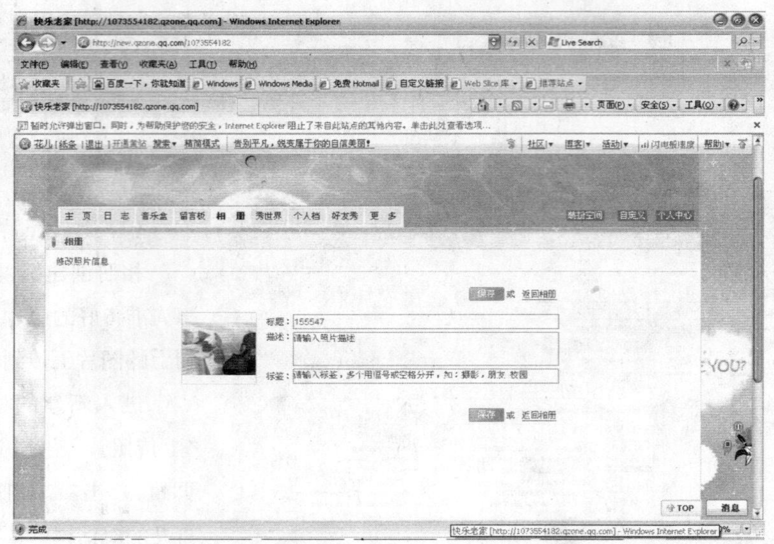

图 9–24　修改图片的属性

示)，开始制作一个新的动感影集。

第2步，进入动感影集创意坊。这是腾讯提供的动感影集创建工具，通过它，用户可以为照片添加相框、小饰品、背景音乐等。动感影集创意坊主页面分为三大部分：动态效果预览区，MTV模式区（即动态效果设计、制作区）、照片编辑、预览区。如图9–26所示。

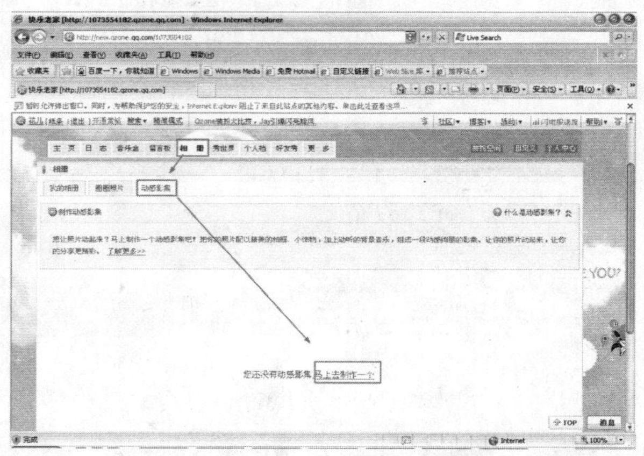

图 9–25　QQ 动感影集

第3步，单击“添加照片”按钮，弹出“添加照片”对话框。单击“从我的Qzone相册中选择”下的列表框，选择一个QQ相册，如“喜欢的图片（4）”，在对话框的下方会显示出该相册中的所有图片，勾选需要加入动感影集中的图片，如图9–27所示。如果希望将该相册中的所有图片都加入动感影集中，可勾选“全选”复选框。选择好图片后单击“确认”按钮，添加需要加入动感影集的照片。返回动感影集创意坊，在照片编辑预览区会显示已经添加的照片。

图 9–26　动感影集创意坊

第4步，在“MTV模式”中，动感影集创意坊为我们提供了各种相框、小饰品

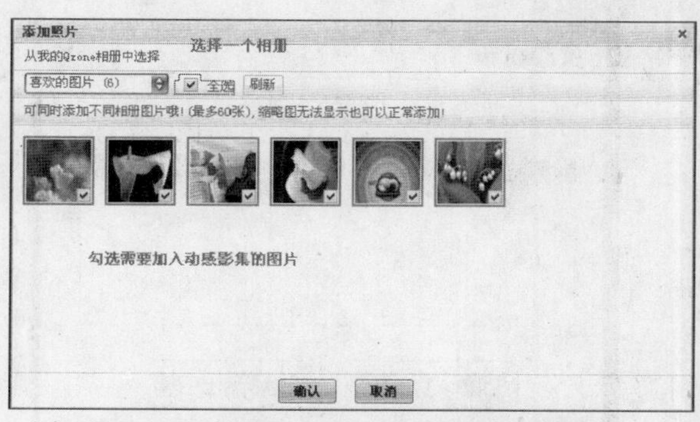

图 9－27 选择需要添加到动感影集中的图片

图 9－28 选用动感影集创意坊提供的成套效果

等。选择“一键套装”选项卡，这里为你的动感影集提供了整套的MTV效果，选中一个套装模式，如“五彩爱恋”，在预览窗口中可以看到动态影集被添加了相框、小饰品，如图9–28所示。

第5步，如果对“一键套装”提供的整套效果不满意，可在“相框”和“小饰品”选项卡中重新选择喜欢的相框和小饰品。

图 9－29 设置背景音乐

第6步，单击“背景音乐”选项卡，如图9–29所示。如果QQ空间音乐盒中添加了网络音乐，可从中选择一首作为背景音乐。

第7步，在照片编辑区中，我们可以单独设置某一张照片的效果。如设置照片出现时的过滤效果、照片每次出现时的停留时间、为照片添加描述文字等。选中一张照片，单击“过滤效果”，重新为选中的照片设置一种过滤效果，如图9–30所示。

图 9－30 为照片设置过滤效果

第8步，选中一张需要添加说明文字的照片，单击“在此填写图片说明”文本框，然后输入说明文字，如“书中自有颜如玉”。在“MTV模式”下，单击“设置”选项卡。“文字样式”设置

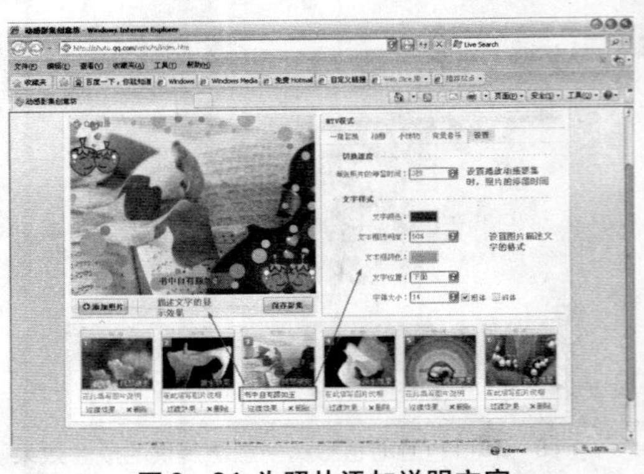
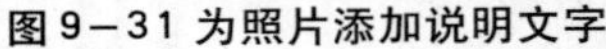

图 9－31 为照片添加说明文字

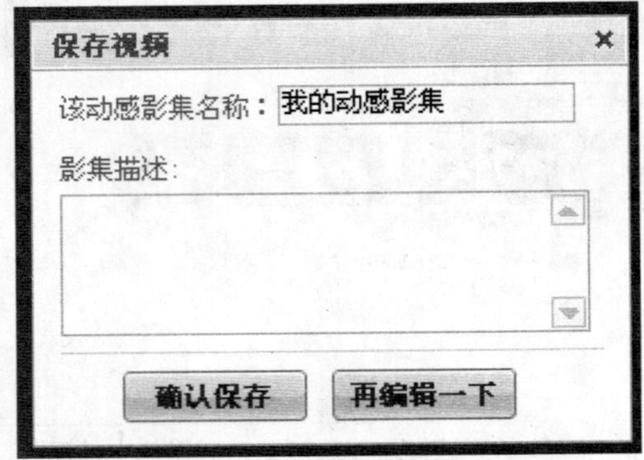

图 9－32 “保存视频”对话框

主要是对照片中说明文字的格式进行设置，包括文字的颜色、透明度、文本框颜色、文字位置、字体大小等，如图9－31所示。

第9步，设计好动态影集后，单击“保存影集”按钮，弹出“保存视频”对话框，如图9－32所示。输入影集的名称和影集描述内容，然后单击“确认保存”按钮保存。

小提示

在“切换速度”中设置照片的停留时间，如设置为 3 秒，表示播放动感影集时每张照片的停留时间为 3 秒。

第10步，提示动态影集保存成功，如图9－33所示。单击“查看动感影集相册”按钮查看相册效果，如图9－34所示。

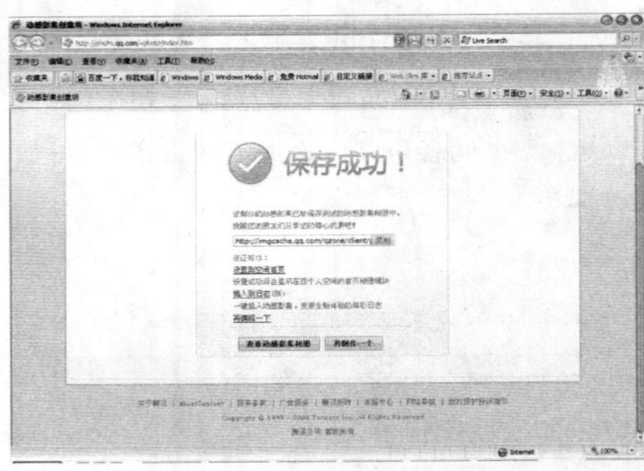

图 9－33 提示保存成功

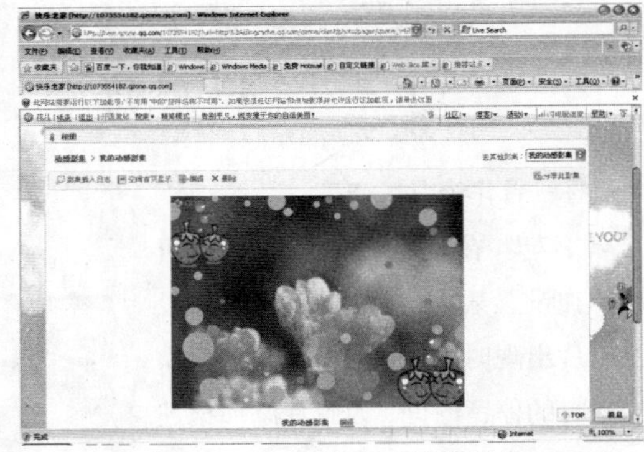

图 9－34 浏览动态影集效果

二、数码照片网络冲印

网上照片冲印是对传统相片冲印服务的一次进步，是当今互联网推动生产力的又一体现。它是依托数码彩扩设备，并借助互联网开展的一项数码增值服务。由于省去了门面房租和部分人力成本和传统门店冲印相比，网络冲印具有明显的价格优势。下面就来学习如何通过网络冲印数码照片。

1．实战网络冲印照片

随着互联网应用的不断扩大，提供数码冲印的网站也越来越多。但无论你选择什么样的网络冲印店，大致都会经历注册、上传照片（或创建网络相册）、提交冲印订单、支付货款、收货这几大步

骤。下面以在263在线数码冲印中冲印照片为例，介绍如何通过网络冲印数码照片。

(1) 安装照片冲印软件

263在线数码冲印提供了专用的照片冲印软件，方便用户注册，并上传需要冲印的数码照片。

第1步，启动IE浏览器，输入网址http://www.263chongyin.com/，进入263在线数码冲印首页。单击"软件下载"连接，单击"下载照片冲印软件"按钮（如图9–35所示），下载照片冲印软件。

第2步，解压缩下载的软件包，然后运行安装程序安装该软件，其安装比较简单，按提示操作即可完成。

第3步，照片冲印软件安装完成后会自动启动，并出现登录界面，如图9–36所示。如果还不是263在线数码冲印的用户，单击"注册"按钮注册一个新用户。如果已经是注册用户，则输入用户名和密码，单击"登录"按钮登录。

第4步，在出现的页面中输入注册信息，包括邮箱地址、用户名、密码、验证码，如图9–37所示，输入完成后单击"注册"按钮注册。注册成功后会弹出一提示对话框，提示注册成功，如图9–38所示，单击"确定"按钮即可。

图 9–35 下载照片冲印软件

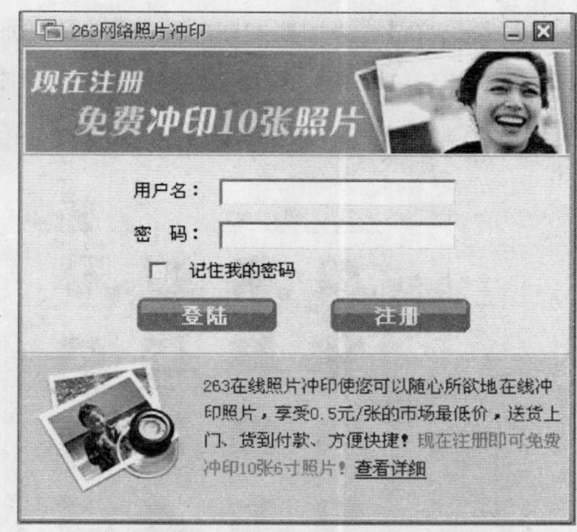

图 9–36 照片冲印软件登录界面

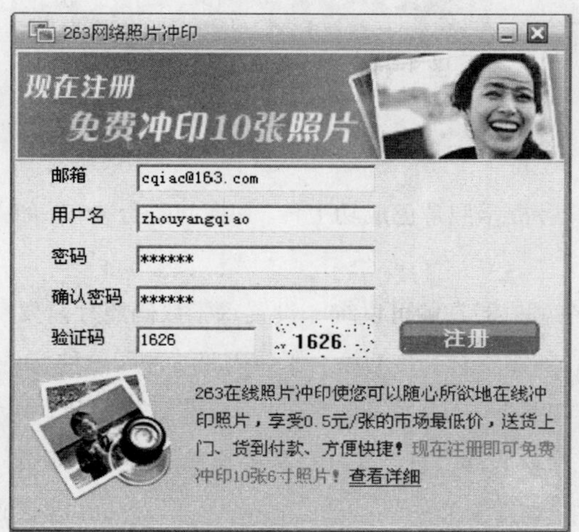

图 9–37 填写注册信息

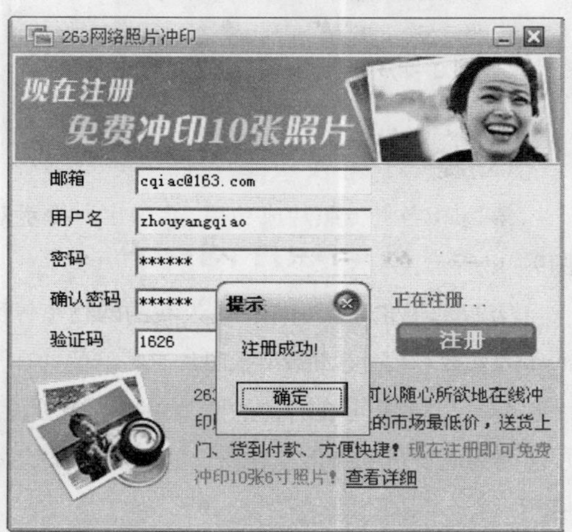

图 9–38 提示注册成功

(2) 上传数码照片

图9-39 263网络照片冲印软件主窗口

通过网上冲印数码照片，我们必须将准备冲印的照片上传到提供数码冲印的网站上。上传数码照片的方法如下：

第1步，运行263网络照片冲印软件，在登录界面中输入用户名和密码，单击“登录”按钮进入软件主窗口，如图9-39所示。

第2步，单击“选择我要冲印的照片”，弹出照片选择对话框，展开电脑中存放有照片的文件夹，然后选中需要冲印的照片，如图9-40所示。单击“添加要冲印的照片”按钮添加照片。添加完成后弹出一提示窗口，提示照片添加成功，如图9-41所示。单击“继续添加”按钮添加其他需要冲印的照片，单击“开始上传”按钮上传照片。

图9-40 添加要冲印的数码照片

图9-41 提示照片添加成功

(3) 提交订单

第1步，当上传照片成功后，会弹出一提示对话框，提示照片已成功上传、并询问是否冲印，如图9-42所示。

第2步，单击“是”按钮，进入我的购物车界面。在窗口的左侧可以统一设置每张数码照片需要冲印的张数和尺寸。如果某张照片有特殊的冲印要求，如需要将上传的第一张数码照片冲印一种5英寸和6英寸规格，可在右侧的照片中进行单独设置，如图9-43所示。同时每冲印一张数码照片，用户需要为此支付的费用也在窗口的右侧有所提示。在窗口底部会有本次冲印需要花费的所有冲印费用。

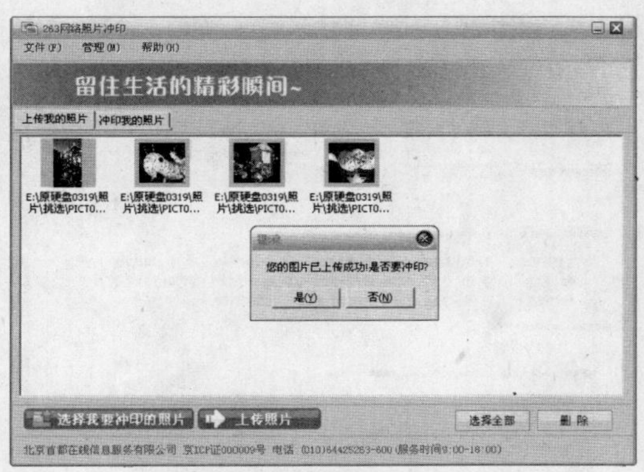

图 9-42 询问是否冲印

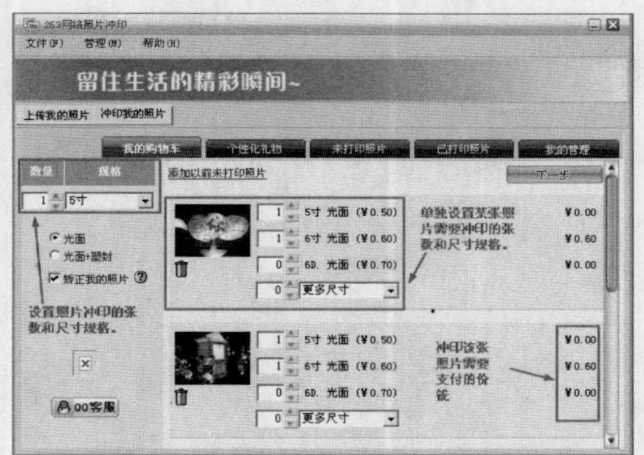

图 9-43　设置照片的冲印数量和尺寸

注意

也可以通过单击“已打印照片”、“未打印照片”来选择要冲印的照片至购物车。

第3步，设置好要冲印的张数和规格后，单击“下一步”按钮。在出现的界面中填写你的收货地址、邮编、收货人姓名、联系电话等，如图9-44所示。其中带*号的为必填项。填写无误后单击“下一步”按钮。

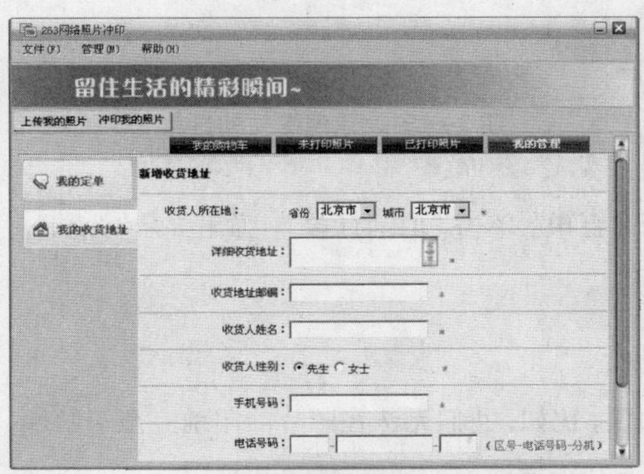

图 9-44 填写收货信息

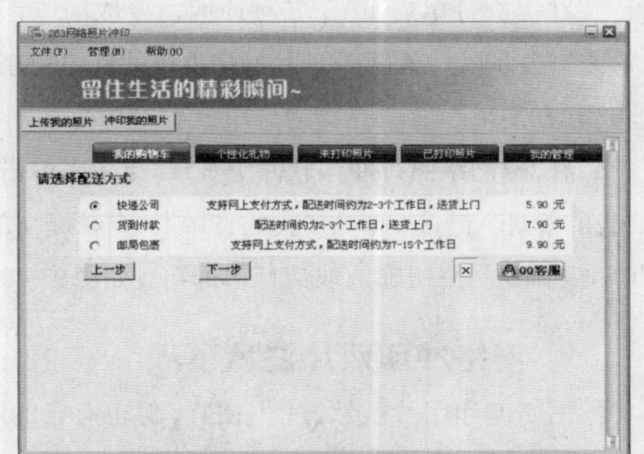

图 9-45　选择一种配送方式

第4步，选择一种配送方式。263提供了三种配送方式：快递、货到付款、邮政包裹。每种配送方式的费用都在窗口右侧列出，可以根据实际进行选择。这里选择“快递公司”，如图9-45所示。单击“下一步”按钮继续。

第5步，进入选择支付方式界面，如图9-46所示。263网络冲印提供了支付宝支付、银行卡网上支付、邮局汇款三种支付方式。为了“钱、货”安全，建议选择支付宝支付。这里选择“支付宝支

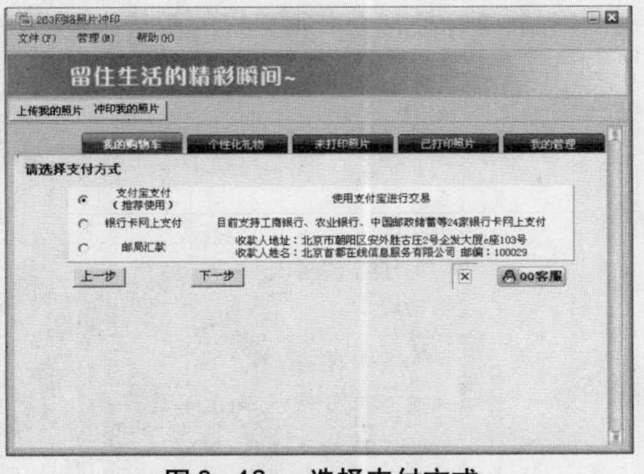

图 9-46　选择支付方式

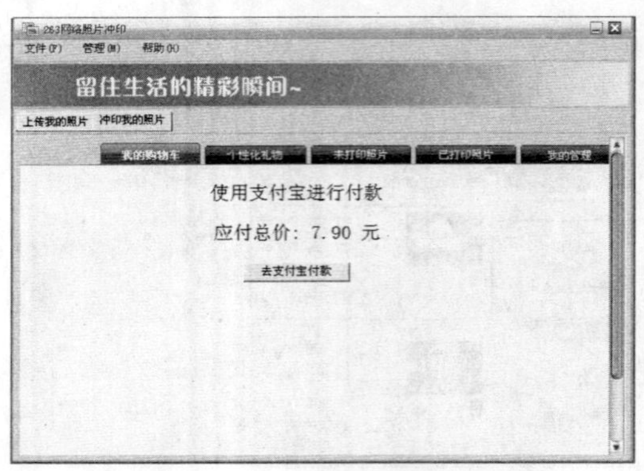

图 9-47 提示应支付的所有费用

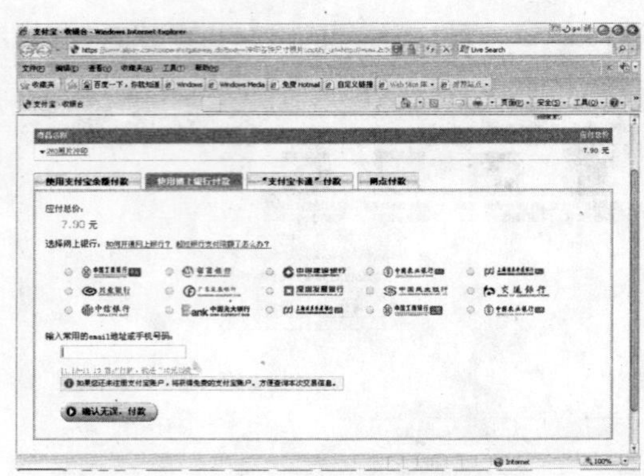

图 9-48 支付宝收银台

付”，单击“下一步”按钮继续。

第6步，提示你本次数码冲印应该支付的所有费用，如图9-47所示。单击“去支付宝付款”按钮，启动支付宝收银台，如图9-48所示。输入支付宝账号付款即可。

(4) 删除订单

在提交订单后，由于某种原因需要取消该订单该怎么办呢？263网络照片冲印提供的订单删除功能，方便用户取消提交的订单。

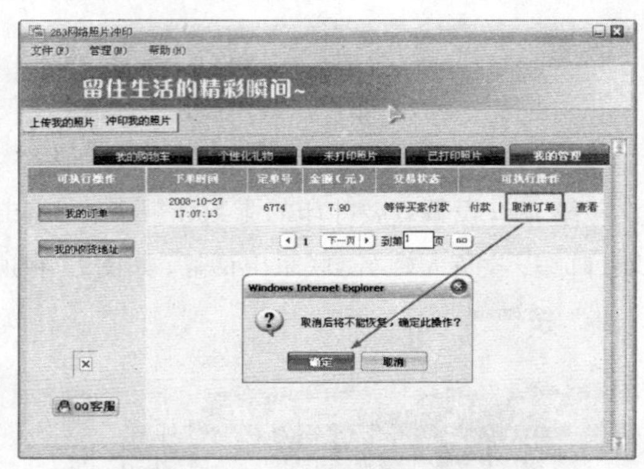

图 9-49 取消提交的订单

在263网络照片冲印软件中登录。接下来单击“我的管理”链接，单击“我的订单”，查看提交的所有订单。单击“取消订单”，弹出提示对话框，单击“确定”按钮确认取消订单即可，如图9-49所示。

2. 网络冲印照片注意事项

网络冲印照片虽然方便、便宜，但也有它的局限型，比如，我们无法在照片冲印前完全了解冲印的实际效果。因此，在选择网络冲印时，应注意以下几个方面：

(1)选择网络冲印应选择一家信誉良好的商家。最好是选择与影像相关的厂商或者是知名度较大的网站，这样往往会获得更好的质量保证。表9-1是笔者推荐的口碑较好的网络数码照片冲印店。

表 9-1 推荐网络冲印店

图来图网	http://www.tunet.cn/
柯达网上冲印	http://www.printatkodak.cn/
易拍	http://www.e-pic.com/
魔方数码冲印	http://www.mofang.com.cn/
Printhop	http://www.printhope.com/
网易印象派	http://yxp.163.com/
263 在线照片冲印	http://www.263chongyin.com/
大众印客	http://www.inkecn.com/

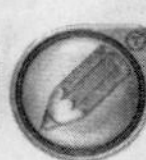

(2)在地域上，最好是选择同城的数码冲印店，方便了解冲印店的冲印质量，即使有什么问题，也方便与店家沟通。

(3)视照片情况，事先处理一下要冲印的图片。把图像的横宽比例调到3:2，否则冲印出来的照片会裁掉照片的某一个部分。至于图片“曝光过度/不足”调整、色彩调整等，如果不是很严重，最好也事先进行调整。

(4) 如果是专业用户或者对自己的图片色彩要求比较严格，可以先在自己的显示器上按照sRGBProfile进行校准。这样冲印出来的照片就非常接近显示器上的照片浏览效果了。

(5) 对支付方式，应尽量选择支付宝付款，这样能确保钱、货安全。

三、巩固练习

本学习目标主要介绍了如何在互联网上发布个人相册，并通过互联网冲印数码照片。通过本学习目标的学习，读者应了解常用的提供免费个人相册服务的网站，掌握个人相册的制作方法，掌握如何通过互联网冲印数码照片。选择一家信誉好的数码冲印店，直接影响照片冲印的效果。此外，由于网络冲印照片涉及费用支付，因此，在选择网络数码冲印时应选择安全的支付方式也非常重要。

练习题：

1. 开通QQ空间。
2. 创建QQ相册。
3. 制作QQ动感影集。
4. 下载263网络照片冲印软件，并安装该软件。
5. 在263网络照片冲印网站中冲印数码照片。

学习目标 10

用网络改变学习/生活方式

互联网给我们创造了一个前所未有的崭新世界，它使人与人之间没有了时间与空间的距离，也使人们“足不出户便知天下事”。随着科技不断进步，互联网正切实地改造了我们的生活方式。互联网的应用已经渗透到了人们衣食住行的各个领域。越来越多的网民爱上了互联网，他们通过互联网预订机票、酒店，上网读书、查阅资料，上网浏览新闻，上网查阅天气，上网求职，上网就医等。下面就来学习如何利用互联网改变传统的学习、工作方式。

一、网上预订

随着人们生活水平的提高，节假日外出旅游的人数巨增。此外，企事业单位商务活动的日益频繁也使得往返于各大城市的人数倍增。为避免出现买不到票或定不到房间的情况，提前预订机票、火车票、酒店就势在必行。互联网的出现，让以前原本繁杂的预订工作变得简单而快捷。

目前，各大航空公司、酒店都提供了在线预订服务，只要登录相应的网站，按程序操作即可完成机票、酒店的预订工作。如果不知道航空公司、酒店的网址，可利用百度等搜索引擎来搜索。下面以在网上预订定机票为例进行介绍。

第1步，启动浏览器，在地址栏中输入航空公司的网址，如中国国际航空的网址“http://airchina.travelsky.com”，打开该航空公司机票预订页面。

第2步，选择“预订航班”连接，填写机票查询的相关条件。选择“国内”，选择“往返”，在“出发城市”中选择“Beijing北京”，在“到达城市”中选择“Chongqing 重庆”，在“出发日期”中选择具体的出行日期，在“机舱等级”中选择“折扣舱”，如图10-1所示。填写好后单击“查询航班”按钮。

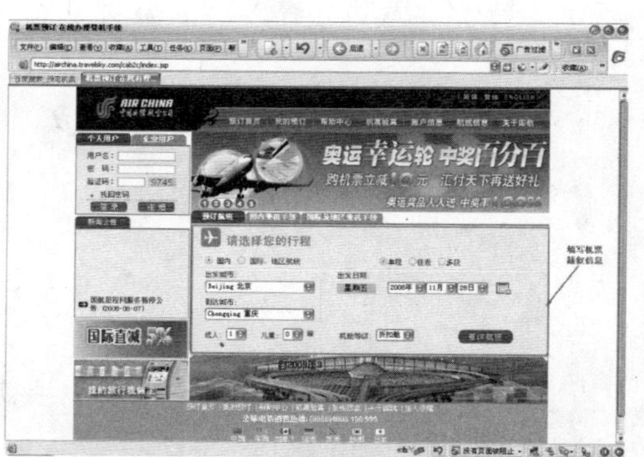

图10-1 填写机票查询信息

第3步，随后系统会弹出查询结果，并列出了当日的所有航班、航班机型、机票的折扣及价格，

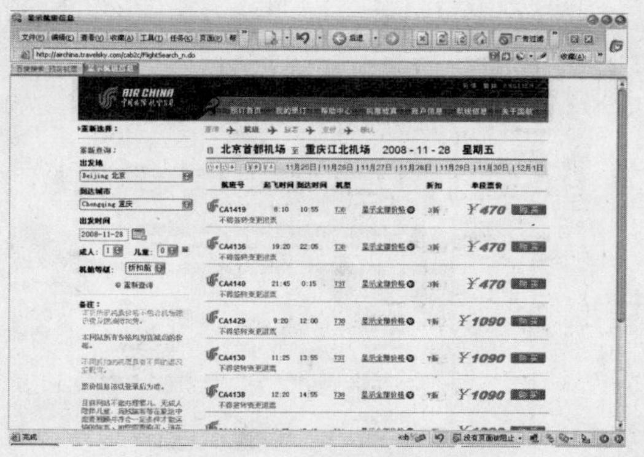

图10-2　航班查询结果

如图10-2所示。选择自己想乘坐的航班，单击“购买”按钮。

第4步，出现用户登录页面，如图10-3所示。如果还未注册用户，那么可在此单击“立即注册”按钮注册一个新用户。如果不想注册，可在“无需注册直接购买”中，输入验证码，单击“快速购买”按钮快速购买机票。这里单击“立即注册”按钮，弹出注册页面，如图10-4所示。输入个人信息，勾选“我已仔细阅读并同意‘服务条款’”复选框，单击“立即注册”按钮注册。

第5步，提示注册成功，单击“我的预订”返回机票预订窗口。填写登机人的详细信息，联系人的信息，然后勾选“接受与此票价相关的所有条款”复选框，选择一种支付方式，如选择招商银行网上支付方式，如图10-5所示。单击“请您确认订单”按钮继续。

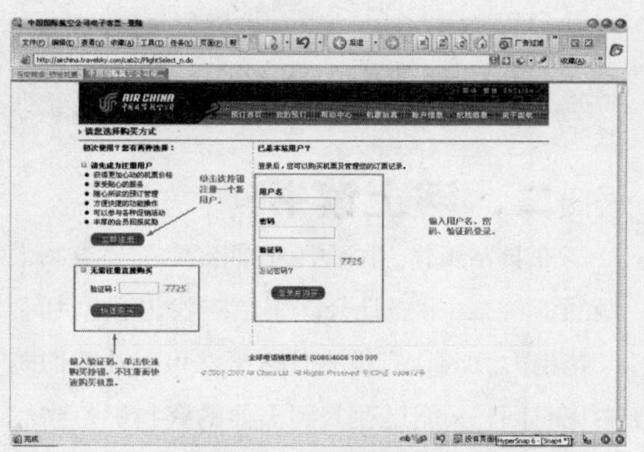

图10-3　登录页面

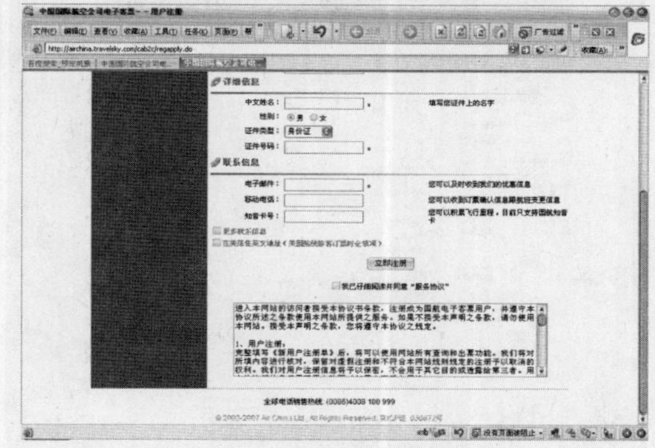

图10-4　注册用户

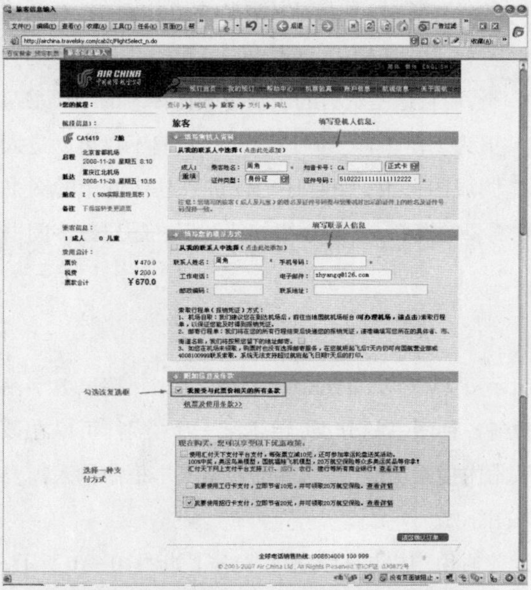

第6步，显示填写的登机人、联系人信息以及应支付的价钱，如图10-6所示。确认无误后，单击“进行网上支付”按钮。

第7步，启动招商银行网上支付系统进行网上支付。支付完成后，单击“我的预订”连接可查看你预订的机票，如图10-7所示。单击机票行程连接，如“北京－重庆”，可查看机票的详细信息，如图10-8所示。如果目前还未支付票价，可在这里单击“删除预订”按钮，删除预订的机票。

图10-5　填写登机人、联系人的信息等

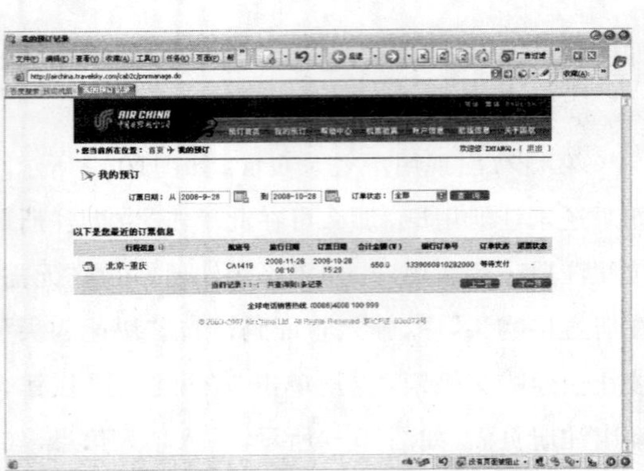
图10-7 查看预订的机票

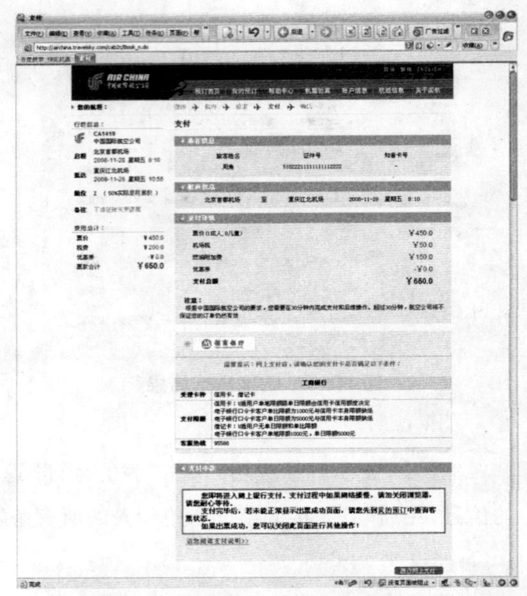
图10-8 查看预订机票的详细信息

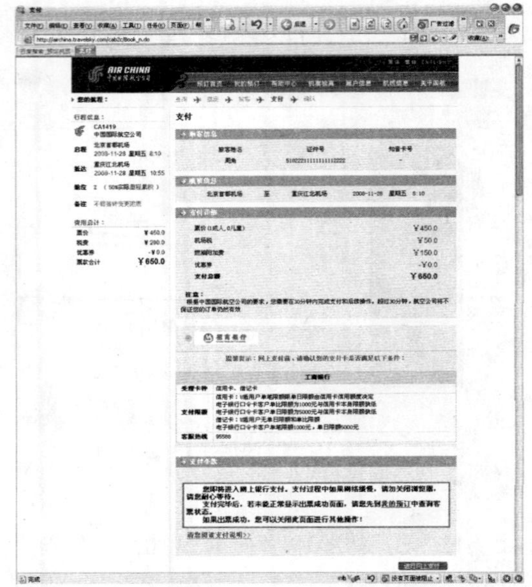
图10-6 显示填写的登机人、联系人信息等

二、网上读书

在日常工作、学习中，我们经常需要查阅大量的资料。如果去社会图书馆查找，既花时间、又花精力。那么，有没有什么方法可以让我们既少花时间，又能迅速找到需要的资料呢？当然有。其实，我们完全可以通过互联网来查阅需要的各种资料。网上图书馆提供了丰富的在线阅读资料，让用户可以足不出户就可以找到需要的资料，而且这些资料的表现形式比传统的纸质书籍更为丰富多样。通过互联网，我们不仅可以进入同城图书馆，而且还可以进入其他城市的图书馆、大学图书馆，甚至还可以到国外的图书馆中查找需要的资料。下面介绍如何利用在超星数字图书馆中查找资料为例进行介绍。

1. 在线阅读图书

第1步，打开浏览器，在地址栏中输入网址"http://www.ssreader.com/"打开超星数字图书馆的首页，如图10-9所示。在首页的左侧可以看到各种图书的分类，单击某一个类别，可以在该分类中查找需要的图书。此外，超星数字图书馆提供站内搜索功能，在右侧的搜索文本框中输入需要查找图书的名称，单击"搜索"按钮快速查找需要的图书。

第2步，单击"免费阅览室"连接可进入超星为普通用户提供的免费阅览室，如图10-10所示。在这里提供的图书都可以免费查阅。

图10-9 超星数字图书馆首页

图10-10 超星免费阅览室

第3步，单击一本书的连接，如《一生要读的90篇神话》，打开该书对应的连接，如图10-11所示。在线阅读超星数字图书馆提供的图书，可选择“IE阅读”、“IE插件阅读”直接阅读。也可先下载、安装超星阅读器，然后选择“阅览器阅读”。为了保证你对图书的阅读速度，建议电信宽带用户选择“阅览器阅读（电信）”，网通宽带用户选择“阅览器阅读（网通）”。

第4步，这里选择“IE阅览”，打开图书阅读页面。页面顶部是阅读时需要用到的工具按钮。左侧是图书目录，中间则用于显示图书的内容。单击某个目录，可链接到图书相应的章节，在窗口会显示该章节第一页内容。如这里单击“第一辑　中国神话”，在窗口的中间会显示“第一辑　中国神话”的第一页内容，如图10-12所示。接下来就可以开始阅读该图书了。单击工具栏中的缩放按钮，可缩放当前显示的内容。单击“下一页”或“上一页”按钮，可进行翻页。

图10-11 图书连接

图10-12 阅读图书

对新手用户，如果不知道怎样阅览图书，可在首页中单击“新手上路”按钮，出现新手服务页面，如图10-13所示。

在第一栏中我们可以了解到超星数字图书馆中免费阅览室、原创平台中提供的内容可以供读者免费阅读，而阅读收费主题馆中的图书，则需要付费。此外，在电子书店中购买的图书，可以永久阅读。

在“阅读、下载流程演示”中可以看到在超星电子图书馆查阅资料，需要经历用户注册、下载/安装阅读器、进入阅读板块、阅读/下载图书这样几个步骤。对免费阅读的内容，无需注册即可阅

图10－13 新手服务页面

读。对收费内容，需要注册、付费后才能阅读。

对付费阅读，超星电子图书馆支持读书卡支付、星币支付、网银支付、手机充值卡、手机钱包这几种支付方式。

2. 网上读书的优势

与传统方式相比，网上读书或利用网上图书馆查询资料具有以下几个明显优势。

(1) 节省时间和精力

利用网上图书馆查询资料，用户再也不用把时间和精力浪费在来回奔波的路途中，需要做的事情只是坐在电脑前面，操纵手里的鼠标即可。

(2) 方便快捷

通常，到某一个图书馆后都要受到这个图书馆本身的藏书范围和数量的限制，而在互联网上读者可以随时访问某个综合性图书馆或专业性的图书馆。

(3) 不受时间和空间的限制

在传统方式下，读者到外地的图书馆去查阅资料极为不便。即使去本地的图书馆，也要受到开馆和闭馆时间的限制。而通过互联网，不但可以随时随地阅览本地的图书馆，而且可以随时随地浏览全国各地甚至世界上任何地方的图书馆，并且24小时开放。

(4) 资料更为丰富

网上图书馆提供的资料远远多于图书馆本身，而且信息内容的表现形式更加多样化，例如有多媒体形式的资料。网上图书馆还经常会举办一些展览、专题讲座等活动，从而给用户提供更多的信息。

3. 网上图书格式及阅读方法

网上提供的电子书籍五花八门、琳琅满目。下面介绍几种网上常用的电子书籍格式及阅读方法。

(1) TXT格式

TXT格式是最通用的文本文件格式，文件体积小，阅读不受限制，几乎所有的文字处理软件都能识别它，但是这种文件格式不能做超级链接。用Windows提供的“记事本”程序即可打开这类文件进行阅读。

(2) DOC格式

DOC格式也比较通用，是Word程序的专用格式，用Word软件、WPS软件、Windows写字板程序都可打开这种格式的文件。它突破了TXT文件64kB的限制，可以包含更多的内容。

(3) HTML格式

HTML格式的图书在互联网上应用得比较多，超链接的模式更方便读者定位浏览图书各章节的内容。这种格式的图书直接用浏览器，阅读起来也非常方便。

(4) EXE 格式

EXE 格式也算是常见的电子书格式，一般是作为版权才需要将电子书做成这种不方便编辑的格式。在很多电子书的网站，都能找得到这种格式。阅读这种格式的电子书，无需安装其他阅读软件，可在电脑上以直接阅读，而在手持设备上就无能为力了。

(5) CHM 格式

CHM 格式是微软公司帮助文件制作工具HTML HELP WorkShop制作出来的文件，它也是一种超文本语音。由于它增加了索引、操作、书签等功能，所以使用起来更方便，用浏览器即可阅读。

(6) PDF 格式

PDF文件是网络上一种非常流行的电子图书格式，是Adobe公司推出的电子图书专用格式。无论在何种电脑、何种操作系统上都以制作者所希望出现的形式显示和打印，表现出跨平台的一致性，效果非常理想。PDF文件中可以包含图形、声音等多媒体信息，还可以建立主题间的跳转、注释，并且PDF文件的信息是“内含”的，我们甚至可以把字体“嵌入”文件中，从而使得PDF文件成为完全“自足”的电子文档。许多“高档”的电子图书都采用这种格式。

阅读这种格式的文件需要安装专用的阅读器——Adobe Acrobat Reader。Adobe Acrobat Reader可以嵌入到浏览器中，即当读者在浏览网页时，如果浏览PDF文件，只要用鼠标单击它，Adobe Acrobat Reader就会自动打开该文件，并显示在浏览器中。

(7) PDG 格式

这种电子图书格式，需要用“超星图书浏览器”来阅读。超星图书浏览器是网上数字化图书馆的图书阅读器。它事实上是将原书完整地一页页扫描保存下来的，保持了图书的有滋有味。它的文件格式比较奇特，文件名为100.001格式，其中扩展名为001、002等数字，表示书的页数。

(8) WDL 格式

WDL文件是由便携文件专家——DynaDoc软件转换生成的。这种格式的文件可以显示文本，插入图片，是一个图文并茂的文件格式。这种文件采用图文混排方式，一个文件就是一本电子图书。

4. 网上读书网站指南

互联网上提供图书阅读的网站非常多，表10-1精选了部分网上读书网站，供读者参考。

黄金书屋	http://www.goldbooks.cn/	书路文学	http://www.shulu.net/
起点中文网	http://www.cmfu.com/	榕树下读书网站	http://www.rongshuxia.com/
红袖添香	http://www.hongxiu.com/	天涯虚拟社区	http://www.tianyaclub.com/
铁血中文网	http://www.tiexue.net/	新浪读书频道	http://book.sina.com.cn/
龙的天空	http://forum.dragonsky.net/	晋江文学城	http://www.jjwxc.net/
中国国家图书馆	http://www.nlc.gov.cn/	中国科学院图书馆	http://www.las.ac.cn/
清华大学图书馆	http://www.lib.tsinghua.edu.cn/	北京大学图书馆	http://162.105.138.207/
复旦大学图书馆	http://www.library.fudan.edu.cn/	上海交通大学图书馆	http://www.lib.sjtu.edu.cn
四川省图书馆	http://www.sclib.org/	同济大学图书馆	http://www.lib.tongji.edu.cn/
中国地质大学图书馆	http://www.lib.cug.edu.cn/	北京师范大学图书馆	http://www.lib.bnu.edu.cn
超星数字图书馆	http://www.ssreader.com/	书吧	http://www.book8.com/

三、网上地图

通常，当我到达一个新的城市后都会面临这样一些问题：哪里有酒店，哪里有商场、医院、超市、长途汽车站、火车站、银行，附近有哪些景点，去这些地点怎么乘车等。理所当然，很多朋友会想到购买一份当地的地图。但是，纸质地图通常只能提供一些粗略的信息，对具体乘车路线等信息，则反映较少。此外，很多小地点也不能从纸质地图中获知。

而网上电子地图则不同，我们不仅可以查询一些小地名，而且还可以设置条件查询附近酒店的分布、景点分布、超市分布，也可以查询你到达某个景点的乘车路线。

目前，提供电子地图的网站比较多，如百度地图、Google地图、搜狗地图、Mapbar图吧等，此外，很多城市也提供了专业的城市地图，如重庆地图网等，更加方便用户查询各种信息。

下面以Mapbar图吧为例介绍网上地图的使用方法。

第1步，在浏览器中输入网址http://www.mapbar.com/进入Mapbar图吧首页。Mapbar图吧提供了地图搜索、公交查询、驾车导航、周边查询等多个功能模块，如图10–14搜索。

第2步，如果要查询去某个景点的乘车路线，则单击“公交查询”连接，在“城市”后选择你所在的城市，如“重庆”。在第二个文本框中输入出发地点，如“西亚酒店”。在第三个文本框中输入目标景点，如“洋人街”，如图10–15所示。

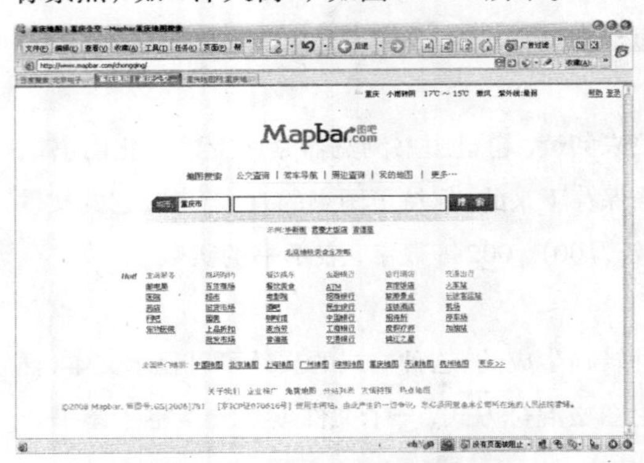

图10–14　Mapbar 图吧首页

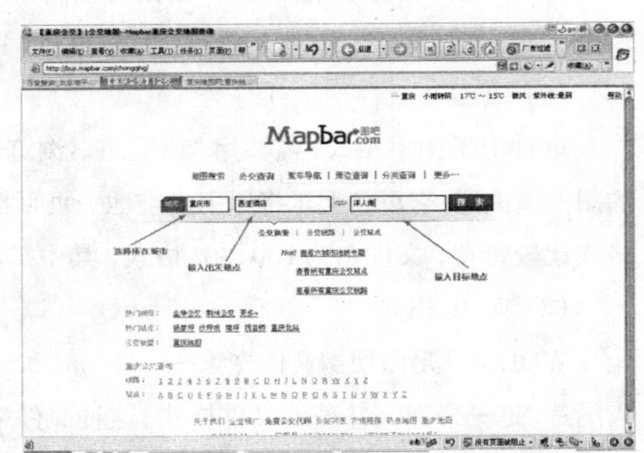

图10–15　查询公交路线

第3步，单击“搜索”按钮，开始搜索。Mapbar图吧搜索到景点的两个目标地址，如图10–16所示。选择一个地址，单击“继续搜索”按钮。

第4步，显示搜索结果。在窗口的右侧则显示出所有的乘车方案。选择一种乘车方案，在左侧的地图上则会显示出从起点到终点的乘车路线图，如图10–17所示。

第5步，根据查询的结果选择一种乘车方案出发。

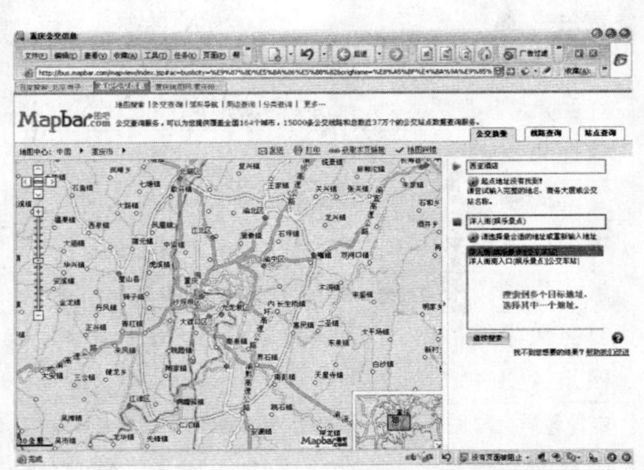

图10–16　搜索多个目标地址

四、网上论坛

BBS（Bulletin Board Service，公告牌服

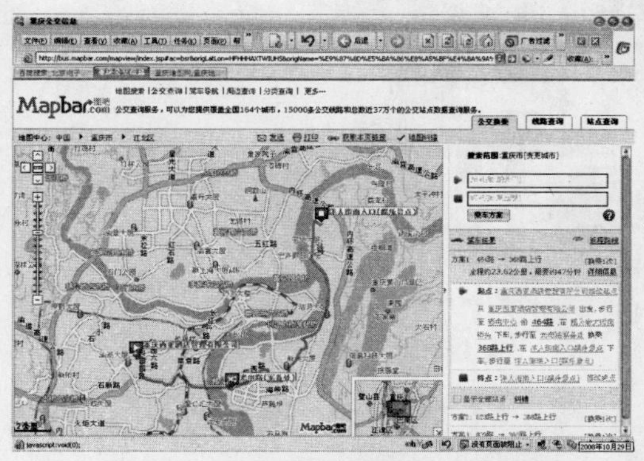

图10-17　显示乘车方案和乘车路线

务)是Internet上的一种电子信息服务系统。它提供一块公共电子白板，每个用户都可以在上面书写，发布信息或提出看法。其最大的特点是打破时间与空间的限制，发布的信息长期保存，可自行编辑、修改。下面就来学习如何参加论坛。

1.注册、登录论坛

在论坛上自由言论，首先需要注册一个账户，以注册新浪论坛为例，其注册方法如下。

第1步，打开新浪论坛的首页(http://bbs.sina.com.cn/)，在“用户登录区域”单击“注册新用户”(如图10-18所示)开始注册。

第2步，输入登录邮箱，设置用户密码，为自己命名一个论坛昵称，然后输入验证码，如图10-19所示。单击“完成”按钮，即可注册一个新浪论坛用户。

第3步，在“用户登录账户”区域输入注册的邮箱地址和账户密码，单击“登录”按钮即可登录论坛。

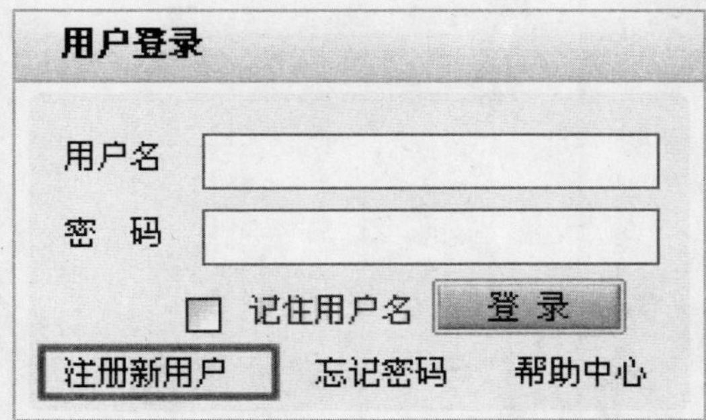

图10-18　注册新浪论坛

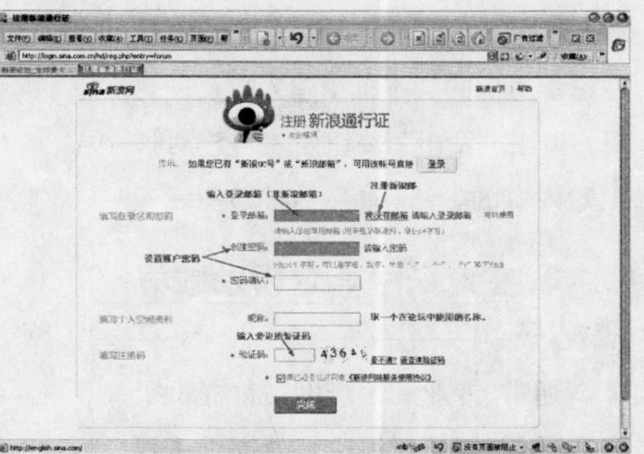

图10-19　注册新浪论坛

小提示

拥有新浪邮箱的用户可用邮箱登录，无需单独注册用户。

2.发布帖子

新浪论坛分为多个子论坛，这些子论坛被归纳为不同的类别，如图10-20所示。单击“生活”，选择“城市生活”，进入“城市生活”论坛，如图10-21所示。

单击“发帖”按钮，弹出发表主题页面，如图10-22所示。在“文章标题”中输入一个具有吸引力的标题，然后在下面的文本框中输入文章内容，输入完成后单击“发表主题”按钮即可发布一个新主题。

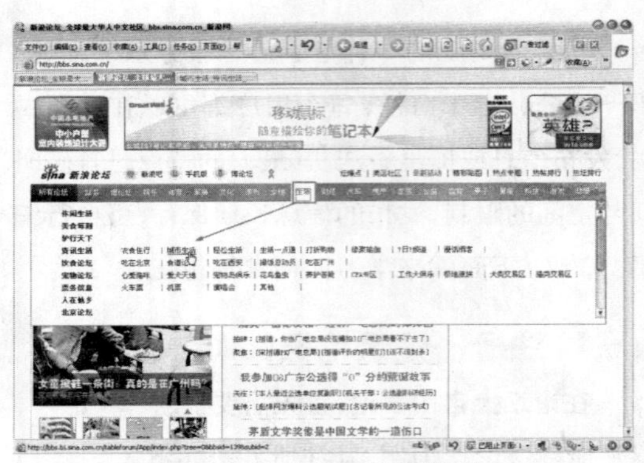

图10-20　新浪论坛类别

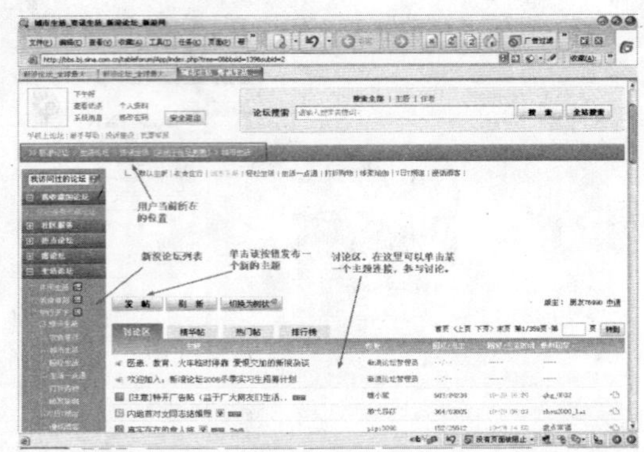

图10-21　进入新浪的“城市生活”论坛

小提示

一般，位于讨论区前列的主题都是比较热门的主题或者是内容非常受用户关注的主题。主题内容也受人关注，主题在讨论区的位置越靠前。

在讨论区可以看到该论坛中所有的主题，单击某个主题，可查看该主题的内容，以及其他用户发表的意见。在论坛底部的文本框中输入自己的意见，单击“发布”按钮发表自己对该主题内容的看法，如图10-23所示。

图10-22　发布新主题

3.在论坛中寻求帮助或寻找帖子

通常，专业的论坛网站都提供了多个版面，例如新浪论坛就提供了娱乐论坛、游戏论坛、科技论坛、教育论坛、体育论坛、财经论坛等多个版面。在不同的论坛版面中有相关的各类信息，如果想快速查找自己关心的论题，利用站内搜索引擎来快速搜索。例如在搜索引擎中输入关键字“跳水”，单击“搜索”按钮搜索与跳水有关主题帖子。如图10-24所示。

如果在生活中遇到了困难，可以到论坛中发布求助信息，论坛中的朋友会快速给你各种建议或解决问题的方法。

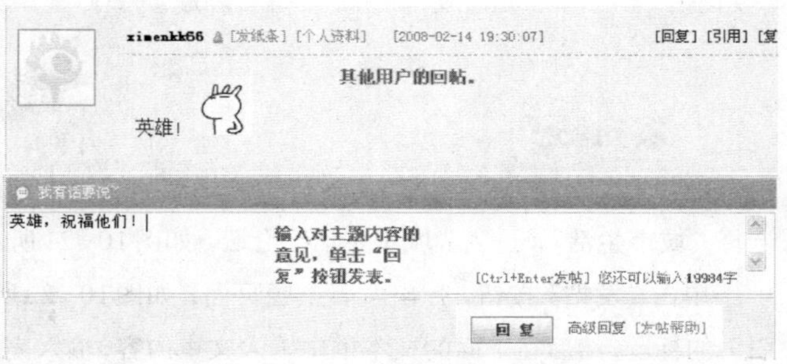

图10-23　回复帖子

图10-24 搜索关心的论题

五、网上教育

随着当代信息技术向教育领域的扩展，多媒体和网络已被广泛应用到教育中。网校是互联网在教育领域的典型应用，其优势是突破了时间与空间的限制。学员只需准备一台电脑就可以在家中享受名校的教育、接受名师的指导。

下面介绍几个著名的网校。

1.清华网络学堂

清华大学（http://www.itsinghua.com）是我国名牌的高校之一，具有强大的科研力量和巨大的技术优势。清华网络学堂是清华大学远程教育的教学与管理的平台，它集成了现代网络新技术，将教师网上教学、学生网上课件点播、师生交流、学生自习、网上选课、教务管理、考试和评估等多项功能有机地联系起来，实现了网上教学和教务管理一体化。

现在，清华网络学堂主要招收计算机应用技术专业、企业管理专业 、民商法学专业、教育经济与管理专业、刑法学专业研究生，并不定期提供一些高级研修班的培训。

清华网络学堂主页如图10-25所示。

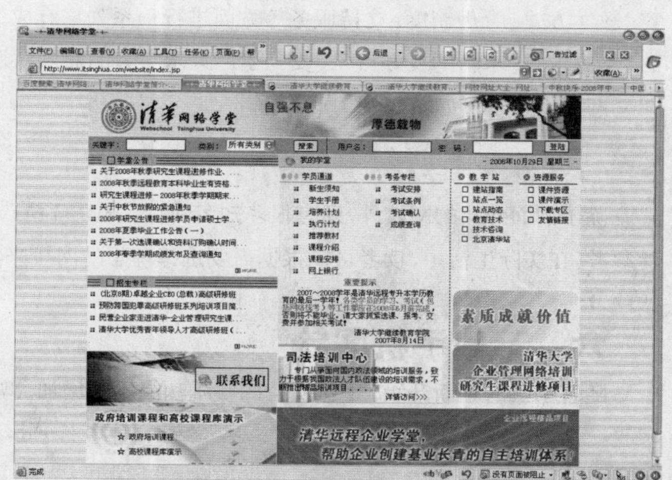

图10-25 清华网络学堂主页

2.101远程教育网

101远程教育网（www.chinaedu.com）创办于1996年9月，是国内首家中小学远程教育网站。它集名师讲课、辅导、答疑和多媒体教学为一体，通过“101多元学习法”帮助中小学生快速提高成绩。与学校教学同步（教材和进度），预习、复习巩固及提高一条龙。目前，该教育网涉及的教育领域包括：中小学远程教育、英语教育以及远程教育理论研究。

101远程教育网首页如图10-26所示。

3.中国人民大学网络教育学院

“网上人大”（http://www.cmr.com.cn/）创办于1998年，是我国第一所按照新的教育理念，面向在职人员，依托计算机互联网，实行业余、分散式教育的网上大学。这里没有传统学校的“班级”、“课表”、“学期”，不同专业、级别的学生可以选修同一门课程，进入同一个网络课堂，只要有

图10-26　101远程教育网

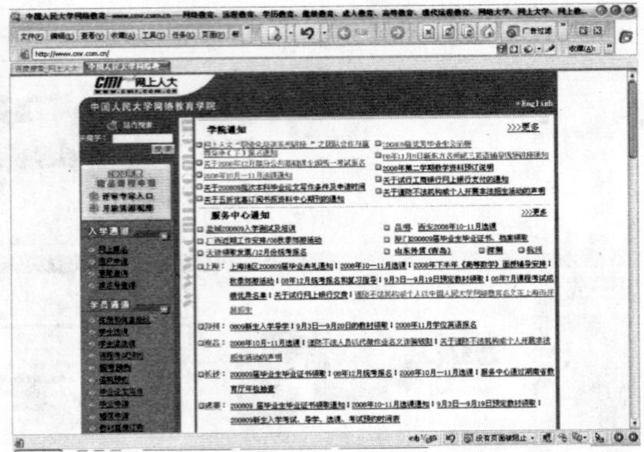
图10-27　网上人大首页

计算机、互联网，就可以随时随地学习，随时随地与教师和同学进行学习的交流，直到学懂、学会为止。"网上人大"拥有目前网上大学中最丰富的教学资源，几乎每门课程学校都向每一位学生提供三种（光盘课件、网络课程、纸介教材）以上的学习资源。每门课程都有由学科专家、主讲教师、专职辅导教师等组成的教学支持服务队伍。

目前，"网上人大"设有十个本、专科高等学历教育专业，注册学生四万余人。"网上人大"根据在职人员的学习特点和学习需要，以及计算机、多媒体、互联网的技术优势，在课程设置、教学内容、教学方式、管理制度、支持服务等方面进行一系列卓有成效的改革与创新，确立了"网上人大"的求实、求是、求新的良好形象，受到了广大求学者的热烈欢迎和社会的充分肯定。

网上人大首页如图10-27所示。

4. 其他网上学校

除了前面介绍的网校外，还有很多知名网校，表10-1精选了部分当前比较知名的网校，以供读者参考。在实际生活中，读者可以根据需要选择理想的网校来学习。

六、下载手机图铃

随着手机的不断升级，手机支持的娱乐功能不断增加。现在，手机彩图、动画以及和弦铃声的

表10-1　部分知名网校

网校	网址	网校	网址
教育部	http://www.moe.edu.cn	北京四中网校	http://www.etiantian.com
北大附中远程教育网	http://www.pkuschool.com	新东方在线	http://www.koolearn.com
黄冈中学网校	http://www.huanggao.net	搜狐教育	http://learning.sohu.com
中华会计网校	http://www.chinaacc.com	K12 中小学教育教学网	http://www.k12.com.cn
网上人大	http://www.cmr.com.cn/	101 远程教育网	www.chinaedu.com
清华大学	http://www.itsinghua.com	洪恩在线	http://www.hongen.com
宏志网校	http://www.hongzhinet.com	中国自考网	http://www.chinazikao.com
东方教育网	http://www.eastedu.com.cn/	新东方在线	http://www.koolearn.com/
中国考研网	http://www.chinakaoyan.com/	中国MBA 网	http://www.mba.org.cn/
中国MBA 备考网	http://www.mbaschool.com.cn/	中国农村远程教育网	http://www.ngx.net.cn/
中国留学网	http://www.cscse.edu.cn	景山教育网	http://www.jsedu.net/

下载已经成为广大手机用户的必备时尚功能。大量手机图铃网站也因此而悄然诞生，并不断推陈出新，为广大手机用户提供最新、最酷、最炫的彩信。下面就来学习如何为手机下载最酷的彩图动画和最炫的和弦铃声。

1. 可选择的图铃下载方法

一般，为手机下载酷、炫的图铃有两种方法可供选择。一种通过电脑上网下载手机图铃，再将下载的手机图铃传送到手机上。另一种方法是手机直接上网下载图铃。通常，采用第二种方法下载手机图铃是收费的。

(1)手机连接电脑下载图铃

采用这种方式下载图铃，用户先通过电脑到提供手机图铃下载的网站上下载喜欢的图铃到电脑硬盘中，然后用数据线、红外适配器或蓝牙等连接电脑和手机，将下载的图铃传送到手机上。具体采用哪种方式连接电脑和手机，应视手机和电脑提供的接口而定。

(2) 手机上网下载图铃

手机直接上网下载图铃，首先要求手机支持GPRS或CMDA上网，然后开通手机上网功能。其中，中国移动提供GPRS上网服务，中国联通提供CDMA上网服务。用户可根据使用手机卡的类型到中国移动或中国联通在当地的营业厅开通手机上网服务。

开通手机上网功能后，就可以到相关网站下载喜欢的图铃了。

2. 手机直接下载图铃

对已经开通了手机上网服务的用户，可以在互联网上直接下载喜欢的图铃到手机上。

第1步，启动浏览器，输入提供手机图铃下载的网站网址，如“http://pic.qq.com/”打开腾讯QQ彩信首页，如图10-28所示。

第2步，单击喜欢的图片，出现图片下载页面，如图所示。输入你的手机号码，然后选择一种图片发送方式，如“直接发送”。如果需要成为该网站的会员，则选择“成为会员，任意发送”项。选择手机厂商和手机型号，如诺基亚2600，如图10-29所示。选择好后单击“下一步”按钮。

图10-28　QQ彩信网页

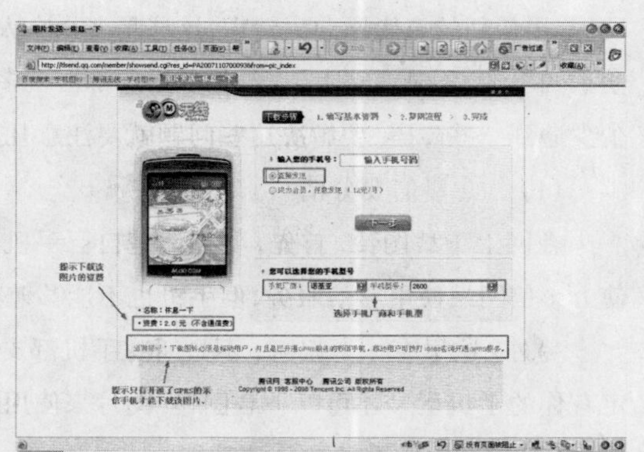

图10-29　手机图片下载页面

小提示

在图片的下方显示了下载该图片需要支付的费用，下载该图片的手机用户类型，下载前应注意查看。如果在手机厂家和型号中没有找到自己手机对应的厂家或型号，说明你的手机不支持这种彩信或图片，请不要继续下载。

第3步，提示通过手机发送短信到指定的号码收取点播的图片，完成下载，如图10－30所示。按提示发送短信，如这里发送短信TP到10661700收取短信即可。

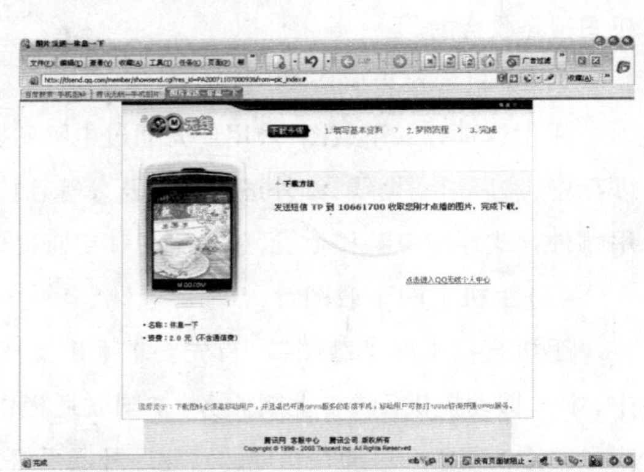

图10－30　提示用手机发送短信收取图片

3．电脑免费下载手机图铃

现在，多数的网站下载图片、铃声到手机都是要收费的。不过，我们可以利用电脑免费下载一些手机图铃。

第1步，打开浏览器，在地址栏中输入提供免费下载手机图片、铃声网站的网址。单击喜欢铃声或图片连接，进入其下载页面，如图10－31所示。单击"下载到电脑"连接，下载该铃声到电脑中。

第2步，用数据线（或蓝牙或红外适配器）连接电脑和手机，传送刚才下载的铃声到手机中。

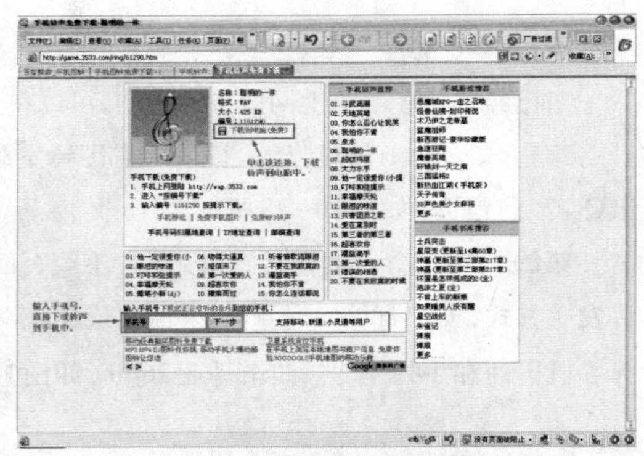

图10－31　下载铃声到电脑中

4．下载手机图铃的注意事项

如果说现在会玩数码产品的人才算是新人类，那么，懂得以最时尚的短彩信图铃来包装自己手机的人就更够资格称得上是"新新人类"。想想看，通过下载，让你的手机可以用最新的电影剧照为屏保，用最新的电影原曲为铃声，这些是多么令人羡慕的事情。不过在网上下载，很多用户都会多多少少遇到一些障碍。要解决这些问题就要注意几点：

（1）短、彩信要分清

在网上下载图铃，首先，要先清楚自己手机是支持短信还是支持彩信。不支持彩信的手机，即使上彩信网站使用彩信服务，但手机也不能够兼容接收。

另外，这里有一个误区，不是所有手机都支持短信、图铃，应注意网站上的适用机型说明，确定有你的手机型号才可以下载图铃、图片来使用。一些分工细致的网站会在这一点上加以区别。

（2）发送短信图片要分清功能

下面以21CN下载中的诺基亚手机为例作讲解。这旦单单图片就分有诺基亚标准图、诺基亚大图、诺基亚大待机图、诺基亚分组图4种，每种图片的尺寸都不相同，而且功能也有不同。比如说诺基亚标准图、诺基亚大待机图适合用做手机屏保，诺基亚大图则只能做图片信息用途，诺基亚分组图

则有把你亲朋好友的来电分组显示不同图片的功能。

(3) 选好机型发送

用户用手机登录后，如果你选择的是图片，在选择图片之前，应该先找到自己手机型号对应的图片，并确定图片的功能后再选择发送。如果你选择的是铃声，那么只要在发送的弹出窗口里找出你对应机型的品牌，然后发送即可。

这一步虽然简单，但是非常重要，如果你选择的图铃不适合你的机型，就会收到乱码，钱也会被扣除，得不偿失，所以在下载之前一定要看清楚。

(4)彩信下载图铃注意事项

顾名思义彩信图片铃声下载一定是要有彩信功能的手机才可以使用，不过与短信不同，彩信网站上发送不成功的图铃是不会收取你的费用的。

彩信的图片发送比较简单，一般网站上所有的动态与静态的彩图都适合任何彩信手机使用，只要你选择与自己手机相对应的机型选项就可以发送了。

小知识

手机铃声格式主要分有 amr，midi，mmf 三种，它们分别支持不同类型、协议的手机，但是有些手机通过强大的软件支持却能同时适合三种格式的铃声，例如NECN8。用户在下载铃声的时候，要先看清楚自己的手机支持的铃声格式，选择对应格式的铃声进行下载。

七、网上求医问药

随着网络的高速发展，很多著名的医院、医学专家都在互联网上创建了自己的网站，以方便广大患者求医问药。因此，用户在需要得到传统的医疗保健时，不妨到互联网上的医疗站点、保健站点去看一看，也许会对自己有所帮助。

1.网上求医

以求医问药资讯园地为例，介绍如何在互联网上求医问药。

第1步，启动浏览器，在地址栏中输入网址“www.qywy.com”，按回车键进入求医问药资讯园地首页，如图10−32所示。

第2步，单击“专家在线”连接打开如图10−33所示的页面。

图10−32 求医问药资讯园地首页

图10−33 专家在线页面

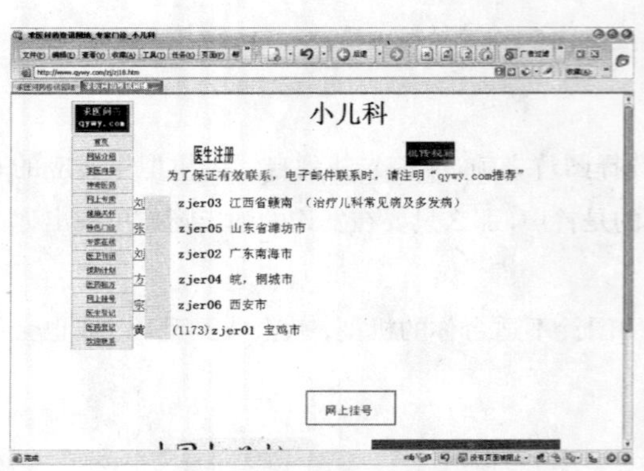

图 10-34　小儿科页面

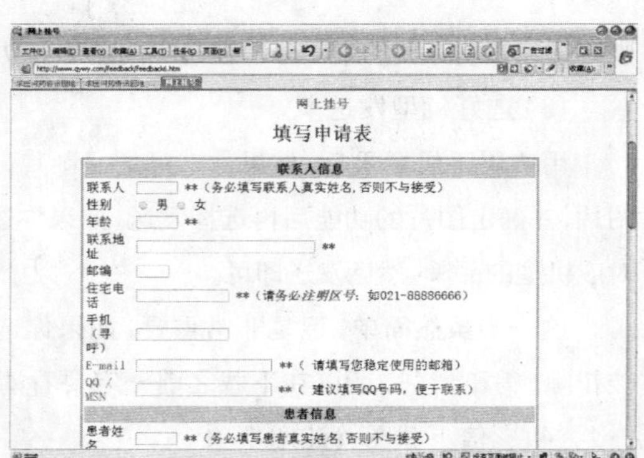

图 10-35　填写申请表

第3步，选择科室分类。例如单击“小儿科”，出现“小儿科”页面，如图10-34所示。该页面显示了该科室所有注册医生的信息。单击“网上挂号”链接，出现网上挂号申请表，如图10-35所示。按需要仔细填写各个选项，填写完成后单击“确定”按钮，系统会提示资料已经提交，此时用户只要等待专家的答复就可以了。

2. 医疗保健

身体是革命的本钱，健康是幸福的前提。在竞争激烈的现代社会中，很多朋友很容易因繁忙的工作和学习，而忽略了自己的健康。其实，我们完全可以在夜以继日地工作、上网的同时，顺便看看健康网站，学习了解健康知识。

图 10-36　39 健康网

例如，三九健康网(http://39.net/)是目前最具权威的中文健康门户网站之一。该网站设有健康快讯、寻医买药、保健饮食、美容整形减肥、女性频道、男性频道、育儿频道、老人频道、健康自测等多个频道，是集专家在线、专业论坛、会员个性服务等功能于一体的健康服务网站，其首页如图10-36所示。

(1) 饮食保健

单击“保健”连接，进入三九健康网提供的“保健”频道。该频道通过养生、保健品、亚健康、特殊人群、疾病抚养、四季保健这几个栏目将专题分类展示，如图10-37所示。内容以生活中的热点为中心，针对普通大众，提供专业的保健知识，传达正确的健康理念，培养健康的生活方式。

单击“生活保健”专题，在这里可以找到日常生活中常见疾病的保健预防、四季饮食保健、白领健身、职场保健等内容，如图10-38所示。

图 10-37　39 保健频道

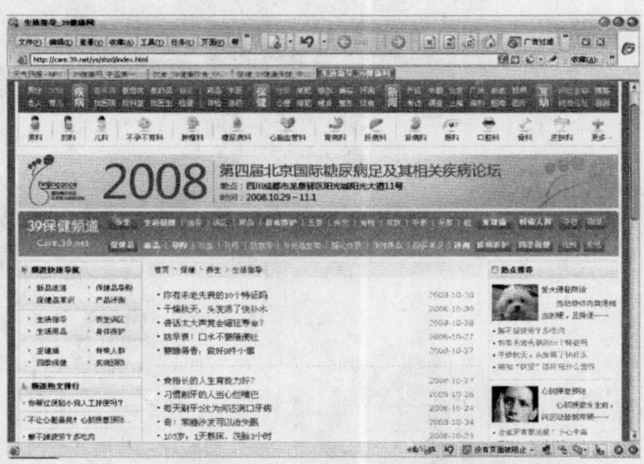

图 10-38　生活保健专题

(2) 疾病咨询

三九健康网提供的“十大疾病”频道收录了数千种疾病，支持按部位、按科室、按拼音进行查询，如图10-39所示。此外，该频道还列举了各类人群的常见疾病，并根据季节的变换，提示前季节的多发病。

单击某一疾病名称，如胃溃疡，进入胃溃疡疾病首页，如图10-40所示。在这里，可以查看引起胃溃疡的病因，胃溃疡的症状，这种疾病应该做哪些检查，如何治疗，治疗胃溃疡有哪些好医院、好医生等。

图 10-39　十大疾病频道

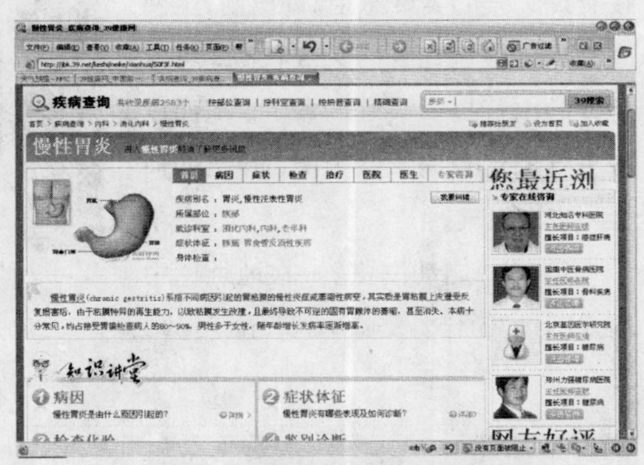

图 10-40　胃溃疡疾病首页

此外，患者可以单击“专家咨询”连接，留言咨询专家。在网页右侧列举了当前在线的专家，可根据实际选择一个专家，单击“点击咨询”按钮在线咨询。

(3) 正确用药

三九健康网提供的“药品”频道，主要通过科普性文章及药品手册为大众提供基础用药知识，各种疾病用药推荐，药品详情及报价查询等，如图10-41所示。

图 10-41　药品频道

3. 健康求医网站指南

以下精选部分网上求医健康网站，供广大读者参考，如图表10-2所示。

表10-2 部分网上求医健康网站

中国金药网	http://www.gm.net.cn	中国导医网	http://999120.net/
三九健康网	http://39.net/	37℃医学网	http://www.37c.com.cn
健康报	http://www.jkb.com.cn	《家庭医生》医疗保健网	http://www.familydoctor.com.cn
中国百姓寻医问药网	http://www.xyxy.net	中国健康网	http://www.healthoo.net
健康123 医疗保健生活	http://www.jk123.com	中山医科大学网上模拟医院	http://www.gzsums.edu.cn/virtualhospital
飞华健康保健网	http://www.fh21.com.cn	急救快车	http://www.em120.com
新健康网站	http://www.newhealth.com.cn	中国康复城	http://www.rehabcity.net.cn
求医问药咨询园地	http://www.qywy.com	牵牵心理热线	http://www.xinli.net

八、上网查询天气

随着人们生活水平的提高，旅游已成为人们节假日休闲、放松主要途径之一。阳春三月、春暖花开是外出旅游的好季节，也寄予了外出的人们向往有好天气的美好愿望。外出前，上网查询当地最近几日的天气状况，可以为你的出行提供很好的参考。下面以中央气象台查询天气为例，介绍如何上网查询天气。

图10-42 中央气象台首页

第1步，启动浏览器，在地址栏中输入网址“http://www.nmc.gov.cn/”，按回车键进入中央气象台首页，如图10-42所示。

第2步，单击“天气预报”连接，出现天气预报查询页面。在“选择省”中选择城市所在的省，如果要查询的城市为直辖市，则选择“直辖市”。在“选择城市”中选择目标城市，如“重庆”，系统会迅速显示重庆的天气情况，如图10-43所示。

图10-43 查看城市天气预报

第3步，单击“查看重庆天气详情”旁向右箭头，进入查看该城市最近几天的天气详情。可以查看该城市最近三天

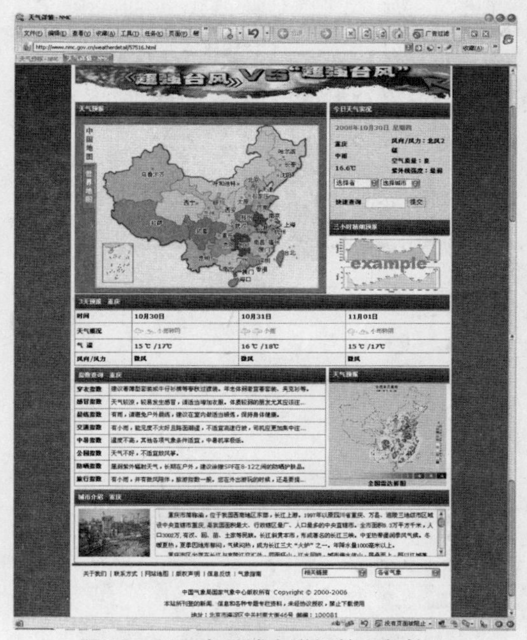
图10—44　查看城市详细的天气情况

的天气状况、各种出行指数、城市介绍等，如图10—44所示。

九、了解实时新闻

网络媒体以快速、滚动、海量的信息优势正吸引着越来越多的网民上网畅游。具有关部门调查显示，目前，近有八成的网民将网络作为获取信息的主要渠道，而且它的信任度仅次于电视。与传统媒体相比较，网络新闻也享有较高的信任度。在当今社会，网络媒体对社会生活的影响已成为一股不可忽视的力量。下面就来学习如何利用互联网了解实时新闻。

1.网上浏览新闻实战

互联网上的新闻站点繁多，当你想要了解全国各地，乃至世界新闻时，只要上网轻击鼠标就能将各种奇闻尽收眼底。

(1) 人民网

人民网(http://www.people.com.cn)是世界十大报纸之一《人民日报》建设的以新闻为主的大型网上信息发布平台，是国家重点新闻网站，也是互联网上最大的中文新闻网站之一。人民网以新闻报道的权威性、及时性、多样性和评论性等特色，在网民中树立起了“权威媒体、大众网站”的形象。人民网首页如图10—45所示。

单击某条新闻的连接，如单击“楼市低迷观望还是下手”链接，即可查看该条新闻的具体内容，如图10—46所示。

(2) 新浪新闻中心

新浪新闻中心(http://news.sina.com.cn)如图10—47所示。它是目前国内新闻汇集中心地之一，是信息量大、更新快速的网络新闻媒体。在新浪新闻中心，我们可以看到每天在世界各地发生

图10—45　人民网

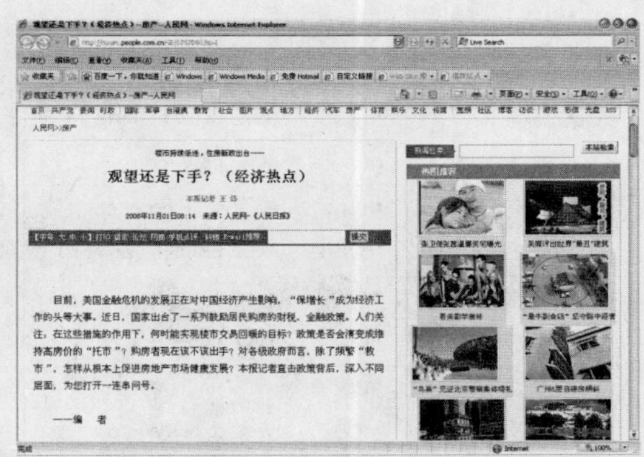
图10—46　具体查看某一条新闻

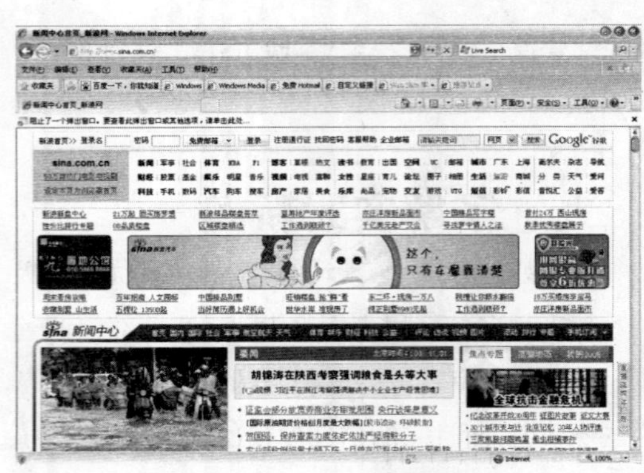
图10-47　新浪新闻中心

图10-48　联合早报网

的新闻，也包括一些奇闻轶事。

(3) 联合早报网

联合早报网（http://www.zaobao.com）是一家世界著名中文网站。该网站提供包括新闻在内的综合网络信息服务，是《联合早报》的主要新闻来源。联合早报网首页如图10-48所示。

(4) 新华网

图10-49　新华网

新华网（http://www.xinhuanet.com/）是新华通讯社的官方网站。每天以中（简、繁体）、英、法、西、俄、阿、日等多种语言24小时不间断地向全球发布新闻信息，每日更新量近5000条。新华网是由党中央直接部署、国家通讯社新华社主办的中央重点新闻网站主力军，是党和国家重要的网上舆论阵地，在海内外具有重大影响力。它是我们了解学习时事政治的好地方。新华网首页如图10-49所示。

2. 新闻媒体网站指南

互联网上新闻媒体网站繁多，表10-3列举了部分新闻媒体网站，以供读者参考。

表10-3　部分新闻媒体网站

人民日报	http://www.people.com.cn	新华网	http://www.xinhuanet.com/
央视国际网络	http://www.cctv.com	央视人民广播电台	http://www.cnradio.com.cn
新浪网	http://news.sina.com.cn	千龙新闻网	http://www.beijingnews.com.cn
中国新闻网	http://www.chinanews.com	光明日报	http://www.gmd.com.cn
解放军报	http://www.pladaily.com.cn	经济日报	http://www.ce.cn/
中国青年报	http://www.cyd.com.cn	263新闻中心	http://news.263.com
经济参考报	http://www.jjckb.com	南方日报	http://www.nanfangdaily.com.cn
大众日报	http://www.dzwww.com	华龙网	http://www.cqnews.net
香港文汇报	http://www.wenweipo.com	联合早报	http://www.zaobao.com

十、网上求职与招聘

寻英才和找工作永远是热门的话题。互联网求职的出现，大大缩短了求职者与招聘单位之间的距离，摆脱了过去哪种单纯的邮寄书面简历，跑人才市场的传统模式。人们观念的变化，加上求职招聘网站服务内涵的不断提升，使得网上求职成为席卷人才市场的新风暴。

图10－50　中华英才网首页

1. 网上求职

与现场招聘相比较，网上招聘以不受时间、空间限制的突出优势深受广大求职者的青睐。下面以在中华英才网上求职为例进行介绍。

(1) 找工作

第1步，打开浏览器，在地址栏中输入网址“http://www.chinahr.com”进入中华英才网首页，如图10－50所示。

第2步，单击“找工作”按钮，出现“找工作”页面。选择“职位”选项，在“关键字”中输入查找工作关键字，如“软件开发”。单击“工作地点”后的向下箭头，在弹出对话框中选择工作地点，如北京(可多选)，如图10－51所示。在“职位类别”中设置职位的类别，如“计算机●网络●技术”类，设置该职位的行业类别，如计算机行业，设置好后单击“立即搜索”按钮查找。在窗口的下方会显示查找的详细结果，包括提供该职位公司对应聘该职位人员的具体要求、公司地点、公司性质、规模等，如图10－52所示。

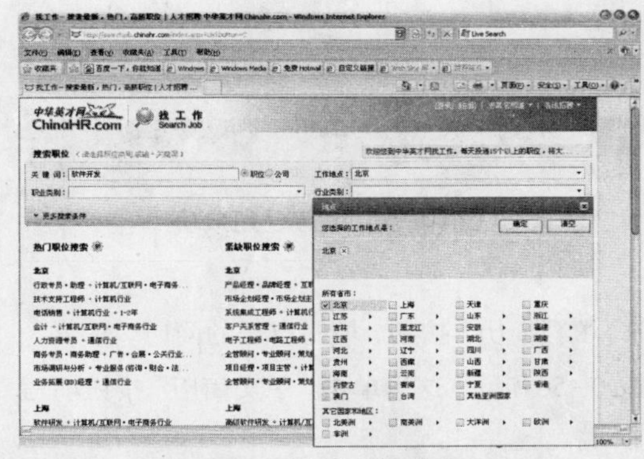

图10－51　设置工作搜索条件

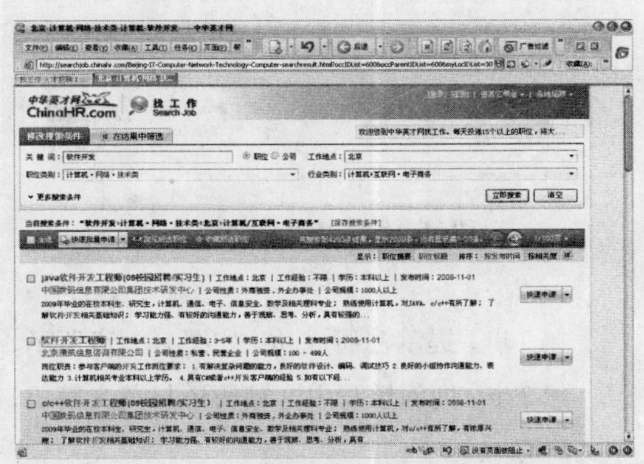

图10－52　搜索结果

第3步，单击搜索结果中的一个职位，如单击“软件开发工程师”职位，可查看该公司的概况及对该职位的具体要求，并可以查看该公司的联系方式，如图10－53所示。经过对该公司进行简单了解考察后，再决定是否发出自己的简历。如果觉得条件比较合适，可单击“快速申请”按钮申请该职位，并在线投递简历。

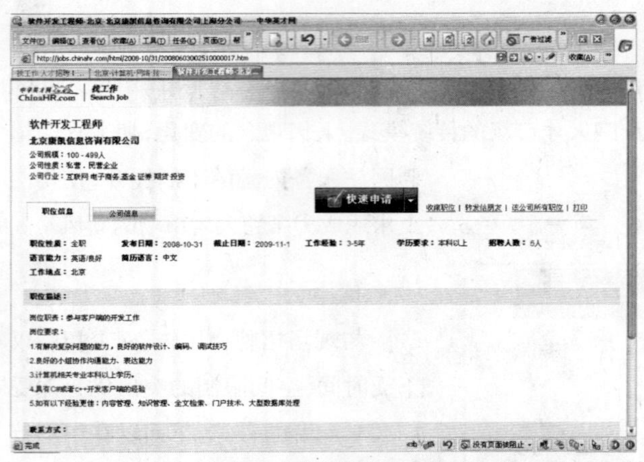

图10-53 查看公司的详情及对该职位的要求

小提示

在线投递简历，你需要事先在该网站上注册一个账户，然后上传自己的简历。在登录该人才招聘网后，就可以在线投递简历了。

(2) 上传简历

在招聘网上上传简历，首先需要注册一个账户，然后用账户登录后才能上传简历。

第1步，打开一个人才招聘网网页，如这里的中华英才网，单击“新会员注册”链接，打开注册页面，如图10-54所示。在窗口的右侧输入自己常用的邮箱地址，然后输入用户名和密码，单击“接受协议并注册”按钮注册一个新用户。

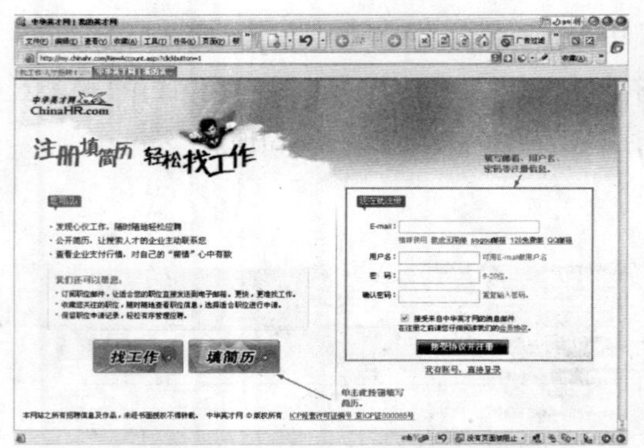

图10-54 填写注册信息

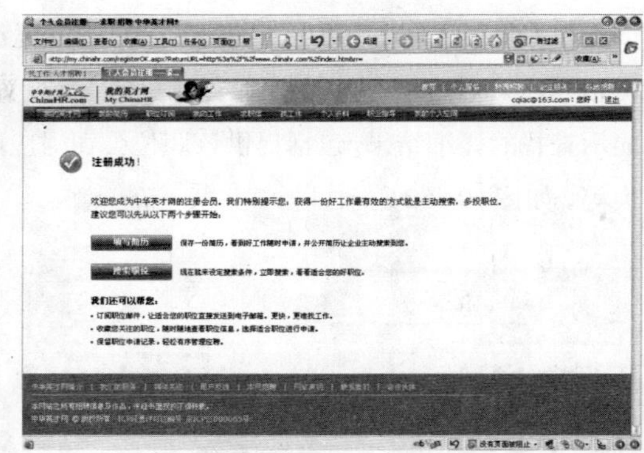

图10-55 提示注册成功

第2步，提示注册成功，如图10-55所示。单击“填写简历”按钮，填写自己的简历。

第3步，询问填写中文简历还是英文简历，如图10-56所示。这里单击“中文简历”按钮填写中文简历。

第4步，填写你的姓名、性别、出生日期、教育程度、现居住地、联系方式等基本信息，如图10-57所示。为了便于招聘单位能即时联系你，请务必正确填写你的联系电话。填写自我评价及职业目标，为了能快速找到自己喜欢的工作，请在这里描述你的职业优势，如5年软件开发经验，3年项目管理经验等。填写你的求职意向、薪水要求、教育背景等。填写好之后单击“保存”按钮保存你的简历即可。

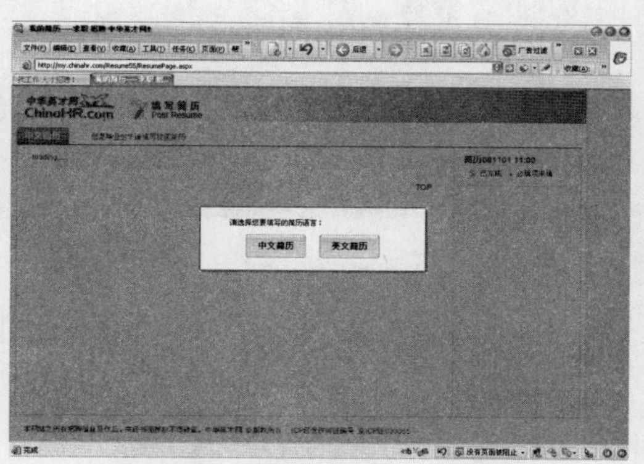

图10-56 单击“中文简历”按钮

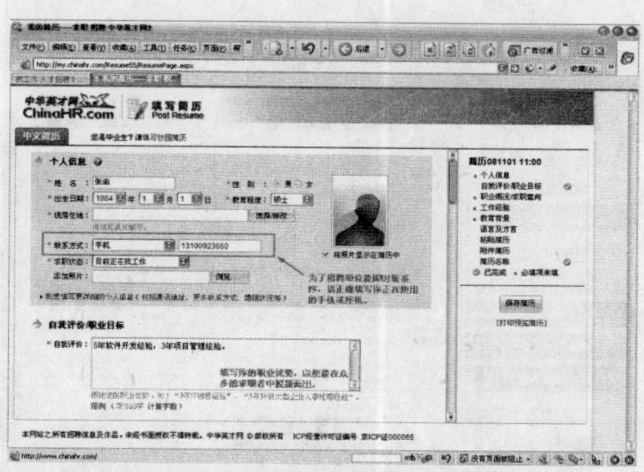

图10-57 填写个人信息和职业优势

(3)让好工作来找你

为方便求职者能即时了解最新招聘信息，快速找到自己满意的工作，很多招聘网都提供了职位订阅功能。该功能实际就是在招聘网上通过订阅的方式，由求职者设置自己要求的条件，如行业、职位、薪水等，网站就会定期向求职者发送满足你要求的最新招聘信息。求职者无需天天上网搜索职位，工作就会来找你。

第1步，打开招聘网首页，输入用户名和密码，单击“登录”按钮登录你的英才网中心，单击“职位订阅”，如图10-58所示。

第2步，单击“订阅新的职位”按钮，出现高级搜索页面，如图10-59所示。设置好所需要工作的地点、行业、职能/职位、学历要求等，设置好后单击“保存搜索条件”按钮保存。这样，只要有合适的职位，系统就会自动发送邮件给你。

2. 网上招聘

对招聘单位来说，通过招聘网站刊登招聘信息，企业每天可能都会收到几十，甚至上百份个人简历，这不仅使挑选的范围大大增加，而且还提高了招聘员工的质量，同时也为为企业储备后备人才提供了资源。与参加现场招聘会相比较，企业通过在网上刊登招聘信息，既节约人员的开支，又可降低招聘成本。

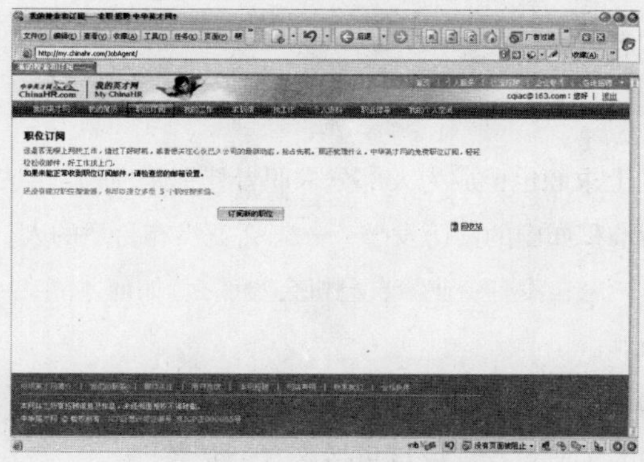

图10-58 职位订阅页面

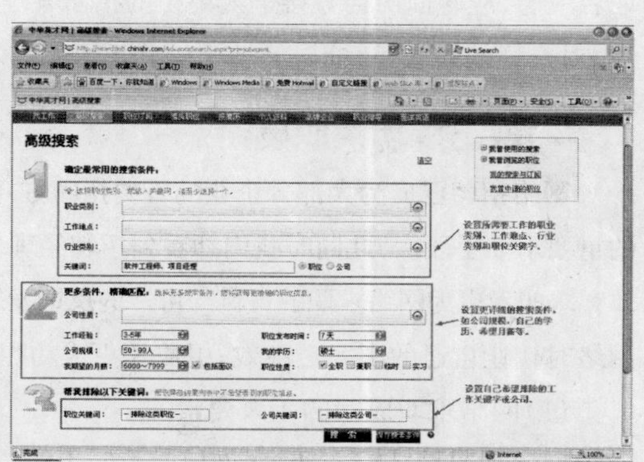

图10-59 设置订阅职位的条件

图10-60 前程无忧首页

图10-61 “网才”招聘管理平台

进入前程无忧招聘网站（http://www.51job.com/），如图10-60所示。单击“企业登录”按钮，进入“‘网才’招聘管理平台”，如图10-61所示。“前程无忧”招聘猎头服务在国内首创了报纸+网站+猎头+软件+校园招聘的“全方位招聘方案”，拥有上千万的个人用户，并为二十万家企业成功招募所需人才。帮助企业高效准确地锁定目标，用最短的时间、低廉的成本找到最合适的人才。

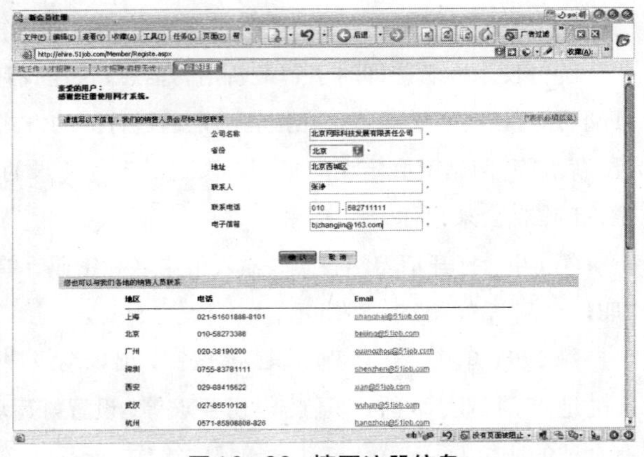
图10-62 填写注册信息

要使用前程无忧招聘网的招聘管理系统，必须注册成为单位正式会员。单击“申请正式会员”链接，在出现的页面中输入企业基本信息，单击“确认”按钮注册一个新会员，如图10-62所示。

注册申请后，还要传真单位的营业执照副本复印件及联系方式，等待审核。

成为前程无忧招聘网单位正式会员之后，就可以自行发布、修改、删除招聘职位了。如果有求职者应聘，应聘简历会直接进入单位的招聘管理系统中。企业可登录招聘管理系统查看求职者的简历，对合适的人才，可通过简历中的联系方式与求职者联系。

3．网上成功求职要诀

网络招聘已成为大部分企业的首要招聘方式，网上求职也已成为大部分求职者特别是白领阶层的重要求职手段。与此同时我们却看到招聘经理们为堆积如山的简历发愁——怎么就没有合适的人才？求职者也为网络求职的盲目与可怜的反馈发愁——怎么没有企业给自己机会？那么，如何才能在网络时代让自己的求职更高效、更快速更成功呢？

(1)网络求职成功的六大要素

网络求职有其特殊性，如果想要求职成功，我们的求职过程就应该包括这六个要素。

①针对性

不管是递交书面简历还是电子简历，针对性都应该是简历投递的第一要素。针对性可充分表达你的诚意，更重要的是针对性好的简历可能正好满足用人单位的需要。

具体而言，针对性体现在三个方面：针对自己的职业定位与生涯规划选择真正适合你的岗位；针对特定的岗位设计针对性版本的简历；根据岗位性质使用针对性的语言。其中最重要的是准确的职业定位，很多人无法充分表达“针对性”，原因就是职业定位不清，或者说是没什么职业规划。

②关键词

随着智能化技术在招聘中的应用，关键词的设置越来越显得重要。越来越多的企业，特别是一些大公司，通常都会用智能化的搜索器来进行简历筛选。显然，从企业的角度这会大大降低招聘成本，对于求职者而言，无疑降低了求职的成功率。所以，如何分析所应聘的岗位可能需要的一些关键词信息就很重要。有些信息是必须的。如英语六级CET6，高校名称，行业类别，特定的知识/技能（比如：知识管理，注册会计师，Photoshop等）。除了一些必须的信息外，还有一些用人偏好信息，比如消费品行业可能喜欢可口可乐及宝洁的人，招聘经理可能会这样搜索，例如“可口可乐＋销售经理”，系统会搜索到简历中出现以上关键字的求职者，如果你的简历里出现知名企业名称的字样，就可以被搜索到。

③诚信

企业HR很讨厌应聘过程中的造假行为。这些硬性指标有就是有，没有就是没有，即便欺骗也只能骗过机器，通不过后期审查。求职者这样做会降低自己的诚信度，不但进不了公司，还浪费了大量时间，而这些公司之间会互通有无，以后想在这个行业找到好工作都很难。

④经常更新简历

经常刷新简历至少有两个好处。第一，表明你现在正在求职，而不是让人感觉你是找了很长时间工作找不到的。第二，当招聘人员在搜索人才时，符合条件的简历通常都是先按刷新的时间顺序排列的，而他们一般只会看搜索结果的前面一两页。

其实，很多求职者并不知道刷新简历可以获得更多求职机会。因此每次登录，最好都刷新简历，刷新以后，就能排在前面，更容易被招聘单位找到。

⑤易读

招聘负责人不会有太多的时间停留在你的简历上，看了你的简历。所以让你的简历易读就显得很重要。具体可从三个方面加以处理：

●网上求职，特别是电子邮件发简历，通常会要求你用文本格式，很多公司不喜欢接收附件文件。这种情况下格式很难控制，稍不留意，你的文字就会显得像堆在一起的感觉，很多时候很难谈得上什么可读性。而招聘网站提供的网页格式发出去的最终格式个人也不易控制。

●让你的简历长度在1－2页之内结束，把重点给招聘官看，让他有通知你面试的冲动就够了。

●让你的邮件永远在最前面。每天招聘人员看求职者邮箱是很累的，每天百十份简历邮件，真正能让他们很用心看的恐怕只有最前面的那几份。发邮件到企业指定的邮箱时，怎样才能让你的邮件永远排在最前面，让招聘人员每次打开邮箱都首先看到你的邮件？其实只要在发邮件前，把电脑系统的时间改为一个将来的时间就行了。

⑥求职信

求职信集个人介绍、自我推销和下一步行动建议于一身，它总结归纳了履历表，并重点突出求职者的背景材料中与未来雇主最有关系的内容。一份好的求职信能体现你清晰的思路和良好的表达能力，也就是说，它体现了你的沟通交际能力和你的性格特征。

如果你想通过应聘资料使招聘单位进一步感受到你“鲜活”的形象，如果你想让未来的雇主知道你适合这份工作的理由，你可以在应聘资料中增加一份“求职信”。

(2) 何时求职更好

通常每年春节后的2个月及9月、10月企业招聘需求会更加旺盛。

对于求职者来说，如果职业目标比较明确，那么淡季与旺季其实并不会有太大的影响。而对于大部分求职目标不是很清晰的求职者而言，在企业招聘需求比较集中的所谓旺季求职无疑会增加不少面试机会。但相对比起来弊端可能更大。如旺季竞争者会更多，你可能会面临几百甚至几千人竞争一个职位的状况；而在大量的应聘邮件中，想要被发现恐怕也不那么容易。

对于一个企业而言，人才流动是常态。换句话说，企业随时都会有职位空缺。只要企业有空缺，就有求职者的就业机会。关键在于求职者是不是能清楚什么样的企业什么样的职位真正适合自己。

(3) 网络求职之行为禁忌

网上求职，除了知道要做什么之外，更需要知道那些事情是不该做的。有两种行为是最为禁忌的。

盲目乱投：投信对于求职者而言从操作的角度真是太容易了。在很多网站上，只要点一个键就可以把网上现成的简历一下子发出，所以很多求职者就会不管合适不合适，投了再说。结果，不仅浪费了自己的时间，也给别人造成了很大麻烦。

重复投递：你可能是粗心，也可能是怕对方收不到，也可能出于其他什么考虑，短时间内一下子发了几份简历出去。但HR们每天面对堆积如山的邮件，再看你一份简历一下子发了好几次，容易心里陡生反感。切记不要重复投递简历。

4. 求职招聘网站指南

互联网上招聘网站繁多，表10-4精选了部分招聘网站，以供读者参考。

表10-4　部分招聘网站

中国国际人才网	http://www.newjobs.com.cn	前程无忧	http://www.51job.com/
中华英才网	http://www.chinahr.com	中国人才热线	http://www.cjol.com
528 招聘网	http://www.528.com.cn	智联招聘网	http://www.zhaoping.com
上海招聘网	http://www.shjob.cn	卓博人才网	http://www.jobcn.com/
中国人力资源网	http://www.hr.com.cn	联英人才网	http://www.hrm.cq.cn/

十一、网上校友录

互联网在为我们沟通带来便利的同时，也缩小了我们与亲朋好友之间的距离。网上校友录是所有在校生、离校生汇聚的场所。它让天各一方的同学们又重新聚集在了一起，品味学生时代的快乐，交流工作的进度与发展，分享生活的艰辛与快乐。

1.加入班级

目前，支持校友录的网站比较多，Chinaren校友录是中国规模最大、数据最全、服务最稳定的校友录网站。它提供了通讯录、校友论坛、留言册、校友相册等服务。下面以Chinaren校友录为例介绍如何加入或创建班级。

第1步，进入Chinaren校友录（http://www.chinaren.com/）主页，如图10-63所示。

第2步，在搜狐通行证区域，输入用户名和密码，单击“登录”按钮登录。如果你还未注册，请单击“注册新用户”链接，出现用户注册页面，如图10-64所示。输入用户名、密码、昵称等用户信息，单击“立即加入”按钮注册一个新用户。

图10-63　Chinaren校友录首页

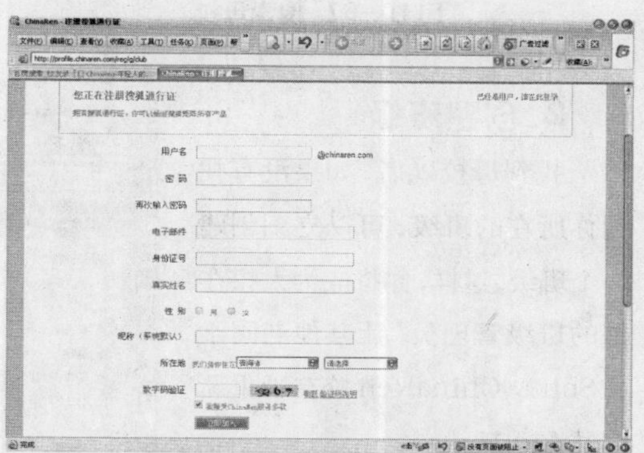

图10-64　注册新用户

第3步，登录Chinaren校友录后，在“搜狐通行证”区域会显示你的登录信息，如图10-65所示。单击“校友录”按钮，进入你的个人空间，如图10-66所示。在“班级列表中”显示出你已经加入的班级。

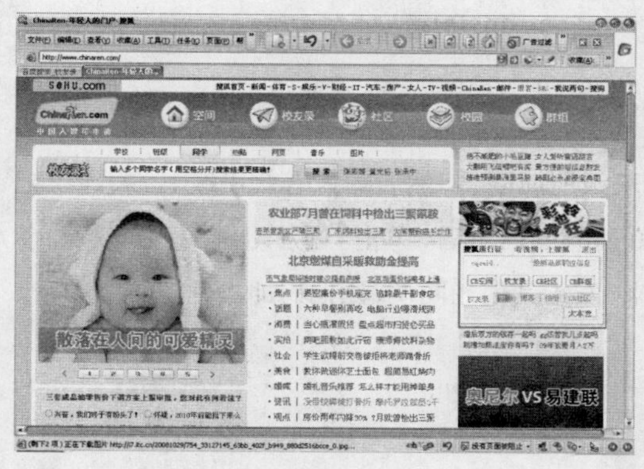

图10-65　用户登录信息

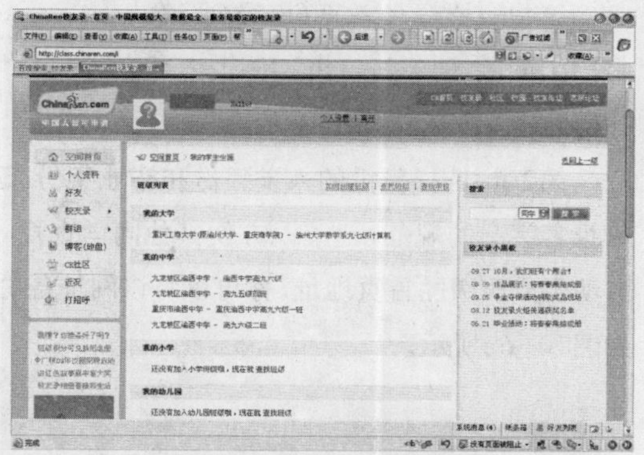

图10-66　用户个人空间

第4步，单击“搜索学校”链接，在出现的页面中输入母校名称，如“重庆大学”，单击“搜索”按钮开始搜索，并显示搜索结果，如图10-67所示。

第5步，在搜索结果中单击母校名称，如“重庆大学”，查看该学校已创建的班级，如图10-68所示。找到自己的班级，单击其后的“加入”链接，加入该班级。当班级管理员同意你加入该班级后，你才能正式加入该班级。

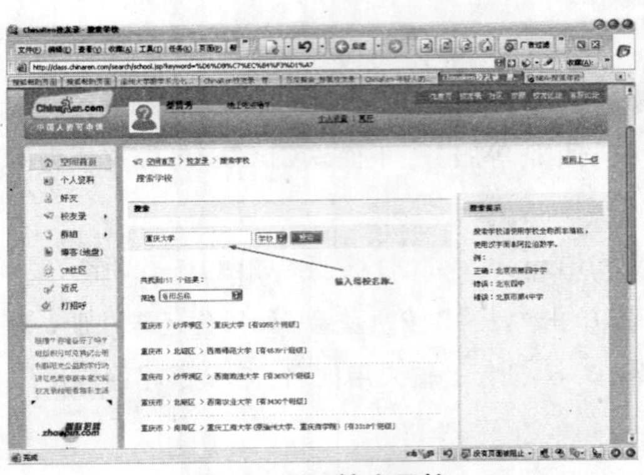

图10-67 搜索母校

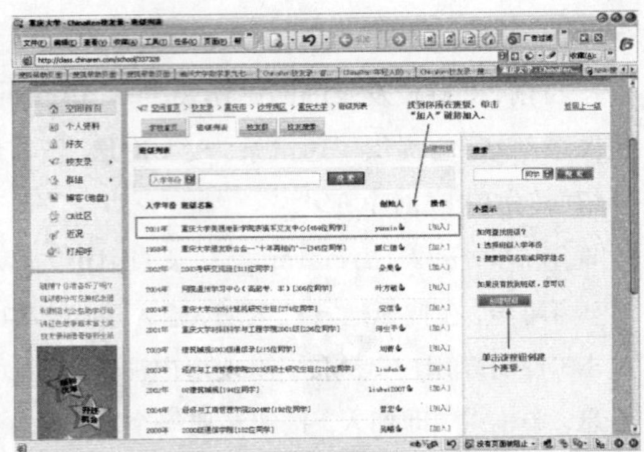

图10-68 查找并加入班级

2. 创建班级

找到母校以后，如果没有找到你所在的班级，可以立刻创建一个班级。这样，你将成为大权在握的班级管理员，让其他老同学在Sohu/ChinaRen校友录重新团结在一起。

需要注意的是，创建一个新班级前，务必确认没有自己的班级，以免重复创建班级影响凝聚力。

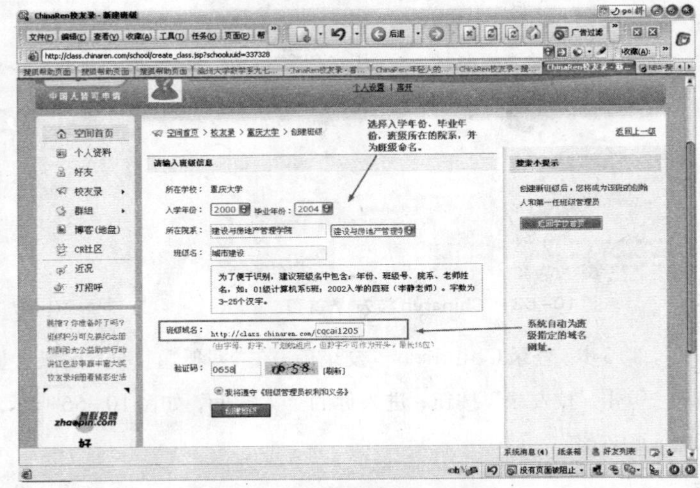

图10-69 创建一个新班级

第1步，在学校首页(班级列表)中单击“创建新班级”按钮，开始创建一个新班级了。

第2步，选择班级的入学年份和毕业年份，选择班级所属院系，然后输入有效班级名称。建议把班级名字起的规范一些，以方便其他同学查找。填好所有的信息后，单击“创建班级”按钮。系统会自动生成班级的首页地址，你可以将该网址备份下来，发给其他老同学，让他们加入到该班级中来。如图10-69所示。

注意

创建班级前，应认真阅读《班级管理员权利和义务》，然后选中我将遵守《班级管理员权利和义务》项。

3. 校友录应用

成功加入到你的班级后，就可以在其中与以前的老同学畅所欲言了。进入某个班级首页，如图10-70所示。Chinaren校友录为每个班级提供了留言、相册、成员名片、共享、管理等功能。

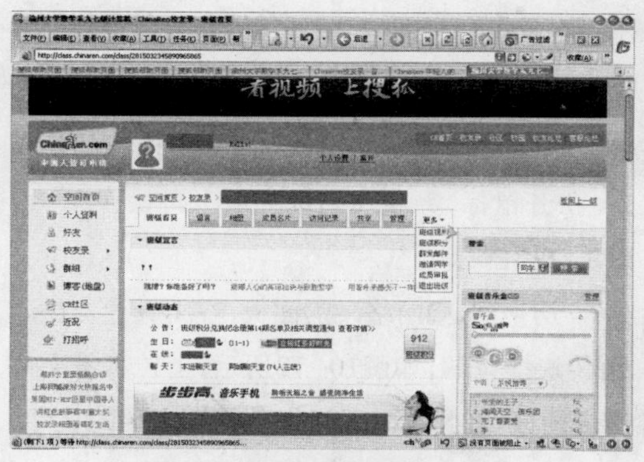

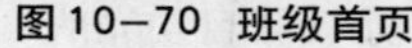
图10-70　班级首页

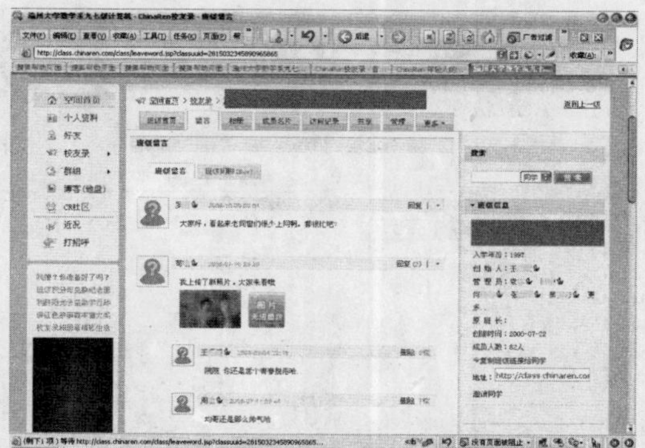

图10-71　班级留言

单击“留言”，可查看所有同学的留言，如图10－71所示。你也可以在这里发布你的留言。

单击“相册”可查看同学们上传的最新照片，如图10－72所示。单击“成员名片”可查看班级成员的通信地址、联系电话等。

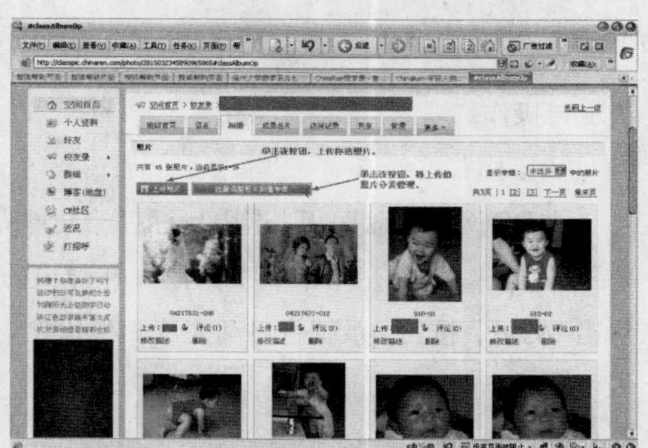

图10－72　班级相册

十二、网络硬盘

网络硬盘是指通过网络连接管理使用的远程硬盘空间，可用于传输、存储和备份计算机的数据文件，方便用户管理使用。其优点是无论你是在家中、单位或其他任何地方，只要能连接到互联网，就可以管理、编辑网络硬盘里的文件。目前，可供选择的网络硬盘有多种，如QQ网络硬盘、网易网盘、新浪网络硬盘等。下面就来学习如何使用网络硬盘存储、传输文件。

1.QQ 网络硬盘

自从推出QQ2004正式版后，腾讯公司就为每一个QQ用户开通了网络硬盘功能。无需使用单独的客户端，也无需登录Web页面，只要登录QQ，然后单击“网络硬盘”标签，就可以方便地打开自己的网络硬盘，操作起来十分方便。腾讯推出的QQ网络硬盘一经问世就赢得了广大用户的欢迎，将自己常用的资料保存到网络硬盘中成为很多朋友的习惯。QQ硬盘已经成了我们的移动公文包。

（1）开通网络硬盘服务

无论是QQ普通用户还是QQ会员用户，都可以开通QQ网络硬盘服务。只不过QQ免费用户只拥有16MB的网络硬盘空间，而QQ行用户的网络硬盘容量可以达到32MB，QQ会员用户甚至可以达到128MB。开通QQ网络硬盘的方法比较简单，登录QQ后，单击QQ面板左侧的“Disk”图标即可进入开通服务的页面。用户只需简单地执行同意协议操作就马上可以拥有16MB的网络硬盘空间。

（2）上传备份资料

上传文件到QQ网络硬盘有多种方式，如拖拉上传、利用快捷键上传等，下面就来看看如何上传文件到QQ网络硬盘进行备份。

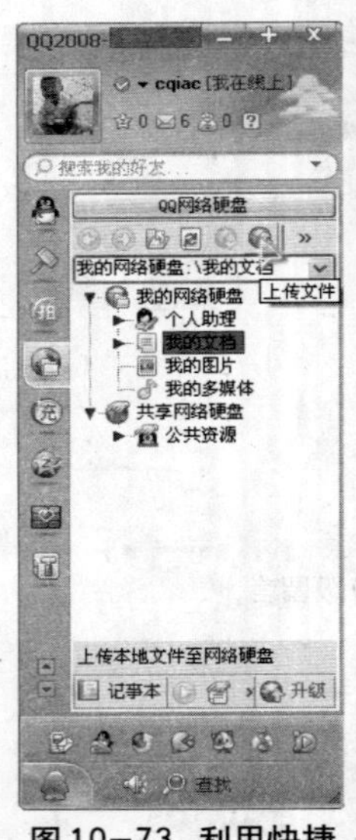

图10-73 利用快捷

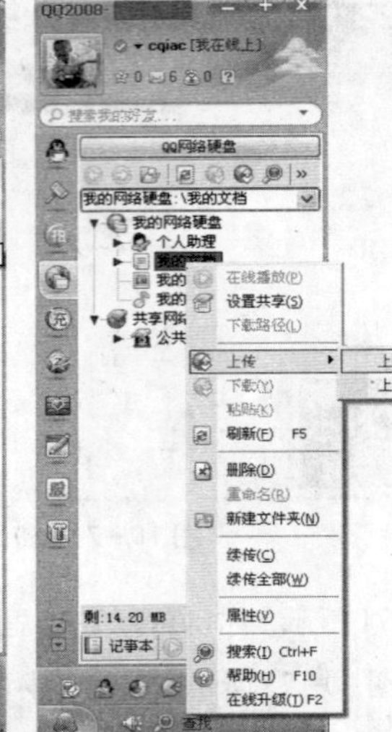

图10-74 上传备份文件

①拖拉上传

在“资源管理器”窗口中选中需要上传的文件，按住鼠标左键，拖动文件至QQ网络硬盘面板的任何文件夹，松开鼠标，系统将自动完成上传操作。

②工具栏图标

切换到QQ网络硬盘面板，在工具栏提供了上传快捷按钮，如图10−73所示，上传备份文件时单击该图标，在弹出的对话框选择要上传的文件，单击“打开”按钮，系统将自动完成上传操作。

③键盘快捷键

在“资源管理器”窗口选中需要上传的文件，按“Ctrl + C”键。然后进入QQ网络硬盘面板，选中需要存储的文件夹，按“Ctrl + V”键，系统将自动完成上传操作。

④鼠标右键菜单

在QQ网络硬盘面板，选中目标存储文件夹，单击鼠标右键，选择“上传”→“上传文件”，如图10−74所示。在弹出的对话框选择要上传的文件，单击“打开”按钮，系统将自动完成上传操作。

小提示

QQ 网络硬盘不仅支持文件的上传，还支持文件夹的上传，其上传方法与文件的上传方法类似，可参照执行。

(3) 续传文件

在QQ网络硬盘面板中，选中未完成上传的文件，单击鼠标右键，选择“续传”菜单项，如图10−75所示，系统自动完成续传操作。

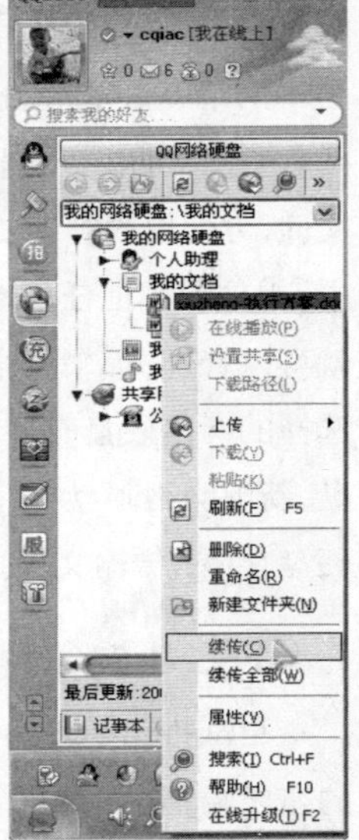

图10−75 续传文件

(4) 恢复文件

当需要恢复文件时，可以从网络硬盘中下载已经备份的文件到本地磁盘中，从网络硬盘中下载文件的方法也有多种，下面就来看看如何从网络硬盘中恢复数据到本地磁盘中。

①拖拉下载

在QQ网络硬盘界面选中需要下载的文件，按住鼠标左键，拖动文件至“资源管理器”窗口的任何文件夹，然后松开鼠标，系统将自动完成下载操作。

②工具栏图标

在QQ网络硬盘面板的工具栏上提供了下载文件的快捷图标按钮，下载文件时单击该图标按钮，在弹出的对话框中选择存储文件的目标文件夹，然后单击“保存”按钮，系统将自动完成下载工作。

③键盘快捷键

在QQ网络硬盘界面中选中需要下载的文件，按“Ctrl + C”键。进入“资源管理器”窗口，进

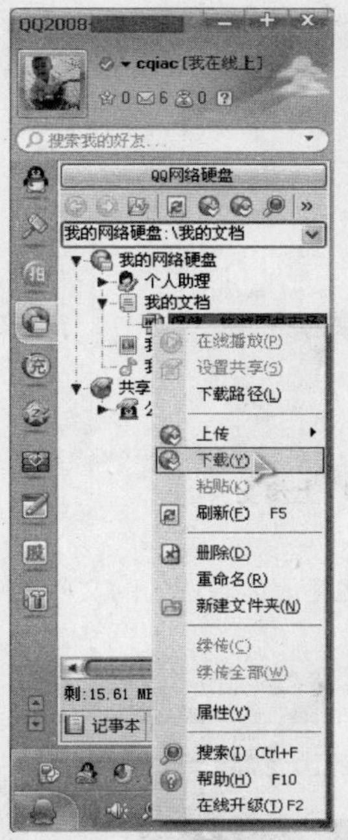

图10—76 下载恢复文件

入用于存放原文件的文件夹，按“Ctrl+V”键，系统将自动完成下载工作。

④鼠标右键菜单

在QQ网络硬盘面板中选中需要恢复的文件，单击鼠标右键，选择“下载”，如图10−76所示。在弹出的对话框选择文件的保存位置，单击“保存”按钮，系统将自动完成下载工作。

2. 网易网络硬盘

与QQ网络硬盘所不同的是，其他网络硬盘需要登录Web网页才能使用，下面以网易网络硬盘的使用方法为例进行介绍。

(1) 开通网络硬盘

登录网易126免费邮箱，单击网页左侧的“网易网盘”，出现网易网盘开通页面，如图所示。目前网易提供了4种类型的网盘：64MB、128MB、280MB、1GB网盘，前三种可以通过你的邮箱积分换得，1GB网盘，则需要收费。笔者现在有1104积分，可兑换128MB网盘，如图10−77所示。

单击“128兆网盘”后的“马上兑换”链接兑换网络硬盘。系统提示兑换成功，退出邮箱，重新登录即可使用网盘，如图10−78所示。重新登录邮箱即可使用网盘了。

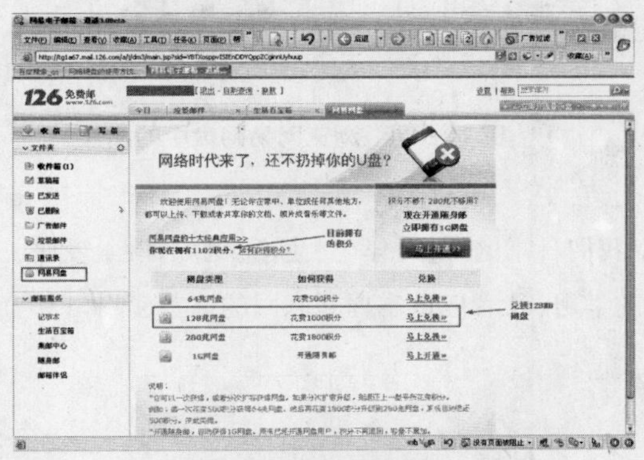

图10—77 开通网盘

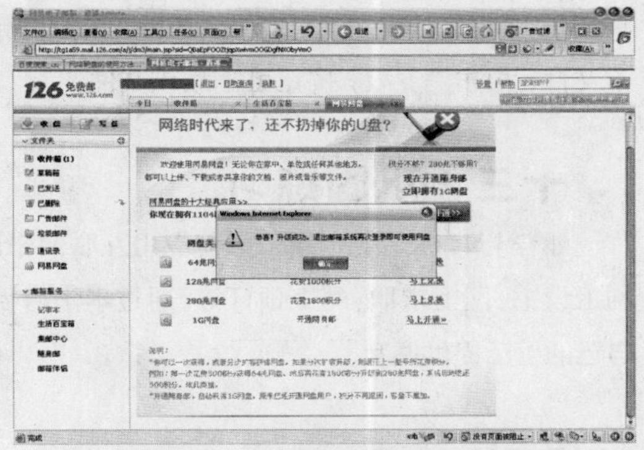

图10—78 提示兑换网盘成功

小提示

与QQ网络硬盘不同的是，网易网盘与网易免费邮箱相结合，所以他是基于Web方式对其进行管理的，操作不如QQ网络硬盘方便。

(2) 上传文件

重新登录网易邮箱，单击邮箱左侧导航栏的“网易网盘”链接，进入网易网盘的主界面，如图10−79所示。网易网盘默认建立了几个常用的文件夹，如“我的文档”、“我的音乐”等，免去用户自己建立的麻烦。

单击“上传”按钮，出现上传文件页面。在“上传位置”中选择文档上传后的存储文件夹，如“我的文档”。单击“添加文件”按钮添加需要上传的文件，可同时添加多个文件，这为我们上传多个

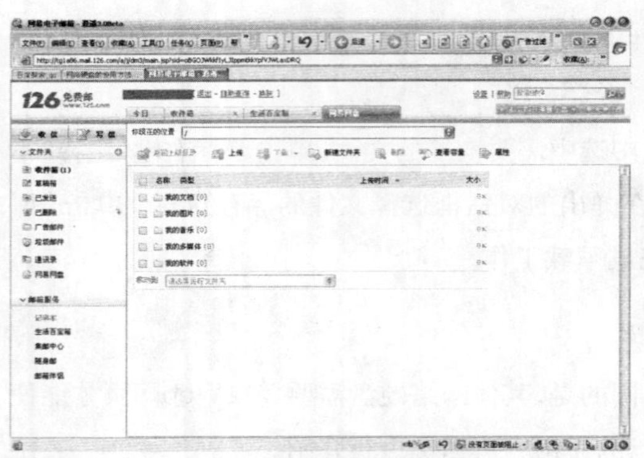

图10-79 网易网盘主界面

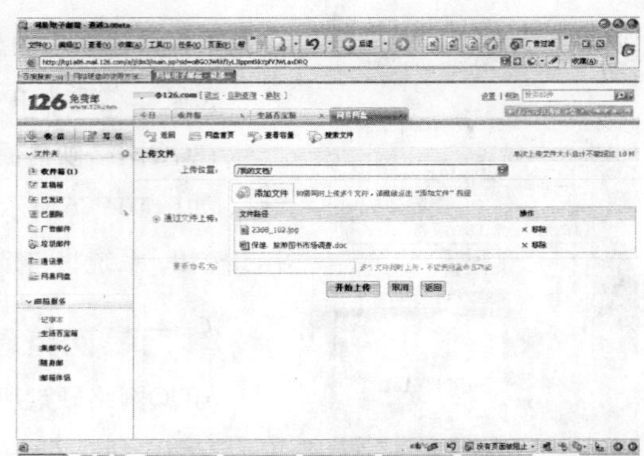

图10-80 上传文件

文件带来方便。添加完需要上传的文件后单击“开始上传”按钮，将添加的文件上传到选定的文件夹中。如图10-80所示。

(3) 浏览、删除、下载文件

登录网易网盘，进入存储了文件的文件夹，如“我的文档”，在这里可浏览该文件夹中的所有文件。单击其中的图片文件，可预览该图片文件，如果该文件夹中有多个图片文件，可单击“上一张”、“下一张”按钮翻页浏览，如图10-81所示。单击“删除”按钮可删除当前文件，单击“下载”按钮可下载该文件。

图10-81 浏览网易网盘中的图片

十三、巩固练习

本学习目标主要介绍了如何应用互联网来改变我们日常的工作、学习、生活。例如，网上就医、网上读书、网上求职、网上预订等。通过本学习目标的学习，读者应该掌握互联网的这些应用，以为自己的生活提供便利。

练习题：

1. 练习在互联网上订阅机票、酒店。
2. 练习在互联网阅读电子图书。
3. 练习在新浪网上阅读最新新闻。
4. 练习在论坛中发布主题。
5. 练习在互联网上下载喜欢的手机铃声。
6. 在互联网上学习医疗保健知识。
7. 练习在互联网上查询最近天气情况。
8. 练习在中华英才网上发布自己的求职信息。
9. 在搜狐校友录中查找你所在的大学班级，并加入该班级。
10. 开通QQ网络硬盘，并使用QQ网络硬盘备份文件。

学习目标11 网络炒股与开店

随着社会经济的不断发展和互联网技术的不断进步，越来越多的用户将投资、开店也搬到了互联网上。网上开店、网上炒股成了广大网民，特别是上班族获取工作外收益的有效途径。下面就来学习如何利用互联网进行炒股、开店。

一、实战网上炒股

网上炒股是指用户通过互联网获得股市信息，这样足不出户即可尽知股市行情，运筹帷幄而决胜千里之外。而对炒股新手，还可以在互联网上模拟学习炒股。

1. 考察上市公司资料

股评自身价值是决定股评价格的最进步因素，而这主要取决于上市公司的经营业绩、资信水平，以及连带而来的股息红利派发情况、股票与其收益水平、公司发展前进等。对于大多数"上班族"的朋友来说，根本没有时间每日在证券市场进进出出，因此，花一点时间研究一些个股的基本面，选定几个好股票，然后捂着等它孵出"金蛋"，不失为一种投资的好方法。

在互联网上有很多网站提供有上市公司基本资料、上市公司年度报告、招配股说明书、公司研究报告、个股投资分析等。投资者可到这些网站上了解各上市公司的详细信息，选定几个有投资潜力的股票。

图 11－1　中国上市公司资讯网站

如图 11－1 所示，单击"基本资料"链接，出现股票查询页面，投资者既可按股票名称或代码查询，也可按企业所在省、城市、股票指数样本或市场类别等关键字查询。如在查询文本框中输入"中国石油"，单击"按代码/简称/拼音查询"（如

图11-2所示）开始查询。

系统反馈搜索结果，如图11-3所示。这里搜索到与搜索关键字相符的结果有两个：中国石化与中国石油。单击“中国石油”可查看中国石油公司的最新简况、股东研究、股本结构、财务分析、主营构成、行业地位、股改进程、分红扩股、公司大事、最新季报、最新年报、上市公告等，如图11-4所示。

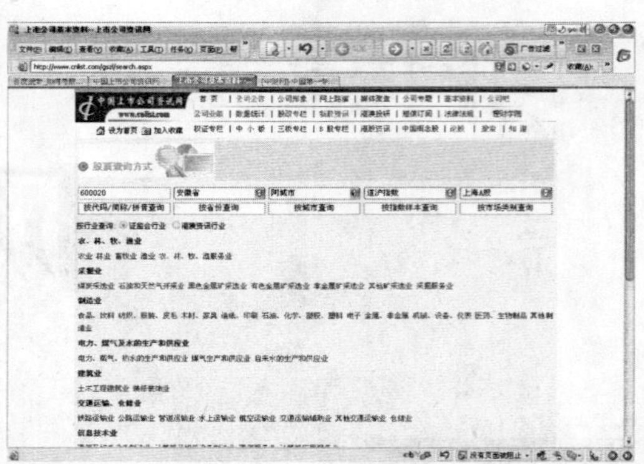

图11－2　上市公司资料查询页面

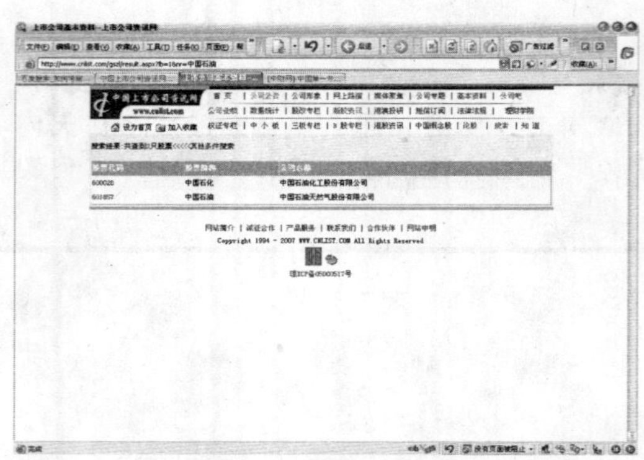

图11－3　搜索结果

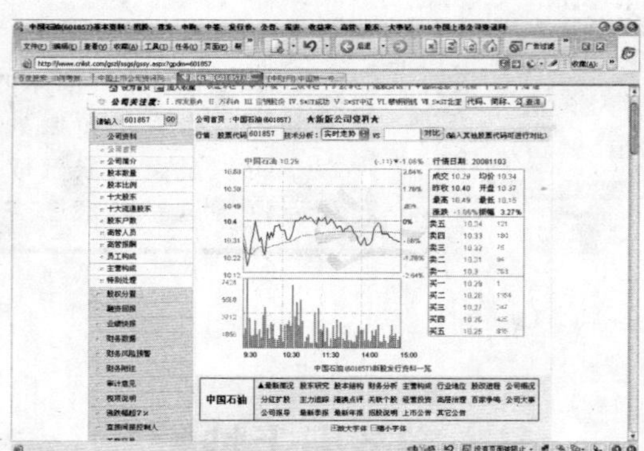

图11－4　查看中石油公司情况

2. 网上实时行情

茫茫股海、变幻莫测，不知行情，无异于盲人摸象。在互联网上可以找到很多收费或免费提供上海和深圳证券交易所实时股票行情的网站。这些网站提供的股市行情，其更新速度与交易所基本同步。

“证券之星”是中国国内第一家金融证券网站，也是迄今最大的同类网站之一。它是一个完全免费的网站，投资者可通过Web方式实时查询沪深两地的股市行情，也可以从该网站下载“证券之星”实时股票行情委托软件，通过该软件来了解股票行情，操控自己的股票。

打开浏览器，在地址栏中输入“证券之星”网址“http://www.stockstar.com/”，打开该网址，如图11-5所示。在行情文本框中输入股票代码，如“601857”，单击“搜索”按钮即可看到该股票的分时图、日K线图、周K线图、历史分钟K线图、当前成交价格、涨跌幅、涨跌额、买入价、卖出价、昨收盘价、今开价、最高价、最低价、成交明细等，如图11-6所示。

单击“自选股”栏目，出现自选股设置窗口。在这里，投资者可以查看自己所关心的多支股票

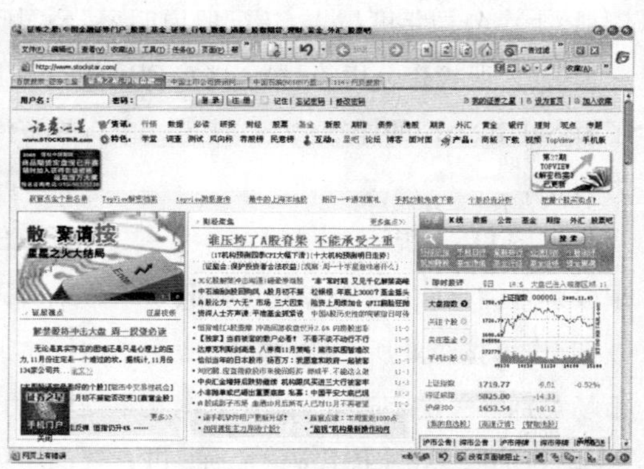

图11－5　“证券之星”网站

的行情。在"添加自选股"文本框中输入自己关心股票的代码，可同时添加多个，并用逗号或空格分隔，单击"添加"按钮，即可查看所设置个股的行情，如图11－7所示。

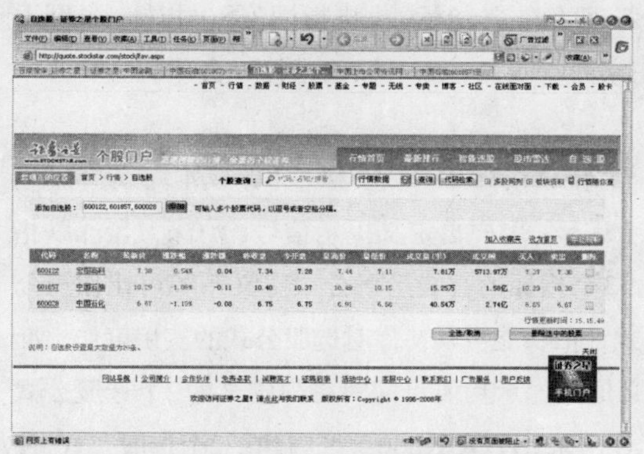

图11－7 自选股行情

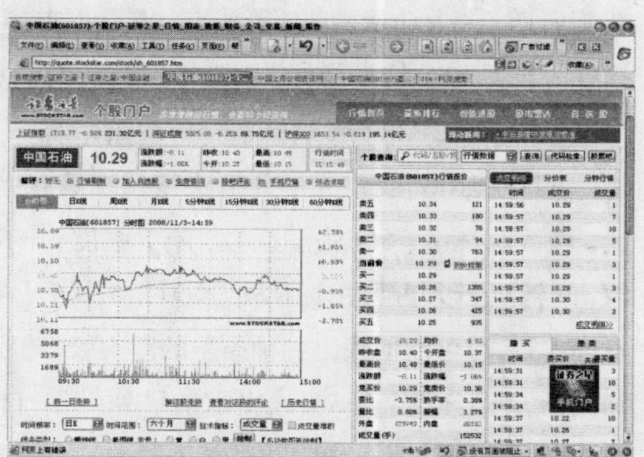

图11－6 查询股票行情

3.股票技术分析

股票技术分析广泛应用在证券市场中，它是一种技巧，也是一种学问。互联网上很多网站都在提供实时股票行情的基础上提供了Web方式的K线分析、MDCD移动平均线等指标分析。一些证券商和咨询公司还推出了互联网专用的股票技术分析软件，指导投资者操控自己的股票，赚取最大利润。

(1)证券之星技术曲线图

证券之星在提供股票实时行情的基础上，还以Web方式提供股票分时图、历史分钟K线图、历史日K线图等。例如，单击"分时图"链接，可详细了解所选股票的涨跌趋势，如图11－8所示。单击"日K线图"可了解所选股票最近半年的涨跌趋势，如图11－9所示。

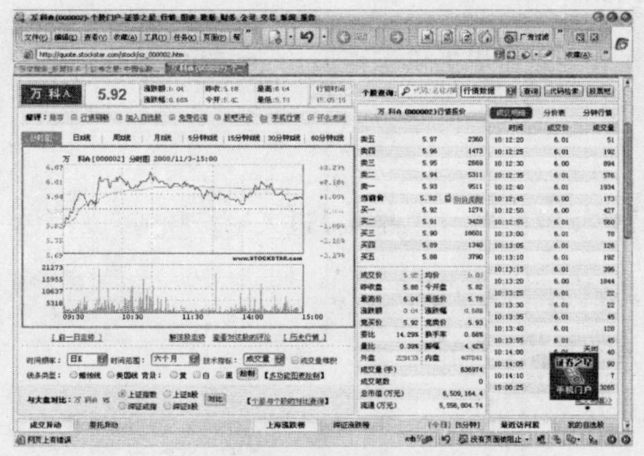

图11－8 股票分时图

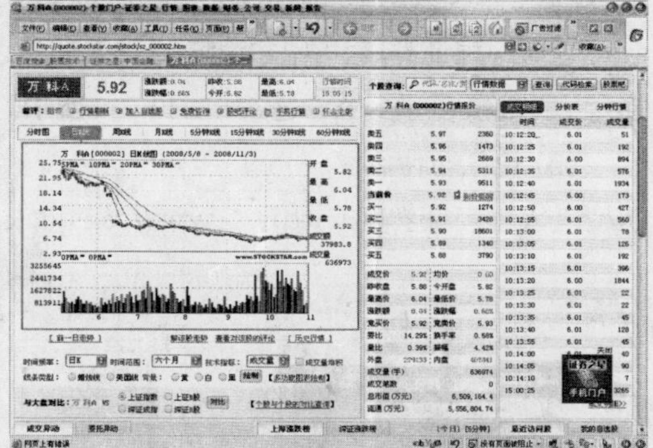

图11－9 股票日K线图

(2) 核新天网

核新天网是一个优秀的网上股票交易分析系统，具有含真钱龙界面，支持图文卡数据接收，窗口可拆分，使鼠标操纵自如，支持离线浏览和数据下载，日线分析图支持历史某天的分时走势图，可自定义参数进行技术分析，支持股票名称的拼音模糊查找等功能。

(3)《股经》股票分析软件

《股经》——以赢为本的股票软件，是一套建立在独创的X线趋势理论基础上，辅以筹码分布、螺旋周期、主力动量、明日警戒点、雷霆出击排行榜、股价领先指标、投机指标、犀牛指标、牛魔王指标等独具特色技术指标。从趋势、强弱、时间和庄家力度四大方面对股价进行综合分析。

(4)STOCK666股票成本分析决策系统

STOCK666股票成本分析决策系统具有9大强力特色指标——成交量堆积、成本均线、666均线、均线乖离率、666强弱系数、能量强度、666提示信号、用户自定义提示信号、沪深大盘涨跌指数，并辅以三大古典指标RSI、KDJ、MACD。多达33个指标的智能选股公式定义系统可让你充分发挥才智，尽可能地找出各种类型的潜力股。选股公式评估功能可以使你对选股公式的实用度作出准确判断。除具有2个666买入提示信号外，用户自定义信号提示功能可同时将你定义的2个选股公式在一段时间内的所有选股结果在个股的K线图上标注出来。STOCK666系统内建了2个选股公式，使你能很快地学习和掌握选股公式的定义和使用方法。666买入对象候选股搜索功能可自动筛选找出尽可能好的买入对象。

4.参考股评与论坛

投资股票的很多朋友都会利用多种渠道了解股票的各种信息，而股评、专题论坛、股民博客等都是投资者获取这些信息的有效途径。目前，很多投资网站都开通了股市论坛、股民博客、专家面对面等相关栏目，投资者可通过这些栏目了解个股的有关评论，关注论坛中股民对个股的看法。

(1) 在线面对面

进入证券之星（http://www.stockstar.com/），单击“面对面”频道，进入“在线面对面”频道，如图11-10所示。这里实际就是一个股民与专家交流的聊天室，大家可以在这里交流炒股经验，你可以向其他用户提问，也可以向专家咨询持有股票的有关问题。在聊天窗口的上方是专家问答区，显示了该聊天室中所有股民向专家的提问及专家的回复。

进入中国证券网，单击“论坛”，进入证券之星的论坛。这里提供了谈股论金、新闻热评、股指期货、股市精彩等多个专题，如图11-11所示。

(2) 论坛与博客

进入中国证券网（http://www.cnstock.com/），单击“论坛”链接，进入论坛频道，其中包

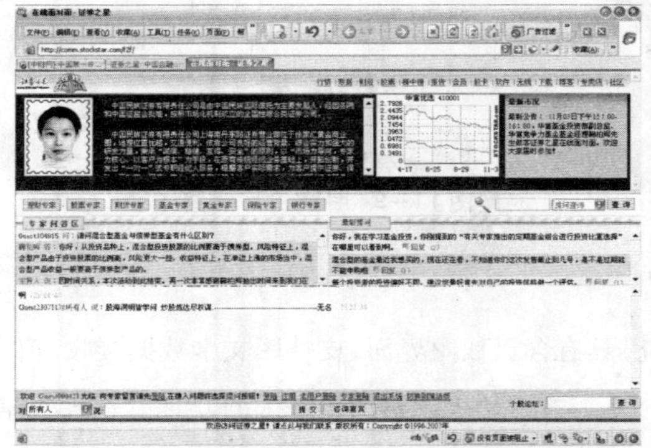

图11-10 证券之星在线面对面频道

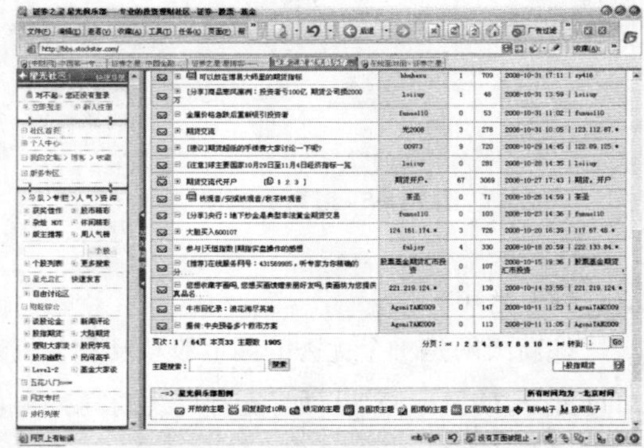

图11-11 证券之星论坛频道

图11－12　中国证券网论坛频道

图11－13　中国证券网博客频道

括大市热议、个股异动、板块风云、伯乐寻股、传闻求证、期货市场、楼市聚焦、股市人生、股市杂谈等多个板块，如图11－12所示。此外，中国证券网论坛频道还开通了“晚八点开讲”讲座。单击“论坛”→“晚八点开讲”即可查看昨日讲座的内容。如果讲座正在进行，你还可以向主持人提问或发表自己的看法。

单击“博客”，进入博客频道。其中包括了当日最热日志、今日精华日志、最新博客、热点回复、最新日志、人气榜、连载推荐、财经圈子、名博视点等板块，如图11－13所示。

下面列举了几个常用的股市论坛。

新浪网谈股论金：http://bbs.finance.sina.com.cn/

158论坛：http://www.g158.com/

KDJ中国财经社区：http://www.kdj.com.cn/

中国华尔街博客空间：http://forum.cnwallstreet.com/

智慧之家论坛：http://bbs.gw.com.cn/

5.浏览财经新闻

经济发展的周期、国家的财政状况、金融环境、国际收支状况、行业经济地位的变化、国家汇率的调整等都将影响股价的沉浮。互联网上有许多网站提供国家宏观经济政策、行业动态、财经新闻快讯。

进入《人民日报》主办的“人民网”（http://www.people.com.cn/）。单击“经济” 频道，可以看到人民网的经济频道。这里有“滚动”经济新闻、“国内”新闻专题、“网外”新闻专题、“评论”专题等，如图11－14所示。

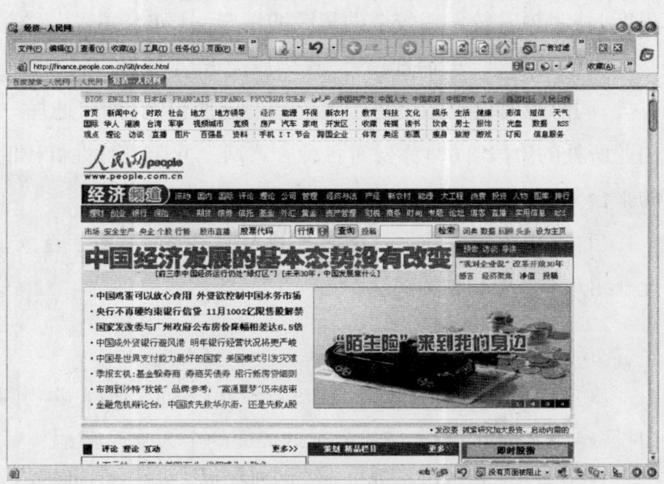

图11－14　人民网经济频道

下面列举了几个常用的财经新闻网站。

新华社经济信息:http://www.xinhua.org

中国经济信息网:http://www.cei.gov.cn

国务院发展研究中心信息网:http://www.drcnet.com.cn

中国财经信息网:http://www.china968.com

二、炒股网站推荐

互联网上的证券网站比较多,表11-1精选了部分证券网站,以供读者参考。

银河证券	http://www.chinastock.com.cn	申银万国	http://www.sw2000.com.cn
海通证券	http://www.htsec.com	国泰君安	http://www.gtja.com/
中投证券	http://www.cjis.cn	中信建投	http://www.csc108.com/
中国证券网	http://www.cnstock.com/	东方证券	http://www.dfzq.com.cn/
中国证券报	http://www.cs.com.cn/	上海证券报	http://www.cnstock.com/
和讯网	http://www.hexun.com/	证券时报	http://www.secutimes.com/
中国金融在线证券频道	http://www.stockstar.com	股市投资参考	http://www.cankao.com

三、网络开店方式

电子商务的普及,给了青年网友以更多的工作机会。辞去朝九晚五的枯燥工作,全职在网站开网店、捧杯咖啡、坐在家中个人创业,成为越来越多的年轻人的全新选择。

在网上开店首先需要的就是一个交易平台,按目前的网络状况看来,交易平台基本可以分成两种:一种是公共性交易平台,如易趣、淘宝、拍拍、阿里巴巴等。另一种就是私人交易平台,如当当网、卓越网等个人创建的独立网站这类。建议初步创业者或刚开始上路的菜鸟选择公共性交易平台,因为那里的人气比较旺,成交率也比较高。而私人交易平台比较适合于在公共交易平台发展到一定的程度,或者说有较大或较多的货源的用户,比如公司、工厂之类的企业用户等。

女怕嫁错郎,男怕选错行。作为网上开店创业的朋友,选择什么样的平台,与自己的开业成本有关,同时也对自己的销售结果产生一定的影响。如何选择一个平台来开店,要取决于当前你网上创业所处的阶段,同时你要对各种方式网上开店进行性价比的分析与比较,这样才会选择出适合你的平台。

目前,中国提供网上开店服务的大型购物网站有上百家,真正有一定影响力的则数量不多,在此介绍几个主要的相关网站。

1.淘宝

淘宝网(http://www.taobao.com)是亚洲最大购物网站,由全球最佳B2B平台阿里巴巴公司投资4.5亿创办,致力于成就全球最大的个人交易网站。

目前,淘宝网提供免费注册、免费认证、免费开店服务。店家也可根据店铺的发展情况升级为

商城卖家，商城卖家每年需要向淘宝交纳一定的服务费，可比免费卖家享受更多的服务。在淘宝网上开店，淘宝提供专用的买卖沟通工具——阿里旺旺，方便店家与买家即时沟通。

2.易趣

易趣网(http://www.ebay.com.cn)是中国最早提供网上开店服务的购物网站之一。在该商务网上注册的商店每年都需要向易趣网交纳一定的服务费，并需要支付商品的底价设置费、物品登录费、交易服务费及广告增值服务费。

3.拍拍网

拍拍网（http://www.paipai.com）国内新型的个人交易（C2C）网上平台，属于腾讯旗下网站。与淘宝网一样，该网站也提供免费注册、免费认证、免费开店服务。

4.阿里巴巴

阿里巴巴(http://china.alibaba.com/)是全球领先的网上贸易市场和商人社区，包括不同语言版本，帮助用户在国际市场上开展各种商务活动。阿里巴巴主要面向企业用户，中国国内用户可免费注册店铺，免费发布产品，但只能被中国国内用户所浏览。如果要进入国际市场，必须每年向阿里巴巴交纳一定服务费。阿里巴巴在国际上享有盛誉，对进军国际市场的用户，这将会是一条行之有效的道路。

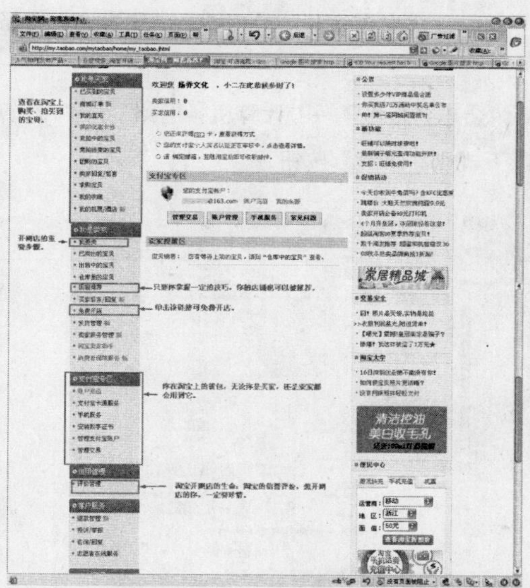

图11-15 “我的淘宝”页面

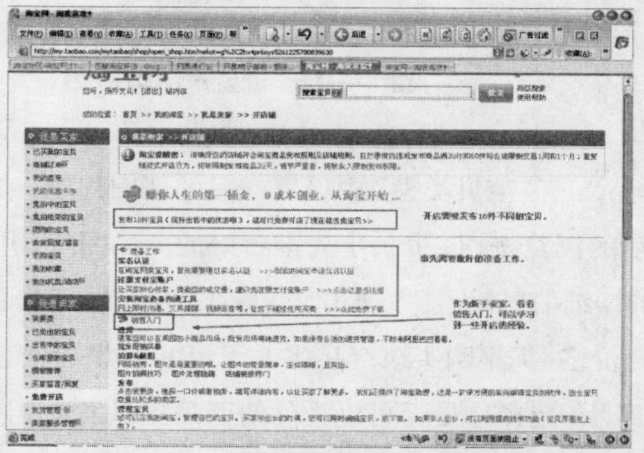

图11-16 开店前需要做的准备工作

四、实战淘宝开店

淘宝网以专业的服务赢得了买家，也赢得了更多卖家在此安营扎寨。那么，新手用户该如何在淘宝网上开店呢？下面就来学习如何在淘宝网上开店。

1.开店准备

与在淘宝购物一样，在淘宝网上开店，你需要注册一个会员账户，一个支付宝账户。有关淘宝会员、支付宝账户注册，请参照本书“学习目标8”的有关内容。

登录淘宝网，单击“我的淘宝”，进入我的淘宝页面，在窗口的左边列出了你作为卖家或买家需要用到的一些功能选项，如图11-15所示。

单击“免费开店”，在出现的页面中可以看到，如果想要在淘宝网开网店，还需要做好一些准备工作，如图11-16所示。

(1) 至少发布10件以上的不同商品。

(2)在淘宝网申请实名认证。实名认证需要用户本人的身份证进行认证，这从一定程度上限制了卖家，但保障了整个网络交易的安全性。想要在淘宝网卖东西的朋友，这一个是不可缺少的。有关实名认证的方法可参照“目标学习8”的有关内容。

(3)注册支付宝账号。支付宝账户可以就用注册时用的那个邮箱做支付宝账户，也可以另外申请。

(4)安装淘宝旺旺。淘宝旺旺是淘宝网卖家和买家沟通的“法宝”。有很多卖家功能集成在里面，非常的实用。有关淘宝旺旺的下载、安装，请参照“目标学习8”的有关内容。

注意

在淘宝网上购物、开店可使用同一个用户账号。如果你已经注册了一个账号，可利用该账户来开店。

2.发布产品

通过实名认证后，还需要在淘宝网上发布10件以上产品才能免费开店。

第1步，登录注册的淘宝账户，单击“我要卖”链接，出现发布宝贝页面。发布宝贝有两种方式，一是“一口价”，一是“拍卖价”。这里采用“一口价”方式发布宝贝，单击“一口价发布”按钮发布一口价产品，如图11−17所示。

第2步，选择将发布产品所属的类别，如“书籍／杂志／报纸”→“计算机／网络”→“计算机／网络其他”如图11−18所示。单击“已经阅读以下规则，继续”按钮。

图11−17 单击“一口价发布”

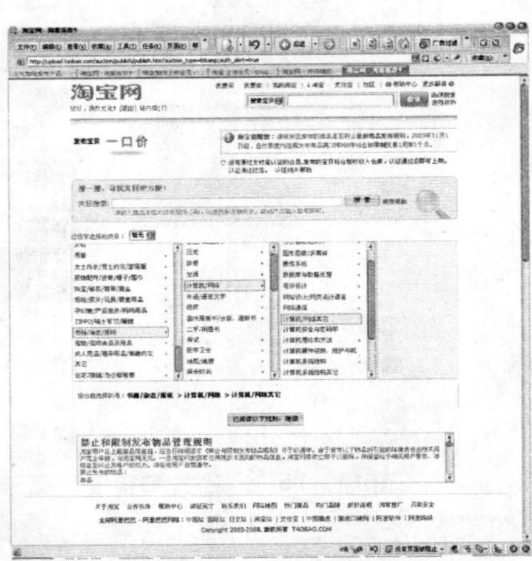

图11−18 设置产品类别

第3步，出现商品信息发布页面，如图11−19所示。在“宝贝类型”中设置产品的新旧程度。在“宝贝标题”中输入产品的名称。单击“上传图片”后的浏览按钮，上传事先准备好的商品图片，用于展示你销售的产品。在产品描述中输入发布产品的详细信息，为了方便买家了解你的产品，可在这里插入产品的一些细节展示图片。设置产品的数量、价格、买家购买该产品需要承担的运费，当然，为了吸引买家，你可以选择“卖家承担运费”。根据实际，选择你是否可以为你的商品提供发票、售后服务，对一些大件商品，买家会要求你提供发票和售后服务。设置产品的有效期，有“7天”和“14

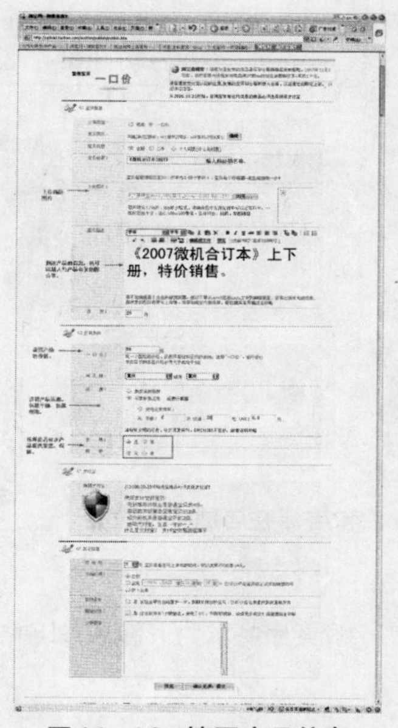
图11-19 填写产品信息

天”两个选项供选择。建议选择“7天”，因为有效期越短，买家搜索到你产品的机会就越大。设置好后单击“预览”按钮，可预览产品发布后的效果。确认无误后单击“确认无误，提交”按钮即发布产品。

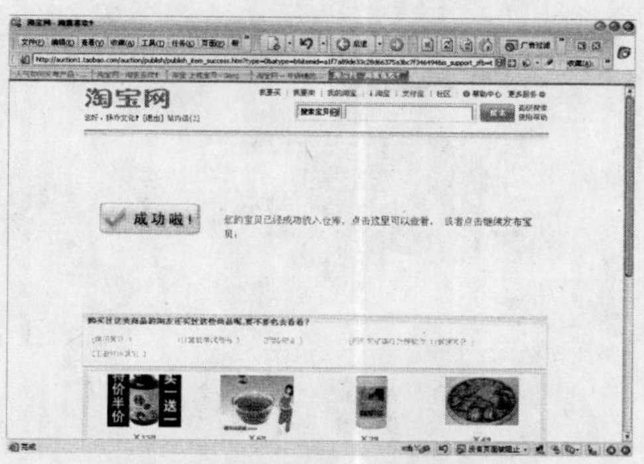
图11-20 提示产品发布成功

第4步，提示产品发布成功，如图11-20所示。单击“继续发布”链接，继续按前面介绍的方法发布产品。

3.淘宝开店

发布了10件商品后，就可以申请免费开店了。

第1步，登录淘宝网。单击“我的淘宝”，单击“免费开店”。

第2步，在出现的页面中，给你的店铺取一个好记忆、又能体现经营内容的名称。然后设置店铺主营业项目，正确选择店铺的经营项目，便于买家查找你的店铺。最后输入店铺的简介，即用简单、概括的语句介绍你的店铺。设置好后单击“提交”按钮，如图11-1所示。

第3步，提示店铺创建成功，现在你可以着手装修你的店铺了。

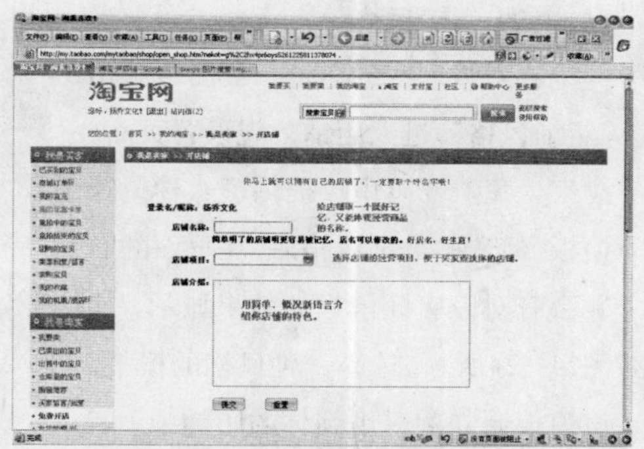
图11-21 创建店铺

4.装饰店铺

成功创建好自己的店铺之后，通常还需要对店铺进行简单的装饰，包括设置店铺店标、公告栏、店铺风格等。

(1) 公告栏、店标

第1步，单击“我的淘宝”，店铺创建成功后，在“我是卖家”区域原来的“免费开店”项消失了，新增了“查看我的店铺”和“管理我的店铺”这两项，如图11-21所示。

第2步，单击“管理我的店铺”，出现“我的店铺管理”页面。单击“基本设置”，进入店铺设置页面。在这里，可以修改店铺的名称、店铺类别，设置店铺的公告栏、店标等，如图11-22所示。

由于在创建店铺时已经设置好了店铺的名称、店铺类别，在此不再修改。在“主营项目”中设置店铺经营商品的类别，尽量设置为与经营产品相关的关键字，这有助于买家搜索产品时搜索到你店铺中的产品，如这里的“图书＋电脑配件＋数码”都与经营产品有关。公告栏是店铺的一个宣传窗口，买家可通过店铺公告了解店铺正在展开的各种优惠活动，应充分利用该宣传窗口。店标是店铺的

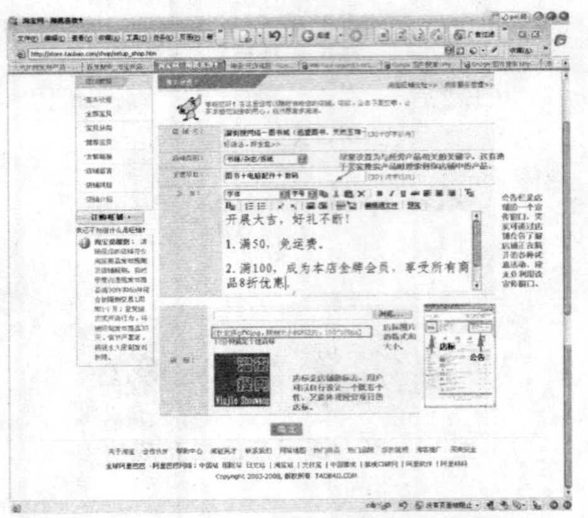
图11-22 在“我是卖家”区域新增功能

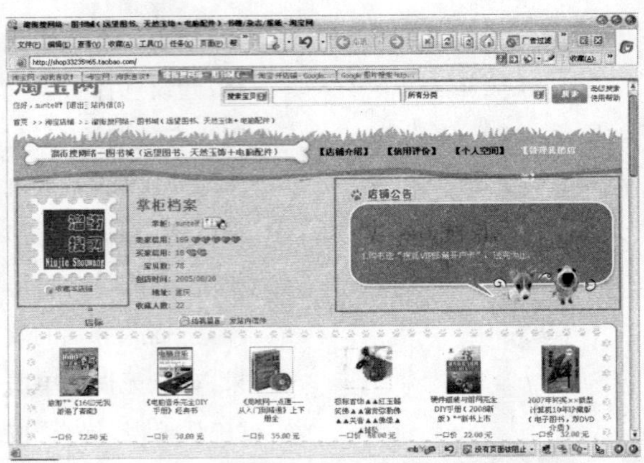
图11-23 公告栏和店标在店铺中的位置

标志，用户可以自行设计一个既有个性、又能体现经营项目的店标。店标图片要求为JPG或GIF格式，其尺寸为100×100，大小要求在80kB以内。制作好店标以后单击“浏览”按钮，上传店标。公告栏和店标在店铺中的位置如图11-23所示。

（2）店铺风格

在“管理我的店铺”页面中单击“店铺风格”，进入店铺外观设置页面。淘宝为免费开店用户提供了八种免费模板。但选中一种风格后，在页面的右侧会有对应店铺模板的效果显示，如图11-24所示。选择一种风格的模板，该模板会立刻应用到你的店铺中，瞬间就免去了用户自己设计店铺的苦恼。

图11-24 选择一种风格的店铺模板

（3）宝贝分类

为了更好地管理，通常还会对店铺中的产品进行分类，同时，也有助于买家在你的店铺中快速查找他们需要的宝贝。

在“管理我的店铺”页面中单击“宝贝分类”，出现分类页面，如图11-25所示。在这里可设置产品类别的名称、序号，在某个类别下设置子分类，也可修改、删除某个类别或重新调整某一个类别的顺序。在“新分类名称”中输入将要设置类别的名称，然后设置该分类的顺序，默认为最底端，单击“添加分类”按钮新建一个新分类。

设置好产品分类后单击“未分类宝贝”链接，参看店铺中未分类的商品。单击一个未分类商品后的“添加分类”下拉菜单，选择一个类别，如这里单击《IT认证考试圣经》后的“添加到分类”下拉菜单，选择“（图书）特价书”，如图11-26所示，单击“修改”即可将这本书添加到“（图书）特价书”分类中。

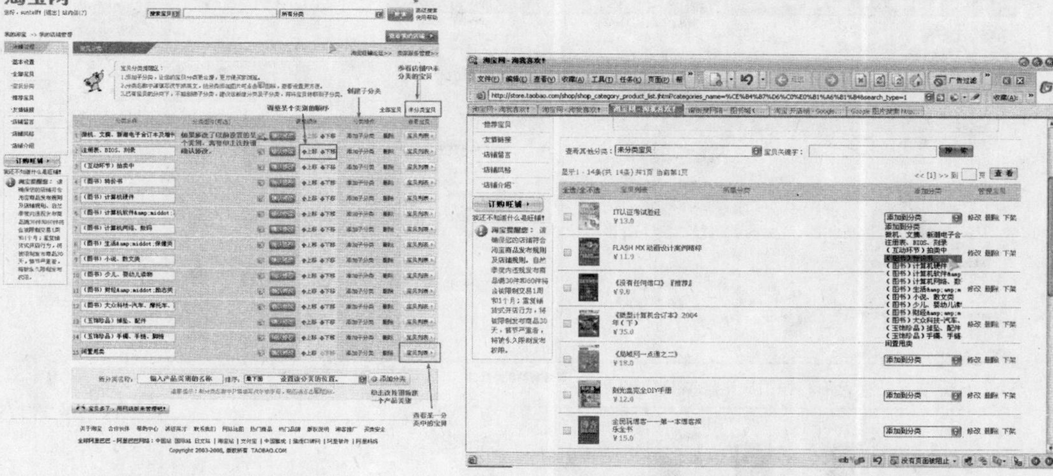

图11-25 设置产品类别　　　　图11-26 产品分类

(4) 店铺推荐

为方便卖家展示店铺中最具特色、最受买家喜欢的产品，淘宝为每个店铺设置了店铺推荐区域。店铺推荐最好是秀出性价比最高、销售量最好的商品。

在“管理的店铺”页面中，单击“推荐宝贝”，出现宝贝推荐页面。卖家可以把最好的16件宝贝拿出来推荐。在店铺明显位置，会显示推荐的最早被下架的6个宝贝。在“增加推荐宝贝”中勾选需要推荐的宝贝，如这里勾选“元旦促销《驴行天下》畅销旅游图书只需20元”(可一次性选择多个要推荐的宝贝)，单击“推荐”按钮，该宝贝立即出现在“已经推荐”宝贝区域，如图11-27所示。单击“查看我的店铺”按钮，可以看到被推荐的前6个宝贝被显示在店铺推荐位置，如图11-28所示。同时在每个宝贝的销售页面都会出现店铺推荐的宝贝，如图11-29所示。

经过简单的装饰、设置后，单击“查看我的店铺”按钮，可以看到新建的店铺已初具雏形，如图11-30所示。

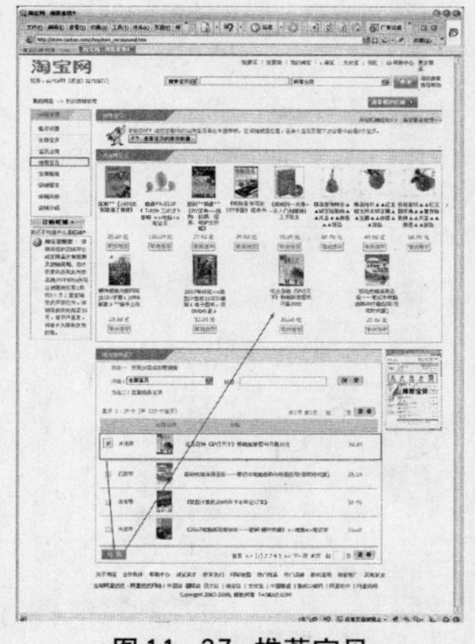

图11-27 推荐宝贝

图11-28 店铺推荐位显示的宝贝

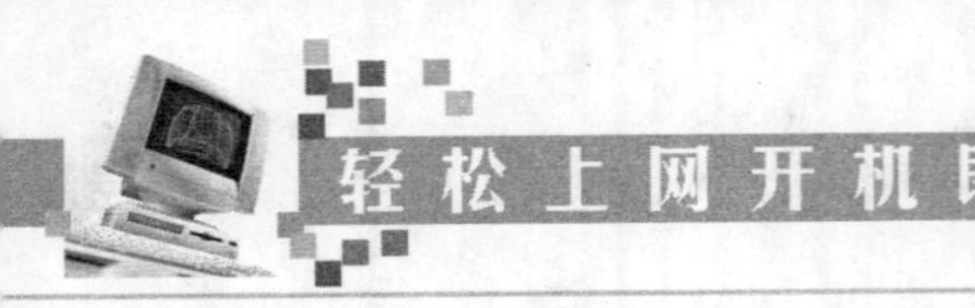

图11－29　店铺推荐出现在宝贝销售页面中

图11－30　新创建的店铺

5. 橱窗推荐

橱窗推荐是淘宝为卖家提供的一种商品宣传方式。但卖家利用搜索引擎搜索宝贝时，被设置为橱窗推荐的宝贝，会被靠前显示。合理的应用橱窗推荐位，可以增加浏览量，并间接增加交易量。橱窗推荐一定要选择快结束上架的宝贝。因为买家通过搜索打开商品列表的时候，系统默认快要结束的宝贝排在最前面。这样的宝贝被买家看到的机会更多，被购买的机会也就更多。橱窗推荐宝贝不会在店铺推荐位置处显示。

单击“我的淘宝”，在“我是卖家”区域单击“出售中的宝贝”。在这里卖家可以查看正在销售的所有宝贝。勾选需要被设置为橱窗推荐的宝贝，单击“橱窗推荐”按钮即可推荐选中的宝贝。被推荐宝贝的前面会出现红色“推荐”字样，如图11－31所示。

每个卖家可在橱窗中推荐的宝贝数并不相同，他随着卖家信誉度增加而增加。进入“出售中的宝贝”页面后，在页面的下方可查看你拥有的橱窗推荐位个数，现在已经推荐了多少个宝贝。如这里的店家当前拥有30个橱窗推荐位，已经推荐了18个宝贝，还可以推荐

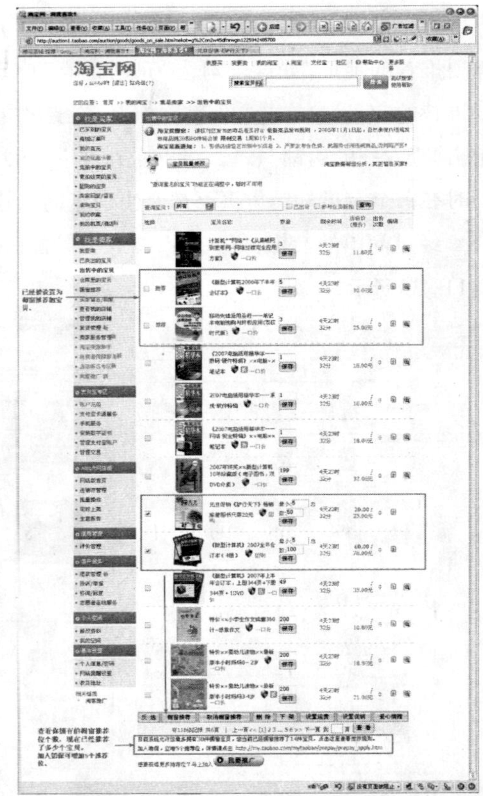

图11－31　橱窗推荐

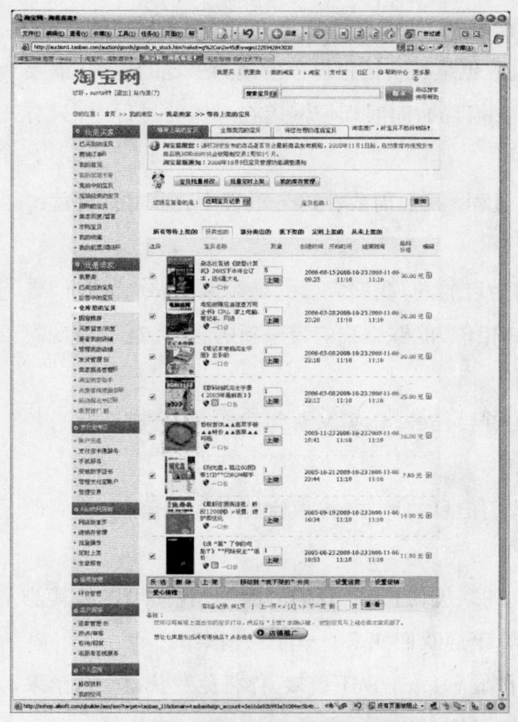

图11-32 重新上架仓库中的宝贝

12个。推荐卖家用完所有的橱窗推荐机会。此外，加入消费者保障服务，可为你增加5个推荐位，不过这需要每个月向淘宝支付一定的费用。

6. 宝贝重新上架

细心的卖家会发现：在发布宝贝时，设置了宝贝的有效期为7天或14天。当超过有效期后，未售完的宝贝会就会被自动下架存入仓库中，不能继续销售。没有一个卖家会把出售的宝贝留着自己用，那么继续销售这些宝贝该怎么办呢？重新发布这些宝贝，可谓费时又费力。其实，我们只要进入你的仓库，通过简单的操作就可以让下架的宝贝重新销售了。

单击"我的淘宝"，在"我是卖家"区域单击"仓库中的宝贝"即可看到已经被下架的所有宝贝。勾选需要被重新上架的宝贝，如果所有的宝贝都需要重新上架，则单击"反选"按钮一次性选中所有宝贝，如图11-32所示。单击"上架"按钮即可将仓库中的所有宝贝重新销售了。

五、店铺推销策略

随着网店日益增多，在互联网上，一个从不进行店铺推广的卖家，基本就等于"不存在"。即使你的东西再好、再优惠，就是白送，除了你自己，也没人会知道。网络销售，店铺推销非常重要。

1. 网店推广与营销

网店的推广——运用一定媒介，有计划进行的网店传播广告活动，简单说就是要让客户"知道我们"。网店的营销——客户上门后，利用有效的促销宣传手段促使交易成功，简单说就是要让客户"选择我们"。

要推广，首先我们要知道去哪推广、如何推广。推广的目的是吸引客户到我们的店铺中来。客户来了之后，又如何去留住他们，让他们选择我们的产品，最终成交，并且带来下一次的生意。

针对上面这些疑问，我们首先要学会通过分析买家购买的基本步骤，了解买家可能的信息接触点，然后掌握如何利用这些信息点进行有效推广与促销。现在我们就来分析一下买家购物的基本步骤。

首先买家要看到我们，才有通道进入到我们的店铺。在这个过程中我们要做的是"推广"，利用有效的推广手段，让买家看到我们，吸引买家的注意。

买家进店后，要做的就是一个"逛、挑、比较"的工作。这个过程中，我们要采用合适的店内营销工具，让买家在我们店内多逛逛、多挑选，通俗地说，就是让客户停在我们店内打转转。

买家挑选到合意的宝贝后，就是他下单成交的过程了。这时就会有许多买家下不了最后的决心，或者是因为价格问题，或者是因为其他的疑虑。这个过程也是整个销售过程中最为关健的过程，需要我们使用促销手法，让买家成功下单，以达到我们销售的目的。时时切记网店在运作的过程中，只有一个动作能真正地创造利润——那就是“销售”。

买家下单后，就是卖家发货，买家收货、评价的过程。我们需要在这个过程中，采用感情营销的方式，提高买家的满意度。

一个好的营销策略，绝对不会是以一次成功交易为目的的，我们需要的是买家能够成为我们忠实的客户，经常来我们店里购物，并且通过买家的口口相传，能够给我们带来新的客户。这一切就需要我们做好客户回访，通过增加粘性来达到目的。

从上面的分析可以看出，推广是我们整个过程的首要任务。让买家看到我们，才会有后续的各个过程。我们就重点的来分析一下如何做好网店的推广。

推广——让别人知道自己。在买家能够接触到我们信息的地方，投放家感兴趣的信息，吸引他们的兴趣。

推广的效果就是让买家看到我们，从而吸引他们的兴趣，进入到我们的店铺。我们可以从其他公司的推广来了解一下推广要达到何种效果才算成功。下面我们先来看一个营销案例。

很多人曾经有过这样的经历，某天收到的一封邮件显示：点击以下链接，你将免费获得一台苹果公司的iPod。你眼睛一亮，动心了。 接下来，你被告知只需三步就能获得iPod：第一步你填入了个人信息；第二步你被要求填入至少5个电子邮箱地址，这5个朋友会马上收到同样的邮件；最后一步，你被告知，你还需要购买与ipod相配套的一种软件、服务或配件。你抱怨了一下，这类东西才应该是免费的。然后你看到了价格——“35美元”！ 这足以让你放弃。作为一名普通的中国人，你也很可能没有完成交易所需的美元信用卡；也许你不会想到把这看作一次广告行为，但从品牌传播的角度，苹果知道了至少6个可能对iPod有兴趣者的电子邮件。而且，也让你记住了这么一个品牌和产品，当你需要这一类商品的时候，至少你会想到它，有可能会去选购他的产品。

从这个案例中，可以看出推广就是在买家能接触到我们的地方，去投放买家感兴趣的信息，吸引他们的兴趣。有效果的推广也就是真正吸引买家的兴趣。

2. 捕捉买家信息接触点

在网店经营中，有哪些地方是买家可以看到我们的呢？这就是我们所说的信息接触点。

(1) 淘宝站内搜索

大家都有在淘宝上购物的经验，当你有意识地想去淘宝网买一件特定商品时，首先会想到去首页直接搜索，这就是站内搜索，这也是买家最容易接触到我们的地方。如何让买家在众多的商品中看到我们的商品呢，这里有许多需要我们去注意的，后面我们将详细讲述。

我们先来具体的分析一下站内搜索。站内搜索是很多买家在淘宝购物的首要入口。我们的宝贝该如何更多地出现在买家的搜索页面呢？不同的买家搜索同一件宝贝，或许会用不同的关键词。所以如果我们的宝贝名称中，包含了更多买家有可能搜索的关键词，出现的几率就会更大了。宝贝出现在搜索页面后，又如何去吸引买家点击呢？除了一张精美的图片，那就是需要宝贝名称来吸引买家的兴趣了。如果在我们的宝贝描述中，加入了促销方式、产品特性、信用级别、好评率等信息，就更能吸

引买家的兴趣了。当然这些关键词的使用，不能违反关于关键词的规则，具体可以查看淘宝规则。越多合理的关键词，你的宝贝就越容易被买家搜索到，也越能吸引买家的兴趣。宝贝标题有30个汉字（60个字符）的空间，尽量充分地去使用它。

(2) 淘宝的论坛

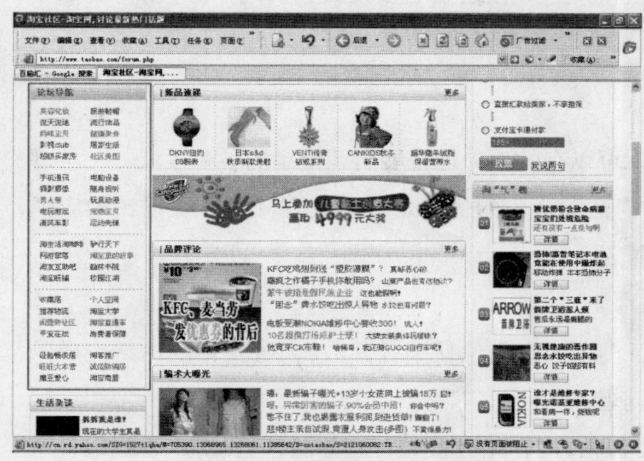

图11－33 淘宝社区主页

淘宝的论坛空间是买家聚集的地方。也许各位会说：在论坛里转的，更多的应该是卖家吧？我想问各位的是：你也是淘宝的卖家，那你在淘宝上买东西吗？答案当然是肯定的。这就是说卖家同时也是买家，所以说论坛是买家聚集的地方。

在淘宝网任一页面中单击“社区”，进入淘宝网论坛首页。在页面的左侧提供了论坛导航，如图11－33所示，单击某一链接即可进入相应的论坛中。

(3) 淘宝的各类促销页面

淘宝的各类促销页面会通过各种方式在网络上推广，如果我们的产品能在这个页面里出现，那曝光的机会就不言而喻了。淘宝页面广告位将会是更好的效果。如图11－34所示为淘宝女装促销页面，在该页面的底部还链接了淘宝推出的其他促销板块，其中的产品不曝光都不行。

(4) 友情链接、信用评价

在别人的店铺中，友情链接位、信用评价等地方如果能出现我们的信息，也就能让更多的买家看到我们。

通过与其他店家交换友情链接，可以让你的店铺名称出现在其他店家的店铺中，这样大大增加了买家看到你的机会。店铺友情链接如图11－35所示。

图11－34 淘宝女装促销页面

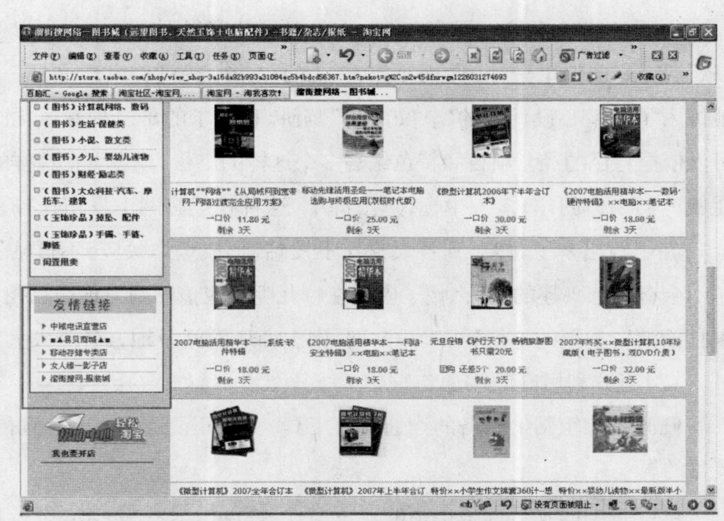

图11－35 店铺友情链接

给买家或卖家的评价也是一个推广店铺的好机会，你可以在评价中输入你店铺的信息，让更多的买家认识你。

(5) 其他专业网站与论坛

其他一些专业网站与论坛，也是买家经常逛的地方，在这些地方投放我们的信息，来得更加精准。

3. 实战店铺推销

清楚了买家获得商品的信息点之后，我们就可以有的放矢地施展店铺推销的各种手段 了。与现实生活中的广告、推广活动相比，网络广告、推广活动最大的优势是价格便宜，因此，在推销的店铺过程中，应采用多管齐下的策略，全方位进行推销。

(1) 论坛发帖

发帖是最常用，也是最廉价的宣传方式。目前国内大型论坛不计其数，人气不错的论坛也成千上万。好的广告帖能为你带来上万个有效的访问者。

成功的帖首先不能让人明显看出这是个广告帖，广告帖会被斑竹删除的，网民对广告是很反感的，更不要说是去访问你的站点了。所以不能发纯广告帖，多动动脑子。发软文式的广告帖子是不错的选择，并且最好是图文并茂。举个例子：这里有家网站是销售化妆品的。

帖子标题：郁闷啊，郁闷啊...请爱美的MM帮忙。

帖子内容：老婆不懂化妆品，20多岁的人基本上没有化妆过，昨晚心血来潮问我关于化妆品哪种品牌比较好。我哪里知道这些，单位部门全是男的，没有人知道。我太太油性皮肤，虽然皮肤白，但是脸上常有豆子，看起来很明显，所以选择去痘美容产品。我想在网上购买，朋友介绍了一个不错的化妆品网站。不过，上面商品太多，我基本上不认识其中化妆品的牌子，更不要说价格了。他们的网址：######。希望懂化妆品的朋友帮我了解一下哪个品牌比较好，看一下这个网站的价格是不是比商场优惠。另外，请常常在网上购物的朋友帮我看看这个网站信誉怎么样？我该怎么分辩网上商店的信誉？先谢谢大家！

上面的广告就是一篇软文。软文是对硬性广告而言的，之所以叫软文其精妙之处就在于一个“软”字，好似棉里藏针，收而不露，克敌于无形。等到你发现这是一篇软文的时候，你已经不自觉地掉入了被精心设计过的“软文广告”陷阱。它追求的是一种春风化雨、润物无声的传播效果。你也可以依据自己的经营项目和特色编写多个这样的广告，或者可把这样的任务悬赏于百脑汇威客网上，让威客们为你创作，多人中标，选上即中，这种在威客网上发布任务，同时也是对自己店铺的宣传。

帖子写出来了，然后到各大论坛上发帖，形成爆炸效应。不过帖子要贴对地方，贴的地方不对，是不会有人感兴趣的。那么帖子应贴在哪儿呢？应该贴到与你产品相关的论坛，时尚话题的论坛，穿衣打扮消费类型的论坛，买卖导购网，网上商店网站及地方各类大大小小的网站等。

(2) 充分利用旺旺沟通与宣传

旺旺是淘宝网上必备的沟通交流工具。将旺旺设置为一个有宣传效果的状态，可达到一定的宣传目的。

旺旺自动回复是一个不错的宣传途径，但却被很多卖家所忽略。例如有人将旺旺自动回复设置

为“我现在不在，有事留言。”。这个效果不好，不如：“我现在不在，有事留言。溜街搜网－图书城★学习、充电的好去处！”，让人不进你的店也知道你卖什么。然后多到论坛去联系人，帮人解决问题，这样当他回复时就会看到你的自动回复。这样做广告也不会违规。

设置旺旺自动回复的方法如下：

在旺旺主窗口中单击“菜单”→“自动回复”→“设置自动回复”，如图11－36所示。弹出一设置对话框。单击“添加”按钮添加自动回复信息，如“我现在不在，有事留言。溜街搜网－图书城★学习、充电的好去处！”。勾选“机器闲置时，启用自动回复”，并设置闲置时的自动回复信息，如图11－37所示。

此外，旺旺群发效果，也不错。但一定要注意，适可而止，不能惹人嫌。

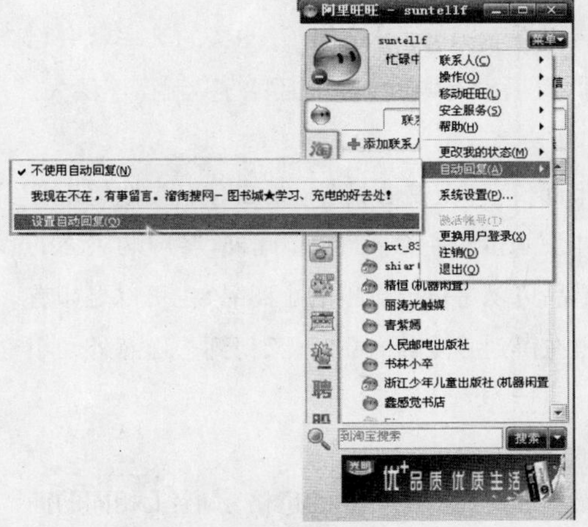

图11－36 设置自动回复

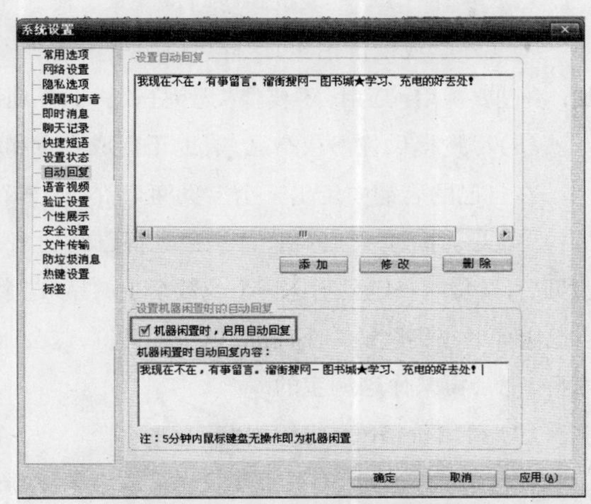

图11－37 设置自动回复信息

(3) 通过阿里巴巴宣传

目前，淘宝鼓励卖家到阿里巴巴进货，我们也可以将宝贝发到阿里巴巴，然后将公司的主页设为淘宝店的页面，从而增加浏览量，有咨询的也可以介绍到你的淘宝店看看，这一招也相当的有效。

(4)利用其他聊天工具进行宣传

腾讯QQ、MSN等即时聊天工具拥有庞大的用户群，也很适合作网店的朋友们利用它来沟通与宣传。

(5) 线上线下本城本地推广，做好本地生意

在本地生活网站上购买广告位，长年做广告，投资不是太大。当然，也可以利用购物高峰期(周六周日、节日)摆摊进行叫卖。在繁华街道、居民区周围布置印有你店铺网址的宣传标语或者你有实力开个店等。这是你网店的根基，这一点作好了将会为你的网店走向全国市场奠定非常好的基础。因为消费者更喜欢光顾具有本地特色的购物网站。其原因一方面是本地情结，更喜欢、更信任本地的网店；另一方面是本地网站的配送更快捷，更便宜。他们选择的理由是：一旦商品出现质量问题或服务问题，骑自行车也能找上门去处理，而不至于发生投诉无门，欲哭无泪的情况。因此，对于网店推广来说，应先定位于本地市场，依托本地文化，根据本地的消费习惯，提供高质量的服务，切切实实地

抓住本地客户的心。网上开店没必要贪大求全，“十亿人太多，先争本地”。另外，对开网店的朋友来说，本地推广更能具有针对性，让顾客觉得一切都是真的，当本地市场做起来后，再利用手中的资源辐射周边，市场将会有根基地向前发展。

(6) 与合作伙伴进行商品联合推广，达成互利共赢

与其他类别的网店合作(目标用户相同，但所经营产品不同)，搞联合促销就能起到不一样的效果。尽可能找互补性质的店。如果你是经营女装的，可以与卖鞋的商家联合起来进行共同营销。在彼此的页面挂上对方的推荐商品；也可以推出套餐。比如在本站购任意一款裙子，就可以在鞋店购买优惠10%不等的价格。或是在鞋店购买一款鞋子，就可以在你的店中购买裙子优惠10%不等的价格。这样联合促销互相都会有发展。当然你的店还可以与首饰品店联合经营推广。

(7) 多用拍卖，可以拉高访问量

一元拍卖或低价拍卖，这样可以吸引不少买家来店里看看。访问量增加了，购买的几率就会增加。不过要善用、巧用，不要像“无头苍蝇”一样地乱用，最后没有赚到，反而还赔了，就得不偿失。

(8) 尽量提供优惠或赠品，有助于促成生意和增加回头客

在自己的店铺中定出一个宝贝两个价钱，一个是市面价，一个是心情价，做法有点类似超市打折扣。当买家看到两个价格，往往会觉得已经优惠了，即使杀价也不会太重手。此外，客户购买你的宝贝后，发货时一定要附送一个或数个小赠品，这个小赠品可以是自己店里的小商品，也可以是印有自己店标的小钥匙链等小商品。这个很关键，这会让客户在得到心爱的商品时，又得到一份意外的小惊喜，他会再来你这淘宝的。

(9) 善用价格战，组织团购

在价格战术方面，有几点建议供广大店家参考：一是多点对比同类产品的价格，淘宝上相同的商品很多，如果你商品标价比人家的高很多，那千万别妄想有什么傻子会光顾，这比“500万彩票”还难中，所以要适当调整价格。二是学会用运费来冲减价格，因此很多用价格来搜索商品，价格低的在前面，同样价格的产品，分担点到运费里，产品的价格就降下来了，当然这不适合高价格的产品。三是学会利用买家组织团购，可以建议买家去找几个朋友一起买，告诉他好处有3点：第一，即使多几件产品运费都差不多，运费降下来买家比较高兴。第二，大家一起买多了，按批发价薄利多销优惠一点，其实也没有少赚。第三，这个组网式团购买家无形中多了几个，自然以后的顾客也多了。

(10) 应用论坛个性签名进行推广

把网址连同网站相关资料做成一个签名，或文字链接，或做成一个图片。在发送E-mail或者进入BBS时，放在发言的下面，既排除了乱发广告的嫌疑，还能起到宣传的作用。如图11−38所示为店家在拍拍论坛中的签名设计。

(11) 在论坛发帖或留言时，做宝贝精品集锦式头像，进行推广

精心做一个用精品宝贝(商品)照片集成的个性头像，其图片最好是动态的，这样做广告不违规，而且一目了然，并长久使用，很多浏览者看到你的头像会非常感兴趣的。点击率也会很高。如图11−39所示为淘宝论坛中一店家的回帖，在该回帖中店家应用了产品等组成的动态头像，并在发帖时也不忘随便展示自己的镇店之宝。

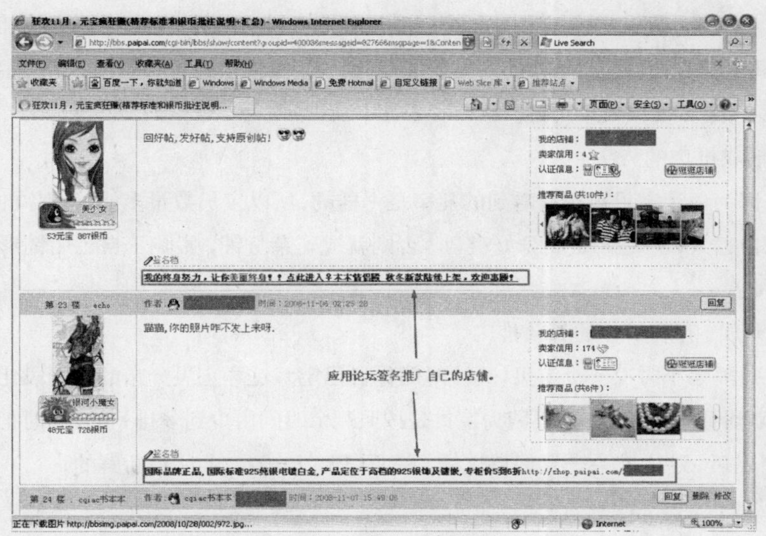

图 11-38 论坛签名设计

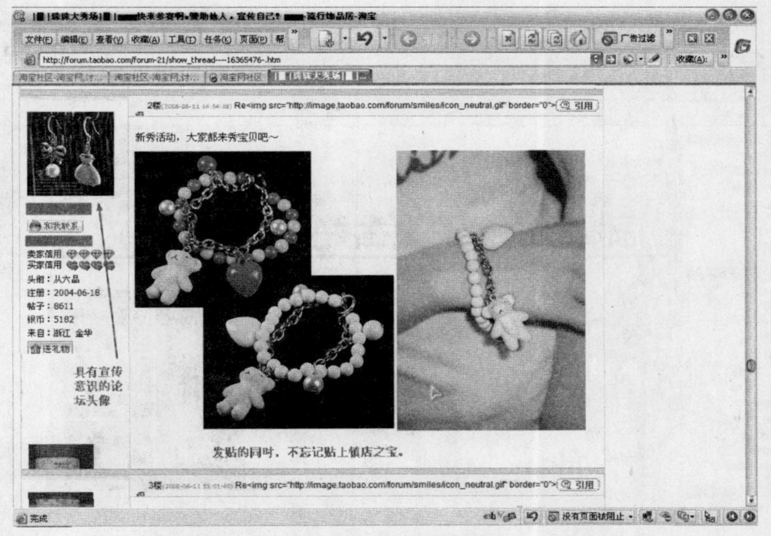

图 11-39 论坛头像

(12) 友情链接，进行推广

通过友情链接来增加访问量也是目前推广网站的好方法，不论是文字还是LOGO链接，只要链得合理，也会带来一笔不小的流量。要注意的是，一定要找一些访问量较大的网站来做，最好要求对方在显眼的位置摆放，还要找与本网站内容相关但不同商品的网店或网站进行链接，更有利于提高点击率。主页上放过多的LOGO链接会减慢网站首页的打开速度，对此，可要适合而止。

(13) 搜索引擎，进行推广

登录免费搜索引擎(资金雄厚可以买收费的，效果更好)，这样可以在门户网站被搜到。免费的搜索引擎有：Google搜索引擎、百度搜索引擎、一搜索搜索引擎、SoGou搜索引擎、8848购物引擎等。

(14) 多加宝贝关键词，增大搜索概率

在宝贝名称里面多加几个相关的关键词如：裙子、女性用品等。因为好多淘友选购宝贝的时候是用关键词检索的。具体关键词的设定自己根据自己的宝贝种类把握吧。

(15) 获得第一手求购信息，抓住商机做文章

主动出击，查看买家求购信息。输入关键词搜索，给求购买家留言，同时用旺旺主动联系，真诚沟通，替买家着想。

(16) 利用橱窗，充分展示与推荐

尽量在橱窗推荐中推荐自己性价比高的宝贝，以便客户货比三家。橱窗推荐的宝贝图片必须吸

引人，使人看到就想点击看个究竟。留出50%以上的推荐位推荐即将下架的宝贝，下架后再推荐其他即将下架的宝贝，这样你每天都有大量即将下架的宝贝被推荐(因为买家搜索的时候即将下架的宝贝排在最前面)。橱窗推荐配合宝贝模板效果更好。

(17) 增加宝贝数量，形成推广的势头

尽量展示自己的宝贝，因为每个宝贝被买家看到的几率是一样的，所以宝贝数量多能增加你的浏览量，来的人多了，销量自然大，但是一定要分好类目，否则就成了杂货铺，影响了自己店铺形象，也不利于买家查看。

(18) 调整好宝贝上架时间，有利于你的长久推广

把宝贝上架时间错开，每隔半小时发一个宝贝(具体时间你自己定)，这样宝贝分布的时间段比较均匀，当别人搜索的时候就容易看到你的宝贝，因为宝贝是按照剩余时间由少到多排列的。同时把宝贝存起来，时间改为两周以后，这样就会一直保持这样，每两周要发一次，永远是新鲜的。

(19) 加入商盟，扩大经营

商盟是由某一个城市的卖家，或者某一类卖家自由组成的。需要先向淘宝提出申请，通过后就可以以一个集体的形象出现了。加入商盟有很多好处，能认识很多卖家，盟主会定期组织聚会或者培训交流，对于新人来说，是最快的成长方式。

进入淘宝社区首页，在“论坛导航”中单击“淘宝商盟”，进入“淘宝商盟”论坛板块，如图11−40所示。单击“入盟通道”，按提示加入希望加入的某个商盟。单击“商盟首页”出现商盟首页，查看商盟的一些具体信息，如图11−41所示。

图11−40 淘宝商盟论坛

(20) 印制名片，适时推广

印制一张属于你自己的名片，给买家邮寄宝贝的时候不妨塞几张名片进去。如果名片比较好看，会被对方收藏，还可能推荐给别人。

(21) 服务和售后服务的良好，是日后推广的基础

无论你的店铺做到多大，都要力求做到真诚服务。从有买家咨询，到出售后的包装邮寄，每一个环节，都要注意细节，因为回头客是很大的一个市场。我们最终赢得市场应是我们的真诚与诚信。

六、淘宝开店经验推荐

万事开头难，对新手卖家来说，除了广泛宣传外，还应学习其他店家的成功经验。淘宝社区的“经验畅谈居”论坛收集了大量成功店家的经验，可到这里好好地武装一下自己。

1. 如何选择宝贝和货源

选择好的宝贝，需要敏锐的观察力，瞄准市场定位，经营一些有特色的产品，同时你选择的宝贝要有价格优势。目前，淘宝网上卖得比较火的有服饰、化妆品、装饰品和保健品，一看就知道其销售对象主要是女性。在考虑价格优势的同时，更要注重宝贝的质量，只有出色的宝贝才能吸引更多的客户，才能够赢得市场，才能做得长久。下面列出几种网上热销的宝贝仅供大家参考。

图11－41 淘宝商盟首页

(1) 从热销店铺数量来看：女装／女士精品／童装、化妆品／香水／护肤品、珠宝首饰／手表／眼镜、日用／家电／食品／物流、电脑网络及相关设备。

(2) 从钻石店铺数量来看：化妆品／香水／护肤品类、女装／女士精品／童装、虚拟物品／游戏装备／游戏周边、珠宝首饰／手表／眼镜、日用／家电／食品／物流。

当然，并不一定要经营这些热门宝贝，也并不是每个人都具备这些条件。这里笔者建议新手卖家销售一些游戏卡、电话卡、手机卡和各种充值卡之类的宝贝。这些产品虽然不怎么赚钱，但比较好卖，能够快速获得更多的信用。

好的货源决定了好的宝贝，只有稳定的货源才是真正实用的。网上开店选择货源的渠道不外乎7种：厂家直接进货、批发市场进货、通过网上代理、阿里巴巴进货、自己开的实体店、朋友的实体店和其他方式获得的货源。这七种方式因人而异，不过一定要综合以下几方面的因素：第一，能提供质量相对比较好的产品的货源。第二，能提供价格相对较便宜产品的货源。第三，能提供性价比相对较高产品的货源。第四，能提供比较有特色或个性化产品的货源。第五，能提供比较适合网络销售产品的货源。第六，比较稳定的或关系较好的货源。

2. 如何选择物流公司

选择物流公司的准则就是对宝贝负责，对客户负责，对自己负责。选择好的物流公司的几个决定因素：快递价格、服务态度、分布网点、工作时间、发货速度。建议大家选择一个好的物流公司进

表11－2　国内快递公司网址

邮政EMS	http://www.ems.com.cn/	申通快递	www.sto.cn
中通速递	www.zto.cn	圆通速递	www.yto.net.cn
联昊通物流	www.lts.com.cn	汇通快递	www.htky365.com
一通快递	www.etsstar.com	一统快递	www.itsd.cn
壹时通物流	www.cetime.cn	华运通物流	www.hurrytop.com
宅急送快递	www.zjs.com.cn	迪邦宅急送	www.8333.com.cn
顺丰快递	www.sf-express.com	亚风快递	www.broad-asia.net
顺风快递	www.sh-shunfeng.com	大田快运	www.dtw.com.cn
联邦快递	www.fedex.com	联邮速递	www.upex-cn.com
快马运输	www.fast111.com	华宇物流	www.hoau.net
天天快递	www.ttkdex.com	阳光快递	www.sdyg.b2b.cn
勤诚快递	www.qc-dds.net	DHL快递	www.cn.dhl.com
UPS快递	www.ups.com	中外运	www.sinoair.com
中铁快运	www.cre.cn	中诚快递	www.zoc.net.cn
中国速递	www.dgpost.com.cn	中邦速递	www.szzbsd.com
中驿快递	www.zykd.com	飞马快递	www.horse-ex.com
飞鸿快递	www.feihong.org	飞扬快递	www.feihong.org
飞天达快递	www.98933.net	韵达货运	www.yundaex.com
闻达快递	www.wendaexpress.com	驱达国际快递	www.fardar.com
安信达快递	www.anxinda.com	飞达急便速递	www.ping-chi.com
小红马快递	www.ponyex.com.cn	快捷顺速递	www.szkjs.com/new
远顺物流	www.ysfreight.com	奇速快递	www.shseis.net
捷安快递	www.htky365.com	星辉快递	www.samvay.com
国鑫快递	www.uppollo.com	京广快递	www.kke.com.hk
越丰物流	www.yfexpress.com.hk	捷森物流	www.js56.b2b.cn
泽龙物流	www.zelong.b2b.cn	超联物流	www.sul.cn
全一快运	www.apex100.com	佳吉快运	www.jiaji.com
佳加物流	www.sh56.cn		

行发货。国内快递公司网址如表11－2所示。

3．认识买家上网购物的心理

认识买家上网购物的心理，你就可以知道如何来卖你的宝贝了。大部分人可能认为上网购物，主要是因为网上的宝贝比较便宜。其实未必然，在国外，网上购物是很正常的，图的是方便。而在国内，上网购物大部分是城里人的事，而且众多买家心里还是持怀疑态度：质量如何？信誉如何？售后如何？投诉如何？谁来维权等？对这些都是疑虑。但是，随着社会的发展，人们生活水平提高，相关法律的完善，越来越多的人会相信网上购物，不再图的是省钱，而是图的是方便快捷，不出门即可购物，同时能够买到一些本地区购买不到的宝贝。就目前情况谈一些看法：

（1）注重价格实惠的买家

这一类买家喜欢在网上淘一些价格优惠的宝贝，他们喜欢到首页看一看有没有什么促销商品、一

元拍商品，在搜索宝贝时，会以价格进行排序，凡是价格低的，都会进去看一看，价格高的，看都不看。对于这一类买家，卖家在开业之初，可以找一些价格实惠的宝贝进行一元拍或进行其他相关宣传，虽然不能够赚取很多的钱，但是能够提高信用度。

(2)注重质量品牌的买家

这一类买家，特别注重宝贝品牌和店铺的信用，他们宁愿买一些价格高的品牌，也不会光顾那些杂牌的、信用度低的买家。因此，对于卖家来说，要视质量和信用为生命。

(3) 网上开店“四不要”

不要卖伪劣宝贝，不要实物与宝贝描述不符合，不要忘了售后服务，不要耽误时间。这些对买家来说特别关注。

4. 如何发布更具吸引力的宝贝

在发布产品的过程中，巧妙应用一些技巧，可以让你发布的宝贝更容易被买家发现、更具吸引力。比如巧妙地设置宝贝标题，精彩的细节描述，合理的价格等都会为你带来很高的浏览量和点击

小知识

什么是店铺信誉度？淘宝会员在淘宝网上每使用支付宝成功交易一次，就可以对交易对象作一次信用评价。评价分为“好评”、“中评”、“差评”三类，每种评价对应一个信用积分，具体为：“好评”加一分，“中评”不加分，“差评”扣一分。在交易中作为卖家的角色，其信用度分为以下20个级别，如图11－42所示。在店铺中单击“信誉评价”可参看所有买家给店家的评价，如图11－43所示。信誉度是卖家的生命，卖家应重视每个买家的评价。

分数	级别
4分-10分	❤
11分-40分	❤❤
41分-90分	❤❤❤
91分-150分	❤❤❤❤
151分-250分	❤❤❤❤❤
251分-500分	💎
501分-1000分	💎💎
1001分-2000分	💎💎💎
2001分-5000分	💎💎💎💎
5001分-10000分	💎💎💎💎💎
10001分-20000分	👑
20001分-50000分	👑👑
50001分-100000分	👑👑👑
100001分-200000分	👑👑👑👑
200001分-500000分	👑👑👑👑👑
500001分－1000000分	👑
1000001分－2000000分	👑👑
2000001分－5000000分	👑👑👑
5000001分-10000000分	👑👑👑👑
10000001分以上	👑👑👑👑👑

图11－42 淘宝信誉级别

图11－43 买家给卖家的评价

率，更重要的是这让人看了以后会重视你的宝贝，提高成交率。下面就来学习如何发布更具吸引力的宝贝。

(1) 善用一元拍

一元拍是一种降价销售策略，适合于新卖家或者想提高信用度的卖家。一元拍很能吸引人的眼球，每个人看到后都有一种拍一拍的欲望。一元拍赢利不是目的，但也不排除有一部分卖家通过拍卖质量较差、信誉度不高的宝贝达到欺骗淘友的目的，但这样容易引起一些纠纷。其实真正利用好一元拍对卖家来说是很不错的一个做法，无论新手还是老手，因为一元拍无形中提高了店铺的点击率。

不过，进行一元拍时要注意以下四点：

①卖家进行一元拍，有一定的风险，要权衡得失，要有一定的心理准备，特别是对于高价宝贝来说。建议拍卖一些价格适中有卖点的宝贝，即使低价卖出损失也不会太大。

②一元拍不适宜由卖家承担快递费，这也是减小损失的一种途径，同时邮费也不能设置过高，否则别人就不会关注了。

③一元拍的宝贝一定要设置为橱窗推荐，因为店铺的浏览量不一定很高，通过橱窗可以让更多的人知道，如果能够在首页做广告的话那就更好。

④把宝贝设置为“一口价一元”极具杀伤力，这也是招揽顾客的有效方法之一。不过如果你拿劣质宝贝来卖，无疑是砸自己的牌子，记住：店铺的形象很重要。

(2) 宝贝定价策略

如何给宝贝定价直接影响到淘友的眼球注意力。一般，买家上网淘宝贝，都是直接搜索关键字，尔后查看价格适当的宝贝，然后选择相应的卖家。

一般说来，给宝贝定价要综合下列三个方面的因素：一是根据自己的成本进行计算得出自己的初步价格。二是在同类商品中进行合理的比较，取一个恰当的中间值。三是综合前二点和自己所卖东西的实际情况来最终定价。

也许有人会讲，网络购物的优势在于价格，到底如何定价呢？其实不然，网络购物的最大优势在于方便，即使比市场定价高也会有人买的，这一点基于宝贝的质量。

宝贝价格不宜太高。因为淘宝的搜索策略有一点是根据宝贝价格来排序的，也就是说价格越低，顾客越能容易浏览到，如果价格过高让顾客认可的几率就小了。

宝贝价格不宜太低。目前国内网络购物还不成熟，如果价格过低，一般顾客就会对宝贝的质量产生怀疑，宁可购买质量稍高的宝贝。

因此，给宝贝定价可参考以下两种方法。

第一种：商铺阶段性定价法。

阶段性定价策略，就是店铺根据商品所处市场寿命周期的不同阶段来定价的策略。一般分为开店初期定价、稳定期定价、成熟期定价。

开店初期定价——在这个期间，由于店铺刚刚加入拍拍，刚开张。买家还不熟悉并且没有一定的信用，因此销量低，没有竞争力。为了打开店铺销售的局面，在定价方面，可根据不同的情况采用高低位定价方法和中价定价方法。

稳定期定价——店铺进入成长期后，信用有所增高，生意不一定很好但是也有一定的固定客人。

店铺销售能力扩大，销售量迅速增长，利润也随之增长。因此，成长期产品定价策略，一般是选择合适的竞争条件，能保证店铺实现目标利润或目标报酬率的目标定价策略。

成熟期定价——店铺进入成熟期后，已经累积了一定的信用和有了自己的名声。顾客很多，大家重视的是和你的合作和对你的信任，以及用过你商品后质量和效果的满意。这阶段的价格可以稍稍增高，以抓回前期的投入。

第二种：薄利多销折扣定价法。

网上购物这种形式一经出现，给人们的感觉就是比在传统商店购买商品更为便宜，所以，能否获得一定折扣是关系到顾客是否将该产品放入购物车的重要因素之一，因为消费者早已查看过其他网站同样产品的价格。

薄利多销定价——薄利多销定价是指商品定价时，有意识地压低单位利润水平，以相对低廉的价格刺激需求，赚得少但是买卖多，争取长时间内实现利润目标的一种定价方法。对于市场求量大资源有保证的商品，适宜采用这种定价方法。

数量折扣定价——数量折扣是对购买商品数量达到一定数额的买主给予的折扣。一般来说，购买的数量越大，折扣也就越多。

数量折扣有两种形式：累积数量折扣和一次性数量折扣。累积数量折扣是指在一定时期内购买的累计总额达到一定数量时，按总量给予的一定折扣。一次性数量折扣是指按一次购买数量的多少而给予折扣的一种策略。由于销售增大，实行数量折扣可以降低产品的单位成本，加速资金周转的速度。然而，要决定最佳的批量和合理的折扣率往往比较困难，店铺应根据自身情况酌情制定。

心理性折扣定价——心理性折扣定价是利用消费者喜欢折价　优惠价和处理价的心理而采用的降价促销手段。当某商品的牌子　性能　寿命等不为广大消费者所了解　商品市场接受程度很低的时候，或者商品库存增加　销路又不太好的时候，采用心理性折扣，一般都会收到较好的效果。但折扣率必须合理，只有这样，才能达到销售目的。

特别强调的是：要灵活运用心理策略。店铺在定价过程中，必须考虑消费者在购买活动中的某种特殊的心理，从而激发他们的购买欲望，达成扩大销售的目的。消费者的价格心理主要有：以人格区分商品档次的心理；追求名牌的心理；追求低廉价格的心理；买涨不买落的心理；追求时尚的心理；对价格数字的喜好心理等等。

(3) 巧妙命名宝贝

大部分买家寻找宝贝时是通过搜索关键字，也即宝贝标题来定位的，因此宝贝标题应尽可能使用关键字，注明产品的关键特性、名称、促销价格，合理利用热门搜索关键字（淘宝首页有热门关键字），让买家看了有一种继续看下去的欲望，从而有效地提高了搜索的几率。建议标题采用如下格式：

[宝贝类别或宣传字眼]+[宝贝名称]+[关键属性]+[促销价格]

如：元旦促销《驴行天下》畅销旅游图书只需20元，如图11−44所示。

下面介绍一些利于宝贝被搜索到的小技巧：

①标题中设置不同关键词。例如：经营儿童玩具、除了可以设置“儿童玩具”的关键词以外，还可以设置“孩子玩具”、“小孩玩具”、“小儿玩具”。 标题中加上宝贝的属性和数量。例如“核桃 1斤　原味”。

图11-44　巧妙的宝贝命名

②避免使用时效性的文字，例如“新手为赚心低价促销”、“2008年新货”等。因为，时效性一过，宝贝需要编辑，编辑前曾经产生的交易记录就会丢失。

③两个相同类型的宝贝，标题不要一样，否则属于重复铺货。

④要使用推荐位，不然不容易被搜索到。

⑤上架时间选择7天，而不选择14天，可以增加被搜索到的机会。

⑥选择购物高峰时期上架，例如：下午2点到5点，晚7点到11点。

⑦如果高峰期忙，可以在空闲时上架，然后设置自动上架时间。

⑧尽管上架的宝贝图片有放大功能，也要在宝贝描述中直接加大放大后的图片，更直观。

⑨谨慎使用音乐，突然而来的音乐可能对购物者产生负面影响。大量的图片使用会影响页面的打开速度。

⑩如果使用宝贝描述模板，一定要选择使用稳定性好的。

(3) 宝贝图片的处理

在诸多影响网店浏览量的几大因素中，宝贝图片的影响力最大。

描述宝贝的图片力求大气、直观、清晰、真实、有侧重点，能够让买家对宝贝有一个直观的了解。因为这个是给买家的第一感觉，第一印象好了，就自然会到你的网店来了，买家会感觉到卖家是下了一番工夫的。

图11-45　采用多张图片对宝贝进行描述

描述宝贝的图片最好是自己拍摄的，这样会显得真实一些，同时要选取质量好的宝贝进行拍摄。拍摄时要注意背景、采光、规格和亮度，处理图片时一定要注意细节，同时要多处理几张图片用于宝贝描述，既要有整体形象图片，也要有细节图片，处理的图片尽量采用同一尺寸，这样有利于整体效果的一致性，如图11-45所示。对于新手卖家来说，平时要多向高手学习。

(4) 最佳宝贝上架时间

当买家搜索淘宝宝贝时，淘宝会根据宝贝上架时间来排序的，也就是说剩余时间越短，宝贝就越靠前，因此，宝贝剩余时间越少，宝贝就越容易让买家看到。同时还要考虑到买家在什么时候上网人数最多，据统计上网人数最多的时候是10:00–11:30、15:30–17:30和19:30–21:30。基于以上两点考虑，为了使你获得更好的宣传效果，赢得更多更有利的宝贝推荐机会，建议按照如下方法上架你的宝贝。

①首先选择上架时间为七天。这样就比选择14天多了一次下架的机会，当然可以获得更多的宣传机会。

②商品选择在黄金时段内上架。在具体操作中，可以从11:00–16:00、19:00–23:00，每隔半小时左右发布一个新商品。为什么不同时发布呢？原因很简单啊，同时发布，也就容易同时消失。如果分隔开来发布，那么在整个黄金时段内，你都有即将下架的商品可以获得很靠前的搜索排名，为你带来的流量也会增加很多。

③每天坚持都在两个黄金时段内发布新宝贝。这点估计也是最难做到的了。尤其是对兼职卖家来说。而且还取决于你要有足够多的宝贝来支持你这么做。这样做的原因还是很简单，每天都有新宝贝上架，那么一周之后，也就每天都有下架，周而复始。对于宝贝数量比较多的卖家，在其他时段也可以发布一些，只要你坚持做好细节，那么，每天的黄金时段内，你都有宝贝获得最佳的宣传位置。

④所有的橱窗推荐位都用在即将下架的宝贝上。很多卖家都会有这样的体会："我的宝贝太多了，但是橱窗位却只有几个，如何办才好呢？"其实也很好办，那就是把所有的橱窗推荐位都用在即将下架的宝贝上。如果安排合理，你的推荐位就会发挥巨大的威力。

(5) 宝贝描述攻略

宝贝描述就是在发布宝贝时出现的页面，在这里是真正展示宝贝的地方，买家主要也是在这里第一印象了解宝贝的。因此宝贝描述应注重以下三点：

第一，宝贝描述一定要精美，能够全面概括宝贝的内容、相关属性，最好能够介绍一些使用方法和注意事项，更加贴心的为买家考虑。

第二，为了直观性，宝贝描述应该使用文字+图像+表格三种形式结合来描述，这样买家看起来会更加直观，增加了购买的可能性。

第三，宝贝描述结束应注明卖家相关信息，如联系方式、交易方式、优惠策略、相关网站等。

第四，在宝贝描述中也可以加入相关推荐产品，譬如本店的热销宝贝、相关宝贝等，能够让买家更多地接触你的宝贝，增加宝贝的宣传力度。

5. 如何装修别致店铺

当一个买家逛到你的店铺时，发现你的店铺装修别有创意、特别专业，通常都对你的店铺产生一种好感。在网店众多的互联网上，毕竟不是每个人都会去一一看你的店铺里的宝贝，但是别致的店铺吸引了他（她），就会让他（她）对卖家比较欣赏，产生一种想继续逛一逛你的店铺的愿望。下面就来谈一谈如何把自己的小店铺打扮的比较有特色，提高浏览量和宝贝成交率。

一般说来，店铺装修总体上可分为整体装修和局部装修，主要有：店铺整体风格的选择、公告栏的设计、计数器的申请、店标的制作等。

（1）店铺整体风格的选择

店铺整体风格是给买家的第一印象，店铺整体设计要求风格统一协调，能够让买家一眼就能了解你店铺的经营性质。因此，店铺风格应该遵循如下原则：

①根据经营性质、行业特色和宝贝类型选取相应的店铺风格。

②店铺风格不宜太过花哨，应该从买家的角度考虑，在考虑好看的同时，还要考虑让买家看着舒服。

通过前面的学习，我们知道淘宝网一共提供了八种店铺风格，大家可以根据需求进行选择。另外，部分卖家在宝贝描述里融合店铺风格，让买家看到一件宝贝的同时，能够看到店铺的情况，如图11－46所示。如有条件大家可以自己将宝贝描述模板制作成店铺风格。

（2）计数器的申请

申请计数器是很有必要的，一方面自己可以动态地掌握店铺的浏览量，一方面可以让淘友知道你的店铺的浏览量。网上的计数器有很多，有收费的，也有免费的，卖家可根据实际进行选择。

图11－46　在宝贝描述里融合里店铺风格

七、旺旺交流

旺旺是店家与买家交流的必备工具。当旺旺“叮咚”响起的时候，总会让广大卖家，特别是新手卖家兴奋不已：客户上门了！不过这还仅仅是客人进了门，能不能促成生意成交，很大程度取决于本次旺旺交流过程。这就要看作为卖家的服务态度、对客户的把握程度了。实际上，并不是每个店家都能很好地把握上门的买家，下面就来介绍利用旺旺与买家交流的一些方法和技巧。

1.旺旺交流技巧

在网上与买家交流不同于现实中的面对面交流，因此，掌握一定的交流技巧是必须的。

（1）礼貌待客

文明、耐心，这两项看似简单，但是随着交流时间的增长，可能都会下降。礼貌待客要自始至终，保持如一。

（2）沟通及时

买家提问时，要迅速回答，需要熟练掌握所卖产品的专业知识。

（3）诚信为本

真实的介绍产品与服务，不能为了交易而撒谎、掩盖产品本身固有的缺陷或夸大功能。

（4）打消疑惑

买家对人品的信任大于对产品的信任，要想消除买家的疑惑，用春风般的微笑而不仅是信誓旦旦的承诺。

（5）切莫停顿

在与买家交流的过程中要保持谈话的连续性和持续性，这样更利于成交。长时间的沉默会使买家的思维发散，最后可能放弃购买你的产品。

（6）莫入歧路

买家的问题在A上面，切莫主动将话题转入B上面，从而引起不必要的麻烦。

（7）延续销售

当谈成一笔交易后，及时挖掘买家潜在的需求。比如，对方购买了一件毛衣，你可以询问她时候还需要裤子、毛衣链等宝贝。

（8）拉近距离

用亲切的语言与问候打破陌生感，迅速拉近与买家的距离，更有利于成交。

（9）适当称呼

"您"的使用很广泛，但并不是唯一选择，"兄弟"，"姐妹"则是更随便的称呼。只要是友好善意的，都可以使用。常用如：亲，美女，帅哥。

（10）温柔一掌

适当地称赞对方，会使人心理上产生愉悦感。称赞的范围可以包括对买家了解的任何信息。

2.灵活应对砍价买家

通常，很多买家在购买你的宝贝前，都会砍价，并且这其中还有很多砍价行家。有时，宝贝的价格已经很低了。特别对很多新手卖家，他们为了吸引顾客，已经在价格上做了很多牺牲。那么，面对买家的砍价，该如何应对呢？下面就具体来看看买家砍价常用的方法和应对措施。

（1）突然袭击、单刀直入

【砍价现象】买家突然袭击、单刀直入，开门见山直接问可否给优惠价。

【应对方案】礼貌谢绝，讲明优惠条件。例如：感谢亲的光临，小店初次交易均为一口价，交易后自动升级为VIP顾客，第二次就可以享受9.5折的优惠！

（2）挑毛病

【砍价现象】买家会事先了解购买宝贝的相关知识，并以内行的身份来挑毛病，借此压低价格。

【应对方案】展现优点，扬己抑彼。示例：虽然亲不太喜欢这款颜色，但它的性能是别的品牌所无法比的，实用才是最重要的。

(3) 声东击西

【砍价现象】在交易的开始，绝口不提真正想买的宝贝，而是问其他宝贝，转移卖家注意力。然后，漫不经心的方式随口提到想买的宝贝，并显示出能优惠就随手买，不优惠也可以不买的姿态。

【应对方案】以不变应万变，一视同仁。示例：小店所有的宝贝都是精心挑选的，全是最低价格，哪一个优惠了都会心疼的。

(4) 团伙试底价

【砍价现象】为了获得更低的价格，通常会由几个买家组成一个小团体。他们先去以超低的价格和卖家讲价。如果不成交，再换一个以高出一点的价格去讲，以此方法套出可以成交的最低价格。

【应对方案】不合理的讲价行为，要坚决拒绝。示例："您给的价格实在让我太意外了，看来我们不能合作了，请您多多见谅！"

(5) "威胁"卖家

【砍价现象】最常见的说法"淘宝之大，非你一家"，表明如果不优惠，就抬腿走人。

【应对方案】礼貌送客，留些余地。示例："如果您一定要走，那真是太遗憾了，请多多理解我们的苦衷，我们会随时欢迎您再次光临！"

(6) 向卖家抛出诱惑

【砍价现象】以批发为由，开口即说自己要买大量的货，压低价格后，再以少量成交，此方法常与挑毛病法结合使用。

【应对方案】提前警告，不见兔子不撒鹰。示例："如果一次购买10件以上，我们会在您拍下后完成优惠价格的修改，低于这个数量的，是不会做任何修改的。"

【砍价现象】以"今后常来，并介绍亲朋好友来买"为由来获得优惠价格。

【应对方案】将计就计，同样承诺。示例："真是太好了，我热烈盼望着这一天早些到来呢，如果这是真的，到时候我会用十二分的热情及团购价来欢迎您的亲朋好友。"

【砍价现象】先买价格相对较高的宝贝，协商由卖家包邮费。然后再拍下价格较低但重量较重的宝贝，来节省运费。

【应对方案】包邮的时候提前堵住退路，不给买家机会。示例："我们只能给您包1公斤以内重量的邮费，不知您还有没有其他的需要了？如果还有的话，超重部分可是要续加邮费的！"

(7) 对比砍价

【砍价现象】把同行卖家中的打折宝贝拿出来作对比，以此比例来要求所有的宝贝都给同等折扣。

【应对方案】讲明卖家不同，细节必有不同，做到泾渭分明。示例："我们与其他卖家的价格和服务不做对比，不做评价，只希望做好自己。"

(8) 软磨硬泡

【砍价现象】通常这种买家会表现得不温不火，一件宝贝可以买上一天，也可以买上一周。天天来讲价，磨到卖家承受不住为止。

【应对方案】以退为进，欲擒故纵。示例："这个宝贝可能要断货了，再补充新货的时候，价格可能会上涨，请抓紧机会！"

(9)以可怜姿态示人

【砍价现象】通常，采用这种方法砍价的买家会以职业收入低，或根本无收入身份博得卖家同情，以此来获取优惠价格。

【应对方案】你穷我更穷，看谁比谁穷。示例："现在的生意真难做哦，上个月电费都没有赚出来呢，妹妹你要再讲价的话，我要以泪洗面啦，这辈子活到现在我就没富过，妹妹，您说这是为什么呢？"

八、巩固练习

本学习目标主要介绍了如何在互联网上炒股、开店。通过本学习目标的学习，读者应掌握网上炒股、网上开店的一些基本方法。例如，在互联网上如何可以查看财经新闻，如何在线查看股票行情，如何参考股评与论坛，互联网上常用的开店方式，如何在淘宝上开店，淘宝开店如何推销等。

练习题：

1.练习在互联网上查看财经新闻。

2.练习在互联网上查看股票行情。

3.练习参加股市专家面对面栏目。

4.在淘宝网开店大致会经历那些步骤。

5.练习在淘宝网上发布产品。

6.在淘宝网上免费开店。并更改店铺风格，对店铺中宝贝进行分类，选择店铺推荐宝贝，为店铺设置公告栏。

7.怎样查看正在出售中的宝贝。

8.如何让下架的宝贝重新销售。

9.为你的店铺设计一个个性化店标。

10.为自己设计一个论坛头像。

11.设置旺旺自动回复。

学习目标12 用网络写日记——博客

网络日志（Blog）是继E-mail、BBS、ICQ之后出现的第四种网络交流方式，是网络时代的个人“读者文摘”，是以超级链接为武器的网络日记，是代表着新的生活方式和新的工作方式，更代表着新的学习方式。随着网络出版（Blogging）的快速扩张，它的目的与最初的浏览网页心得已相去甚远。目前网络上数以千计的博客（Bloggers）发表和张贴网络日志（Blog）的目的有很大的差异。不过，由于沟通方式比电子邮件、讨论群组更简单和容易，Blog已成为家庭、公司、部门和团队之间越来越盛行的沟通工具，因为它也逐渐被应用在企业内部网络（Intranet）中。下面就来学习如何在互联网上撰写博客日记。

一、如何申请博客

Blog的全名应该是Web Log，中文意思是“网络日志”，后来缩写为Blog，而博客（Blogger）就是写Blog的人。从理解上讲，博客是一种表达个人思想、网络链接、内容，按照时间顺序排列，并且不断更新的出版方式。简单地说，博客是一类人，这类人习惯于在网上写日记。

一个Blog其实就是一个网页，它通常是由简短且经常更新的帖子所构成，这些张贴的文章都按照年份和日期倒序排列。Blog的内容和目的有很大的不同，从对其他网站的超级链接和评论，有关公司、个人构想到日记、照片、诗歌、散文，甚至科幻小说的发表或张贴都有。许多Blogs是个人心中所想之事情的发表，其他Blogs则是一群人基于某个特定主题或共同利益领域的集体创作。

表12-1　部分提供博客管理网站

QQ空间	http://qzone.qq.com/	易博客	http://blog.163.com/
新浪博客	http://blog.sina.com.cn/	百度空间	http://hi.baidu.com/
搜狐博客	http://blog.sohu.com/	MSN空间	http://home.services.spaces.live.com/
TOM博客	http://blog.tom.com/	博客网	http://www.bokee.com/
聚友网	http://www.myspace.cn/	中国博客网	http://www.blogcn.com/
东方财富博客	http://blog.eastmoney.com/	阿里巴巴博客	http://blog.china.alibaba.com/
雅虎空间	http://blog.i.cn.yahoo.com/	中国教育人博客	http://www.blog.edu.cn/
博客大巴	http://www.blogbus.com/	迅雷博客	http://blog.xunlei.com/
新浪播客	http://v.sina.com.cn/	雨后池塘	http://philip123.moocky.net/
和讯博客	http://blog.hexun.com/	天涯博客	http://blog.tianya.cn/

1. 博客网站

随着Blogging的迅速发展，提供博客管理的网站越来越多，表12-1精选了部分提供博客管理的网站，以供读者参考。

2. 申请博客

新浪网博客频道是全中国最主流，最具人气的博客频道。拥有最耀眼的娱乐明星博客、最知名的名人博客、最动人的情感博客，最自我的草根博客。下面以在新浪博客频道注册博客为例进行介绍。

第1步，进入新浪博客首页（http://blog.sina.com.cn/）。单击用户登录文本框旁的“开通博客”按钮开始注册自己的博客，如图12-1所示。

第2步，出现注册新浪通行证页面。输入用户名和密码，然后输入你的昵称，并设置博客域名（即博客网址）。勾选“我已经看过并同意 《新浪网络服务使用协议》”复选框，单击“完成”按钮开通新浪博客，如图12-2所示。

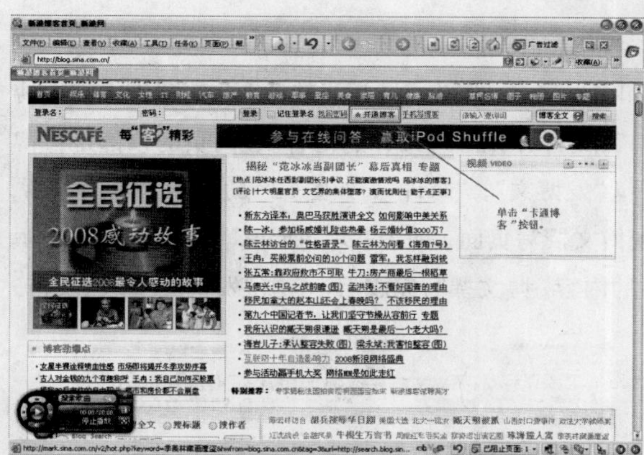

图12-1 单击“开通博客”按钮

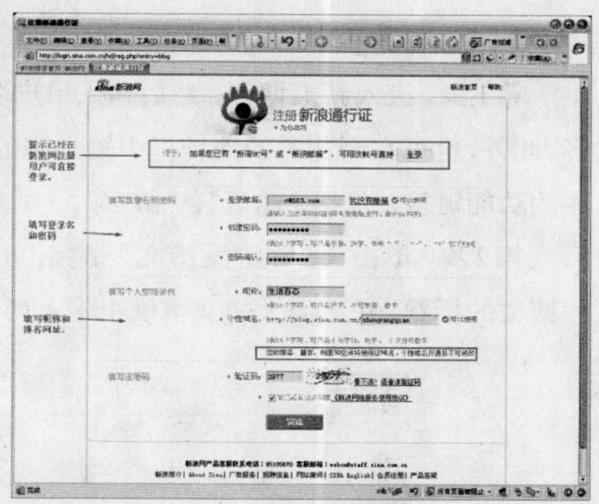

图12-2 注册新浪通行证

小提示

设置的域名（网址），将被你的博客、播客、相册和空间共用，并且个性域名开通后不可修改。

如果你已经注册了新浪UC号或新浪邮箱，可用该账号直接登录。在新浪博客首页单击“进入我的博客”（如图12-3所示）。如果还未设置域名，则会出现“注册新浪通行证”页面，如图12-4所示。输入个性域名，验证码，单击“完成”按钮即可开通博客。

第3步，提示注册成功，如图12-5所示。单击至此新浪博客注册成功。

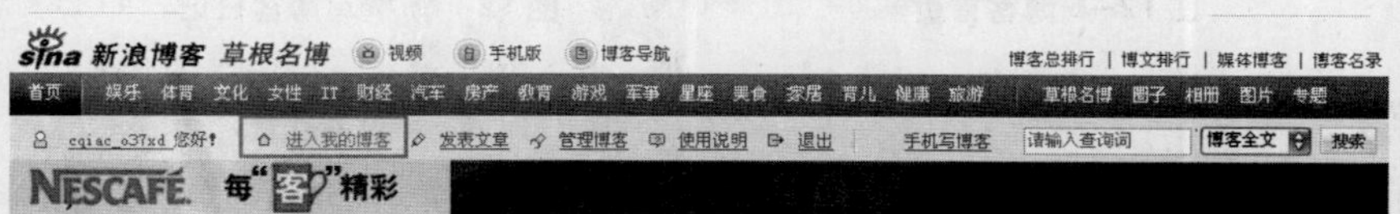

图12-3 单击“进入我的博客”

图12-4 设置个性域名

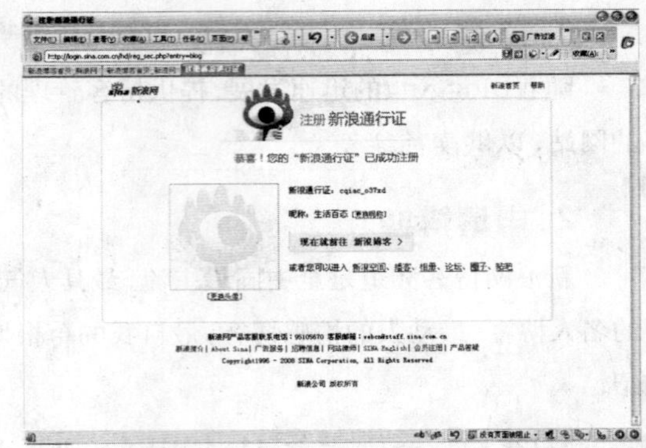
图12-5 提示注册成功

二、撰写博客日记

刚刚为自己申请了博客，很多朋友都会迫不及待，想施展一下自己的才华，让其他朋友一起来分享自己的快乐。下面就来学习如何撰写博客日记。

1. 发布博文

第1步，进入新浪博客，然后输入用户名和密码登录。单击“进入我的博客”按钮进入你的博客。此外，也可在浏览器的地址栏中输入你的博客域名（网址）进入你的博客。在网页的顶部是你博客的功能链接，包括“邀请”，“留言”，“纸条”，“发博文”，“邮件”，如图12-6所示。

第2步，单击顶部的“发博文”链接，出现博文撰写页面，如图12-7所示。在“标题”栏中填写博文的标题，在下面大的文本框中输入博文的内容。博文撰写完成后，单击“发博文”按钮发布。

图12-6 博客首页

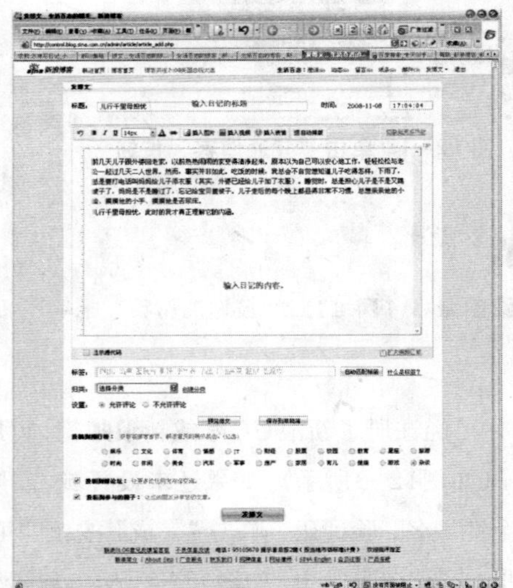
图12-7 撰写博客日记

小提示

为了避免突然断电等因素致使正在撰写的博文丢失，可在撰写一定内容后，单击“保存到草稿箱”按钮把正在撰写的文章保存起来。

2. 更换字体和颜色

与利用其他文本工具一样，撰写好博文之后，我们可以在博客里设置字体和颜色。选择要修改的字体，单击工具条上的相应按钮即可，如图12-8所示。

> **小提示**
>
> 尽量不要把颜色修改成黑色和白色，以免更换博客背景颜色后，文字颜色和背景颜色无法分辨。

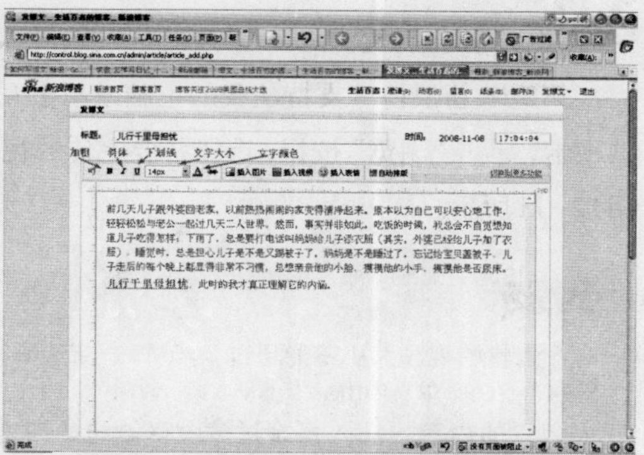

图12-8 更换字体和颜色

3. 在博文中插入图片

在博文中插入与文字内容相关的图片，可以为你的博文增色不少。

第1步，登录你的博客，打开需要插入图片的博文，单击“编辑”链接（如图12-9所示），出现博文编辑页面。

第2步在编辑博文页面中，移动光标到需要插入图片的位置，单击“插入图片”按钮，弹出插入图片对话框。

> **小提示**
>
> 插入博文中的文件大小不能超过3MB，图片文件支持jpg、gif、png格式。如果插入的图片过大，为保证浏览速度和浏览效果，系统会自动对图片进行优化、压缩。用户每次可同时插入8张图片。

第3步，新浪博客支持插入电脑中的图片、新浪相册中图片和其他网上的图片。单击“我的电脑”选项卡，单击“浏览” 按钮，选择电脑中的图片。单击“添加”按钮添加选中的图片。

第4步，单击“插入图片”按钮插入图片到博文中，如图12-10所示。

第5步，返回博文编辑页面，单击“保存修改”按钮即可。

4. 在博文中插入视频

对一些讲座性博文，通常博主都喜欢在其中插入视频文件，以帮助他人理解博文介绍的内容。

第1步，在编辑博文页面中，将光标移到需要插入视频的位置，单击“插入视频”链接，弹出

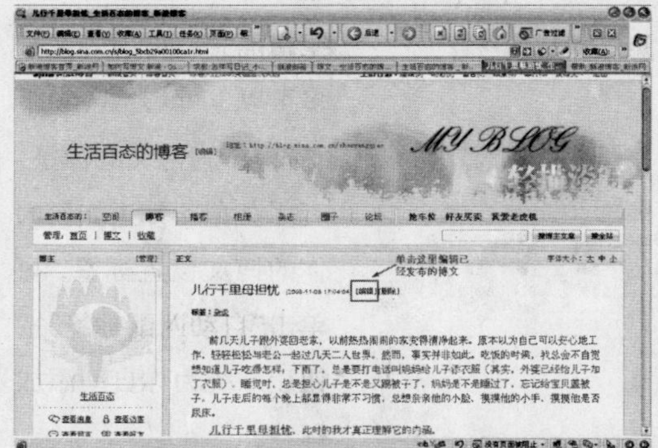

图12-9 单击“编辑”链接

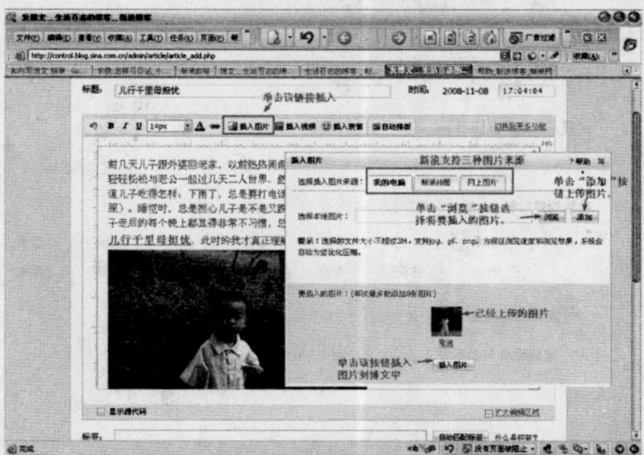

图12-10 在博文中插入图片

"插入视频"对话框。

第2步，新浪博客支持从我的电脑或新浪互联星空博客中选择视频文件。这里单击"我的电脑"选项卡，单击"浏览"按钮，选择将要上传的视频文件。单击"下一步"按钮，上传选中的文件，如图12–11所示。

小提示

上传的视频大小不能超过200MB。新浪博客支持绝大多数的视频文件上传，包括：MPEG、AVI、MP4、3GP、RM、RMVB、MOV、WMV、FLV、ASF等；禁止上传任何含有政治敏感、色情及侵犯他人版权的内容。插入视频过多会影响您的博客打开速度。

第3步，视频文件上传成功后，在出现的对话框中输入视频文件的标题、上传频道、标签等信息，然后单击"插入视频"按钮插入即可，如图12–12所示。

第4步，返回博文编辑页面，单击"保存修改"按钮即可。

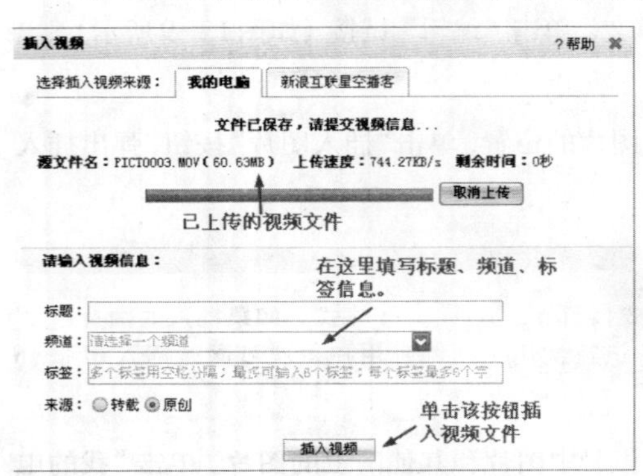

图12–11 上传视频

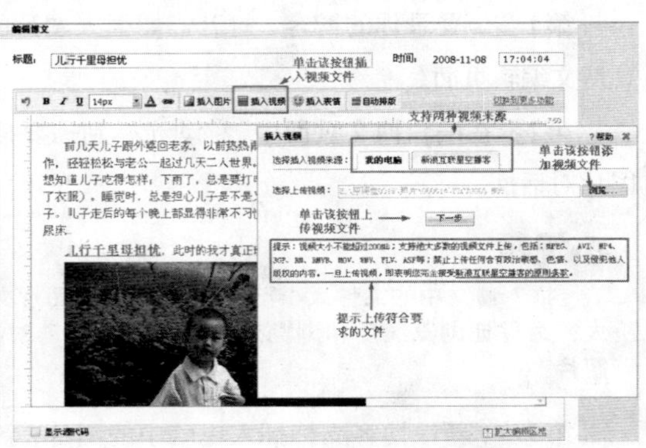

图12–12 插入视频文件

5. 使用标签

文章标签是一种由你自己定义的，比分类更准确、更具体，可以概括文章主要内容的关键词。通过给文章定制标签，文章作者可以让更多人更方便准确的找到自己的文章；而读者可以通过文章标签更快找到自己感兴趣的文章。

撰写好博文后，在"标签"中填写博文的标签，如图12–13所示。你可以为一篇博文设置多个标签，两个标签之间使用空格隔开，每篇博文最多可以30个汉字（60个字符）作为博文的标签。

如果不知道如何为你的博文设置标签，可单击"自动匹配标签"按钮让系统为你自动添加标签。

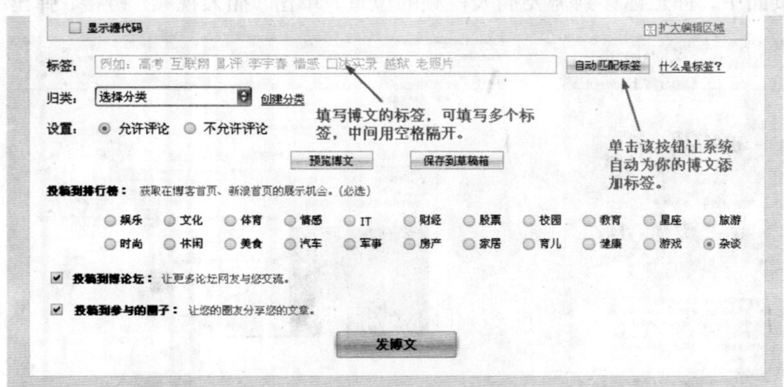

图12–13 为博文添加标签

小提示

标签过长可能会影响页面美观，建议尽量使用短一些的词组作为文章标签。请不要使用违法内容作为标签，不支持特殊字符和纯数字组合。

三、博客管理

博客就像我们的家，谁也不愿意整天都生活在乱糟糟的地方，所以得学会管理，将自己的博客管理得井井有条。下面就进来学习博文分类、修改个人资料、添加链接等博客管理基本管理方法。

1. 博文的编辑、删除、顶置首页

登录你的博客首页，单击“博文”，在该页面中可查看博主所有的文章。单击某一篇文章后“编辑”链接，可重新编辑该文章。单击其后的“删除”链接可删除该文章。单击其后的“顶置首页”链接可把该文章放在最顶端，如图12–14所示。

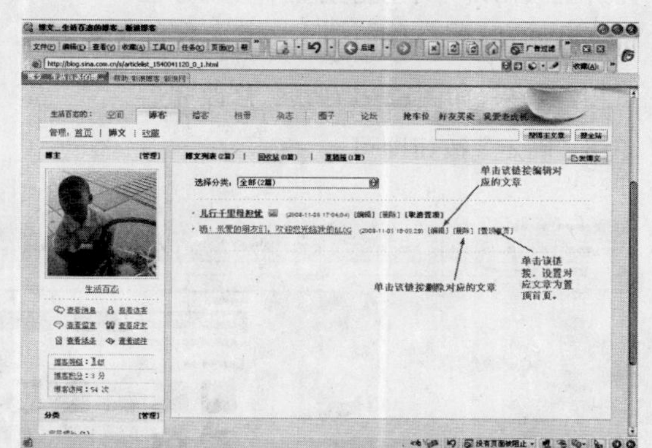

图12–14 博文的编辑、删除、顶置首页

2. 博文分类

随着时间的推移，你发布的博文会越来越多，这时对你的博文进行分类就非常重要了。

第1步，登录博客首页，在“分类”中单击“创建”按钮，出现分类管理窗口。

第2步，输入一个类别名称，单击“创建分类”按钮创建一个类别。

第3步，重复上一步创建更多的类别。创建完后单击“保存设置”按钮保存创建的类别。如图12–15所示。

第4步，单击“博文”，单击未分类文章后的“编辑”链接，进入文章编辑页面，在“归类”中设置该文章所属的类别，如刚才新建的“宝贝成长”类别，然后单击“保存设置”按钮即可。如图12–16所示。

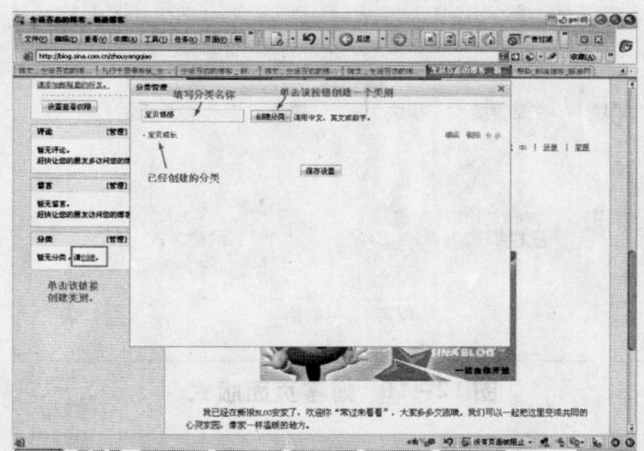

图12–15 创建一个分类

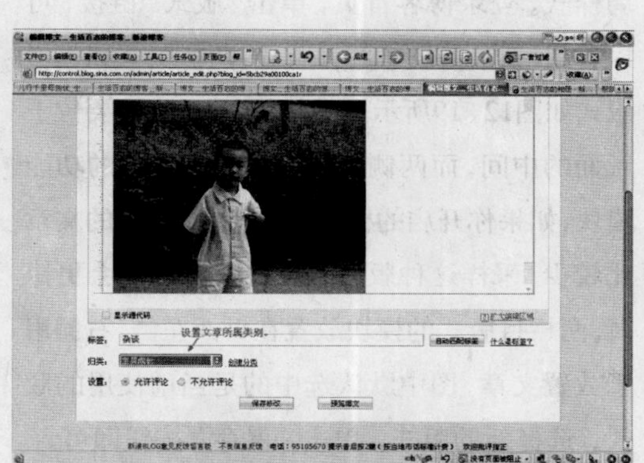

图12–16 设置文章所属类别

3. 修改个人资料

有时，由于工作、学习的原因，个人情况有所变化，为了使博客好友们及时联系自己或者了解最新动态，就需要更改个人资料。

单击博客头像上的“管理”链接，出现“更改昵称与头像”页面。单击“浏览”按钮选择需要上传用作头像的图片。在图片上会出现一个蓝色方框，移动方框可调整图片的位置和大小，在页面中间可预览效果，如图12—17所属。修改完后单击“确定”按钮即可。

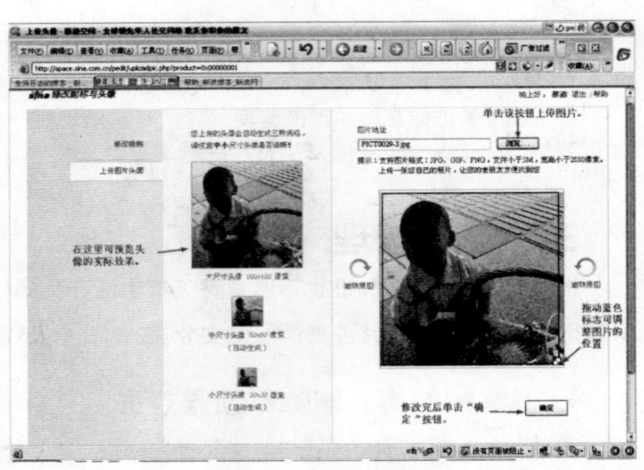

图12—17 修改头像

4. 更改博客风格

通常，申请博客时，系统会自动为你选择一种博客风格。如果对原来的博客风格不满意，可重新修改。

登录你的博客首页，单击“风格”链接，出现“风格设置”对话框，如图12—18所示。新浪为各个博主提供了多种类型的博客风格，选择一种喜欢的风格，单击“确定”按钮即可将它应用到你的博客中。

图12—18 更改博客风格

5. 更改博客版式

博客的版式指的是博客页面功能模块的布局样式。登录博客首页，单击“版式”链接，可以看到，新浪提供了两种版式：两栏版式和三栏版式如图12—19所示。三栏版式的文章摘要位于版面的中间，而两侧则用于放置你设置的功能模块，如果你开启的模块比较多，而发布的文章比较少，采样这种版式整个页面看起来会更协调。两栏目版式的模块放置在页面左侧，右侧用于放置文章。图中默认选中的是当前使用的版式，选择新的版式，单击“保存”按钮即可。

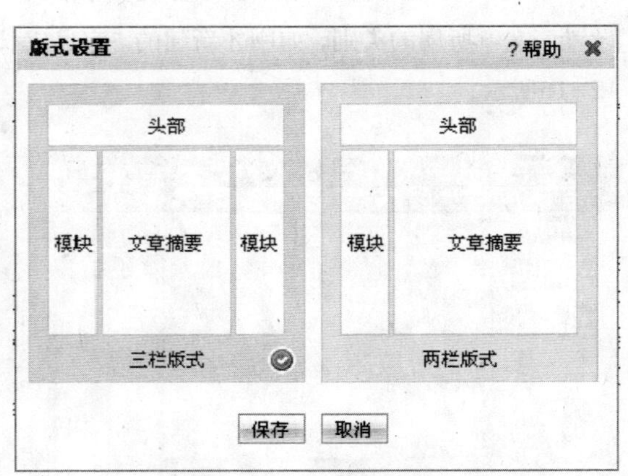

图12—19 博客页面版式

6. 设置背景音乐

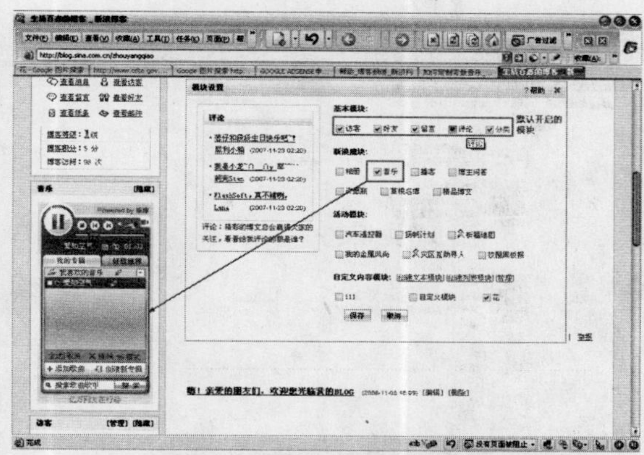

图 12－20　添加音乐播放器

想让你的个人首页声形并茂吗？自定义背景音乐完全可以达到你的目的。利用背景音乐播放几首符合你主页风格的歌曲是个不错的选择。设置背景音乐是一个与别人分享好歌的机会，通过自定义背景音乐，也可以更好的展示自己的 BLOG。

登录你的博客首页，单击"模板"链接，出现"模板设置"对话框，勾选"音乐"项，单击"保存"按钮，即可在博客中添加音乐播放器，如图12－20所示。

新浪博客支持按歌手搜索歌曲，单击"添加"按钮，出现歌手搜索对话框，同时新浪也推荐了部分歌手，如图12－21所示。

单击某一歌手，则会列出该歌手演唱的歌曲，如图12－22所示。选择喜欢的歌曲，单击"添加"按钮，将选中的歌曲添加到播放器中。

选中需要播放的歌曲，单击播放按钮进行播放。以后，当其他读者访问你的博客时，就会自动播放你设置的歌曲。播放器各按钮功能如图12－23所示。

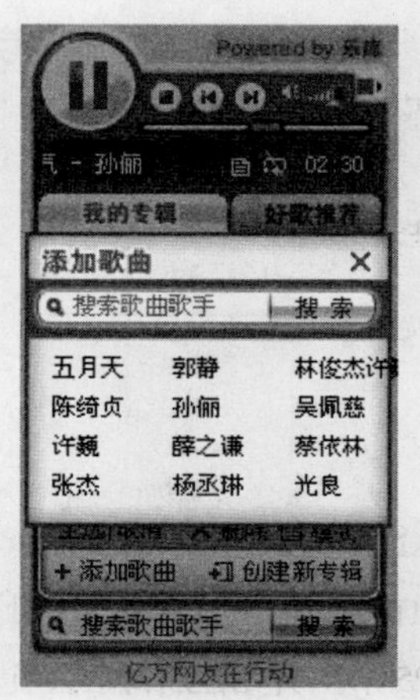

图 12－21　搜索歌手

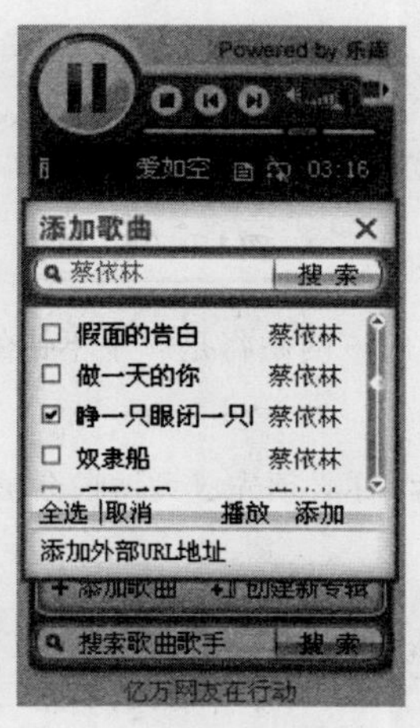

图 12－22　添加喜欢的歌曲

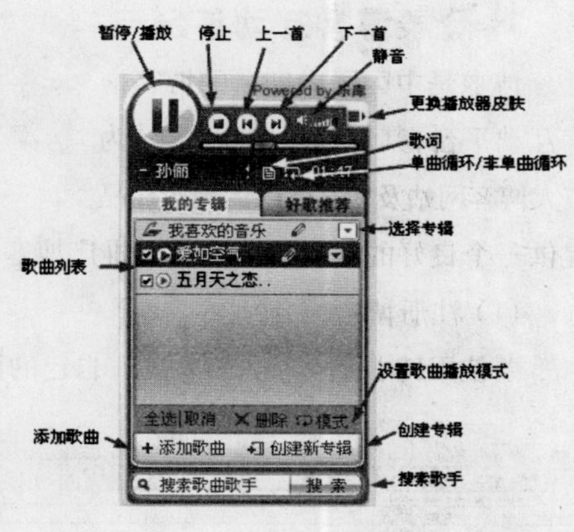

图 12－23　播放器功能说明

7. 管理评论

当你的博文被越来越多朋友追捧的时候，博文后的评论会越来越多，这时，对这些评论进行管理就显得非常重要。

登录你的博客，单击"管理评论"按钮，即可进入评论管理页面。在这里可以查看那些朋友参与了你博文的评论，什么时间评论的，评论的内容等。当然，你也可根据实际回复某个评论，或删除某一评论，如图12－24所示。

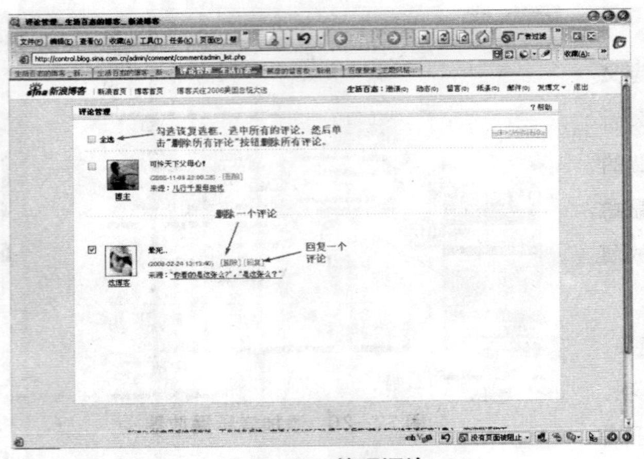

图 12-24　管理评论

四、博客推销

Blog在本质上也是一个网站，但不同的是，它与其主人的个人联系异乎寻常地紧密。通常情况下，人们都会把一个Blog和他的作者完全等同起来。因此，在推广自己的博客时应慎重，采取合适的方式进行推广，不要采用一些令人厌恶的推广方式。例如使用邮件群发器之类的工具同时向数百人发布你的博客信息。这种行为是Blog推广的大忌，因为它会让人觉得你是个粗鲁、讨厌的人，即使再多人看到了你的地址，可能根本就不会去点击，而且毫不留情地将你的邮件地址归为垃圾邮件行列。

那么，我们又该如何推广自己的博客，如何让更多的人访问自己的博客呢？其实，推广你的Blog，就是在推广你自己。如果你希望别人把你当作一个彬彬有礼、值得尊敬的人，你就该用优雅、礼貌的方式去让别人认识你。换成Blog，也是一样，同样需要遵守相应的礼仪。下面就来学习推广博客常用的方法和技巧。

1. 登录博客互动平台

博啦是中国国内知名的博客推广互动平台，其创建的主旨就是“为广大博客网站及博客作者的精彩作品提供一个良好的宣传推广渠道”。推广博客，注册该网站将是一个不错的选择。

图 12-25　单击“注册”链接

(1) 注册博啦

要使用博啦互动平台宣传推广自己的博客，你必须先成为博啦会员。

第1步，登录http://www.bolaa.com，进入博啦首页。单击首页的“注册”链接，如图12-25所示，开始注册博啦会员。

第2步，出现会员注册页面，如图12-26所示。填写用户名和密码，然后填写有效的邮箱地址，方便忘记密码时找回用户密码。填写好后单击“完成注册”按钮即可。

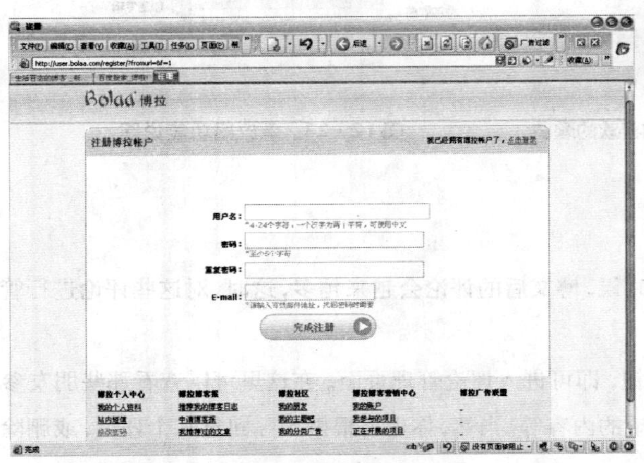

图 12-26　注册博啦会员

(2) 推荐博客和网志

注册会员只是一个开始，你还需要登录并推荐自己的博客，具体方法如下。

第1步，成功注册后出现“博啦登录导航”页面，如图12－27所示。推广自己的博客，对普通博主来说还需要激活“博客报互动平台”。单击“博客报互动平台”栏中的“激活”按钮。

第2步，出现“激活博客收录用户”页面。填写你的常用联系方式，包括博客作者名、E－mail、MSN、QQ等联系方式，如图12－28所示。输入验证码，然后单击“开始填写博客信息”按钮。输入用户名和密码，单击“登录”按钮。

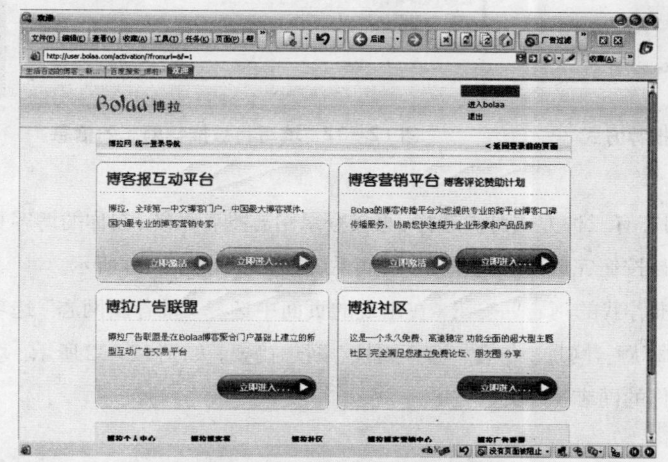

图12－27　“博啦登录导航”页面

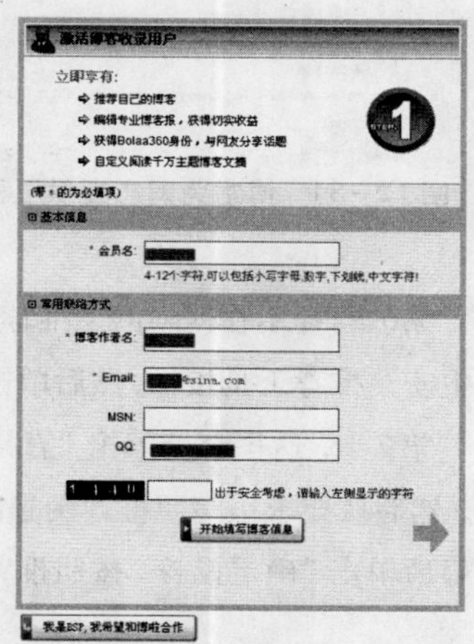

图12－28　“激活博客收录用户”页面

第3步，填写你的博客资料，包括博客站点名、博客网址、博客类型、上传个人头像、填写个人简介等，如图12－29所示。填写好之后单击“注册完毕，获得文章推荐代码”按钮，这样你的博客就被博啦收录了。

第4步，返回博啦登录导航页面。如果是企业用户，可继续激活博客营销平台。这里可直接进入博客报互动平台。

第5步，单击博啦首页的“博客网址大全”进入推荐页面，如何就可通过搜索引擎搜索到你推荐的博客了。单击“推荐网志”链接，推荐你撰写的优秀博文，如图所12－30示。

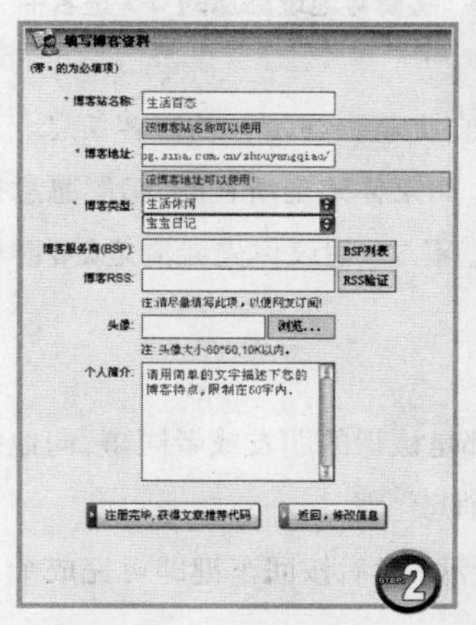

图12－29　填写博客资料

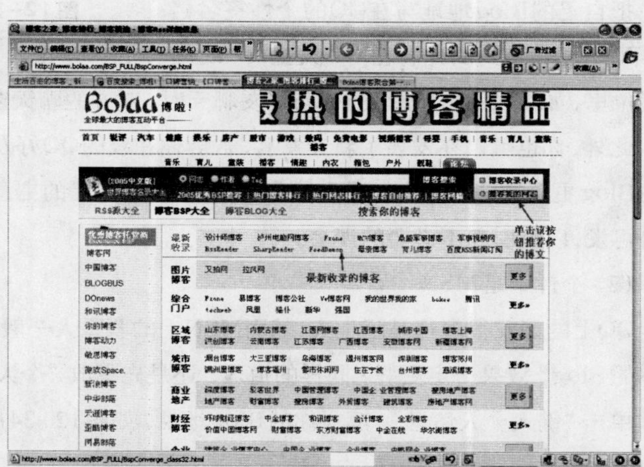

图12－30　推荐网志

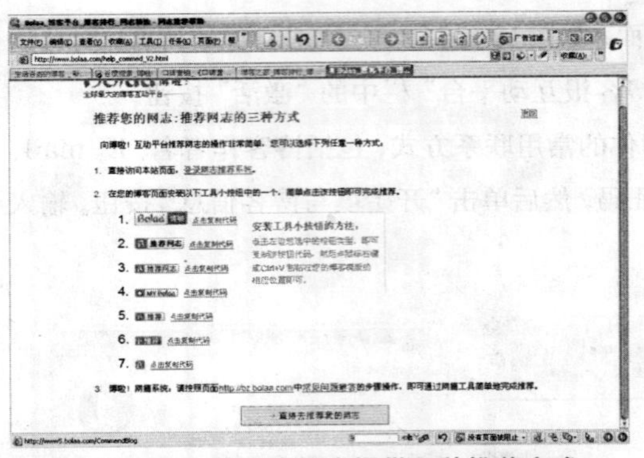

图12－31　博啦为网志提供三种推荐方式

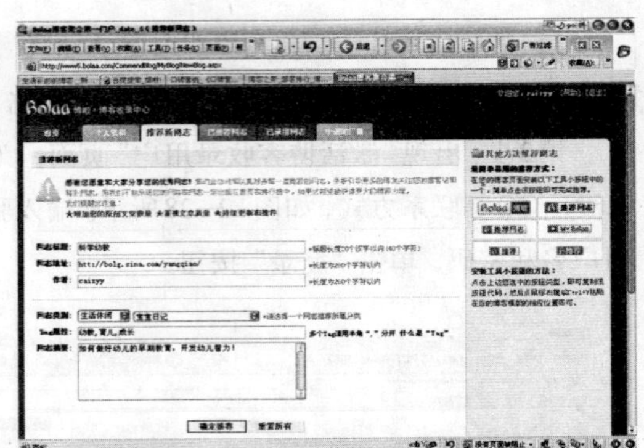

图12－32　填写将被推荐网志的信息

第6步，提示在博啦网上推荐网志有三种方式可供选择：直接登录网志推荐系统；在你的博客页面中安装推荐工具按钮，然后单击该按钮完成网志的推荐；网摘系统推荐。如图12－31所示。

第7步，这里直接单击“直接推荐我的网志”按钮，在出现的页面中选择“推荐新网志”选项卡，然后按要求填写要推荐网志的标题、网址、作者、标签属性、网志摘要，如图12－32所示。填写好后单击“确定推荐”按钮推荐你的网志（博文）。

2.聊天工具宣传博客

QQ、MSN在互联网上拥有相当多的用户，通过它们宣传博客既省事，又可以快速让所有的好友都知道你的博客。

(1) 腾讯QQ

QQ是很多人一开电脑就会启动的程序，可能你和朋友们，平时就是用这个可爱的“小企鹅”谈天说地，要推广你的Blog，就不能放弃这样非常理想的推广平台。

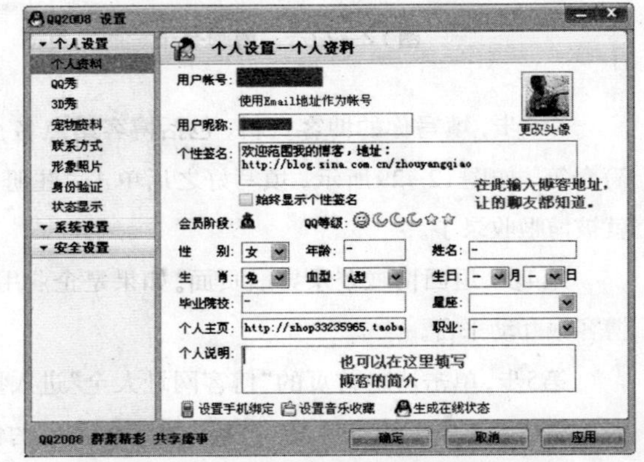

图12－33　将博客地址添加的QQ签名中

把自己的Blog地址写在QQ的个性签名档中，再把你Blog的简介写在“个人主页”对应的栏位里，如图12－33所示。当你与好友聊天时，对方的聊天窗口上就会显示你的博客信息。

此外，你也可以在发表了新文章后，告诉你在线的QQ好友。如果你确定所在的QQ群愿意接受你的Blog更新通知，可以在群里广播一下，也是个不错的主意。不过，建议你先弄清楚QQ群里的形势再发，以免引起不必要的误会。

(2) 个性十足MSN

QQ上的好友很多都是陌生人，然而MSN上的联系人一般都是认识的朋友或者同事，向他们推荐你的Blog，效果一定更好。同样的道理，还是先更改“个人消息”吧。

单击“键入个人信息”，填写你的Blog地址，如图12－34所示。然后按回车键即可完成个人消息的更改。

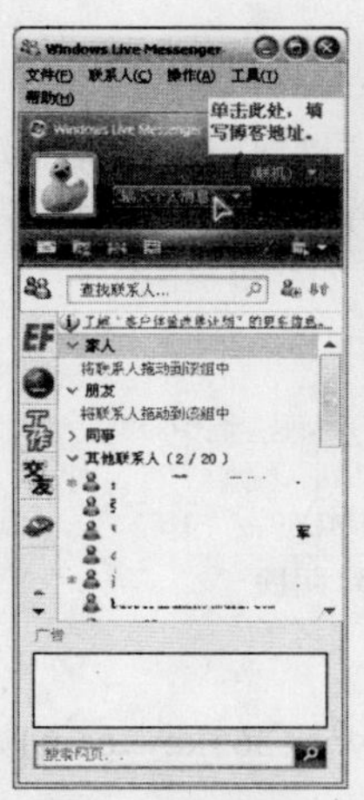

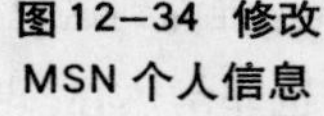
图12-34 修改MSN个人信息

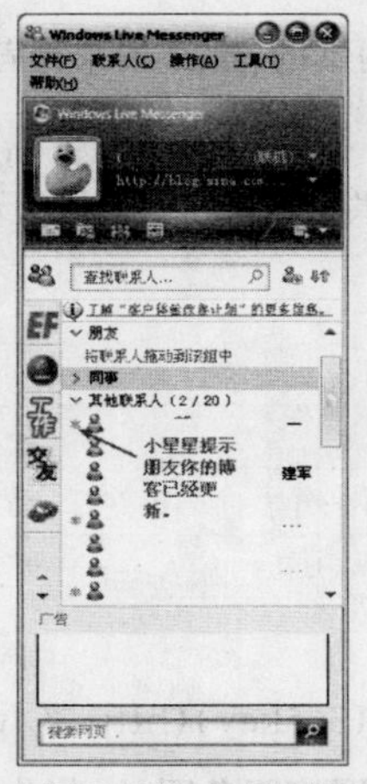

图12-35 MSN博客更新小星星

这样，你的朋友们就可以在你的名字后面看到你的Blog地址了。

此外，使用MSN Space的Blog服务，每当你有了更新，不管是发表了新文章，还是上传了新照片，你的联系人都会在你的名字前面看到一颗闪动的小星星，好像在通知他们："快来我的空间看看吧！"非常体贴的功能，如图12-35所示。

3. 论坛推荐

如果你有一件事儿想让大家知道，找个人多、热闹的地方吼两嗓子是个立竿见影的办法，论坛就是这样的地方。发个主帖告诉大家你的Blog地址、或是节选出你文章的精彩段落，加上阅读全文的链接，都是不错的方法。但是切记不要一篇帖子到处乱贴，不然就成了恶意广告帖，不但不受欢迎，还可能被踢、被封。

将Blog的地址和介绍加入论坛的签名档是个安全、有效的办法，不论你是发帖，还是回帖，这些信息都会被展示出来，又不会违反版规，你的帖子浏览量如果够大，这个签名档的宣传效果自然也就"水涨船高"了。

4. 呼朋唤友——SNS

说完了论坛，自然也要提一下如今红红火火的SNS（社会关系网络，或者俗称"朋友圈"的服务）。比较具有代表性的有优友地带（www.uuzone.com）和雅虎360°。由于在这类网站上，朋友之间的联系更紧密，个人的身份更加凸现，在这里写Blog或宣传自己的Blog，更容易得到关注。

图12-36 优友地带提供的博客服务

优友地带是非常好玩的朋友圈之一，你可以在这里交朋识友，建立属于你自己的小圈子，优友地带本身就提供了很好的Blog服务，如图12-36所示。

如果你的Blog已经建在了别处，那么在这里发文宣传你的Blog，也是一个很好的途径。建议你节选出你文章的精彩段落，或者加上一些介绍，并带有阅读全文的链接，发布到你自己的优友地带中。

如果在圈子里有朋友对你的资料或更新的内容感兴趣，就可以直接单击链接到你的Blog。这是一种颇为礼貌的推广方式，可以在不打扰别人的情况下将你的文章宣传到更广的范围内，而且还可以在一定程度上提高你的Blog在搜索引擎中的排名，从而更容易被别人用搜索的方式找到。

5. 新式武器——网摘

网摘，也叫社会化书签，顾名思义，就是将你在网上冲浪时，看到的精彩内容摘录下来，既能够自己留存，又能够与他人分享。既然是用来分享精彩网站的，那么用来推荐、宣传自己的Blog，再合适不过了。

互联网上的网摘比较多，表12–2精选了部分网摘，以供读者参考。下面以天天网摘为例介绍如何在网摘上推荐博客。

表12–2 部分网摘

和讯网摘	天天网摘	帖易	我摘
Poco 网摘	TOP 浙江网	天极网摘	新浪 ViVi
读者网摘	一摘	CSDN 网摘	eYou 网摘

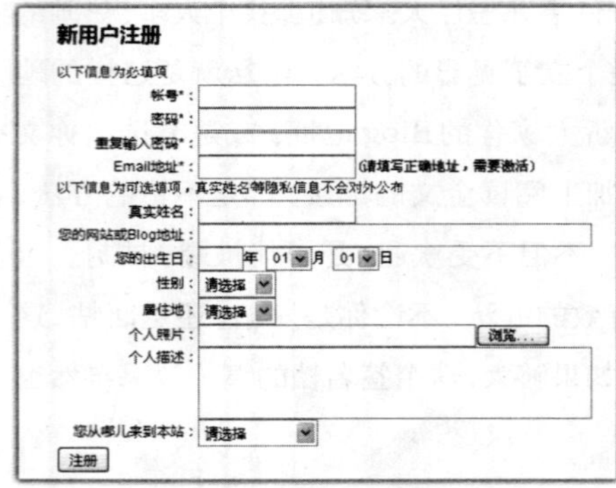

图12–37 注册天天网摘

天天网摘(365key)(http://www.365key.com)是非常有名的网摘服务网站。将你的Blog推荐到这里，会吸引到很多目光。另外，这里的用户也非常热心、活跃，如果他们觉得你的文章真的不错，绝对会帮你一起推荐的。

第1步，注册一个用户。输入网址http://www.365key.com/member/reg.aspx，注册365Key服务。如图12–37所示。

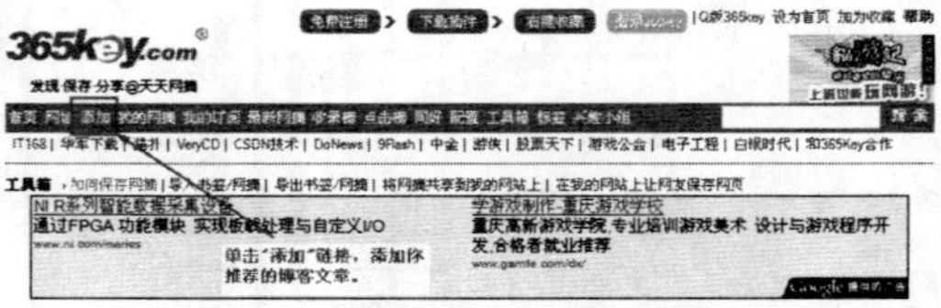

第2步，注册完毕后登录，单击图中线框的“添加”来收录你最喜爱的Blog文章，如图12–38所示。

图12–38 单击“添加”链接

第3步，在“提交网摘”页面，依次输入标题、网址、分类、网页评述和网页摘要，然后单击“保存网摘”提交。如图12–39所示。

第4步，你收录的Blog文章就会出现在你的公开网摘页面(如图12–40所示)，其他人也会看到。如果他们喜欢这篇文章，可能也会进行收录。收录的人越多，你的Blog文章在排行榜上的排名就越高，甚至进入首页的推荐列表，大大增加你Blog的曝光率。

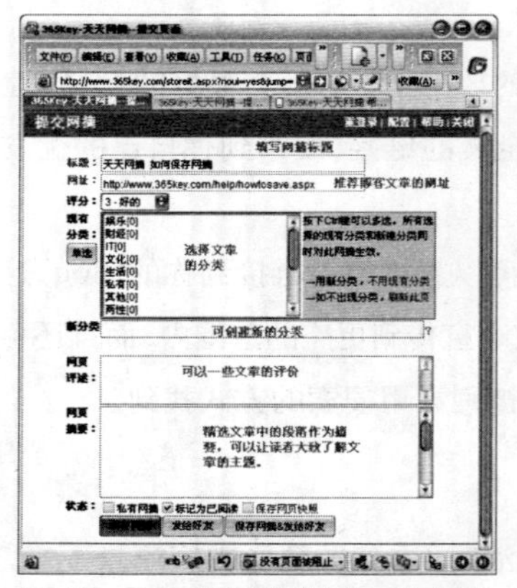

图12–39 填写推荐博文的网摘

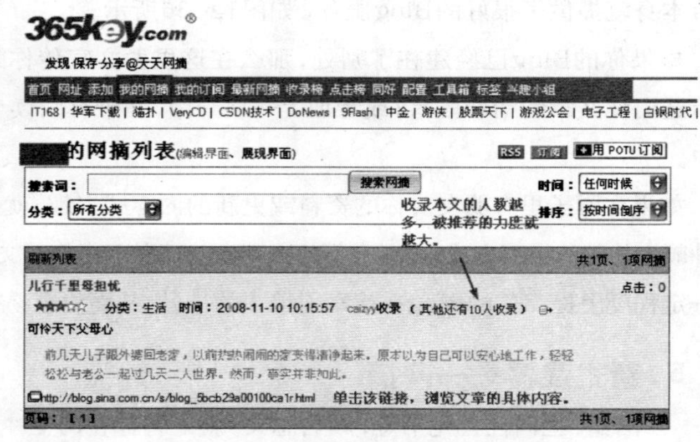

图12–40 查看你的网摘

6．搜索引擎登录、排名

搜索引擎是寻找资料和信息的好帮手，同样，也可以通过搜索引擎来找到我们的Blog，给我们带来访问量。

现在，百度、Google、新浪、搜狗都提供了博客搜索功能，我们不但可以通过这些搜索引擎来搜索博客，而且还可以将自己的博客收录到这些搜索引擎中，如图12－41所示。由于这些大型搜索引擎拥有大量的用户群，将博客收录到这些搜索引擎中会为你的博客带来相当的流量。

除了这些综合搜索引擎外，目前，还出现了专用的Blog搜索引擎，比如博搜（http://booso.com）、搜友搜索（http://www.souyo.com/）等。

博搜（http://booso.com）是全球知名的博客搜索网站，能针对大量博客的内容进行实时搜索，你可以在这里找到最新鲜、最全面的中文博客的内容。将你的博客搜索到这样的搜索引擎中可以让全球的朋友都能搜索到你的博客。博搜首页如图12－42所示。

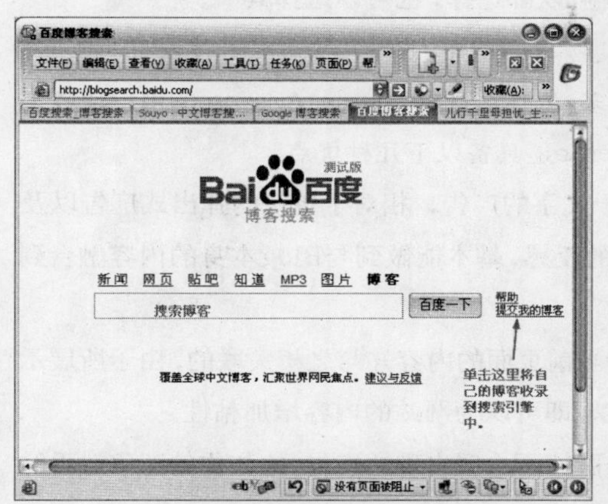

图12－41　将你的博客收录到搜索引擎中

图12－42　博搜首页

五、博客赚钱

越来越多的人开始使用博客，那么博客可以赚钱吗？个人博客博如何赚钱？如何利用博客赚钱？个人博客可以赚多少钱？其实，个人博客可以赚钱已是不争的事实。如果你在网上有个自己的博客，而且有时间定时更新文章，有些浏览量，那就可以考虑如何利用博客给自己赚些外快了。下面就来学习如何利用博客赚钱。

1．个人博客赚钱常用方法

现在，利用互联网赚钱可谓五花八门、各显神通。对个人博客，目前常用的赚钱方法主要有以下几种。

（1）Google AdSense，绝大部分Blogger的选择。Google AdSense可以提供与你网站的内容相匹配的广告，而你可以在访问者点击这些广告时获得收益。

（2）加入Blog广告联盟。如阿里联盟（http://aliunion.cn.yahoo.com/）、百度联盟（http://union.baidu.com/）、脉动广告联盟（http://www.myad.cn/）、linkworth（http://www.linkworth.com/）等，这种方式比较适合于有影响力的Blog。

(3)与电子商务平台分成。诸如Amazon、LinkShare等站点提供了此类服务。如果某读者从你申请的链接访问并购买某商品，则广告商付给你一定比例的销售提成。

(4) 读者对Blogger的捐赠。可以使用Paypal (http://www.paypal.com)、快钱 (http://www.kuaiqian.com)等在线支付平台来进行支付。

(5) 直接与广告主进行洽谈合作。适合影响力很大的Blog。

(6) 附加产品的销售。诸如Blog提供的T恤、小礼品等。

(7) Blog的文章结集出版。适合专业Blogger。

2.Google Adsense

Google AdSense是Google推出的“广告联盟”的另一种形式，Google推出了两种广告形式：第一种是针对内容的AdSense (AdSense for content)，第二种是针对搜索的AdSense (AdSense for search)。这两种广告形式网站用户 (包括Blog) 可以都选择，也可以选择其一。

(1) Google Adsense的优点

实际上类似于Google Adsense的广告联盟比较多，为什么选择Google Adsense的用户比较多呢？除了冲着Google的牌子和信誉外，Google Adsense还具备以下几种优点：

① Google Adsense 都是页内广告，且都是基于文字的广告，相对于传统的弹出式广告以及banner等广告，这种形式相对不会引起Blog访问者的反感，基本能做到与Blog本身的内容融合到一起。

②Google Adsense提供的广告内容是通过分析当前页面的内容并与之相关联的，由于所展示的广告同访问者在Blog上查找的内容非常相关，所以，即可以为网站的内容增加粘性。

③通过Google Adsense的后台，Blogger能够屏蔽掉不希望出现的广告，比如你的竞争对手的广告。

④Google Adsense实际上是Google代理众多站点去和广告主谈，再将这些广告分配到各个站点进行投放，Google与这些站点分成收益。在众多广告联盟中，Google Adsense是站点的分成比例较高的一个。

(2) 实战Google Adsense

第1步，登录Google Adsense站点 (https://www.google.com/adsense/)，如图12-43所示。单击“立即注册”按钮申请一个账户。

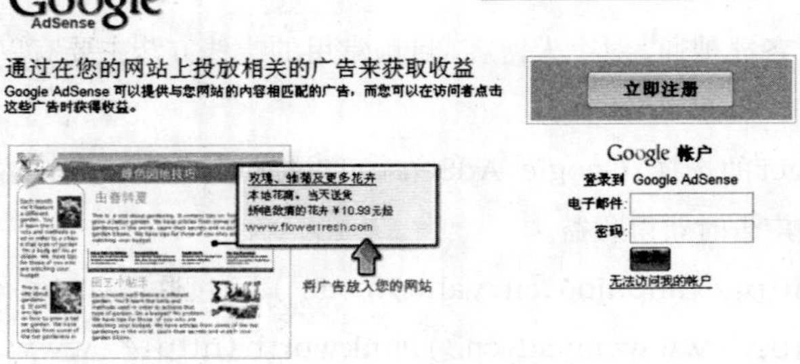

图12-43 Google Adsense 首页

第2步，填写申请表。其中需要注意的是，“账户类型”选择“个人”，“联系信息”栏需使用拼音和汉字分别填写一份，“收款人名字”、“国际/地区”等联系人信息需要按照真实情况填写。填写完毕后勾选“我同意我不会对自己投放的Google广告进行点击”、“我不会将

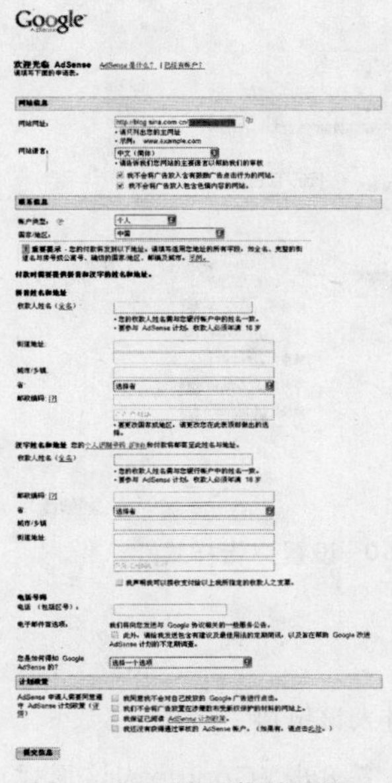

图12-44 填写你的注册

广告放入含有鼓励广告点击行为的网站”、“我声明我可以接收支付给以上我所指定的收款人之支票”、“我不会将广告放入包含色情内容的网站”、“我保证已阅读并理解了 AdSense 计划政策”。最后单击“提交信息”按钮，如图12-44所示。

第3步，Google提示确认该信息，然后选择一项适合你的服务。这里选择“我不使用其他服务。我希望创建一个新的Google账户”，如图12-45所示。然后输入邮件地址、密码等信息，最后单击“继续”按钮。

第4步，Google提示已经发送了一封邮件到指定的邮箱中。然后登录邮箱验证你的邮件地址，如图12-46所示。

第5步，登录你的邮箱，打开Google Adsense发给你的邮件，单击其中的链接进行确认，如图12-47所示。确认你的电子邮件后，Google会对你提交的信息进行审核，确认你是否具备AdSense参与资格，并会通过电子邮件给你回复。此过程通常需要1～2天。

第6步，当收到Google Adsense发给你的审核通过邮件后，再次打开Google Adsense站点，确认同意Google Adsense条款。

第7步，切换到“AdSense设置”选项卡，这里提供了“AdSense for content”和“AdSense for search”以及“推介”三种广告形式，如图12-48所示。以“AdSense for content”为例，单

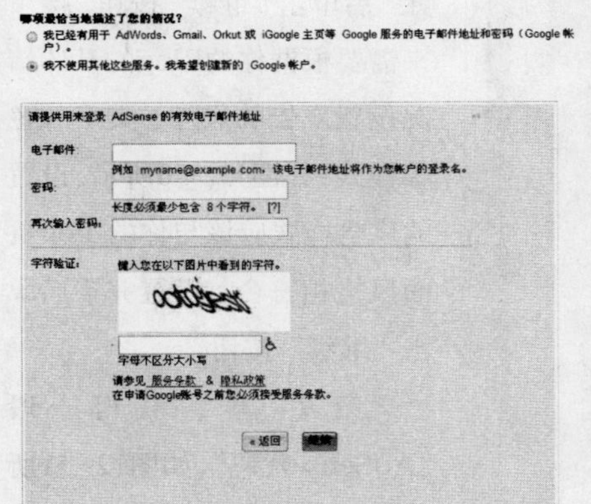

图12-45 选择一项服务

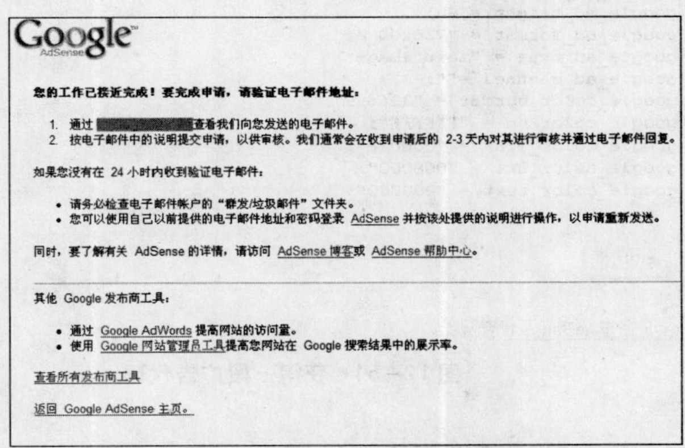

图12-46 提示登录邮箱进行验证

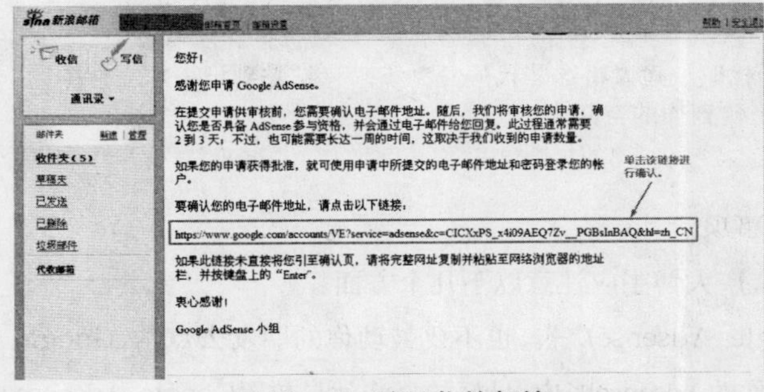

图12-47 确认你的邮箱

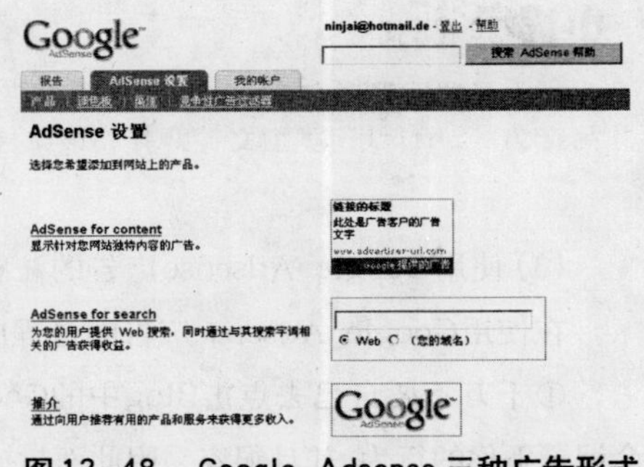

图12-48 Google Adsense三种广告形式

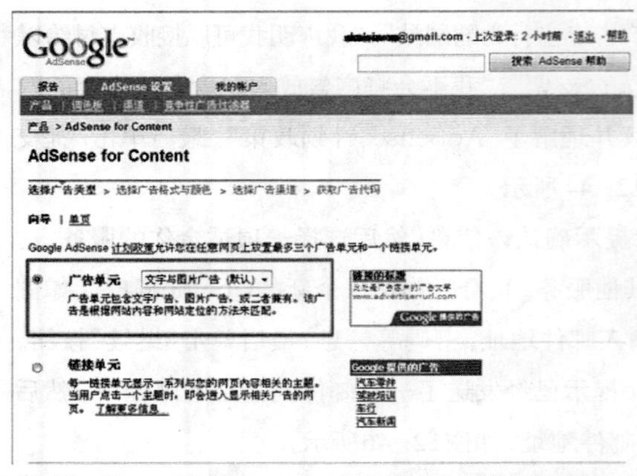

图12-49 “AdSense for content”提供了两种形式广告

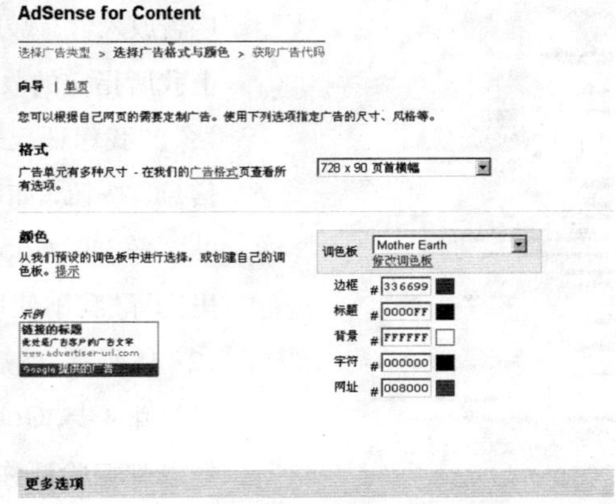

图12-50 设置广告样式

击进入该链接。

第8步，Google为该形式的广告提供了“广告单元”和“链接单元”两种形式，如图12-49所示。选择默认的“广告单元”后单击“继续”按钮。接下来需要根据你的Blog的具体情况设置广告的尺寸、文字颜色等样式，如图12-50所示。设置的广告样式应该与你的Blog页面风格相符合。设置完毕后单击“继续”按钮。

第9步，获得一段“AdSense代码”，如图12-51所示。只需要将这段代码放到自己Blog的适当位置，Google Adsense就算正式申请成功了。

向导 | 单页

点击此框的任一处以选取所有的代码。

您可以将此代码粘贴到符合我们计划政策的任何网页或网站中。

有关实施 AdSense 代码的更多帮助信息，请查阅我们的快速启动指南。

您的 AdSense 代码:

```
<script type="text/javascript"><!--
google_ad_client = "pub-6403298474378094";
google_ad_width = 728;
google_ad_height = 90;
google_ad_format = "728x90_as";
google_ad_type = "text_image";
google_ad_channel ="";
google_color_border = "336699";
google_color_bg = "FFFFFF";
google_color_link = "0000FF";
google_color_url = "008000";
google_color_text = "000000";
```

<<返回

<< 返回至AdSense 设置

图12-51 获得一段广告代码

小提示

为了便于管理在Google中获得的广告代码，建议将这些代码复制下来，粘贴到记事本文件中，另存为“.html”类型文件，并将该文件上传到你的空间中。

(3) 使用Google Adsense广告的注意事项

在使用Google Adsense广告的过程中，广大博主应注意以下几个方面：

①千万不要自己去点击Blog中的Google Adsense广告，也不要鼓动你的朋友去点击，Google会记录下你的行为，并且很容易因此而封掉你的Adsense账户。最好的办法就是放置Google Adsense

之后就忘掉它的存在。

②如果你的Adsense账户不幸被Google封掉了，而你的确没有过任何恶意点击行为，可以向adsense-zhs@google.com发邮件进行申诉。

③在同一页面上，最多能够放置3个广告单元、1个链接单元、2个Google Adsense for search。此外，任意两个广告单元都不可以包含相同的广告。

④如果你的网站访问者特别固定，其实不适合投放Google Adsense，访问者的IP地址尤为重要，这样对小区域性的网站来说是不利的，比如你的内容为某一个县城服务，收入就会很少，因为IP地址分布过于集中，广告主也得不到应有的效果。

⑤访问者的IP地址也会评级，同样的网站不同的IP地址可以看到的广告内容会不一样，同一网站同一广告不同IP地址点击的收入不一样，不幸的是咱们中国网民所处的区域IP地址的级别是比较低的。

3.添加Google Adsense广告到新浪博客中

在获取了Google Adsense代码之后，就可以把它添加到自己的博客中了。并不是所有的博客都支持放置Google Adsense广告。在准备投放Google Adsense广告前，应事先确认所使用的博客网站是否支持放置Google Adsense广告。目前支持放置Google Adsense广告的博客有新浪博客、和讯博客、博客网老公社、中国博客、凤凰博客、中华网博客等。下面以在新浪博客添加Google Adsense为例进行介绍。

小提示

对新浪博客，首页侧边广告的最合适形式是“宽幅摩天大楼(160x600)”；内容页中建议选择使用“横幅(468x60)”。

第1步，把获得的代码复制到记事本中，保存为“.htm”格式，如google－ad.htm。把这个文件上传到你的网站空间里，记下该文件的实际URL地址，例如“http://bloghelp.diy.myrice.com/google－ad.htm”。

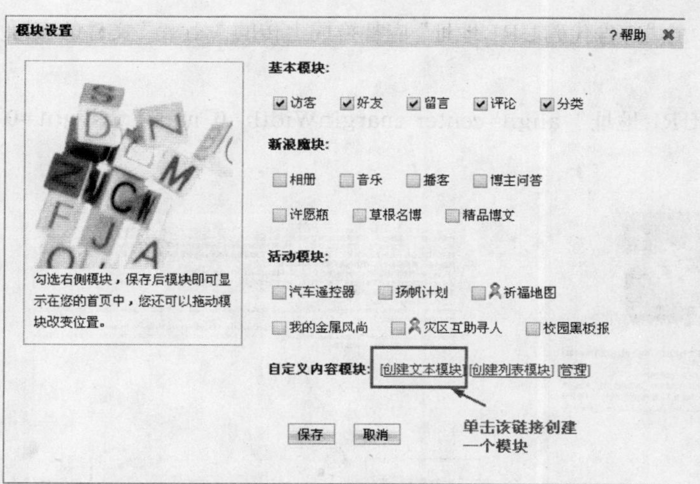

图12－52 模块设置对话框

第2步，登陆新浪博客首页，单击“模块”，弹出模块设置对话框，如图12－52所示。单击“创建文本模块”，出现“自定义模块”页面。为新增的模块取一个标题，例“google广告”，勾选“显示源代码”，然后在内容框中输入代码

小提示

实际应用中，代码中的http://bloghelp.diy.myrice.com/google－ad.htm应替换成你自己在第一步中上传文件的实际URL地址。

下面的代码（如图12－53所示）：

<IFRAME align=center marginWidth=0 marginHeight=0 src="http://bloghelp.diy.myrice.com/google－ad.htm" frameBorder=0 width=160 scrolling=no height=600></IFRAME>

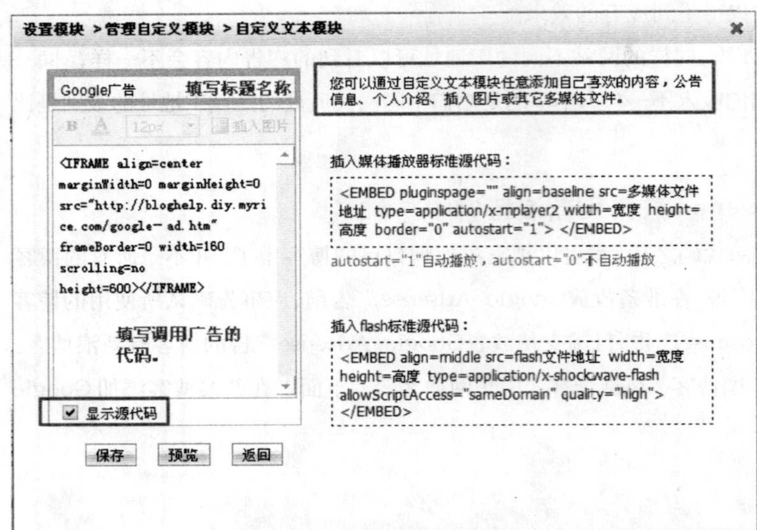

图12－53 自定义模块

第3步，单击"保存"按钮返回模块设置对话框。勾选上一步新增的google广告模块，单击"保存"按钮。这时，已经看到Ggoogle Adsense广告的初貌了，不过，它是出现在左侧最下方的。用鼠标单击插入的广告不放，移动鼠标可调整广告的位置，如图12－54所示。

以上介绍的是在新浪博客首页添加Google Adsense，那么在文章页面能不能添加广告呢？答案是肯定的，而且更加简单。只要在Google Aadsense后台生成一个468×60或其他形式的广告代码，然后将代码文件上传到你自己的网站空间。最后在每个文章源代码（文字处于编辑状态，勾选"显示源代码"复选框，如图12－55所示）的合适位置加入以下代码即可，代码中的"广告代码URL地址"应替换成上传的".htm"文件的实际URL地址。

<IFRAME src="广告代码URL地址" align=center marginWidth=0 marginHeight=0

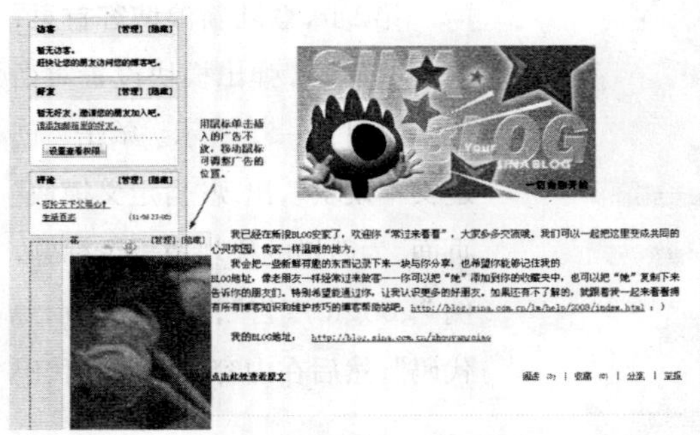

图12－54 移动广告位置

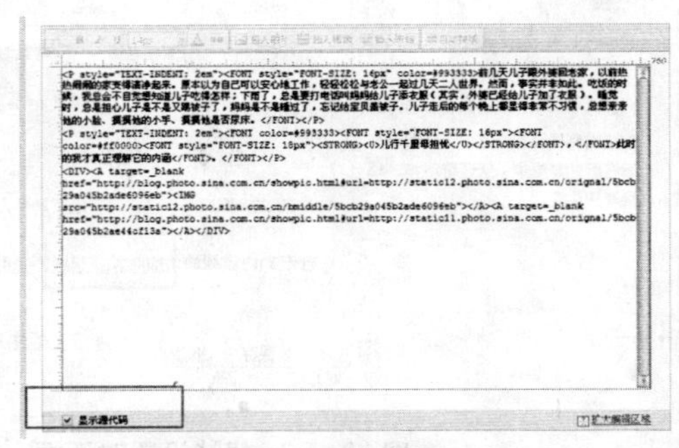

图12－55 在文章中插入广告

注意

（1）只有使用Word编辑器才能显示源代码，因此，使用UBB编辑器环境下发表的文章中无法添加Google Adsense广告。（2）根据Google Adsense许可政策，无论首页还是次页，每个页面最多只能加入3个广告位，因此，请不要将广告加在文章顶部，否则你的博客首页中，每篇文章顶部的广告都会显示。

frameBorder=0 scrolling=no width=468 height=60></IFRAME>

4.查询收入与Google AdSense支付

Google AdSense大概是每一个小时左右更新一次点击记录，所以当别人点击你的广告后，不会立刻显示收入。因为Google Adsense的服务器放在美国，所以有时差，冬天大概是北京时间16:00左右为美国时间的凌晨0点。夏天实行的夏令时，大概是在北京时间15:00左右是美国时间的凌晨0点。所以要查询一天的收入，应该在美国时间为凌晨0点以后查询。

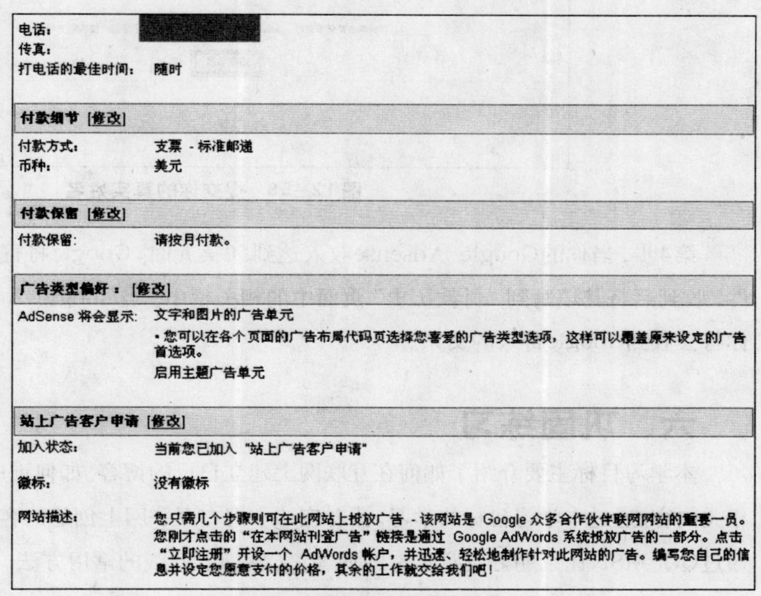

图12-56 修改付款细节

第1步，登录Google Adsense后切换到“我的账户”标签，在“付款细节”栏单击“修改”链接，勾选“支票－标准邮递”（如图12-56所示）后单击“继续”按钮。

第2步，切换到“付款历史”链接，单击进入“请提交你的纳税信息”，这时候Google会询问几个问题，我们如实填写即可，如图12-57所示。

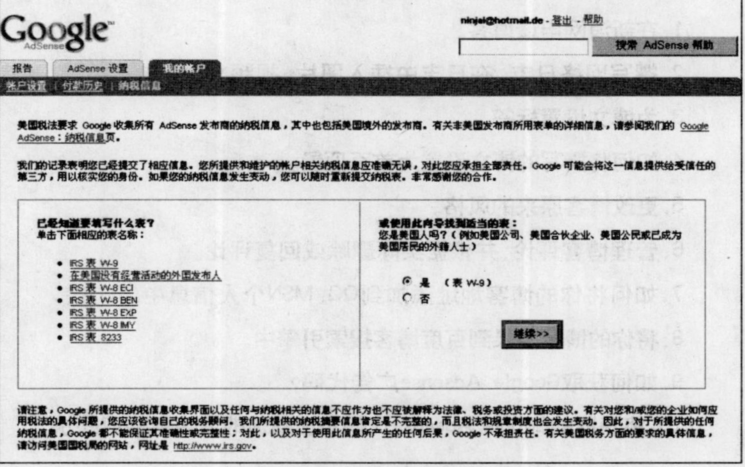

图12-57 提交你的纳税信息

第3步，在“由发布人或经发布人充分授权的代表签字”栏输入你的真实姓名，并单击“提交信息”按钮，如图12－58所示。这时候准备工作就完成了。

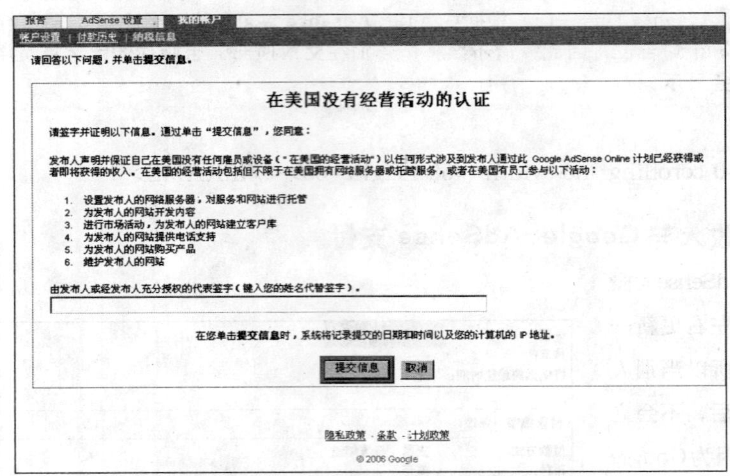

图12－58 提交你的真实姓名

第4步，当你的Google Adsense收入达到50美元时，Google将寄出一份包含个人识别码的信件，收到后将其填写到“付款历史”页面中的相关栏中。当Google Adsense收入达到100美元时，你将会收到Google寄来的支票。

六、巩固练习

本学习目标主要介绍了如何在互联网上建立自己的博客、如何推广博客、如何利用博客赚钱等相关内容。通过本学习目标的学习，读者应该掌握在互联网上创建博客、写网络日志的基本方法，并通过QQ、MSN让亲朋好友宣传你的博客，了解博客赚钱的常用方法。

练习题：

1. 在新浪网申请博客。
2. 撰写网络日志，在日志中插入图片、视频文件。
3. 为博文设置标签。
4. 如何将撰写的博文设置为首页顶置。
5. 更改博客原来的风格。
6. 管理博客评论，并根据实际删除或回复评论。
7. 如何将你的博客地址添加到QQ、MSN个人信息中。
8. 将你的博客收录到百度博客搜索引擎中。
9. 如何获取Google Adsense广告代码？
10. 将获取的Google Adsense代码添加到你的博客中赚取外快。

学习目标13 体验在线游戏数字娱乐

网络游戏精彩纷呈，常令玩家们流连忘返。如今的游戏世界，联网对战是一大潮流。如果某一个战略游戏不支持联网，那么它就会失去一半的魅力。互联网上有相当多的游戏是允许进行联盟或者合作的，如何团结一致实现对战，就要看玩家手上的功夫了。

一、QQ 游戏

腾讯游戏是腾讯四大网络平台之一，是全球领先的游戏开发和运营机构，也是中国最大的网络游戏社区。

第1步，在QQ主窗口中单击QQ游戏按钮（如图13-1所示）打开QQ游戏，在如图13-2所示。在窗口的左侧列举了QQ游戏的类别，包括麻将类游戏、棋类游戏、牌类游戏等。

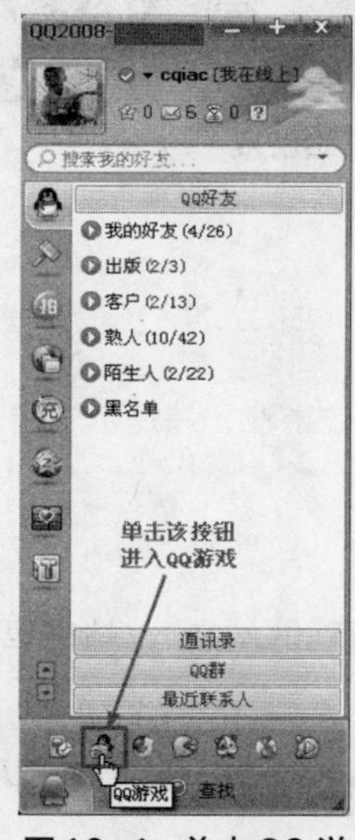

图13-1 单击QQ游戏按钮

图13-2 QQ游戏窗口

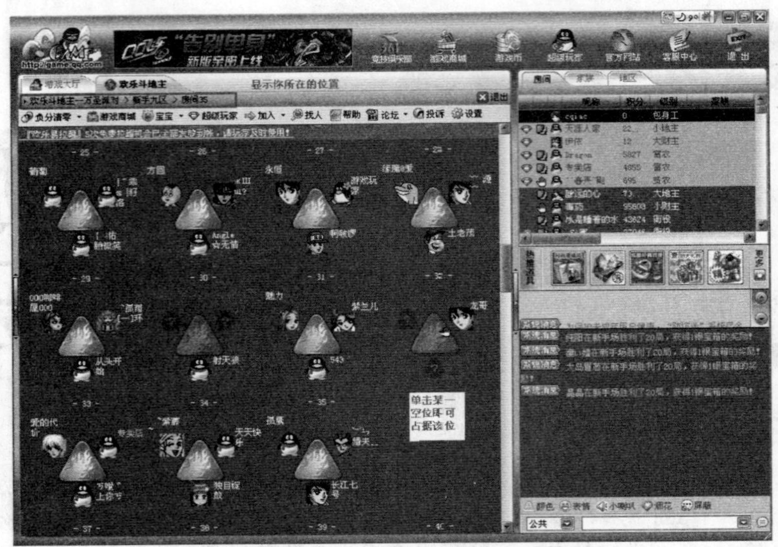

图 13-3 进入游戏房间

第2步，选择喜欢的游戏类别，例如，选择"欢乐游戏"→"欢乐斗地主"，进入斗地主游戏专区，选择一个分区，然后选择一个未满员的房间，进入游戏房间，如图13-3所示。玩斗地主需要三人一组，一个红色三角形表示一张桌子，周围有QQ头像表示已经有玩家坐在了该位置上。

第3步，单击某一空位置坐下，进入游戏界面。单击"开始"按钮，准备游戏。当三个人都单击"开始"按钮后就可以开始游戏了，如图13-4所示。

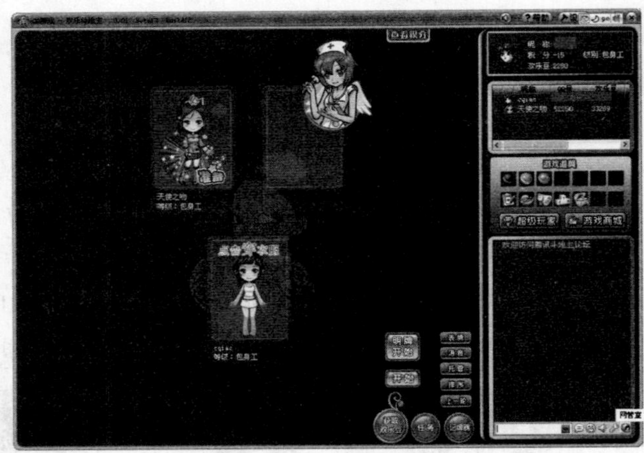

图 13-4 开始游戏

小提示

进入游戏时，如果你还未安装希望玩耍的游戏，系统会提示你安装该游戏，按提示安装即可。

二、联众世界游戏

联众游戏网（http://www.ourgame.com/）是目前国内较大的游戏网站之一。站内包括各种棋类、益智游戏。下面就来学习如何玩联众游戏。

第1步，到联众世界下载中心（http://www.ourgame.com/download/）下载游戏大厅。然后安装游戏大厅，其安装操作比较简单，按提示操作即可完成。

第2步，运行联众游戏软件，出现登录界面，如图13-5所示。输入用户名和密码，单击"登录"

图13－5 联众登录对话框

按钮登录。如果你还未注册用户，可单击“免费注册用户”按钮注册。

第3步，进入联众游戏大厅，在窗口左侧是游戏分类，包括麻将、棋类、牌类、大型网络游戏等。选择一种分类，例如，选择“麻将游戏”→“疯狂麻将”→“南方电信”，如图13－6所示。

第4步，进入疯狂麻将游戏室。该游戏室由桌子、聊天室、玩家列表、房间列表等组成，如图13－7所示。在游戏桌上选择一张椅子，单击鼠标，即可坐下。单击“开始”按钮，就可以举手，当一张桌子上的所有人都举手后，就可以进入游戏了，如图13－8所示。

图13－6 选择游戏类别

三、多人在线网络游戏

多人在线网络游戏缩写为“MMOGAME”，又称“在线游戏”，简称“网游”。它是一种必须依托于互联网进

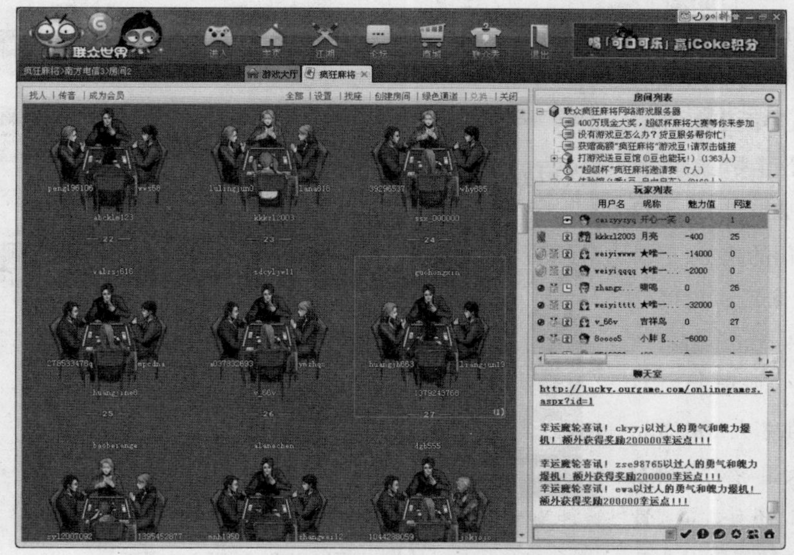

图13－7 麻将室

图 13–8　开始玩麻将

行、可以多人同时参与的游戏，通过人与人之间的互动达到交流、娱乐和休闲的目的。目前，全球越来越多的专业游戏开发商和发行商介入网络游戏，一个规模庞大、分工明确的产业生态环境已经形成。

“大型网络游戏”(MMOG)的概念浮出水面，网络游戏不再依托于单一的服务商和服务平台而存在，而是直接接入互联网，在全球范围内形成了一个大一统的市场。商业模式“包月制”被广泛接受，成为主流的计费方式，从而把网络游戏带入了大众市场。例如《魔兽世界》(World of Warcraft)是一部少有的网络游戏杰作，属于大型多人在线角色扮演3D游戏。

随着Web技术的发展，在网站技术上各个层面得到提升，国外已经开始新兴许多的“无端网游”，即不用客户端也能玩的游戏，也叫网页游戏或Webgame web游戏 ，也有一些公司宣称“老板眼皮底下也能玩的游戏”。确实，网页游戏依靠Web技术支持就能玩的在线多人游戏类型，受到许多办公室白领一族的追捧。2007年开始，中国大陆也陆续开始有许多网页游戏开始较大规模的运营，网页游戏作为网络游戏的一个分支已经逐渐形成。

在一些综合的游戏门户网站也开始把网页游戏作为网络游戏产品的一个重要分支进行大规模的报道，比如顶级游戏平台(http://www.topyouxi.com)就有专门的网页游戏分支大频道，报道最新的网页游戏产品，并聚合了更多的网页游戏玩家同人群体，大家进一步沟通娱乐。

要玩网络游戏，你首先得有兴趣和时间，目前的网游都是消耗时间的大型软件。如果要玩界面华丽的3D网络游戏，还需要电脑的硬件水平足以支持。网络游戏已经成为专门的技术，但是对于入门者来说，可以到www.17173.com上进行学习，如图13–9所示。17173网站不仅提供了大量的游戏攻略，还有大量游戏资料方便下载，同时还有大量“骨灰级”玩家在那哪里授业解

图 13–9　17173 首界面

惑。例如要了解具体的某款游戏，在首界面单击它的链接，就会进入游戏的专区页面，如图13－10所示。

图13－10 具体游戏的资料

一款大型的网络游戏就是一个综合性极强的虚拟社区，里面有不同于现实生活的生活技巧和生财之道。具体娱乐所在需要读者自己去体会了才知道。通过笔者玩网络游戏的经验表明，认真阅读17173上的攻略足以指导自己练级、打宝、经商、PK等成为高级玩家。但笔者要提醒读者，玩网络游戏需要时刻把控自己的时间，不要为了网游中的刺激而耗时太多。

四、巩固练习

游戏已经是电脑用户生活中的一部分。特别是网络游戏是目前的热点话题。到各个网吧去观察，就会发现玩大型网络游戏的玩家众多。网络游戏有多种，有大型的，有小型的，我们需要根据自己的兴趣、时间多少来选择。

练习题：

1. 了解QQ游戏的操作方法。
2. 了解联众游戏网的使用。
3. 了解目前的大型网路游戏。如果有兴趣和空余时间，可以尝试使用。

学习目标14 打造良好环境——上网优化

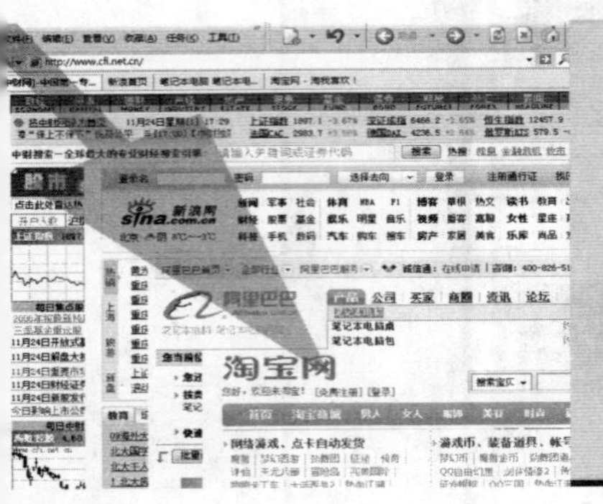

在互联网高速发展的今天，互联网俨然成为广大网民娱乐、休闲的好方式：网上购物，网上听歌、看电影、玩游戏让你足不出户乐翻天。而网络博客、网上炒股、网上开店越来越被广大投资者所青睐。优秀的网络环境为你的互联网休闲、娱乐、投资提供了有力保障。下面就来学习如何打造优秀的上网环境。

一、IE 浏览器优化

上网工具软件中，IE浏览器是常用的网页浏览工具。对浏览器进行优化设置可以避免一些无用广告的弹出，有效提高网页的浏览速度。

1. 禁用部分多媒体内容

多媒体，如动画、音频、视频，可以让静止的页面变得丰富多彩，但与此同时，由于多媒体数据量相对较大，它们会占据大量的带宽，使网页浏览速度较慢。如果上网浏览更多地只是查看文字资料，可以禁用部分多媒体内容。禁用网页中的多媒体内容，可参照”学习目标2”的有关内容。

小提示

如果启用显示图片，禁用播放动画，那么网页上的所有动画都会显示第一帧的内容，犹如一张静止的图片。

2. 修改默认连接主页

启动时IE浏览器时，默认打开微软首页。对不需要访问微软网页的用户来说，这无疑浪费他们了浏览自己喜欢网页的时间。在实际应用过程中，用户完全可以自行修改默认主页。

(1) 将主页设为空白页

当用户打开 IE浏览器时会直接登录所设定的“主页”地址，如果用户并不想登录该站点，这无疑浪费了上网时间。解决办法是将“主页”设为空白页。

运行IE浏览器，单击菜单“工具”→“Internet选项”，在打开的窗口中选择“常规”选项，然后在主页栏中单击“使用空白页”按钮即可，如图14-1所示。

(2)设置主页为喜爱的站点

将浏览器起始地址设为你最喜爱的站点，则每次起动浏览器直接进入该主页，可以省时省力。打开Internet选项窗口，选择“常规”选项，在主页栏地址后面的输入框中键入喜爱的站点网址，或在打开了喜爱的站点后单击“使用当前”按钮。

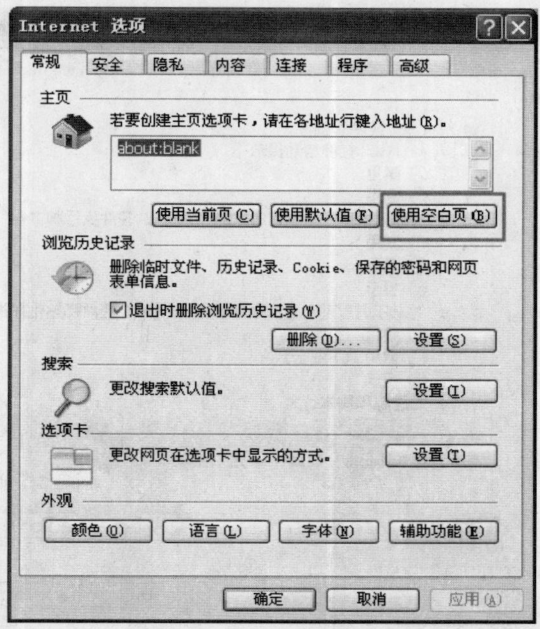

图14-1　将主页设为空白页

3.加大磁盘缓存容量

在浏览网页时，浏览器会自动将该网页的HTML源代码与图片储存到磁盘缓存中，当离开后重新回到该网页时，就可以直接从磁盘上进行调用，而不需要再通过Internet重新读取内容，其提速效果非常明显。所以增大磁盘缓存的大小，可以提高用户访问网页的速度。详细设置可参照第五章浏览器设置部分。

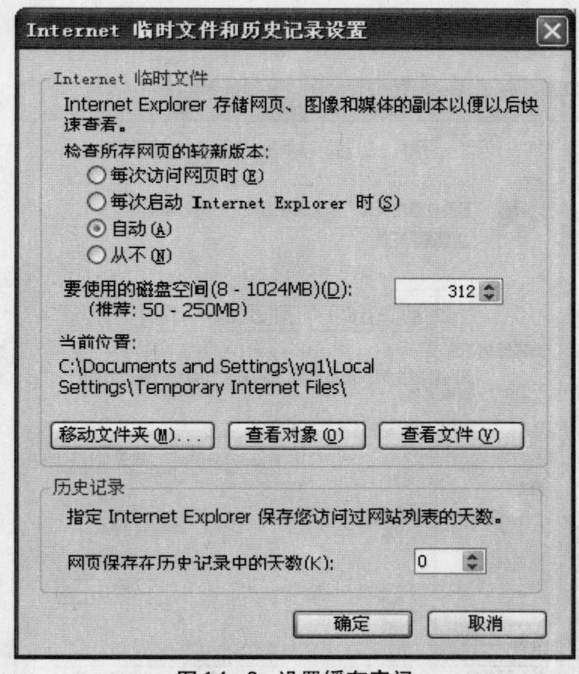

图14-2　设置缓存空间

第1步，运行IE浏览器，单击菜单“工具”→“Internet选项”，打开“Internet选项”窗口。单击“常规”选项卡，单击“Internet临时文件”栏的“设置”按钮，弹出“设置”窗口。

第2步，在“要使用的磁盘空间”后设置磁盘缓存的大小，如图14-2所示。缓存空间设置多大比较合适，需要根据硬盘容量来进行考虑。设置得太小，达不到提速的目的；设置太大，不仅耗费系统资源，而且延长了磁盘的查找时间，提速效果也往往会打折扣。一般情况下，该分区7%～8%的空间作为缓存就足够了。根据当前磁盘分区空间的大小，尽量让磁盘缓存大一些。最后单击“确定”按钮即可。

4.禁用或限制使用Java、Java小程序脚本、ActiveX控件和插件

由于互联网上经常使用Java、JavaApplet、ActiveX编写的脚本，它们可能会获取用户的用户

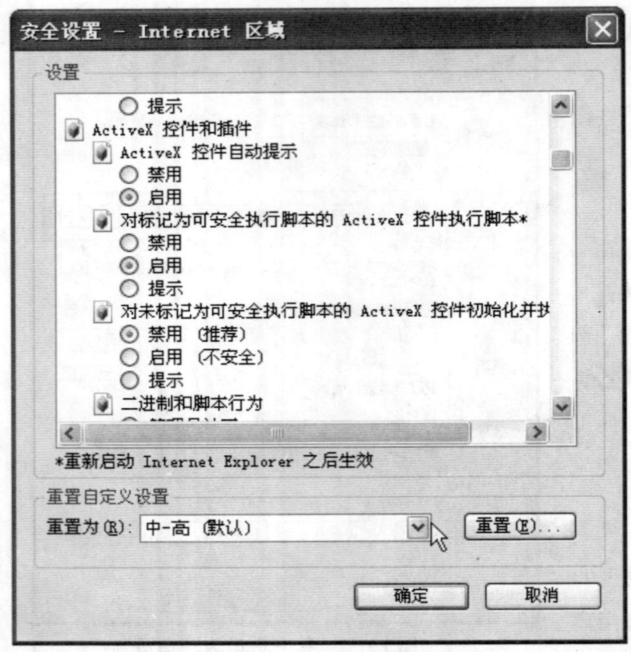

图14–3　设置脚本

标志、IP地址，乃至口令，甚至会在你的电脑上安装某些程序或进行其他操作，影响浏览网页的速度。因此应对Java、Java小程序脚本、ActiveX控件和插件的使用进行限制，可以提高网页浏览速度。

第1步，打开IE浏览器，单击菜单“工具”→“Internet选项”，在弹出的对话框中选择“安全”选项卡，单击“Internet”→“自定义级别”，打开“安全设置－Internet区域”窗口。

第2步，在这里可以对“ActiveX控件和插件”、“Java”、“脚本”、“下载”、“用户验证”等安全选项进行选择性设置，如“启用”、“禁用”或“提示”。对相关选项不熟悉的用户可在“重置”栏中选择安全级别，然后单击“确定”按钮，让修改生效，如图14–3所示。

5.清除Internet临时文件、历史记录、Cookies记录、密码记录

在上网的过程中IE会自动把浏览过的图片、动画、Cookies文本等数据信息保留在电脑中，方便用户下次访问该网页时迅速调用已保存在硬盘中的文件，从而加快上网的速度。然而，随着时间的推移，临时文件夹的容量会越来越大，容易导致磁盘碎片的产生，影响系统的正常运行。清除上网过程中的临时文件和上网后的记录，可以释放部分磁盘空间，加快电脑的运行速度。

第1步，在IE主窗口中，单击菜单“工具”→“Internet选项”，打开“Internet选项”窗口。

第2步，选择“常规”选项卡，单击“浏览历史记录”中的“删除”按钮（如图14–4所示），弹出“删除浏览历史记录”对话框。

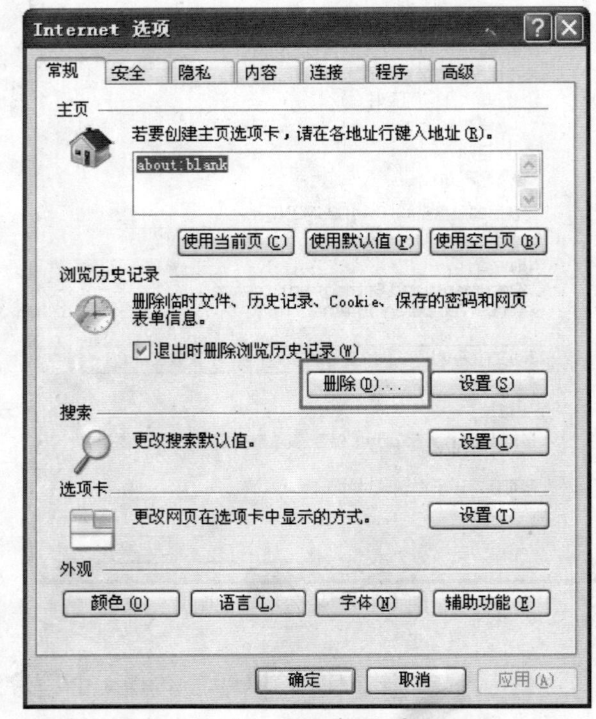

图14–4　“Internet选项”窗口

第3步，勾选需要清除的项，如Internet临时文件、Cookie、历史记录、表单数据、密码等，如图14—5所示，单击“删除文件”按钮，系统就会立即清除上网过程中保留在电脑中的这些记录。

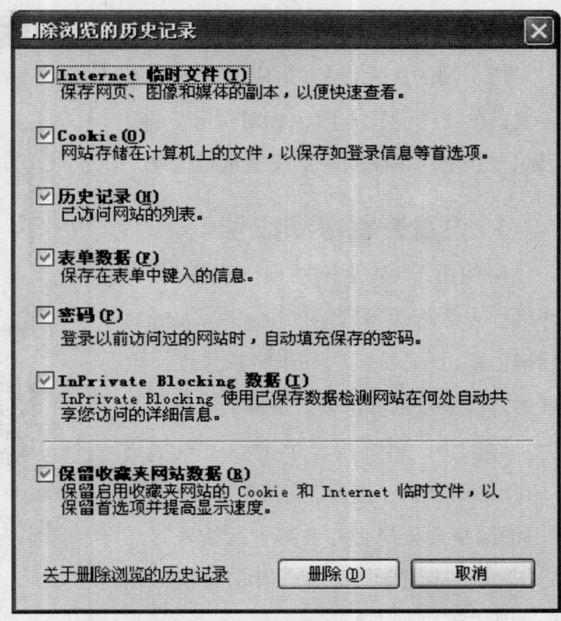

图14—5　勾选需要清除的项

小提示

对喜欢在网上购物的用户，上网后应即时清除表单数据和密码，避免给自己带来财产损失。

6．屏蔽弹出广告

在浏览网页的过程中经常会遇到一些弹出广告，关闭这些弹出广告可对浏览器进行如下设置。

第1步，在桌面上用鼠标右击IE浏览器快捷图标，选择“属性”，弹出“Internet属性”窗口。选择“安全”标签，在“安全设置”中选择“受限制的站点”，如图14—6所示。

第2步，单击“站点”按钮，弹出“受限站点”窗口，如图14—7所示。输入广告页面的地址，然后单击“添加”按钮，该广告的网址即被设置为黑名单。重复该步骤可设置多个受限页面，设置好后单击“确定”按钮即可。

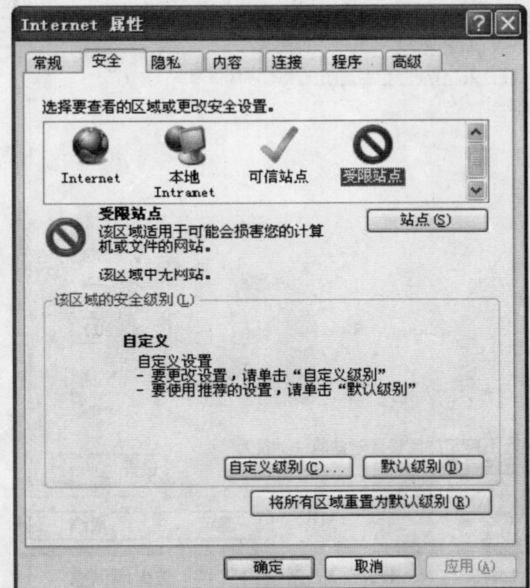

图14—6　安全设置

二、网络提速设置

随着网络技术的发展，Internet的接入速度越来越快，可选择的接入方式也多种多样。而作

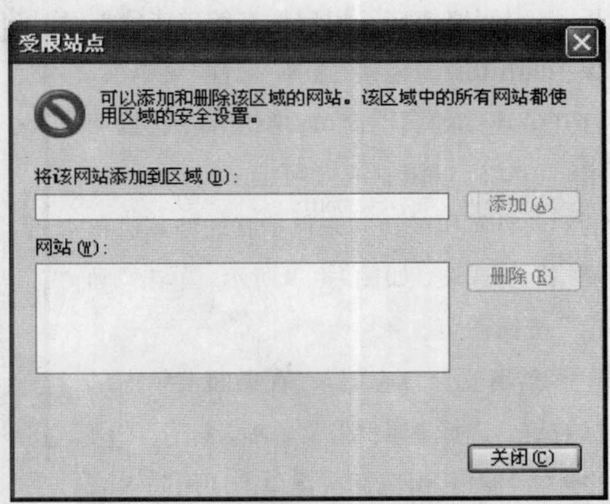

图14—7　添加受限页面的网址

为Internet的末端，Windows操作系统为了支持不同的接入设备，适应不同的网络环境，在程序设置方面也相对保守一些，因此有必要对系统的网络设置进行优化。

1.设置开机自动拨号

对使用ADSL上网的用户来说，每次开机都去运行拨号程序连接上网，无疑会减慢他们上网的速度。如果将拨号连接设置为自动拨号就可以省去这样的麻烦了。

运行IE浏览器，单击“工具”→“Internet选项”，选择“连接”选项，勾选“不论网络连接是否存在都进行拨号”。然后把IE图标拉到“启动”中，每次开机后，用户就已经上线了。如图14-8所示。

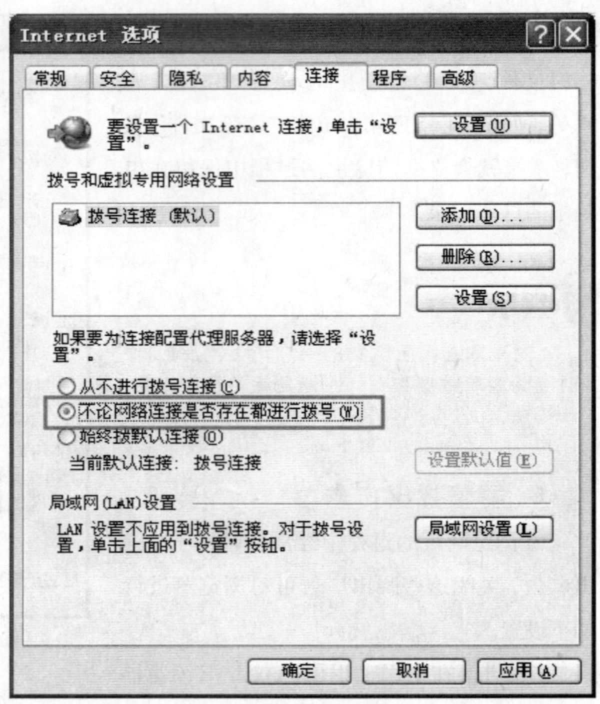

图14-8 设置自动拨号

此外，打开拨号连接属性窗口，取消对提示名称、密码、凭证等的勾选，然后把该拨号连接放到“启动”中也可实现开机自动连接。

2.优化防火墙

Windows XP系统内置了ICF(Internet Connection Firewall，Internet连接防火墙)防火墙，默认设置是未打开。开启ICF的方法如下。

在系统桌面选择“开始”→“控制面板”→“网络连接”，用鼠标右键单击需要保护的Internet连接，选择“属性”菜单项，打开该连接的属性窗口，单击“高级”选项卡，勾选“通过限制或者阻止来自Internet的对此计算机的访问来保护我的计算机和网络”复选项，如图14-9所示，单击“确定”按钮即可。

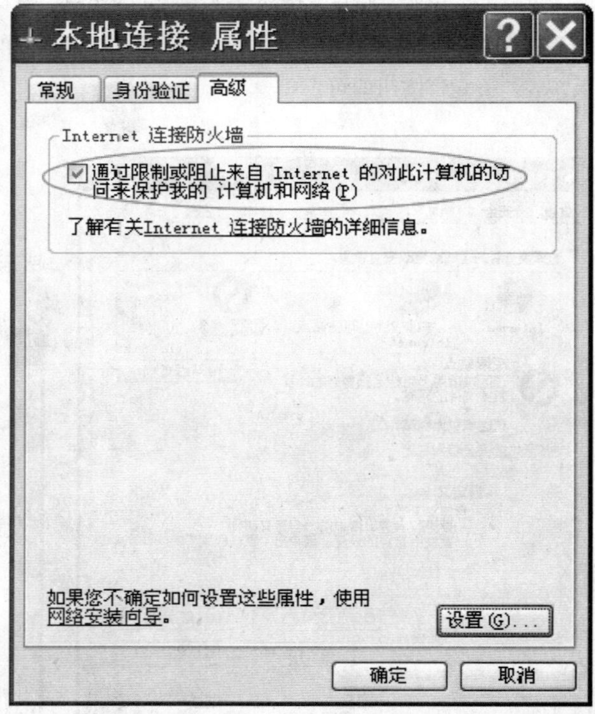

图14-9 Windows XP系统内置ICF防火墙调整

禁用安全日志记录。在桌面上单击鼠标右键，选择“属性”菜单项，打开“网络连接”窗口。用鼠标右键单击启用防火墙的连接，打开其属性窗口。选择“高级”选

项卡，单击“设置”按钮，打开“Windows防火墙”窗口。选择“高级”选项卡，单击“设置”按钮，打开“日志设置”窗口。在“记录选项”区域中取消对各选项的勾选，如图14-10所示，然后单击确定按钮。

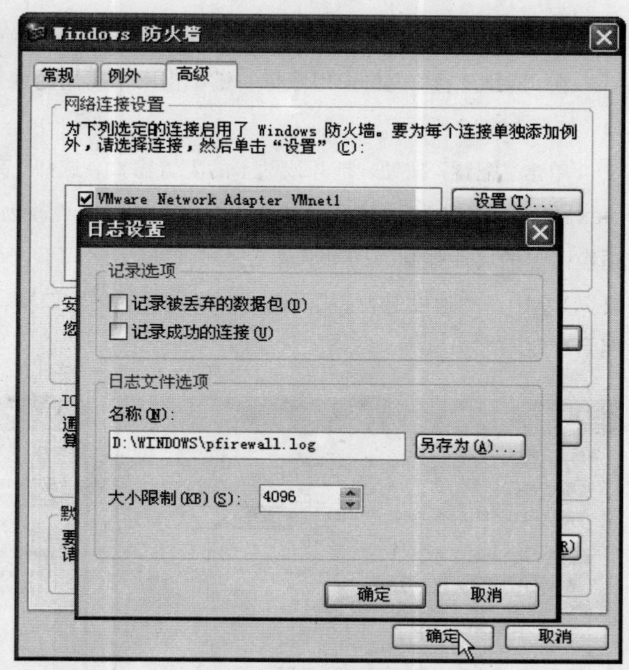

图14-10　禁用安全日志记录

3. 优化网上邻居

Windows使用网上邻居时，首先会搜索自己的共享目录和可作为网络共享的打印机以及计划任务中与网络相关的计划任务，然后才显示出来，这样会直接影响计算机的运行速度，可以根据实际进行删除。在注册表编辑器中找到“KEY_LOCAL_MACHINE\sofeware\Microsoft\Windows\Currentersion\Explorer\RemoteComputer\NameSpace”删除其下的{2227A280-3AEA-1069-A2DE08002B30309D}(打印机)和{D6277990-4C6A-11CF-8D87-00AA0060F5BF}(计划任务)。

4. 使用固定IP

由于使用宽带接入上网时安装了网卡，这样每次启动计算机的时候系统都会检测计算机的IP地址，因此需要等待较长的时间，可以通过给网卡设定IP地址来解决这个问题。

在系统桌面上用鼠标右键单击“网上邻居”图标，选择“属性”菜单项，打开“网络连接”窗口。用鼠标右键单击连接Internet的网络连接，选择“属性”菜单项，弹出其属性窗口，选中“Internet协议（TCP/IP）”项，单击“属性”按钮，在弹出的窗口中给网卡指定固定IP地址，如192.168.0.1，如图14-11所示。这样以后开机速度将会提高不少。

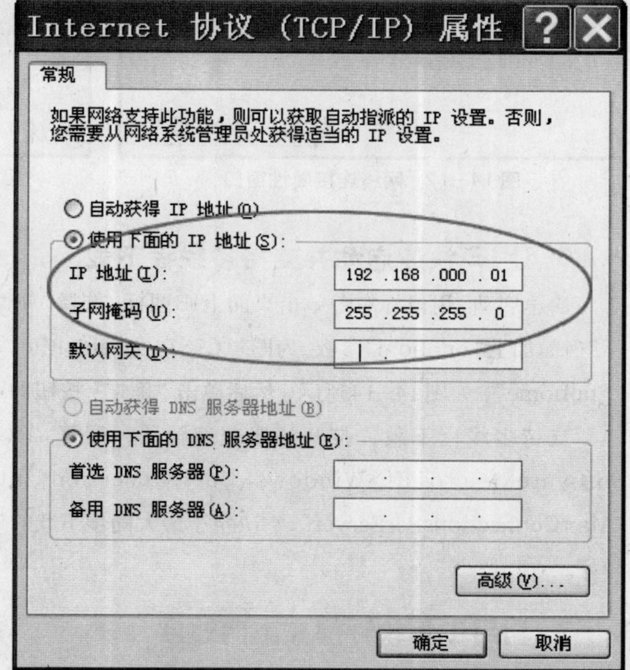

图14-11　指定固定IP地址

5. 提高10/100M网卡传输速率

在“网络连接”窗口中用鼠标右键单击网卡所用的连接，选择“属性”菜单项，打开“属性”窗口，如图14-12所示。

单击“配置”按钮，打开该网卡的配置窗口，选择“高级”选项卡，选择“Link Speed/Duplex Mode”，在“设置值”栏中将“Auto Mode”更改为“10 Half Mode”，手工将10/100M自适应网卡的属性强制为10M半双工模式，使网卡之间不进行自动协商，让网卡之间在传输数据时始终以10Mb/s的速度进行，从而提高网络之间的传输效率，如图14-13所示。不过，此设置只对部分网卡有效。

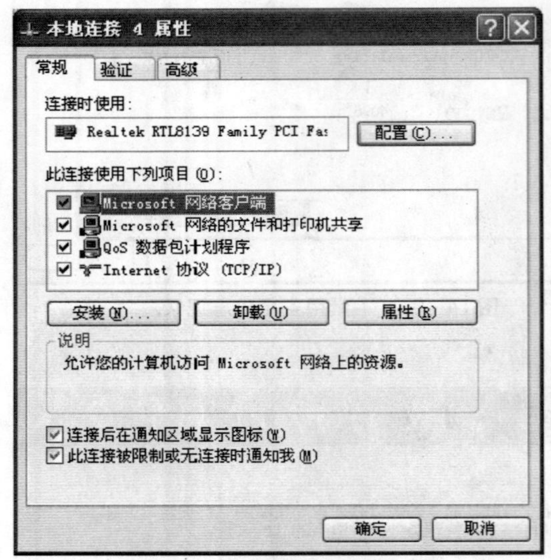

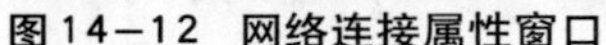

图14-12 网络连接属性窗口

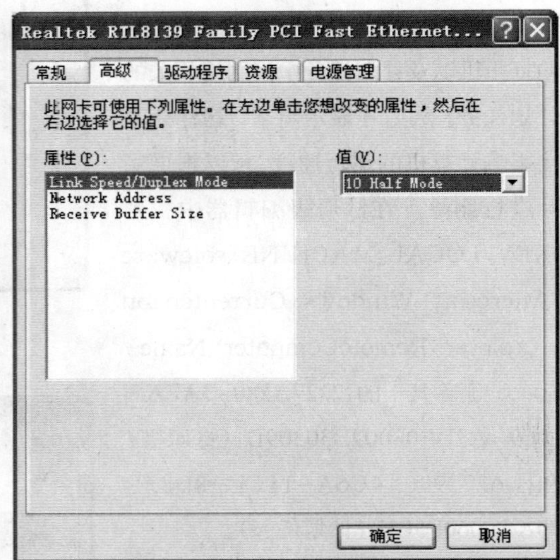

图14-13 强制该为10M半双工模式

6. 让IE快速启动并支持多线程下载

快速启动：用鼠标右键单击桌面上IE图标，选择“属性”菜单项，打开浏览器属性窗口。在“目标”后面加上“-nohom”参数，为即“"C:\Program Files\Internet Explorer\IEXPLORE.EXE" nohome”，如图14-14所示，然后单击“确定”按钮即可。

支持多线程下载：打开注册表编辑器，展开“HKEY_CURRENT_USER\Software\Microsoft\Windows\CurrentVersion\Internet Settings”项，新建双字节值项“MaxConnectionsPerServer”，它决定了最大同步下载的连线数目，一般设定为5～8个连线数目比较好。

7. 利用工具软件提高上网速度

利用工具软件来提高上网速度，也是很多用户常用的手段。随着互联网技术的发展，网络加速软件也层出不穷，其中优秀的软件也不少，如ADSL超频奇兵，终极上网提速，网络狂飙等。下面以网络狂飙为例进行介绍。

网络狂飙(NetSpeeder)是一款网络加速共享软件，适用于各种类型的网络连接(DSL、光缆、

图14-14 快速启动IE浏览器

无线），从根本上提高下载速度，它提供的DNS加速器可以根据IE收藏夹和历史记录来更新主机名称和IP地址，以提高连接常用网站的速度。下面就来看看如何使用网络狂飙来提高上网速度。

到互联网上（如“http://www.skycn.com/soft/8750.html”）下载网络狂飙，并安装该软件。运行网络狂飙，进入其主窗口，如图14-15所示。

第1步，在网络狂飙主窗口中单击“Tweak Wizard”，弹出“优化向导”窗口，直接单击“下一步”按钮。出现“选择连接类型”窗口，如图14-16所示。根据实际选择连接类型，若使用的是ADSL连接，则勾选“DSL连接”项，然后单击“下一步”按钮。

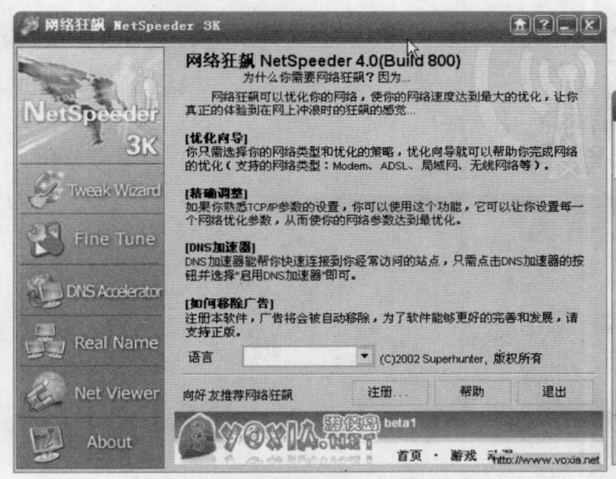

图14-15 网络狂飙主窗口

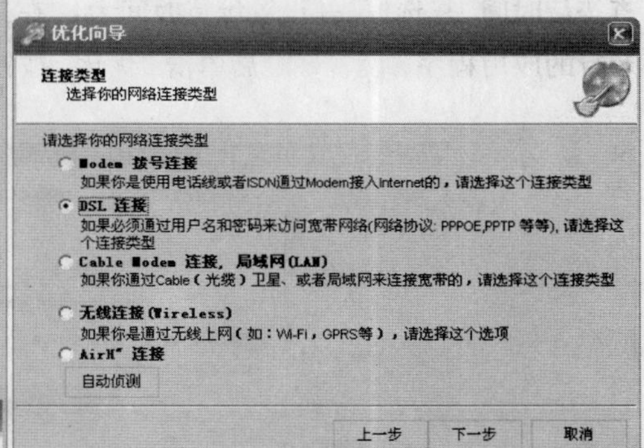

图14-16 选择连接类型

第2步，出现“网络接口”选择窗口，该项参数必须设置，因为对不同的接口，MTU值会存放在Windows注册表的不同地方，如果不知道选择那一个接口，可选择“所有接口”项，如图14-17所示，单击“下一步”按钮。

第3步，在随后出现的窗口中单击“完成”按钮，此时设置好的优化参数会保存到注册表中。重新启动系统使优化设置生效。重启电脑后，可以单击“速度测试”按钮来测试优化后的上网速度。

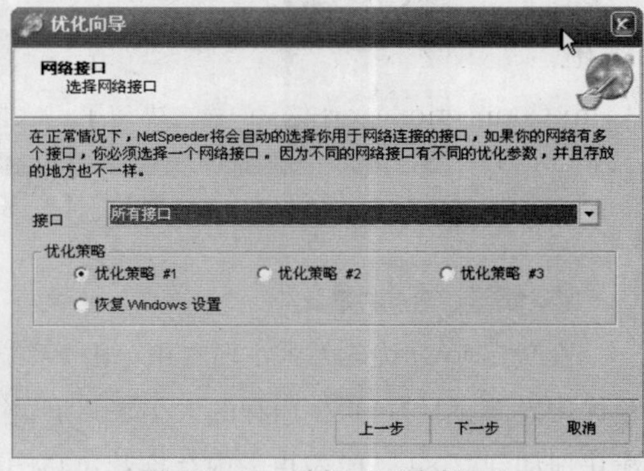

图14-17 选择“所有接口”

三、优化系统提高上网速度

随着使用时间的推移，电脑中的各种垃圾信息会越来越多，严重影响电脑的运行速度，致使我们的上网速度越来越慢。因此，优化系统也是提升上网速度的有效方法之一。对普通用户来说，利用系统优化软件优化系统，既简单、又快捷。常用的系统优化软件如变速精灵、超级兔子魔法设置、Windows优化大师等。下面以用Windows优化大师优化系统为例进行介绍。

Windows优化大师是一款从系统信息检测到维护，从系统清理到流氓软件清除的全自动软件，能够帮助用户全面解决系统优化方案。同时，Windows优化大师适用于最新的Widnows Vista系统，能够自动检测用户操作系统，并根据不同的操作系统提供不同的功能模块、选项及设置界面。下面就来看看Windows优化大师是如何优化系统，提高系统性能的。

1.开机速度优化

第1步，运行Windows优化大师，进入其主窗口。单击“系统性能优化”下的“开机速度优化”按钮，出现开机提速优化界面。一般保持“启动信息停留时间”项为默认值，如果用户安装了多操作系统，并希望开机时快速进入安装了优化大师的系统，则把滑块往“快”的方向拖动；反之，则往“慢”的方向拖动。

第2步，设置“预读方式”为“禁用”，以加快系统的启动速度。勾选“异常时启动磁盘错误检查等待时间”复选框，并设置等待时间为1。在“开机时不自动运行的程序”区域中勾选不需要开机运行的应用程序，设置好之后单击“优化”按钮即可，如图14－18所示。

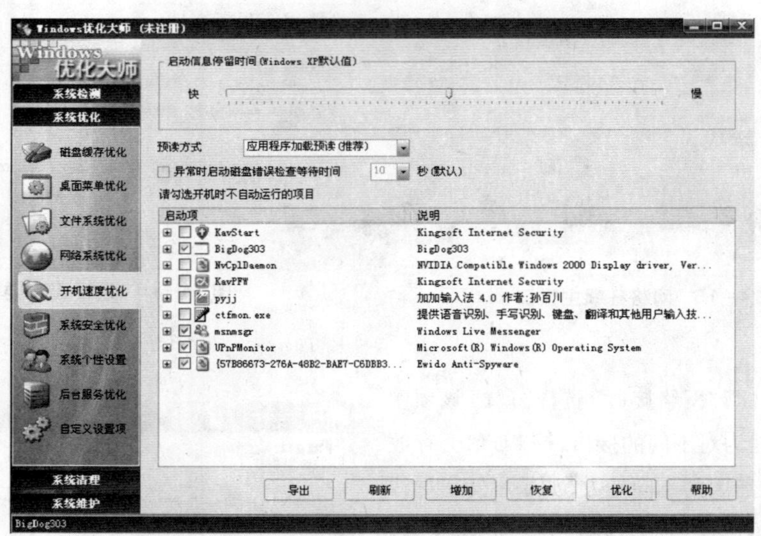

图14－18 设置开机提速优化

2.磁盘缓存优化

在Windows优化大师主窗口中单击“系统性能优化”下的“磁盘缓存优化”按钮，出现磁盘缓存优化界面。用户可根据内存的大小来调整“输入/输出缓存大小”，如电脑内存为512MB，就要把滑块拖动到“384/512及更大内存推荐:64MB”位置。在“内存性能配置”中保持Windows 默认

值。对个人用户来说，可将“计算机设置为较多的CPU时间来运行”项设置为“程序”，如图14－19所示。根据需要选择余下的优化方式，设置好之后单击“优化”按钮即可。

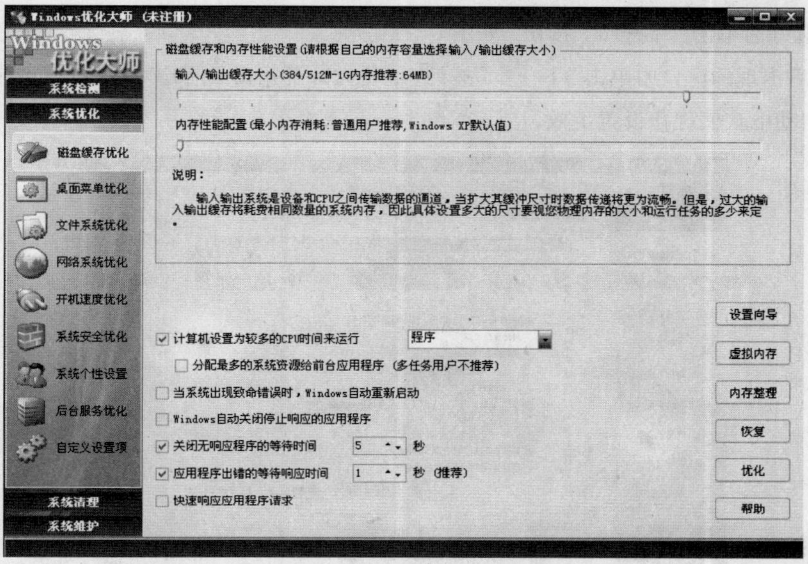

图14－19 优化磁盘缓存

3.注册信息清理

Windows系统在运行的过程中会产生大量的垃圾文件、注册表冗余信息等，这些垃圾信息严重影响系统的运行速度。同时，这些信息分散在系统的各个文件夹中，特别是注册表冗余信息，一般用户无法全部彻底删除，甚至会因误操作使系统瘫痪。Windows优化大师提供的系统清理功能，可方便地清理注册表信息、磁盘文件、冗余DLL等垃圾信息。

在Windows优化大师主窗口中单击“系统清理”下的“注册信息清理”按钮。选择需要扫描的项，然后单击“扫描”按钮开始扫描。Windows优化大师会将扫描出来的冗余注册表信息显示在下面的方框中。单击“全部删除”按钮即可将这些信息全部删掉。如图14－20所示。

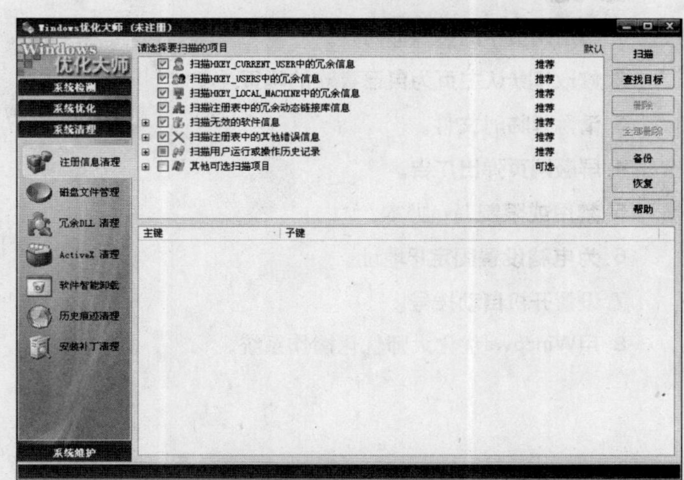

图14－20 优化注册表

> **小提示**
>
> 在删除这些信息之前，建议先对注册表进行备份，以免误删一些重要的信息。备份时，直接单击“备份”按钮即可。

4.自动优化

Windows优化大师提供了自

动优化功能，利用该功能，可以设置用Windows优化大师自动优化系统。

在Windows优化大师主窗口中单击“系统信息检测”下的“系统信息总览”，单击 “自动优化”按钮。弹出自动优化向导，直接单击“下一步”按钮。在“Internet接入方式”中选择自己的网络环境，选好后单击“下一步”按钮，如图14—21所示。

在随后出现的窗口中单击“下一步”按钮，优化大师开始帮助用户对系统进行优化，优化完成后，重新启动电脑使优化设置生效。

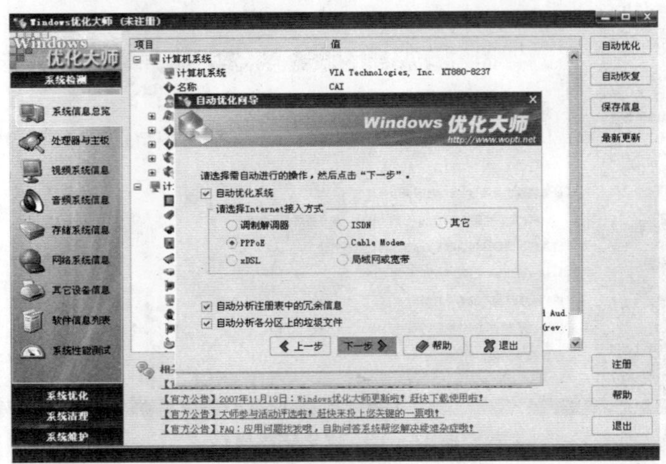

图14—21　自动优化电脑

四、巩固练习

本学习目标主要介绍了通过IE优化来提高网页浏览速度的常用方法，以及网络提速设置的常用方法。通过本学习目标的学习读者应掌握修改IE默认主页、增大缓存磁盘容量、清除IE临时文件、优化防火墙、设置固定IP等常用的网络提速方法，以改善现有的网络状况，充分发挥现有网络的潜力。

练习题：

1.禁用网页中的多媒体内容。

2.修改IE默认主页为自己喜欢的网页。

3.清除IE临时文件。

4.屏蔽网页弹出广告。

5.禁用或限制Java脚本。

6.为电脑设置固定IP地址。

7.设置开机自动拨号。

8.用Windows优化大师优化操作系统。

学习目标15 拒绝干扰 网络安全设置

互联网在给我们的工作、学习、生活带来便利的同时也带来了不少安全隐患：网络黑客、病毒、木马无时无刻不在互联网背后窥视着我们的电脑。一不留神，互联网上的病毒、木马就会在你的电脑中安营扎寨。因此，平时做好电脑的安全设置工作非常重要。

一、IE 安全设置

IE是用户上网常用的网页浏览工具。在浏览网页过程中，过滤网页的弹出广告、禁用某些网页脚本、控件，可提高上网的安全性。

1. 脚本安全设置

ActiveX控件和Java Applets有较强的功能，但也存在被人利用的隐患，网页中的恶意代码往往就是利用这些控件编写的小程序，只要打开网页就会被运行。所以要避免恶意网页的攻击只有禁止这些恶意代码的运行。有关脚本的具体设置可参照”学习目标14” 的有关内容。

2. Cookies 设置

Cookies其实是从网站传给用户电脑上的一个认证性质的文件，由Cookies反馈电脑的信息给网站服务器，而后服务器再决定是否开启相关权限给上网的电脑。一旦Cookies为黑客应用，则电脑中的私人信息和数据安全就容易被“盗窃”。因此，有必要

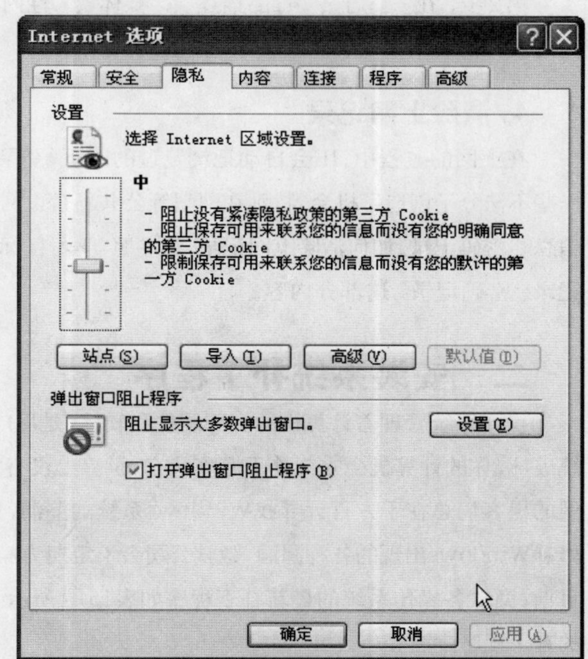

图 15—1 设置 Cookies

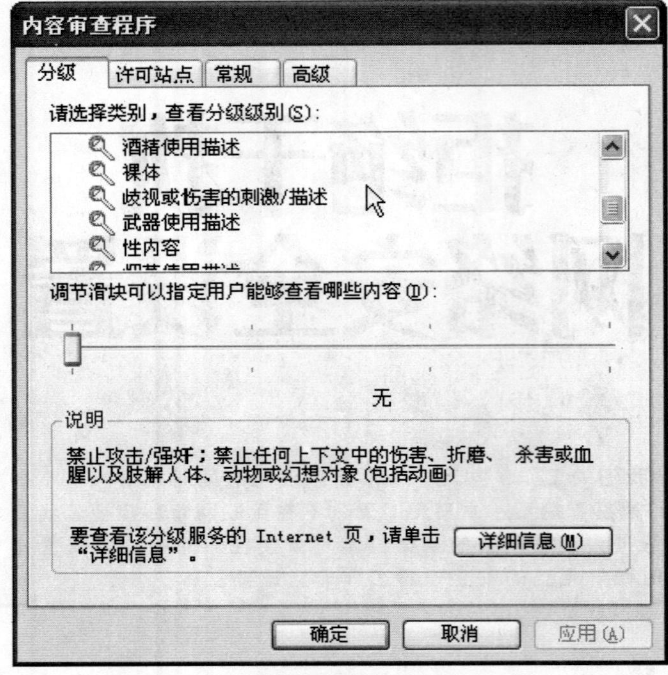

图 15-2 信息限制

限制Cookies的权限。

打开IE浏览器，单击菜单"工具"→"Internet选项"，在弹出的对话框中选择"隐私"选项卡，然后通过调节滑块来设置Cookies的隐私，如图15-1所示。从高到低划分为："阻止所有Cookie"、"高"、"中高"、"中"、"低"、"接受所有Cookie"六个级别，默认级别为"中"，用户可以根据实际进行调整。

3. 信息限制

信息限制是指用户通过IE来屏蔽一些与年龄和性别不符合的站点，同时，也可以避免IE被恶意修改。

第1步，打开IE浏览器，单击菜单"工具"→"Internet选项"，在弹出的对话框中选择"内容"选项卡。在"内容审查程序"中单击"启用"按钮，弹出"内容审查程序"对话框。

第2步，在"暴力"、"毒品描述"、"裸体"、"性内容"、"语言"等选项中根据自己和家人的情况用鼠标滑动滑块进行相关设置，如图15-2所示。

4. 清除上网记录

在上网的过程中，IE会自动把浏览过的网页，登录过的用户名等重要信息保留在电脑中，这给一些不法分子创造了机会。特别在网吧等公共场合上网后，应即时清除上网记录，特别是用户的登录信息和密码记录。如何清除上网记录，请参照"学习目标14"的"Internet临时文件、历史记录、Cookies记录、密码记录"这部分内容。

二、安装系统补丁程序

操作系统管理着计算机的全部硬件和软件，是用户与计算机沟通交流的工作平台。一旦操作系统破坏，你的计算机会立刻处于瘫痪状态。世界上没有完美的事物，操作系统也不例外，藏身于互联网的黑客们总在千方百计寻找Windows系统的漏洞，并利用发现的漏洞，对用户电脑进行攻击。为修补Windows出现的各种漏洞，微软公司会不定期为操作系统推出补丁程序，以增加系统的安全性。目前，微软各操作系统的最新补丁程序如表15-1所示。为增加系统的安全性，用户应及时更新系统的补丁程序。

表15−1 Windows操作系统补丁程序

操作系统	新补丁程序
Windows 2000	Windows 2000 Service Pack 4
Windows Server 2003	Microsoft Windows Server 2003 Service Pack 2 (SP2)
Windows XP	Windows XP SP3
Windows Vista	Windows Vista SP1

1.在线更新Windows XP

微软提供了系统在线更新功能，已连接上Internet的用户可在线升级操作系统。

第1步，单击菜单“开始”→“Windows Update”，打开在线更新网页，如图15−3所示。单击“快速”按钮开始搜索最新的补丁程序。

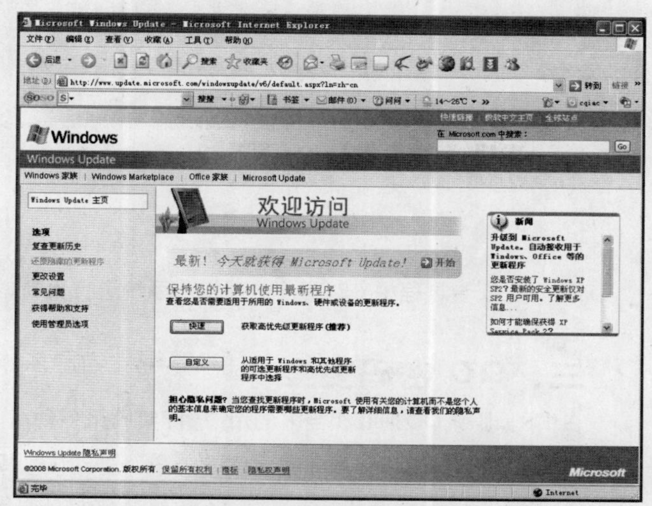

图15−3 在线更新系统网页

第2步，单击“立即下载和安装”按钮，开始下载最新补丁程序，如图15−4所示。安装完成后，安装程序提示已成功更新系统，单击“关闭”按钮即可。

2.下载安装Windows Vista SP1

升级、安装系统补丁除了在线更新的方法外，还可以先下载系统补丁程序，然后再安装下载的补丁程序。下面就来学习如何下载安装Windows Vista SP1。

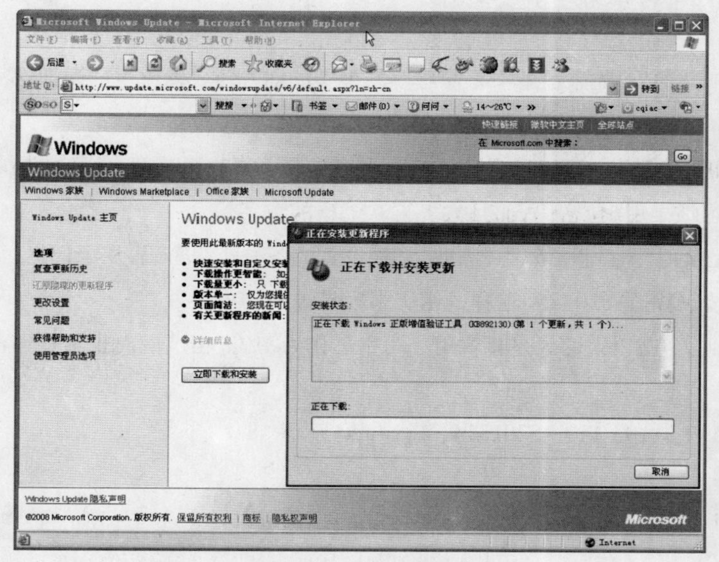

图15−4 更新补丁程序

第1步，到互联网上下载Windows Vista SP1。然后运行下载的程序包，安装程序开始自解压压缩包，出现如图15−5所示窗口，直接单击“Next”按钮。

第2步，在随后出现的窗口中单击“Next”按钮继续。出现安装许可协议窗口，勾选“I accept the tems of the licens agremment”复选框，如图15−6所示，单击“Next”按钮继续

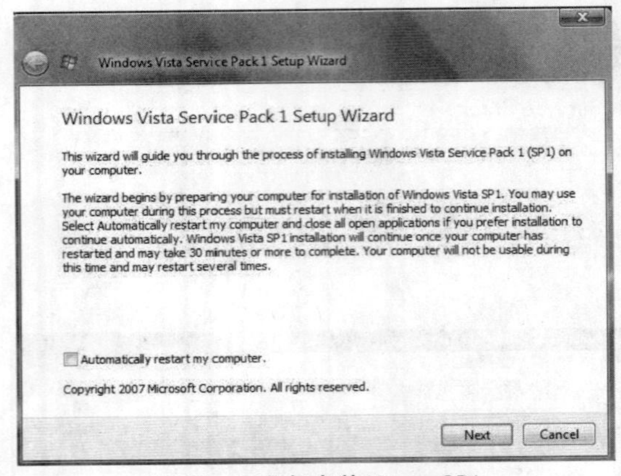

图15-5 准备安装Vista SP1

图15－6 同意安装许可协议

安装。

第3步，安装过程中安装程序会对操作系统进行更新，安装完成后单击“Finish”按钮即可。

三、QQ密码安全

在中国，腾讯QQ拥有相当多的用户。随着腾讯各种增值业务的推广，例如QQ空间、QQ宠物，甚至拍拍购物网都与QQ有着千丝万缕的关联。于是，互联网上出现了专门盗取QQ财产的网络犯罪分子。QQ密码是QQ罪犯攻击的重点，保护QQ第一要务是做好QQ的安全设置，提高QQ防盗能力。下面就来学习如何对QQ进行安全设置。

1.设置安全的QQ密码

QQ密码的复杂程度，对QQ安全性至关重要。如果你的QQ密码非常简单，就很容易被QQ盗号者破解。下面先来看看如何为QQ账户设置安全的密码。

(1)易被破解的简单密码

在介绍QQ安全密码的设置前，有必要先来了解一下简单容易被破的QQ密码，以免用户误把这些密码当成安全密码。常见的简单QQ密码有以下几种类型。

①数字密码。其中用得最多的是123和123456这两串数字。大家为什么喜欢用这两个，可能是与好记有关，很多用户设置密码习惯于用6位密码，而且大多喜欢记顺的数字。

②生日密码。每个用户对自己的生日都非常熟悉，因此，常被设置成各种账户密码，便于记忆。生日密码中最常用的6位密码，如QQ密码810425，这样的密码很容易被猜测出来。

③字母密码。为了给自己方便，90%以上的人是喜欢用小写字母作为密码，但这同时也给了黑客方便。

④有意义的数字，如520、530、110、119、5201314、1314520等。

⑤电话号码或者手机号码。

⑥网络电脑常用英语，如windows、password也是盗号木马的必备号码。

(2)安全QQ密码组成

在QQ密码中，至少应该包括6个字符，且密码中的字符应由下面“字符类别”中五组中的至少三组组成。

小写字母：a、b、c……

大写字母：A、B、C……

数字：0、1、2、3、4、5、6、7、8、9

非字母数字字符(符号)：~ ' ! @ # $ % ^ & * ( ) < > ? / _ - | \

Unicode字符：Γ和λ

在设置密码时应使用易于记忆又不会被别人猜测到的字符串作为密码。

(3) 设置安全QQ密码技巧

为了设置易于自己记忆又不会被别人猜测到的密码，在设置密码时可适当应用以下技巧。

①请尽量设置长密码。设置密码时，尽量设置便于记忆的长密码，比如使用完整的短语作为密码，而不采用单个单词或数字作为QQ密码。密码越长，被破解的可能性就越小。

②尽量在单词中插入符号。尽管攻击者善于搜查密码中的单词，但也不是设置密码时就放弃使用单词。用户可以在单词中插入符号或谐音符号来作为QQ账户密码。如“just for you”可改为“just4y_o_u”。

③不要在密码中出现账号信息。设置密码时，不要使用个人信息作为密码的内容。如生日、身份证号码、亲人或者伴侣的姓名、宿舍号等。

④定期更新一次账号密码。定期更新密码，并让新密码也遵守以上原则，同时，新密码不应包括旧密码的内容，且不与旧密码相似。

⑤使用中文密码。设置中文密码时，首先在记事本中写入要作为密码的中文内容，然后在“修改密码”网页中将记事本里的中文密码粘贴进去即可

2.清除QQ登录记录

获取QQ号是不法分子盗取QQ密码的第一步。在网吧、学校公共机房等公共场合登录QQ后，都会在QQ登录框中留下用户的账户信息，结束上网前，清除这些登录记录，可以有效避免账户信息泄露。清除QQ登录记录，常用的方法有以下几种。

方法一：运行QQ软件，打开QQ登录对话框，选择登录号码，单击“设置”按钮，单击“清除登录账户记录”(如图15-7所示)，弹出“清除记录”窗口，输入账户密码（如图15-8所示)，然后单击“确定”按钮即可清除。在该窗口中如果勾选“同时删除该账号对应的所有记录文件”复选框，还可以清除所有聊天记录等信息。

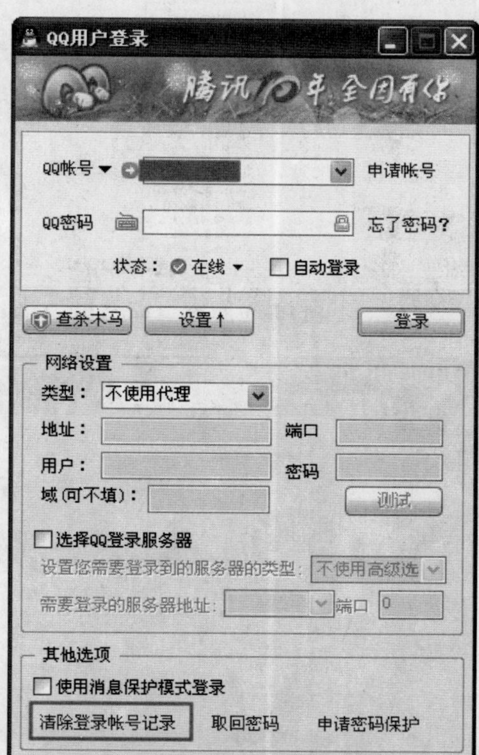

图15-7 单击“清除登录账户记录”

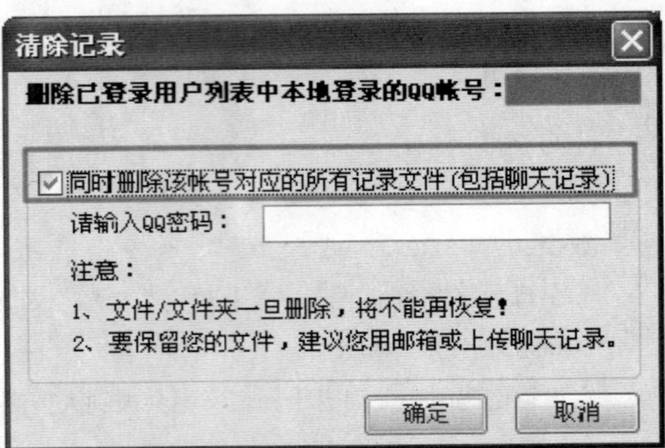

图15－8 清除记录窗口

方法二：打开“我的电脑”窗口，进入QQ的安装目录，找到文件“LoginUitList.dat”，如图15－9所示，该文件保存了该台电脑上登录过的QQ号码及相关号码的信息，删除该文件即可彻底删除QQ登录框中的账户号码。如果要删除与该账号有关的聊天记录，可在该目录下删除以QQ号码命名的文件夹。

3.设置QQ密码保护

为增加QQ的安全性，腾讯QQ的安全管理中心提供了强大的密码保护功能。设置了密码安全保护的账号即使丢失，也可以通过用户设置安全保护信息找回来。下面就来学习如何设置QQ密码安全保护。

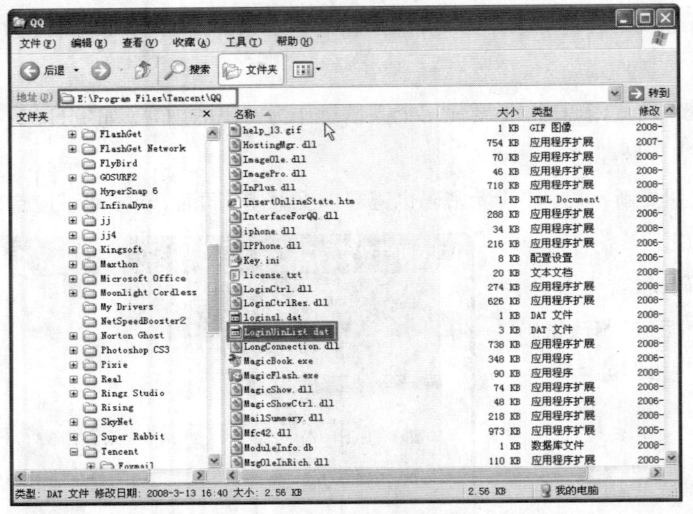

图15－9 删除“LoginUitList.dat”

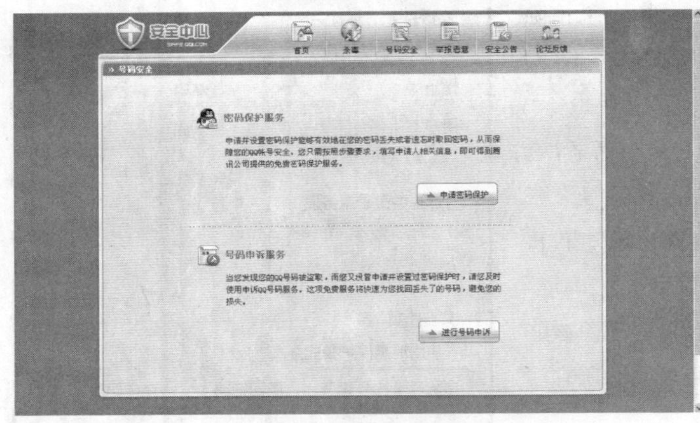

图15－10 QQ安全中心

QQ的密码保护主要由4部分组成：个人信息、机密问题、安全电子邮箱、安全手机。设置密码保护时需要对这4项进行设置。

第1步，打开浏览器，在地址栏中输入网址“http://safe.qq.com/number/”进入腾讯QQ安全中心，如图15－10所示。单击“申请密码保护”按钮开始申请QQ密码保护。

第2步，出现“QQ账户服务中心”页面，输入QQ账号和密码登录即可进入该账号的安全中心，如图15－11所示。QQ的密码保护主要由4部分组成：个人信息、机密问题、安全电子邮箱、安全手机。现在，在注册QQ账户时，腾讯就会要求用户设置三个机密问题来保护密码，如图15－12所示，你必须设置三个机密问题才能注册QQ账户。

第3步，QQ现在采用的是二代密保。单击查看“查看密保状

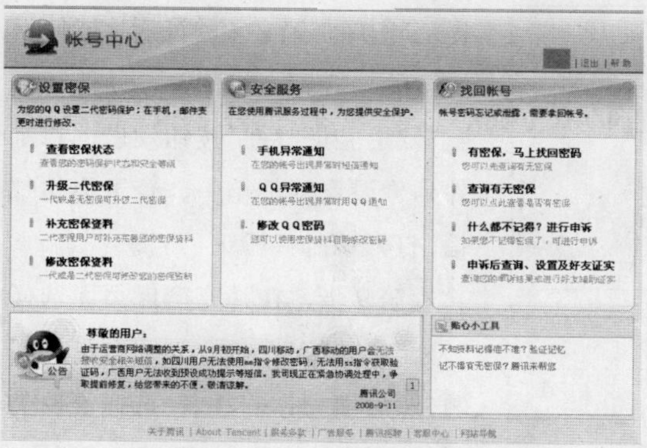

图15-11　QQ安全中心

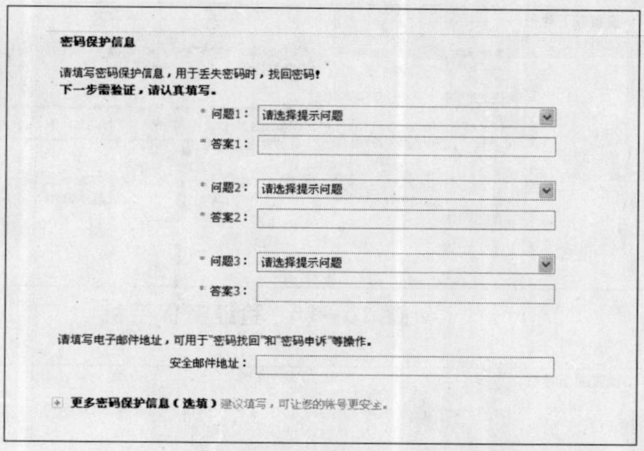

图15-12　注册QQ时即要求设置保密问题

态”，查看密码保护状态，如图所示。目前，该用户已经设置了二代密保，但还未设置密保手机，密保邮箱，身份信息。

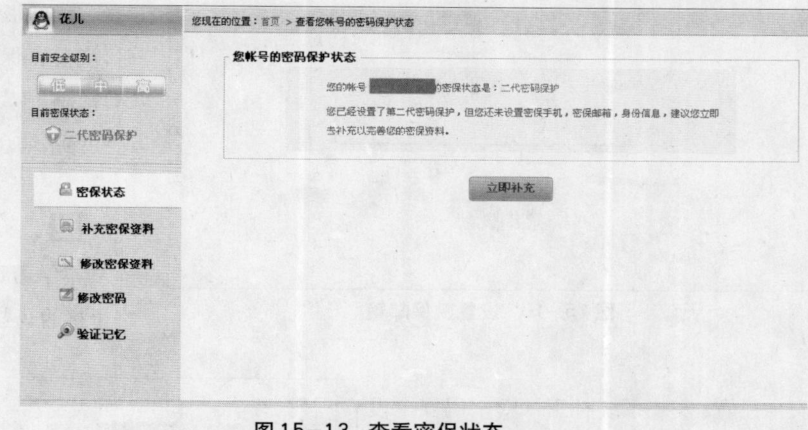

图15-13　查看密保状态

第4步，单击“立即补充”按钮，补充其他密保信息。在出现的页面中选择“设置手机密保”项，先回答机密问题，然后输入你的手机号码，如图15-13所示，单击“确定”按钮。

第5步，在随后出现的页面中选择“验证密保”手机，如图15-14所示。然后用你设置的手机输入短信“D N A # 1073554182 ”发送到“1066170099”，然后在该页面中单击“确定”按钮。

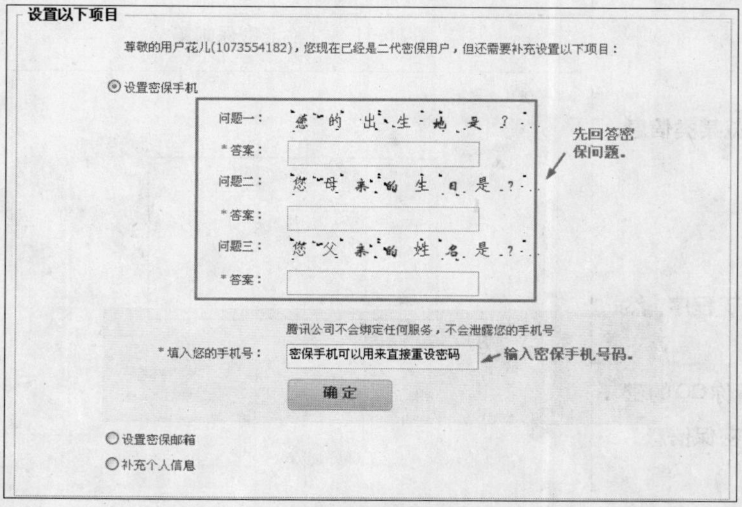

图15-14　设置手机密保

第7步，设置好手机密保后，在补充密保页面选择“设置密保邮箱”项，先回答三个机密问题，然后输入你常用的邮箱地址，将其设置为密保邮箱，然后单击“确定”按钮，如图15-15所示。

第8步，在出现的页面中选择“验证密保邮箱”项，

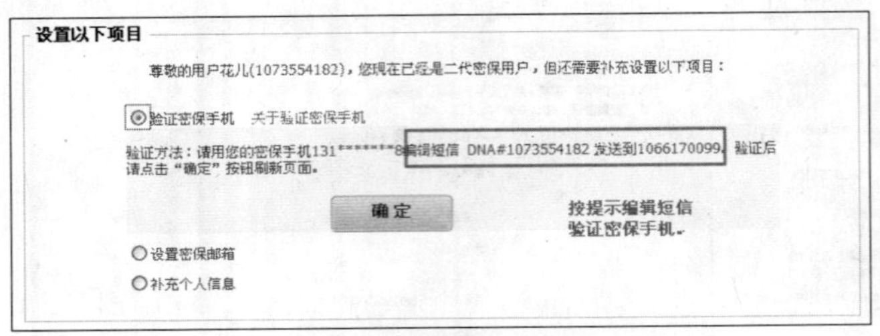

图 15－15 验证密保手机

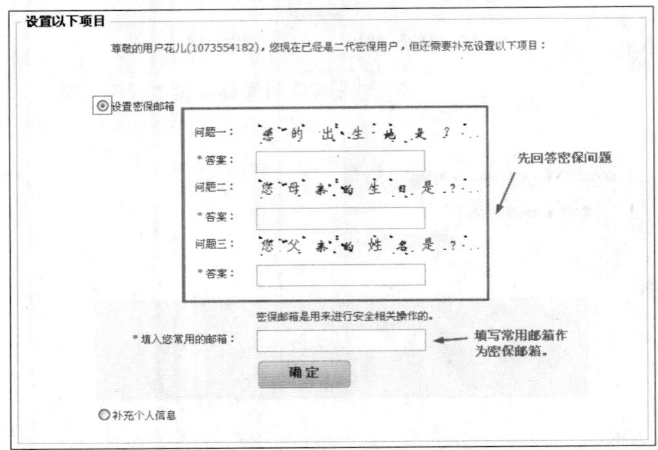

图 15－16 设置密保邮箱

提示“密保邮箱必须验证后才能使用完整的功能。”，如图15－16所示。单击“发送验证邮件”按钮发送一封邮件到你设置的邮箱中。登录你的邮箱，打开该邮件验证即可。

第 9 步，在补充密保页面选择“补充个人信息”项，先回答密保问题，然后填写你的姓名、选择证件类型、填写证件号码，如图15－17所示。填写好后单击“确定”按钮即可。

为QQ密码设置了这些保护信息后，应妥善保存这些信息。如果你的QQ密码不幸被他人盗取，可以通过这些保护信息来找回丢失的密码。

四、巩固练习

本学习目标主要学习了抵御网络干扰的一些基本设置方法。包括IE安全设置、安装系统补丁、QQ密码安全设置。通过本学习目标的学习，读者应掌握基本的IE安全设置方法，如何为系统安装补丁程序，如何设置复杂QQ密码，如何为QQ设置密码保护信息。

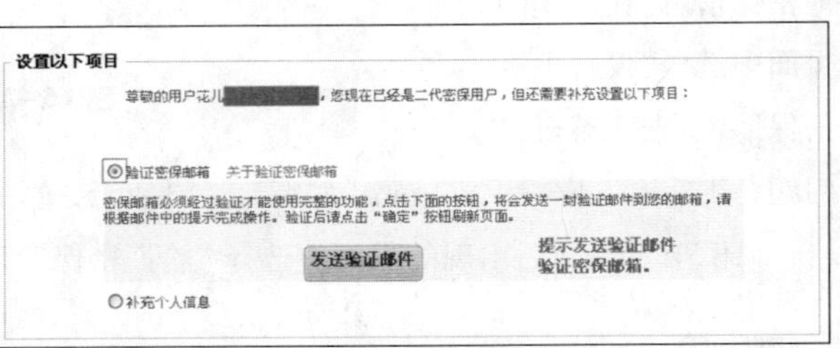

图 15－17 验证密保邮箱

练习题：

1. 通过对IE的设置限制浏览某类信息的网页。

2. 如何限制Cookies权限？

3. 在线更新Windows XP。

4. 下载Windows Vista 补丁程序，然后安装下载的补丁程序。

5. 登录QQ安全中心，查看你QQ的密保状态，然后根据实际补充QQ密保信息。

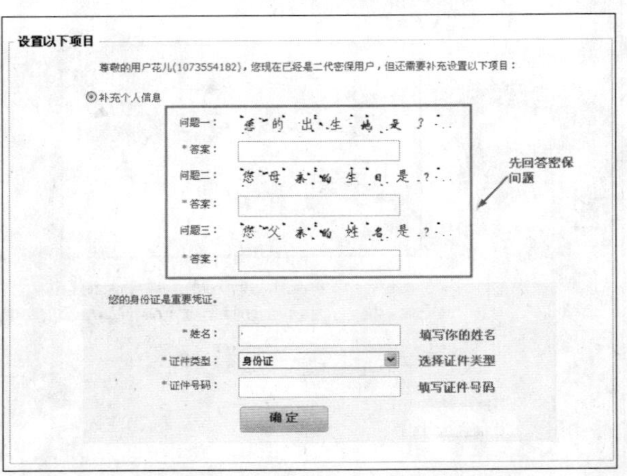

图 15－18 设置身份证验证信息

学习目标16 赶走侵犯者 查杀病毒与木马

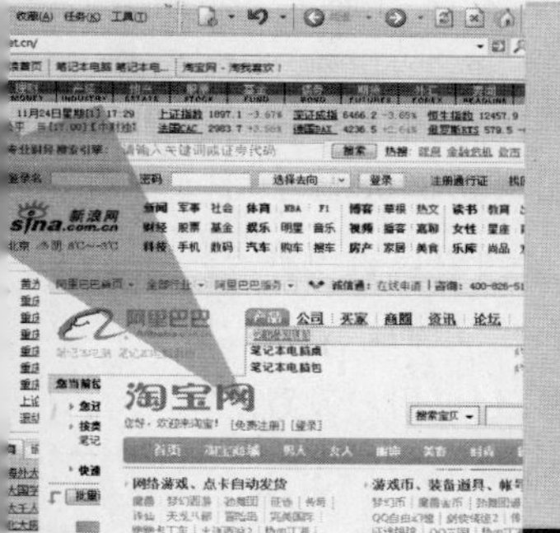

常在水边走，焉能不湿脚呢？哪怕你的防御工作做得非常完美，也难免疏忽，不幸感染病毒、木马程序。因此，在使用电脑的过程中掌握病毒、木马的查杀方法非常重要。下面就来学习如何查杀电脑的病毒、木马程序，及时清理入住电脑的流氓软件。

一、定期清理病毒

定期清理电脑中的病毒，有助于及时发现、查杀电脑中的病毒。目前常用的杀毒软件有金山毒霸、瑞星杀毒软件、江民杀毒软件、Norton杀毒软件等。用户可以根据需要进行选择。下面以金山毒霸2008为例进行介绍。

1. 查杀病毒

金山毒霸2008包括了防杀病毒、防杀间谍软件、隐私保护、防黑客和木马入侵、防网络钓鱼、文件粉碎器、抢先加载、垃圾邮件过滤、主动漏洞修复、安全助手等功能，下面就来看看如何利用它来查杀病毒。

第1步，到互联网上下载金山毒霸2008，并安装该软件，其安装操作比较简单，按照提示操作即可完成。

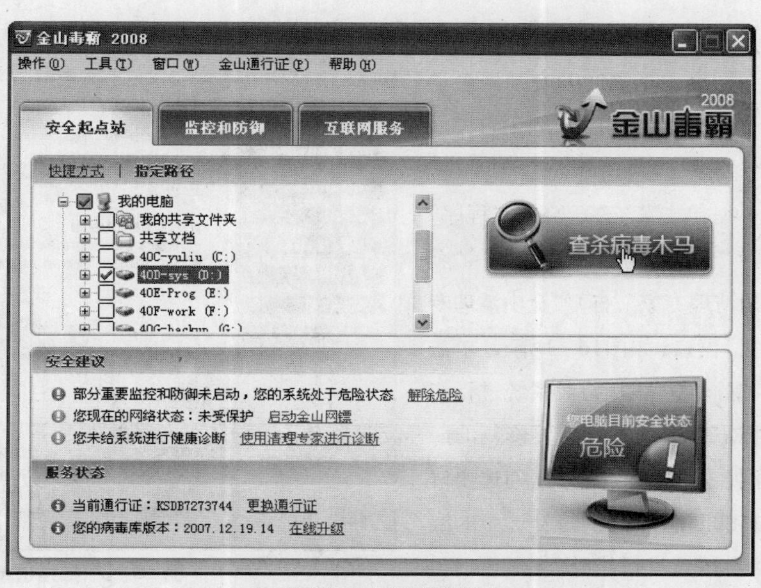

图16—1　杀毒病毒

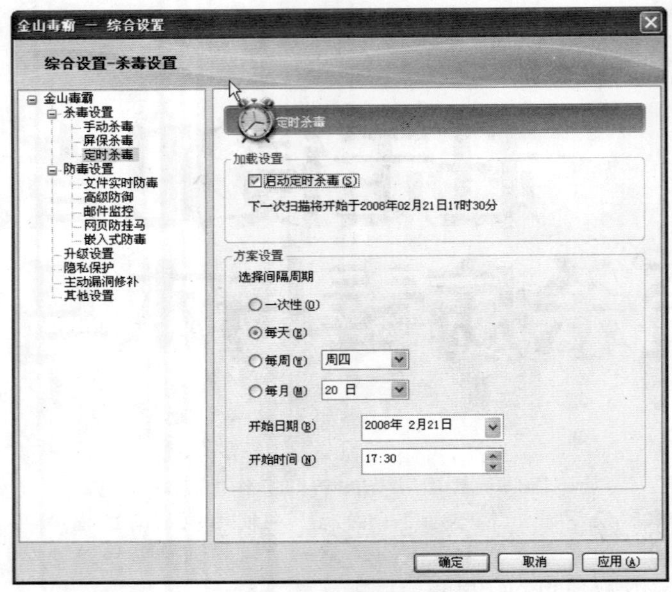

图16−2 设置定时杀毒

第2步，运行毒霸2008，进入其主窗口，单击"查杀病毒木马"按钮则开始杀毒。如果要选择性地对电脑的某些分区进行杀毒，可选择"指定路径"选项，勾选要进行杀毒的磁盘分区，然后单击"查杀病毒木马"按钮，如图16−1所示。

2. 设置自动杀毒

利用金山毒霸2008除了可以手动杀毒外，还可以设置电脑进入屏保时进行杀毒、也何以设置电脑定时自动杀毒，建议用户设置定时自动杀毒。

在金山毒霸主窗口中单击菜单"工具"→"综合设置"，打开"综合设置"窗口。选择"杀毒设置"→"定时杀毒"，出现定时杀毒界面，如图16−2所示。勾选"启动定时杀毒"复选框，然后设置定时杀毒方案。用户可以设置开始杀毒日期、时间，杀毒间隔周期等，设置好后单击"确定"按钮即可。

小提示

如果需要启用屏保杀毒，则单击"杀毒设置"→"屏保杀毒"，勾选"将毒霸专用屏保作为系统当前屏保"项即可。

3. 修复系统漏洞

金山毒霸2008套装提供了金山清理专家工具，利用它可以修复系统漏洞。

单击菜单"开始"→"程序"→"金山毒霸杀毒套装"→"金山清理专家"，打开"金山清理专家"窗口，如图16−3所示。单击"漏洞修补"开始对系统进行扫描，并提示系统需要修复的漏洞，如图16−4所示，勾选要修补的漏洞，单击"修补选中的漏洞"按钮进行修补。

图16−3 扫描出系统漏洞

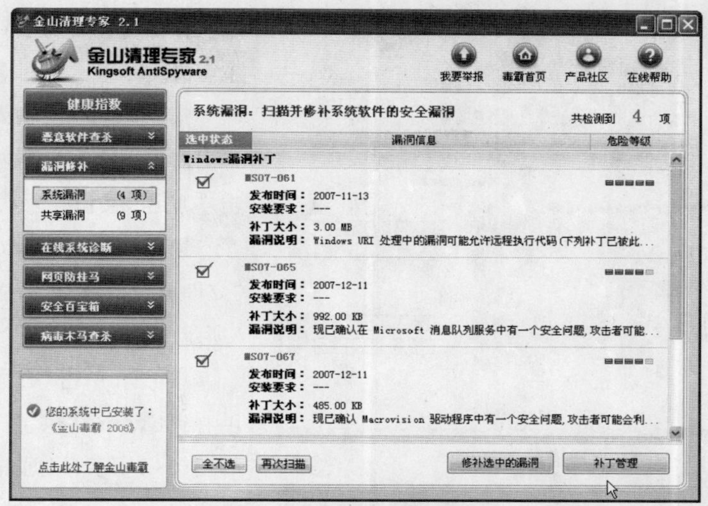

图16-4　修复系统漏洞

单击“恶意软件”查杀按钮，检查电脑中是否存在恶意软件，扫描完成后，如果有恶意软件，选中对应的项，单击“清除选定项”按钮进行清除，如图16-5所示。

二、安装专杀木马软件

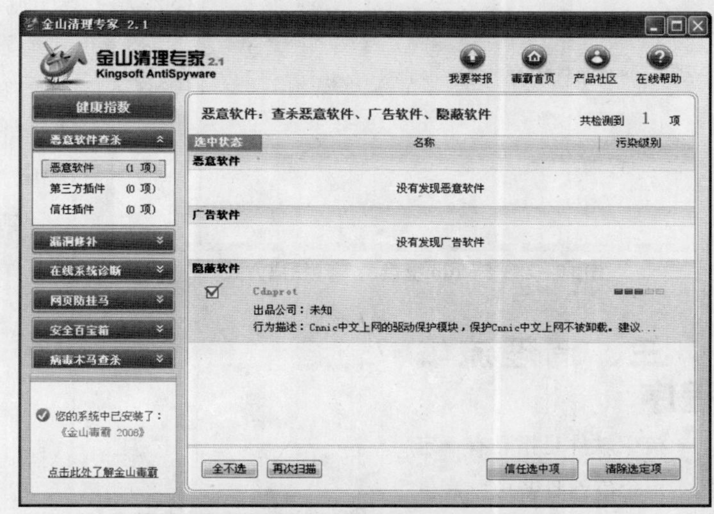

图16-5　用金山清理专家查杀恶意软件

木马是一种带有恶意性质的远程控制软件，常被一些不法分子用来盗取各种重要的用户信息，如QQ密码、游戏账户和密码、网银密码等。一旦这些信息被盗取，轻则给用户的工作或生活带来不便，重则会带来一定的经济损失。

用于查杀木马的工具比较多，常见的金山毒霸、瑞星杀毒软件、江民杀毒软件、Norton等综合杀毒软件都带有木马查杀功能。此外，查杀木马也可以选择专用的工具软件，如Ewido、绿鹰PC万能精灵等。建议采用金山毒霸等综合杀毒软件与专用木马查杀软件配合清理电脑中的木马。下面以Ewido为例进行介绍。

Ewido是一款专用于查杀木马的网络安全防护软件，可识别并清除120万种以上不同的黑客程序、木马程序、蠕虫程序、Dialers程序等。该软件可与金山毒霸等杀毒软件配合使用，为电脑打造一个完整的安全系统。

第1步，到互联网上下载Ewido及其汉化补丁程序。安装该软件，其安装操作比较简单，按提

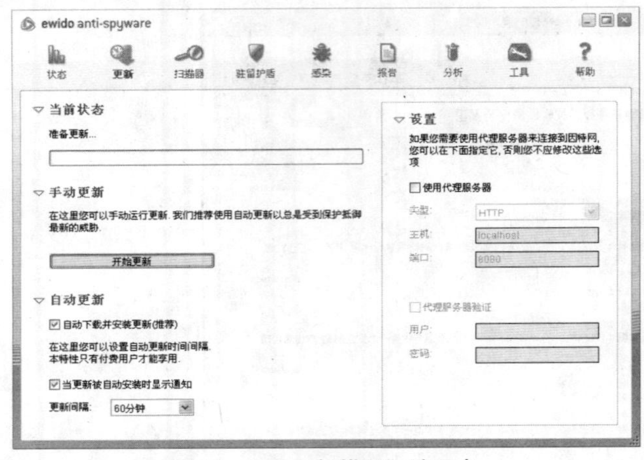

图16－6　“扫描器”选项卡

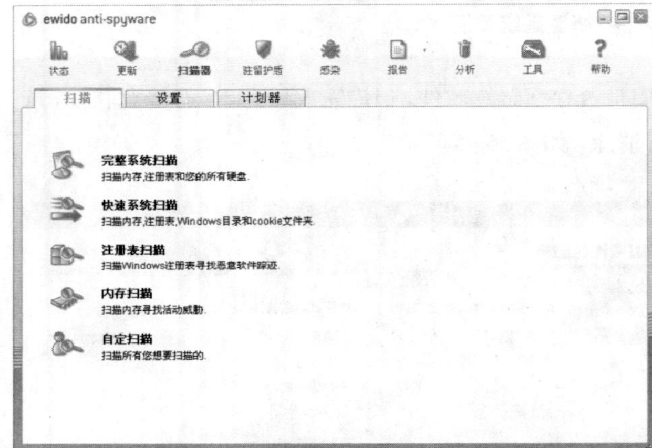

图16－7　Ewido提供的5种扫描方式

示操作即可完成。运行Ewido，进入其主窗口。

第2步，单击“输入许可代码”，在弹出窗口中输入获得的注册码，然后单击“确定”按钮。

第3步，返回Ewido主窗口，单击“立即更新”按钮更新病毒库，如图16－6所示。

第4步，单击“扫描器”选项卡，可以看到Ewido提供了扫描方式有5种，如图16－7所示，根据需要进行选择。间隔一定的时间，需要选择“完整系统扫描”对系统进行全面查。如果只是出现个别提示，可以选择“快速系统扫描”。如果需要根据实际情况手动设置扫描对象，则可以选择“自定扫描”。

第5步，单击“完整系统扫描”，对内存、硬盘进行扫描。扫描过程中，如果发现可疑对象，Ewido会将其显示在列表中，并显示风险等级，如图16－8所示。

第6步，扫描完成后，单击“应用所有操作”按钮清除木马病毒。

三、清理流氓程序

流氓软件是指具有一定的实用价值但具备电脑病毒和黑客软件的部分特征的软件。它处在合法软件和电脑病毒之间的灰色地带，既不属于正规商业软件，也不属于真正的病毒；既有一定的实用价值，也会给用户带来种种干扰。如恶意广告软件（adware）、间谍软件（spyware）、恶意共享软件

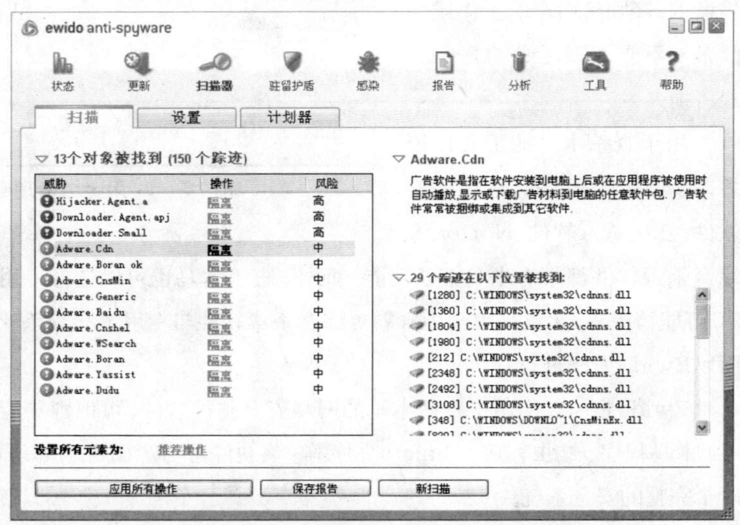

图16－8　显示被找到的可疑对象

(malicious shareware)等都属于流氓软件。下面就来学习如何清理电脑中的流氓软件。

1.用软件清除

目前，用于防御流氓软件的工具也比较多，如首页守护神、Windows清理助手、恶意软件清理助手、卡卡上网安全助手、360安全卫士、卸载精灵等，用户可以选择其中的一款与查毒软件配合构造流氓软件防御系统。下面以360安全卫士为例进行介绍。

360安全卫士是奇虎公司推出的完全免费的安全类上网辅助工具软件，具有查杀流行木马、清理恶评及系统插件，管理应用软件，卡巴斯基杀毒，系统实时保护，修复系统漏洞等强劲功能；同时还提供系统全面诊断，弹出插件免疫，清理使用痕迹以及系统还原等特定辅助功能；并提供对系统的全面诊断报告，方便用户及时定位问题所在，为用户提供全方位系统安全保护。

到互联网上下载360安全卫士软件。安装360安全卫士，其安装操作比较简单，按提示操作即可完成。

运行360安全卫士，进入其主窗口，程序会自动检测系统中是否存在流氓软件，并给出提示，如图16-9所示。单击“立即扫描”按钮开始扫描系统，并显示搜索结果，如图16-10所示。选中这些插件，单击“立即清除”按钮即可清除这些插件。

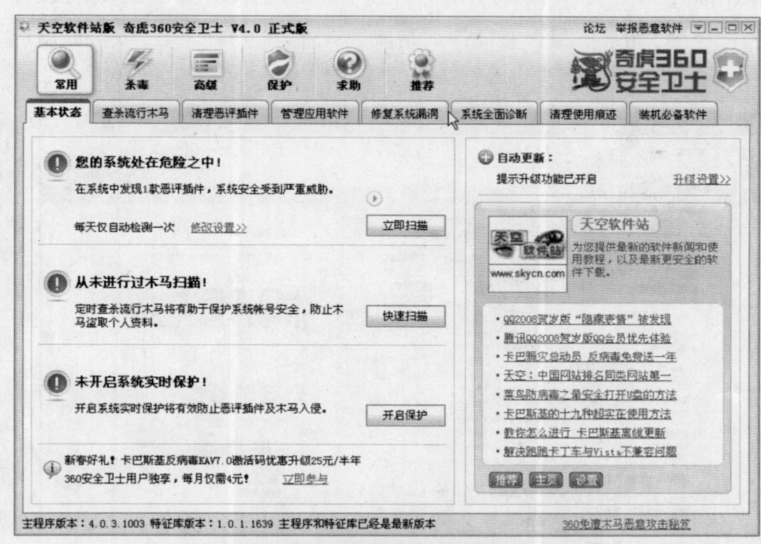

图16-9 提示存在恶意插件

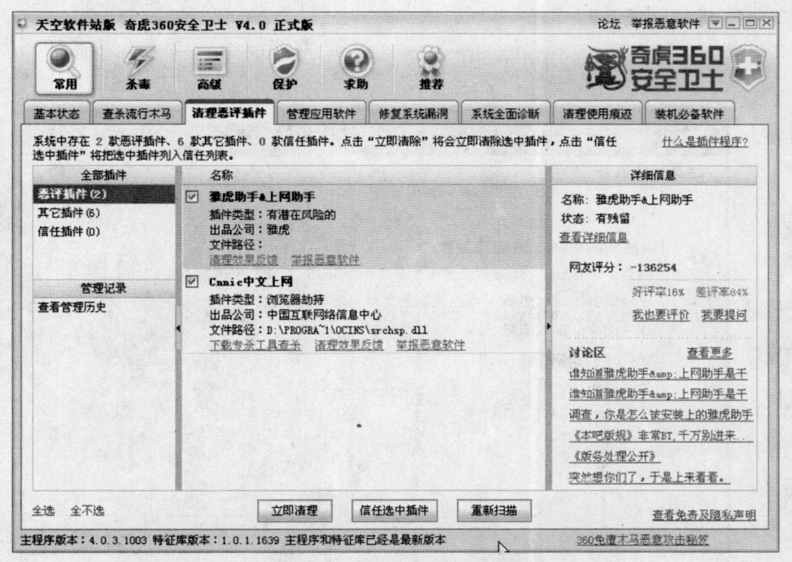

图16-10 清除恶意插件

2.如何避免安装流氓软件

掌握如何清理流氓软件的方法也是亡羊补牢之举，在平时使用电脑时应提高警惕性，避免与流氓软件正面接触，以防为攻，对付流氓软件，避免感染之后的麻烦。那么,如何练就对付流氓软件的防身之术呢?

(1)不要随意打开不明网站

很多流氓软件都是通过恶意网站来进行传播的,当用户使用浏览器打开这些恶意网站时,系统会自动从后台下载这些流氓软件并在用户不知情的情况下安装到电脑中。因此,不要随意打开一些不明网站,例如随QQ消息传播的不明网站等。

(2)尽量到知名网站下载软件

流氓软件使用最广泛的传播手段便是与正常的软件进行捆绑,例如3721上网助手、网络猪等,它们通常与一些个人开发的软件进行捆绑,而现在像华军软件园、天空软件站这些大型的知名软件下载站都对收录的软件进行严格审核,在下载信息中通常都会直接播报该软件是否有流氓软件或是其他插件程序。如果播报含有插件或是流氓软件,用户在下载、安装时就应多加小心。

图16-11　无插件提示

除了知名的下载站外,在平时下载软件时,也可以在各软件官方网站直接下载,从官方网站下载的软件含有流氓软件的可能性也较小。当然,在下载软件时,对一些不熟悉的软件也需要注意。

目前,部分网站明确表示它们所提供的软件未捆绑插件,如图16-11所示。在不知名的网站上下载软件时,应尽量选择有这类提示的软件。建议大家尽量多选择此类软件下载,以免电脑受到流氓软件的危害。

(3)安装软件时"细看慢点"

很多用户在安装软件时喜欢一路单击"下一步"直至安装完成,殊不知,很多流氓软件就埋伏在这条路上。例如安装某些软件时,安装向导也提示了安装该软件捆绑了非本软件所需要的软件的提示列表,如图16-12所示。如果在该步骤中没留意,而直接单击"下

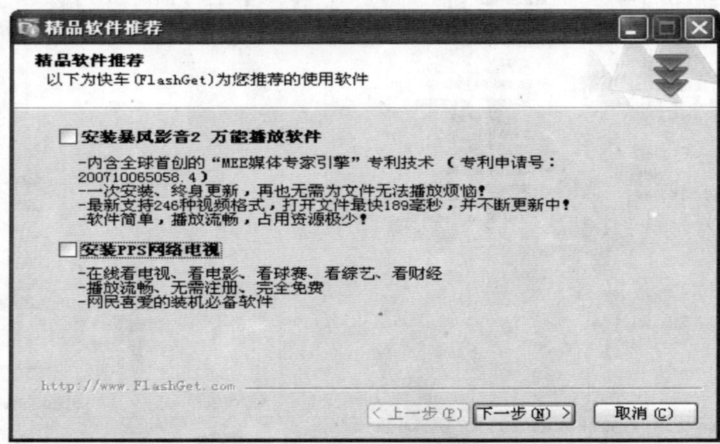

图16-12　非快车软件的其他软件列表

一步”按钮，便会将流氓软件安装到系统中；如果细心点，将这些流氓软件选项全部取消，则可避免安装这些流氓软件。

另外，现在很多软件捆绑了流氓软件后，在安装协议中也会提示用户但通常在安装软件时，很少有人会耐心地阅读软件安装协议，从而导致将流氓软件安装到电脑中。

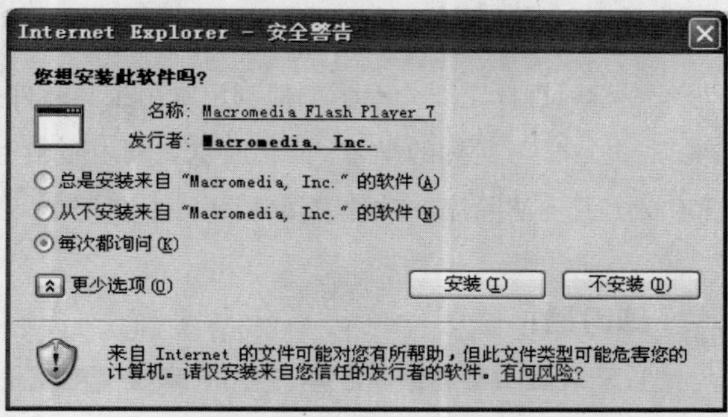

图16-13　插件安装提示

(4) 不随意安装网络插件

在上网浏览网页的过程中，有时会弹出需要安装某种插件才能正常浏览的提示，如图16-13所示。在单击“确定”按钮之前，一定要仔细看清安装什么样的插件。

(5) 即时安装系统补丁、杀毒软件

安装完操作系统后不要急于上网，应先为系统安装最新的补丁程序，然后安装好杀毒软件和防火墙，以免电脑被病毒攻击。

四、清理 Cookie

Cookies是一个用于储存浏览器访问信息的文本文件，它记录了你访问一个特定站点的信息，且只能被创建这个Cookies的站点读取，约由255个字符组成，仅占4kB硬盘空间。当用户正在浏览某站点时，它将储存于用户电脑的随机存取存储器RAM中，退出浏览器后，它便储存于用户的硬盘中。储存在Cookies中的大部分信息是普通的，如当你浏览一个站点时，此文件记录了每一次击键信息和被访站点的地址等。但是许多Web站点使用Cookies来储存针对私人的数据，如：注册口令、用户名、信用卡编号等。因此，即时清理Cookie信息非常重要，特比是在网吧等公共场合上网后，更应即时清除Cookies信息。

清除Cookies可在IE浏览器中清除（可参照“学习目标14”的有关内容），也可利用工具软件来清除。下面以用360安全卫士为例进行介绍。

启动奇虎360安全卫士，选择“清理使用痕迹”选项卡，勾选“上网产生的Cookies”复选框，如图16-14所示。单击“立即清理”按钮清除即可。

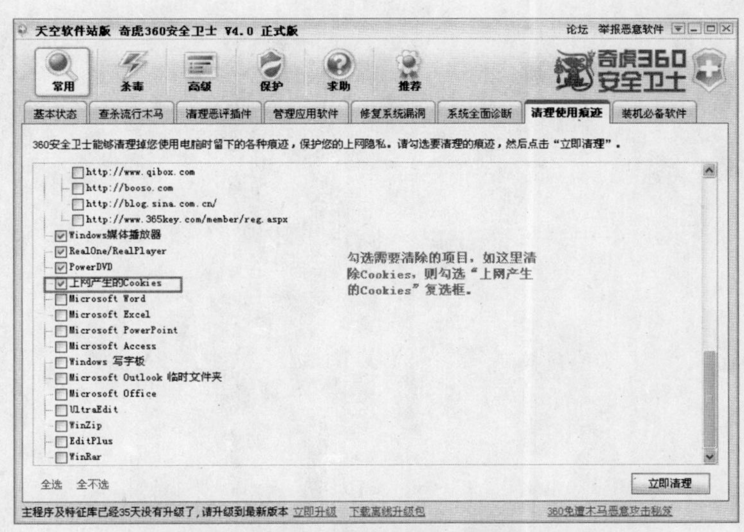

图16-14　利用360安全卫士清除Cookies

五、巩固练习

本学习目标主要介绍了如何利用常用工具软件查杀电脑中的病毒、木马，清除电脑中的流氓软件。通过本学习目标的学习，读者应掌握利用金山毒霸查杀电脑病毒，利用Ewido查杀木马，利用360安全卫士清除流氓软件、Cookies等上网记录，还用户一个安全的系统。

练习题：

1.安装金山毒霸最新版本，并用它来检测电脑是否感染病毒、木马程序，如果感染了病毒或木马程序，利用该软件进行查杀。

2.利用金山毒霸修复系统漏洞。

3.安装Ewido软件，并用它检测电脑是否感染木马程序，如果已经感染了木马程序，则用该软件进行清除。

4.安装360安全卫士，并用它清除电脑中的流氓软件、Cookies等上网记录。

学习目标17 我也有空间 搭建个人网站

在互联网上建立完全属于自己的主页是一件非常有意义的事情。用户可以把自己喜欢的图片、文章、各种信息等发布到自己的主页上与大家一起分享，还可以相互切磋、交流。其他人也可以随时访问你的主页，这样不仅可以宣传自己，而且还可以结交世界各地的朋友。下面就来学习如何搭建个人网站。

一、申请个人空间

建立一个属于自己的网站，你必须在互联网上拥有一个属于自己的个人空间和网站域名（网站地址）。目前，互联网上提供网站空间和域名的公司非常多，有收费的，也有免费的。下面以虎翼网为例介绍如何申请网站域名和空间。

第1步，打开浏览器，输入“www.51.net”进入虎翼网首页。单击“会员注册”，在出现的页面中填写会员名，密码等信息，如图17-1所示。如果是企业用户，请填写企业相关的信息。填写好后单击“下一步”按钮。

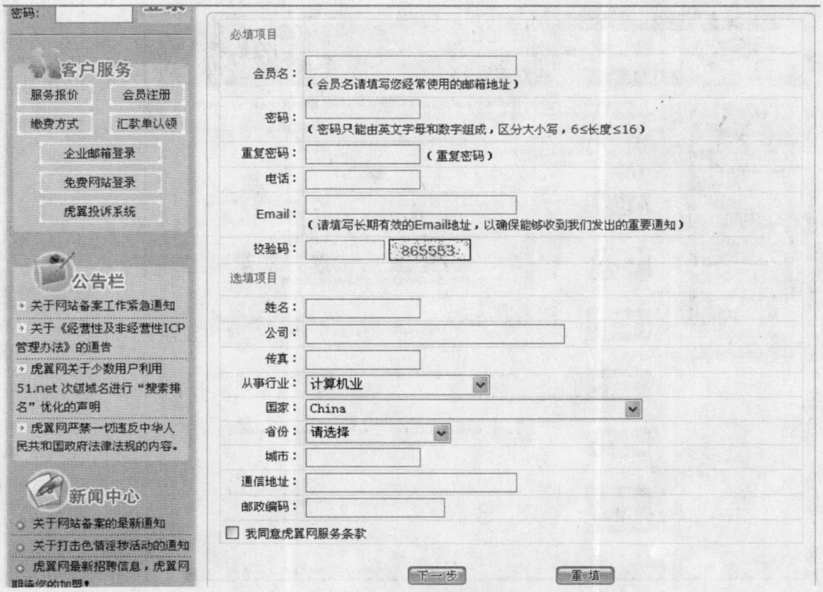

密码：
客户服务
服务报价 会员注册
缴费方式 汇款单认领
企业邮箱登录
免费网站登录
虎翼投诉系统
公告栏
关于网站备案工作紧急通知
关于《经营性及非经营性ICP管理办法》的通告
虎翼网关于少数用户利用51.net次级域名进行“搜索排名”优化的声明
虎翼网严禁一切违反中华人民共和国法律法规的内容。
新闻中心
关于网站备案的最新通知
关于打击色情淫秽活动的通知
虎翼网最新招聘信息，虎翼网期待你的加盟！

必填项目
会员名：（会员名请填写您经常使用的邮箱地址）
密码：（密码只能由英文字母和数字组成，区分大小写，6≤长度≤16）
重复密码：（重复密码）
电话：
Email：（请填写长期有效的Email地址，以确保能够收到我们发出的重要通知）
校验码：865553
选填项目
姓名：
公司：
传真：
从事行业：计算机业
国家：China
省份：请选择
城市：
通信地址：
邮政编码：
我同意虎翼网服务条款
下一步 重填

图17-1　注册会员

第2步，提示注册成功，进入用户管理系统，你可以选择先试用，如图17-2

图17-2 虎翼网用户自助管理系统

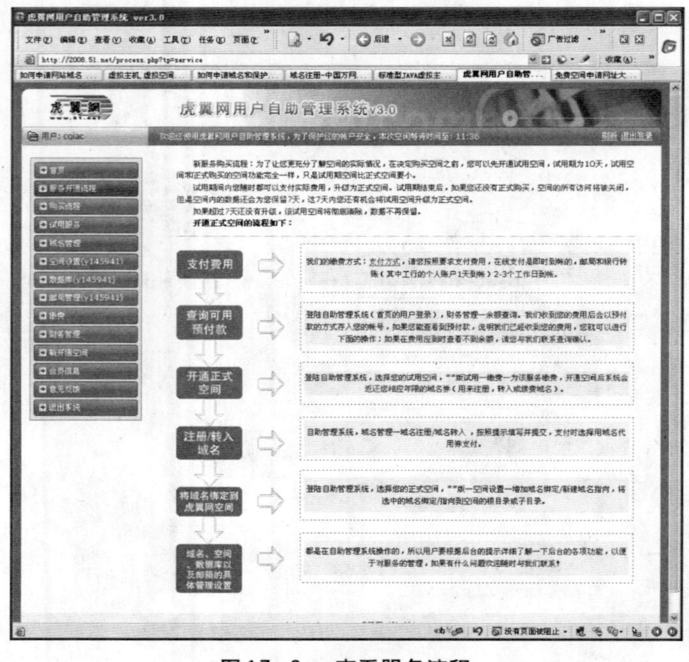

图17-3 查看服务流程

所示。选择一种需要试用的空间类型。

第3步，单击“服务开通流程”查看申请域名和网站空间的整个流程，如图17–3所示。这里你需要通过银行或邮局方式向网站付款。

第4步，付款成功后，选择你的试用空间，单击“缴费”付费(如图17–4所示)，在随后的界面中单击“升级该服务”按钮确认付费，如图17–5所示。

第5步，为空间付费后就可以申请域名了。单击“域名管理”，单击“域名注册”注册一个域名，如图17–6所示。在“域名”中输入你准备好的域名，单击“com”后的下拉按钮，选择域名的后缀名，包括“.com”、“.net”、“.cn”等，这里选择“.com”，单击“查询”按钮，检测该域名是否被其他用户注册，如果未被注册，则你可以使用，否则需要更改你的域名。根据提示填写其他注册信息，填写好后单击“提交”按钮。

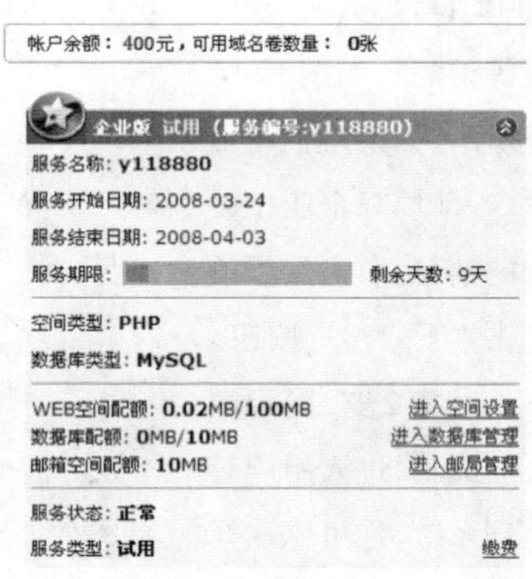

图17-4 单击“缴费”

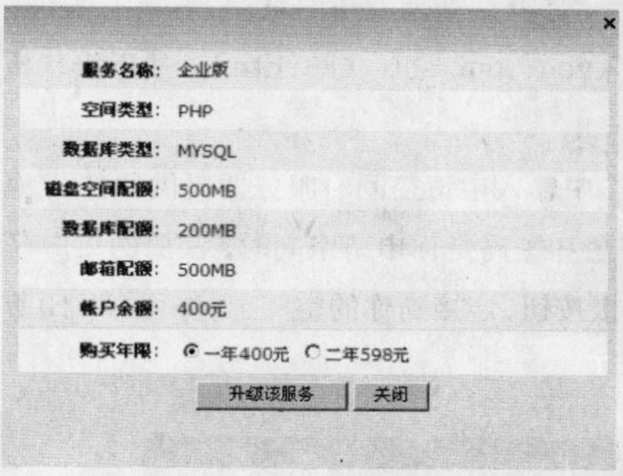

图 17－5　单击“升级该服务”按钮

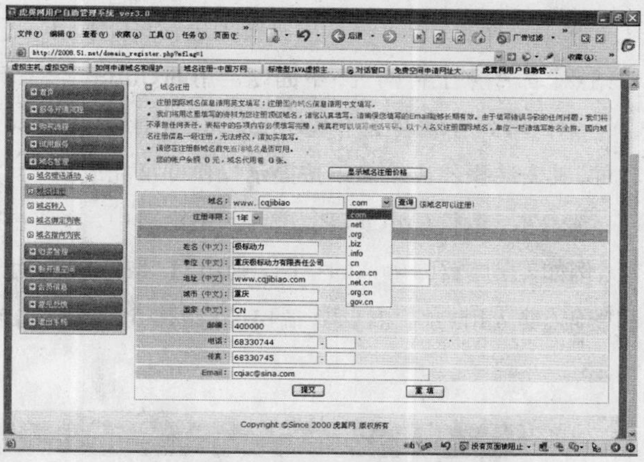

图 17－6　注册域名

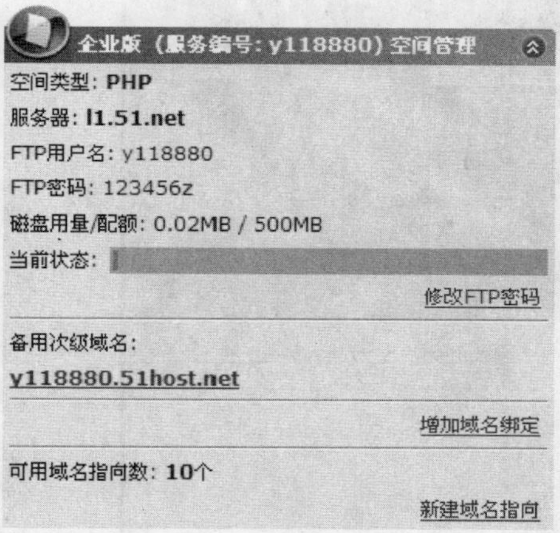

图 17－7　单击“增加域名绑定”

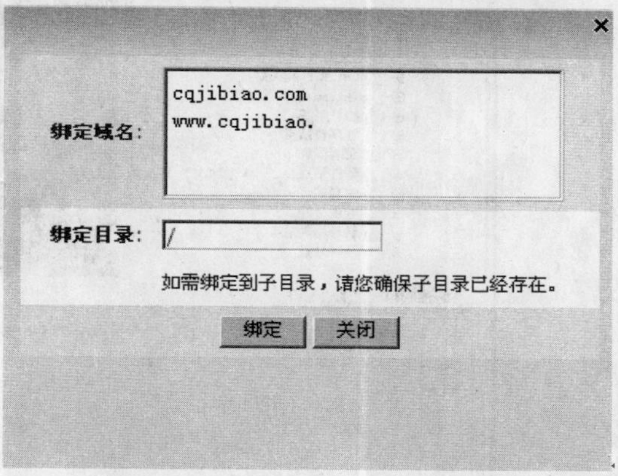

图 17－8　绑定域名与空间

第6步，将域名和空间绑定。单击“空间设置”，单击“增加域名绑定”，如图17－7所示。出现域名绑定界面，单击选中域名，填入相应目录(获得的空间)，单击“绑定”按钮将域名和相应目录绑定即可，如图17－8所示。提示绑定成功后会在你的空间管理中出现相应的域名提示，如图17－9所示。现在其他用户就可以通过域名访问相应目录的内容了。

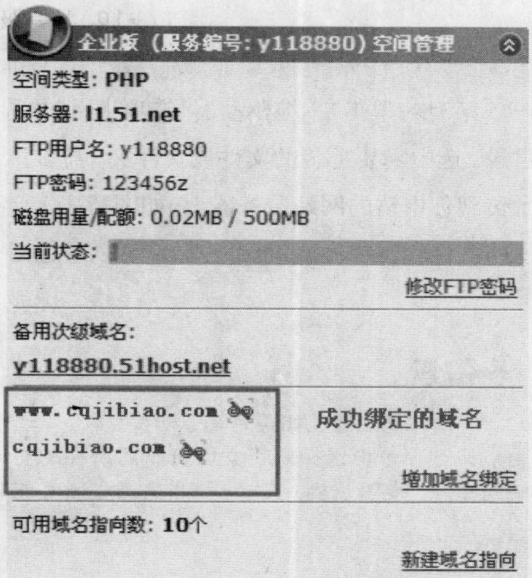

二、发布网页

申请了域名和空间后，就可以将自己的网页发布到互联网上了。发布网页的方法很多。如果你申请的网站空间支持FTP，那么可以使用CuteFTP等

图 17－9　绑定的域名

工具来上传网页，也可以试用浏览器进行FTP操作，还可以使用FrontPage等网页制作工具的“发布站点”命令来上传网页。下面以常用的CuteFTP工具为例，介绍如何发布网页。

第1步，到互联网上下载CuteFTP(http://www.skycn.com/soft/683.html)，然后安装该软件，其安装操作比较简单按提示操作即可完成。

第2步，运行CuteFTP，进入其主窗口中。在“主机”中输入申请空间时服务器提供的FTP地址，例如，在虎翼网申请的空间，则填写“51.net”。用户名和密码是你申请空间时，注册的用户名和密码。输入用户名和密码，端口保持默认设置，单击连接按钮，连接到你的空间上。如图17-10所示。

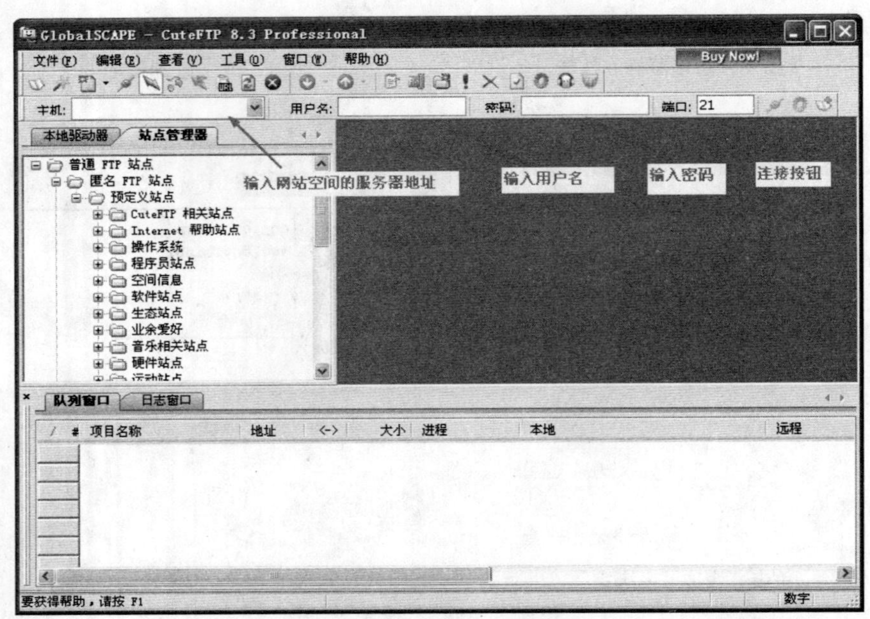

图17-10 填写服务器地址、用户名和密码

第3步，单击“本地驱动器”选项卡，这里显示的是本地计算机硬盘要上传及要下载文件的所在目录。选中需要上传的文件或文件夹（可多选），单击鼠标右键，选择“上传”将准备好的网站内容上传到你申请的网站服务器上，如图17-11所示。“CuteFTP站点”选项卡中显示的则是远程服务器上的文件和文件夹。主页上传后就可以通过浏览器在网上查看了。

小提示

发布网页后，如果对某个网页文件进行了修改，可单独重新发布该网页文件。在“CuteFTP站点”选项卡中选择网页文件更新后所在的文件夹，然后在“本地驱动器”选项卡中选中将要更新的文件，将其拖到“CuteFTP站点”选项卡下对应的目录中即可。

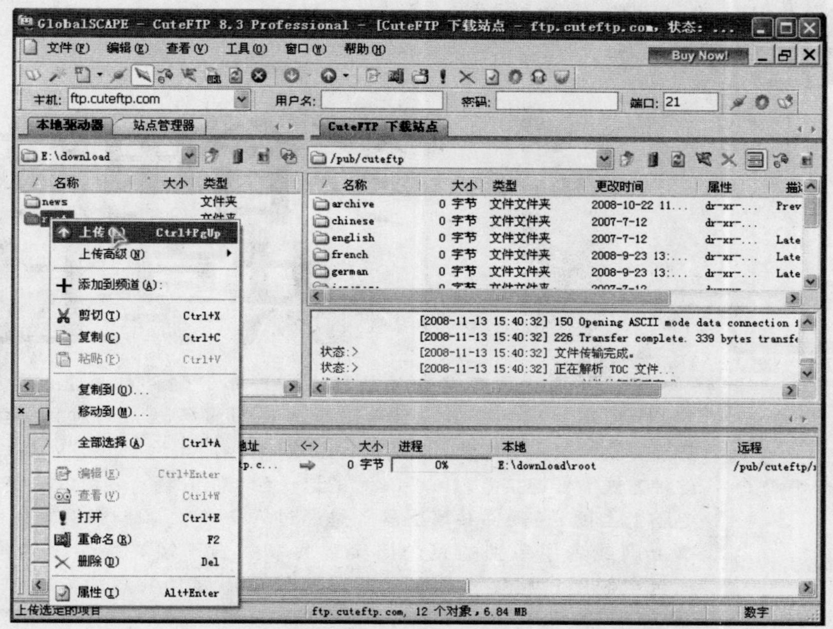

图17－11　上传网页文件

三、巩固练习

对想在互联网上拥有一席之地的朋友来说，学会申请网站空间、网站域名，发布网页是非常必要的。完成本学习目标的学习后，读者掌握在互联网上申请网站空间、域名的基本方法，如何使用CuteFTP发布网页。

练习题：

1. 练习在虎翼网上申请网站空间和网站域名。
2. 下载、安装CuteFTP软件。
3. 利用CuteFTP发布网页。

学习目标18 多台电脑共享上网

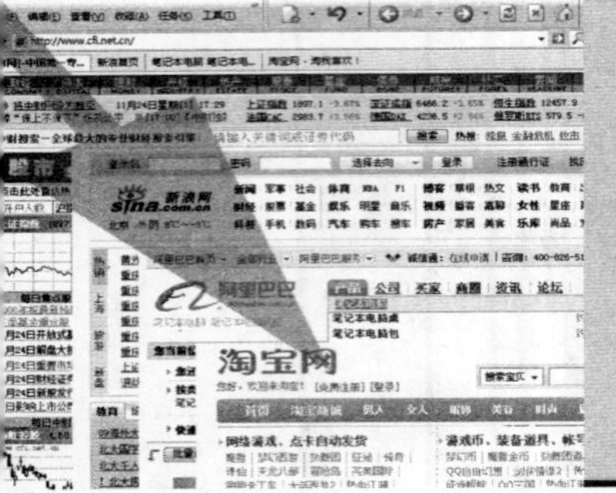

实现共享上网有“软件共享上网”和“硬件共享上网”两种方式。“软件共享上网”是将一台电脑设为代理服务器，通过网关类或代理服务器类软件来实现共享，常用的代理软件有Wingate、Sygate等。但是这种方式需要连接Internet的这一台电脑开着，才可以让整个网络中的电脑都上网。“硬件共享上网”是通过ADSL调制解调器的路由功能共享上网或者用单独的路由器实现共享。由于现在路由器的价格明显比一台电脑的价格便宜很多，所以建议采用硬件共享的方式来共享上网。

一、双机互联共享上网

随着人们生活水平的提高，拥有两台电脑的家庭越来越多，因此，双击互联共享上网在家庭上网中非常普遍。下面先来学习双机互联共享上网的方法。

以ADSL接入为例，要想实现双机共享上网只要三个步骤：第一步，单机实现拨号上网；第二步，双机实现网络互联。第三步，设置好Windows XP共享，或者用代理服务器或者路由拨号共享。

1. 网络连接

双机互连的方式有很多，从最古老的有串并口双机通讯，目前流行的是网卡互联和USB互联，也有通过HUB或交换机以及路由器来进行互联的，更深入的有无线HUB互联和红外线互联。下面以双网卡互联的网络模型为例，双机共享上网的网络结构如图18－1所示。

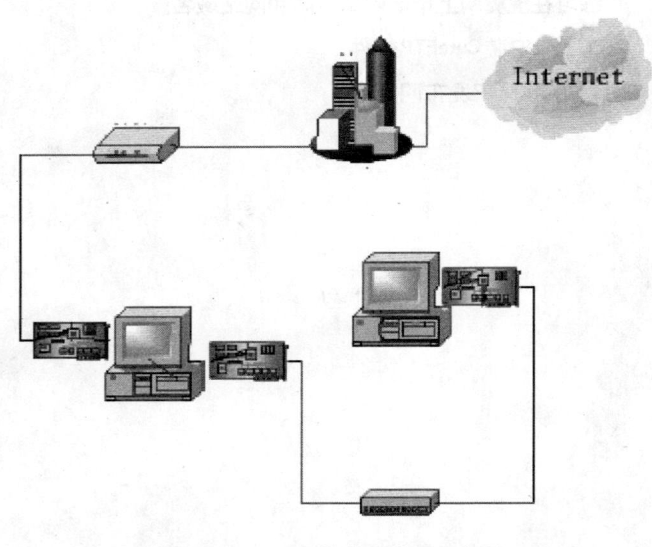

图18－1 双机共享上网示意图

在直接连接Internet的电脑上安装两个网卡，其中网卡A通过ADSL、小区宽带等宽带方式接入

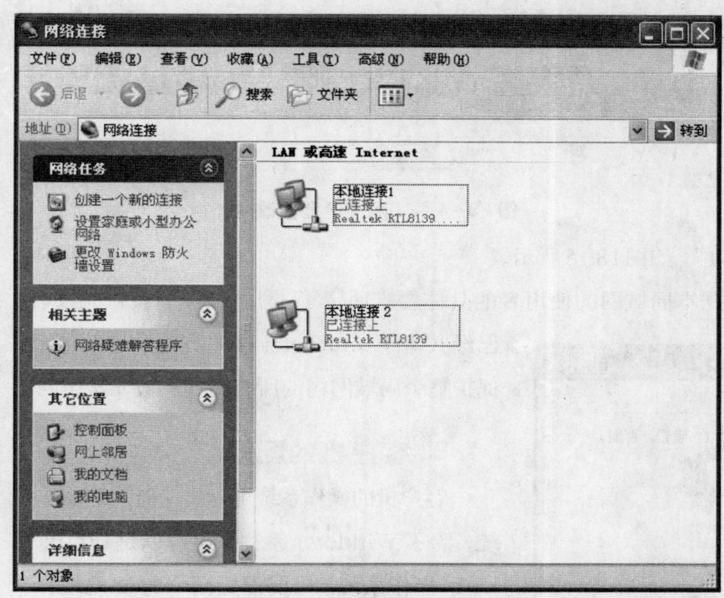

图 18－2　网络连接窗口

Internet，网卡B用于与另一台电脑相连。

将两台电脑组成双机互联的小型局域网，确保两台电脑的网卡能够正常工作，且网线连接也正常后，给两台电脑分别指定IP地址，比如分别设置为192.168.0.1和192.168.0.2，让它们互能访问。

然后，在连接Internet的电脑上（下文称为网关主机），设置好ADSL拨号连接，并确保可以正常上网。

2．网关主机的设置

连接好网络硬件后，就开始在系统中对网络进行相关设置了。下面先来学习网关主机的网络设置。假设两台电脑的操作系统都是Windows XP。

第1步，在桌面上用鼠标右键单击“网上邻居”，选择“属性”菜单项，打开“网络连接”窗口。在该窗口中可以看到两块网卡的连接图标，如图18－2所示。这时须要判断哪块是真正的本地连接，而哪块是用于ADSL线路的连接。有个很简单的判别方式，在电脑桌面右下角托盘区断开ADSL拨号连接，这时它所对应的那个连接就会呈现灰色。

第2步，经过判断，这里的“本地连接 1”是与Internet连接；“本地连接2”与另一台电脑相连。“本地连接 1”即是ADSL接入的网卡。只需要共享该网络连接即可。选择“高级”标签，勾选“允许其他网络用户通过此计算机的Internet连接来连接”项，如图18－3所示。设置好后单击“确定”按钮。

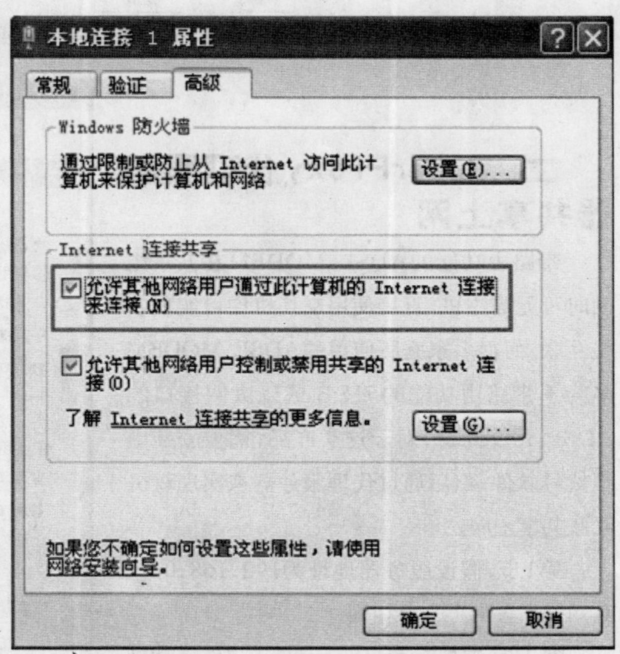

图 18－3　共享 Internet 连接

第3步，这时会出现一对话框提示会改变另一网卡的TCP/IP设置，单击“是”按钮，如图18－4所示。

第4步，这样共享就启用了，现在查看“本地连接2”的TCP/IP设置，用鼠标右键单击“本地连接2”，选择“属性”

菜单项，打开其属性窗口。选择“Internet 协议（TCP/IP)”，然后单击“属性”按钮，在打开的“Internet 协议(TCP/IP)”窗口中可以看到IP地址被系统设置为“192.168.0.1”，如图18-5所示。

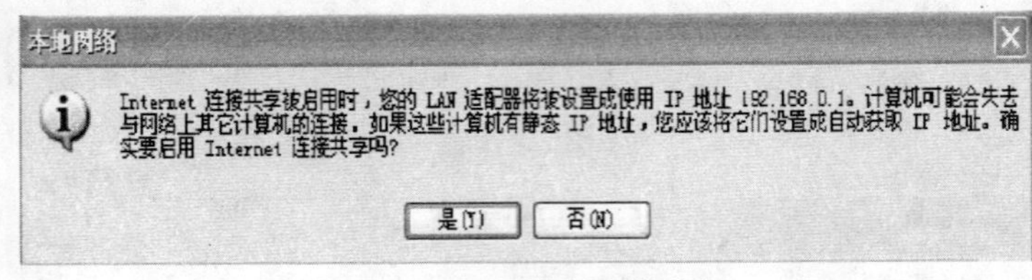

图18-4　网卡设置被改变

这个IP地址是可改变的，根据本局域网的使用者的具体要求而定了。网关主机的设置完成后，已经共享了Internet连接并有防火墙功能，可保护整个局域网内的所有电脑不被非法访问。

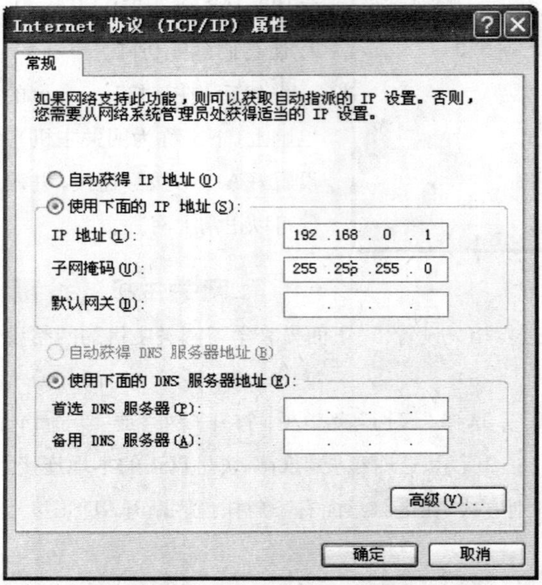

图18-5　本地连接2被自动更改

3．客户机的配置

客户机的操作系统可以是任何网络操作系统，除了Windows系列，还可以是Linux或Unix操作系统。只要设置网卡的IP地址、子网掩码、默认网关和DNS。IP地址设为与网关主机“本地连接2”的网卡处于同一子网的地址，但不能重复，如192.168.0.101。默认网关为网关主机“本地连接2”的IP地址，这里为192.168.0.1。DNS设为网关主机“本地连接1”的网关，如图18-6所示。

设置好后，打开IE浏览器就可以上网了，当然前提是网关主机已经连接上Internet了。

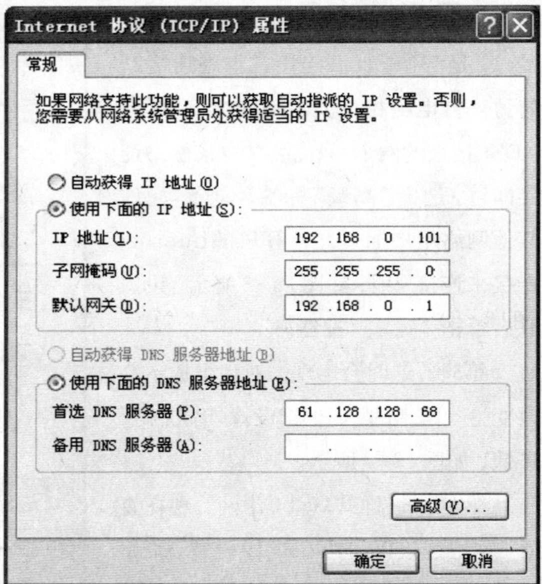

图18-6　设置客户机的IP地址

二、SuperProxy代理服务器共享上网

带路由功能的ADSL MODEM在共享组网时可无需主机，直接使用交换机便可实现多机互联。而很多家庭所使用的ADSL MODEM多为不带路由功能的USB或以太网接口的ADSL MODEM，对于这类产品，需要安装虚拟拨号软件，然后通过代理服务器来实现双机互联共享上网。

第1步，假设服务器地址为192.168.0.1，其网络设置与上一节相同。

第2步，先把SuperProxy安装文件下载到

图 18—7　安装 SuperProxy

本地硬盘，运行SuperProxy的安装文件，如图18−7所示。根据提示要求一步一步操作即可以安装完成。SuperProxy默认的HTTP端口是8090，Socks5端口是1080。

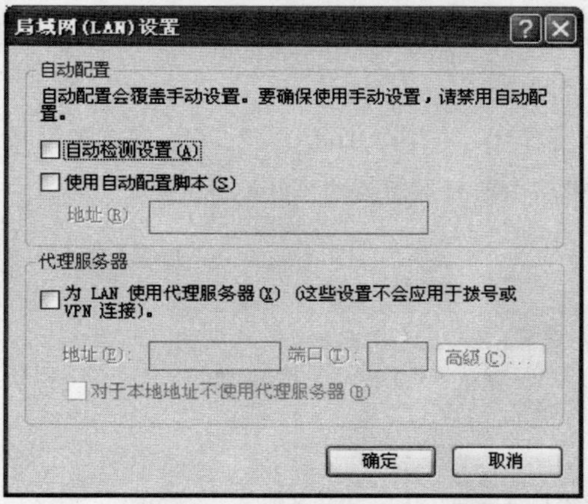

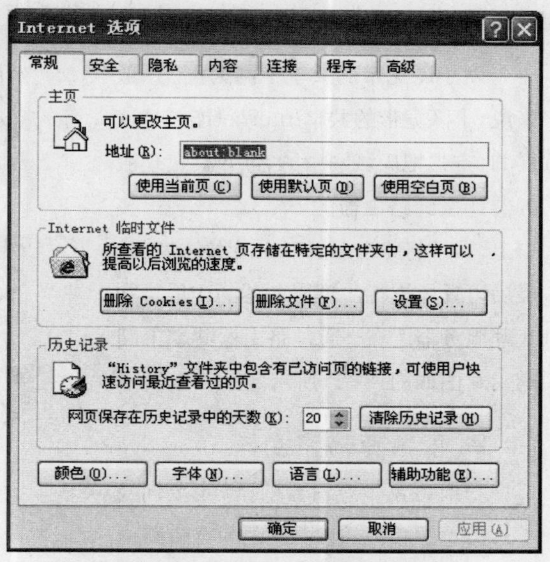

图 18—8　“Internet 选项”窗口

第3步，在装了代理服务器后，就可以让客户机通过代理服务器来上网了，打开IE浏览器，单击菜单“工具”→“Internet选项”，打开“Internet选项”窗口，如图18−8所示。

第4步，选择“连接”标签，单击“局域网设置”按钮，打开“局域网设置”窗口，如图18−9所示。

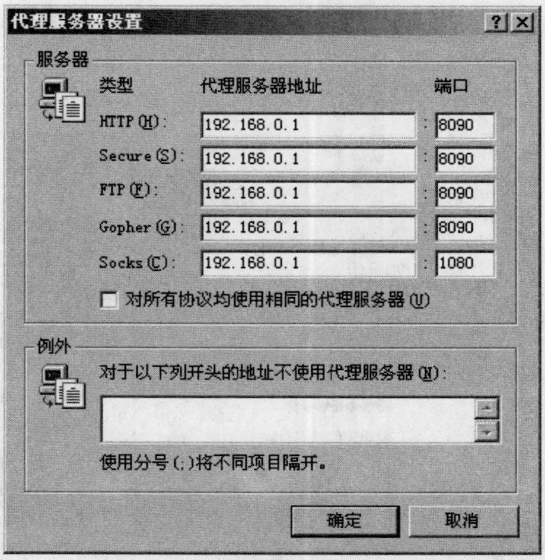

图 18—9　局域网设置

第5步，勾选“为LAN使用代理服务器”项，然后单击“高级”按钮。

第6步，在“代理服务器设置”窗口中，输入服务器的IP地址和各个协议实际的端口，如图18−10所示。设置完成后，一路单击“确定”按钮即可，在客户机上就可以上网了。

图 18—10　设置代理服务器地址和端口

三、路由器共享上网

路由器可以轻松实现多台电脑共享上网，是目前应用最多的共享方式。

1. 路由器共享上网结构

以小区宽带的共享上网为例。一般来说，小区宽带的共享Internet连接是这样的，首先把局域网中的客户端、代理服务器连接到路由器的2x、3x、4x……接口上，然后将路由器的Uplink接入宽带，最后再具体进行代理服务器的IP地址和代理服务器配置。通过路由器共享上网的示意图如图18-11所示。

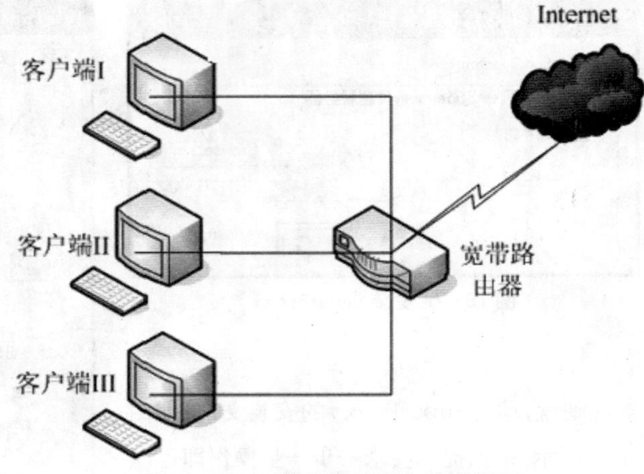

图18-11　路由器共享上网示意图

2. 配置宽带路由器

在配置宽带路由器前，一定要向技术人员了解相关的参数，因为宽带路由器提供了3种上网配置模式，分别为静态IP地址、动态IP和PPPOE方式。如果是小区宽带则选择静态IP方式，并设置如下参数：静态IP地址、子网掩码、网关、首选DNS服务器和备用DNS服务器，如果是ADSL需要选择PPPoE方式，并记住你的用户名和密码。

第1步，双击桌面上的IE图标，并在地址栏中输入“http://192.168.1.1”，并按回车键打开页面。这个地址就是宽带路由器IP地址，每次访问宽带路由器时都需要输入此地址。

小提示

不同品牌的宽带路由器设置有所不同，在配置路由器前一定要详细阅读该产品的说明书，严格按照说明书介绍的方法进行设置。TL-R410路由器的出厂默认设置信息为：IP地址192.168.1.1；子网掩码255.255.255.0；用户名和密码都为admin。

第2步，出现用户名登录窗口，初始用户名和密码均为“admin”，两次输入“admin”后单击“确定”按钮，如图18-12所示。

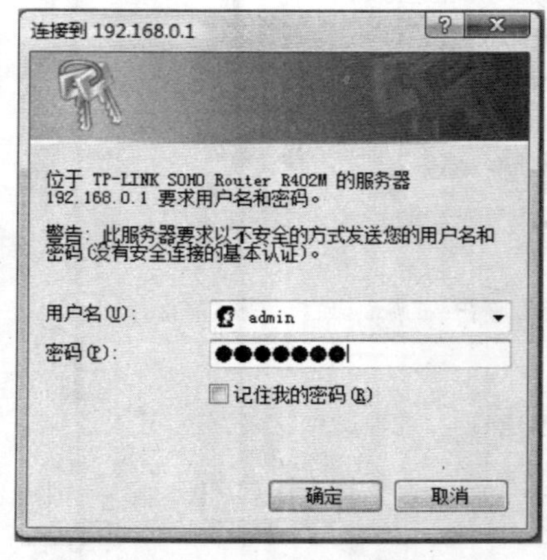

图18-12　登录路由器设置页面

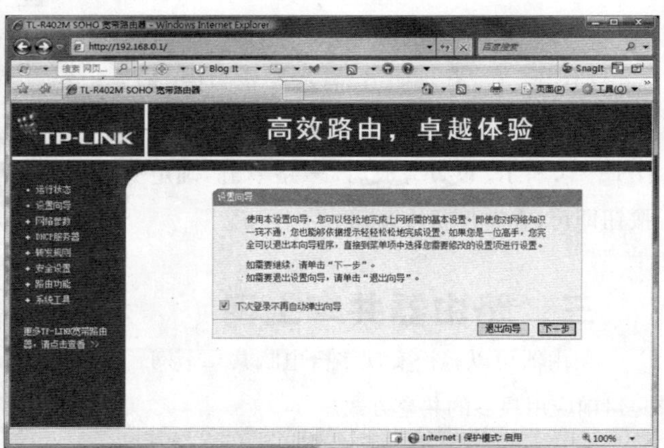

图18-13　路由器设置向导

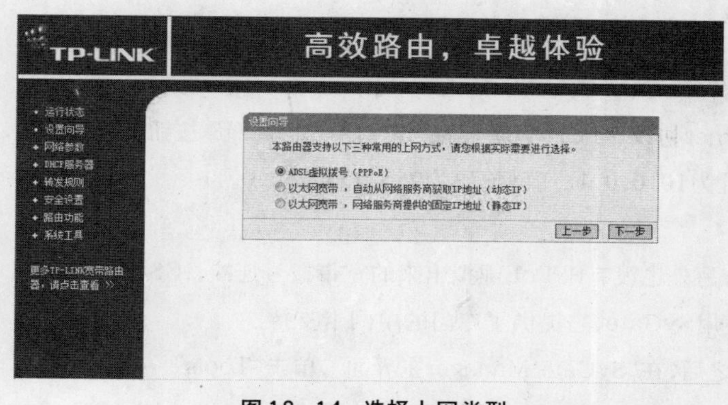

图18-14 选择上网类型

第3步，进入宽带路由器主页面，会弹出如图18-13所示的"设置向导"窗口，单击"下一步"按钮。

第4步，在接下来的界面中，需要设定上网的连接类型，如图18-14所示，根据实际选择相应的上网方式，然后单击"下一步"按钮。

第5步，在"上网账号"和"上网口令"中输入对应的用户名和密码，如图18-15所示，输入完成后单击"下一步"按钮。

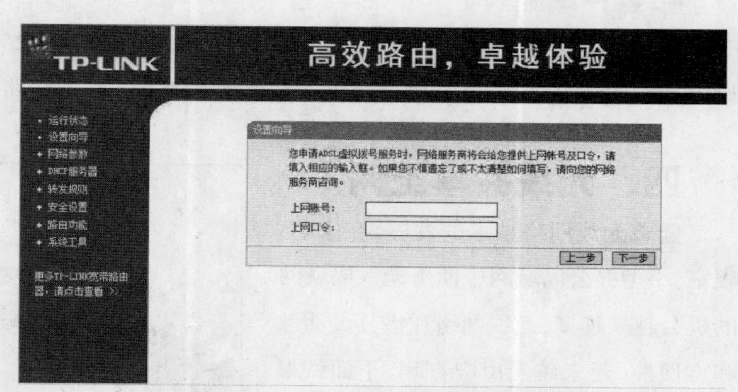

图18-15 输入"上网账号"和"上网口令"

第6步，路由器的另一个特殊功能就是提供了DHCP服务，用户不必在通过对每台客户机进行手动IP地址分配就可以使局域网中的电脑进行相互访问了。

单击主界面左侧的"DHCP服务器"连接，打开"DHCP设置"窗口，确认此窗口中"DHCP服务器"选择默认为"启用"。而"地址池开始地址"和"地址池结束地址"选项分别为192.168.1.100和192.168.1.200，在此用户可以更改IP地址的第4地址段。

以后，随时在IE中输入"http://192.168.1.1"登录路由器设置页面，就可以看到如图18-16所示的运行状态。

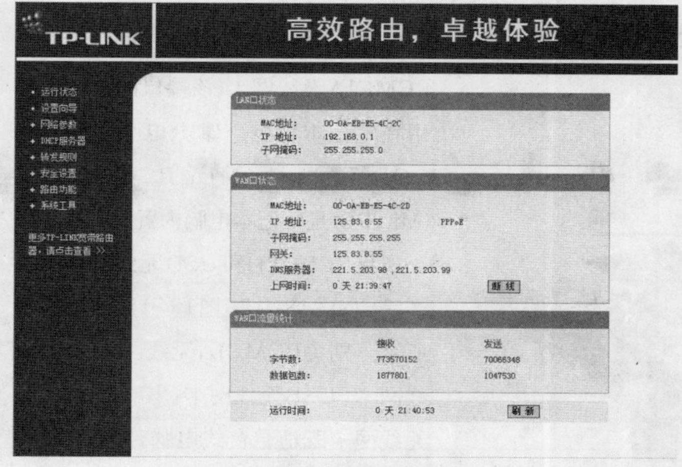

图18-16 路由器运行状态

3.服务器端配置

这里我们假设代理服务器的固定IP地址为192.168.0.5，其网关和DNS都为192.168.0.1。内部网的IP地址段为10.0.0.0，子网掩码为255.255.255.0。

(1) 单网卡绑定双IP地址

第1步，在代理服务器上，打开"网络连接"窗口，用鼠标右键单击"本地连接"，选择"属性"菜单项，打开"本地连接 属性"窗口。双击“Internet协议（TCP/IP）属性”，在打开的“Internet协议（TCP/IP）属性”窗口，根据实际设置其TCP/IP。

第2步，设置完毕后，在“Internet协议（TCP/IP）属性”窗口单击“高级”按钮，然后单击“添加”，添加其在局域网中的IP地址为10.0.0.1，子网掩码为255.255.255.0。

(2)代理服务器配置

因为是用单网卡实现共享上网，另外也没有PPPoE虚拟出来的宽带拨号连接，ICS在这样的环境中并不能使用。所以在这里推荐使用SyGate，它提供了专门的单网卡支持。

在代理服务器上安装了SyGate之后，在“SyGate Manager主界面”，单击“Tools”→“Advanced Feature”→“On”，再选择“Configuration”打开SyGate配置窗口。勾选“Use Single NIC Mode（使用单网卡模式）”，设置SyGate主机在局域网中的IP地址为10.0.0.1。

4.客户端配置

客户端的IP地址可以设置为10.0.0.2～254，子网掩码为255.255.255.0，DNS服务器和网关设置为10.0.0.1。这样客户端就可以通过代理服务器或者宽带路由器共享Internet连接了。

四、无线共享上网

随着无线网络技术的发展，在家庭、寝室、小型办公局域网中使用无线局域网的机会越来越多。无线网络凭借其灵活性和方便性，越来越受用户青睐。下面就来学习如何打造自己的小型无线局域网上网方案。

图18—17　D—Link　PCMCIA无线网卡

1.无线网络设备

组建无线网络，需要的无线设备主要为无线网卡、无线路由器。

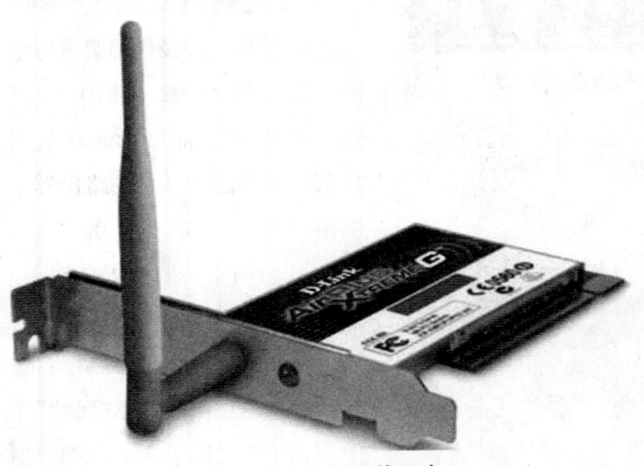

图18—18　PCI无线网卡

无线网卡根据接口不同，主要有PCMCIA无线网卡(该接口的网卡主要用在笔记本电脑、掌上电脑等领域)、PCI无线网卡、MiniPCI无线网卡(MiniPCI是笔记本电脑内置的一种专用小型化PCI接口)和USB无线网卡四类产品。如图18−17、图18−18、图18−19所示分别为PCMCIA无线网卡、PCI无线网卡、USB无线网卡。其中USB接口无线网卡既适合台式电脑，又适合笔记本电脑。

图18-19　USB接口无线网卡

图18-20　D-linkTP-Link　TL-WR541G

无线路由器是中小型无线局域网中整合度最高，功能最强大的无线网络产品，它可以完成有线交换机、无线AP，有线+无线路由管理、防火墙、甚至网络打印服务等强大的网络功能。它可以使整个小型网络变得高效快捷，大部分无线路由器都支持Web界面管理，操作十分方便，因此是家庭和中小型办公室组建无线局域网的首选设备。如图18-20所示为一款专为满足小型企业、办公室和家庭办公室的上网需要而设计的无线路由器。

2. 连接无线网络硬件

组建小型的无线局域网比较简单，当确定无线通信AP或路由器位置后，只要在它们的信号覆盖范围内，其余无线终端的位置没有要求。下面就来看看如何搭建小型无线局域网。

在家庭中组建以无线路由器为中心的无线网络，需要安装连接的设备主要有ADSL MODEM、无线路由器、无线网卡。其中ADSL的安装在学习目标1中已做介绍，请参照这部分内容。下面重点介绍无线路由器和无线网卡的安装。

(1) 连接无线路由器与ADSLMODEM

一般家用无线路由器只有1个WAN口，如图18-21所示，用于外网的连接。其余RJ-45接口用于组建有线局域网，并可实现有线与无线网络在同一个网段内。

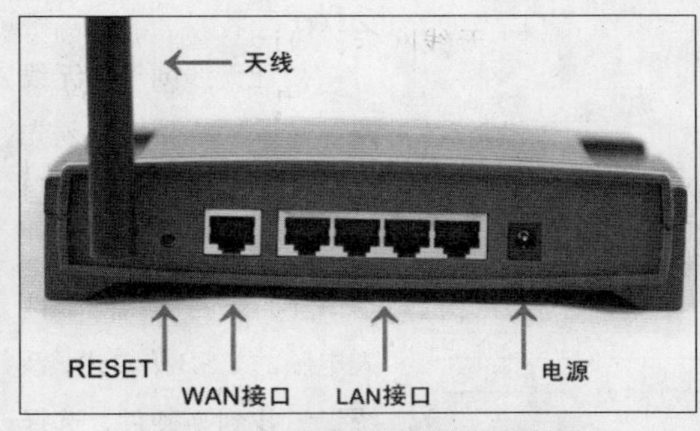

图18-21　无线路由器的有线连接端口

WAN接口用于连接ADSL或其他宽带的接口。连接时将一根双绞线一端插到ADSL的RJ-45 以太网接口中，另一端插到无线路由器的WAN 接口中，如图18-22所示。然后接通ADSLMODEM、无线路由器的电源，无线路由器前面板上的WAN灯会亮，表示中心无线路由器与ADSL MODEM连接成功。

(2) 安装无线网卡

无线网卡的安装将介绍两类无线网卡，一

类是PCI接口的台式电脑用的无线网卡，另一类是笔记本电脑上用的PCMCIA类型的无线网卡。对于台式电脑上的PCI接口，安装方法和安装其他PCI卡相同。

在笔记本电脑上安装PCMCIA无线网卡也比较简单，找到PCMCIA接口，将无线网卡的正面向上，沿平行方向慢慢插进PCMCIA插槽中，确认插紧后即可，如图18－23所示。笔记本电脑的无线网卡一旦安装成功后，就可支持热插拔了。

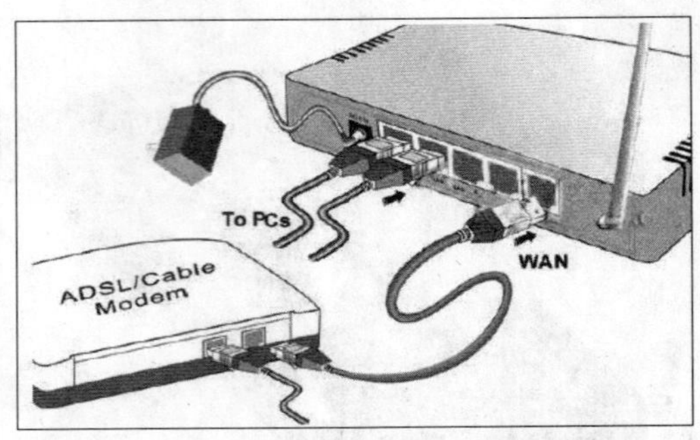

图18－22 无线路由器与MODEM的连接图

3．路由器配置

当连接好无线网络设备后，接下来就需要安装各种无线设备的驱动程序，然后进行相应的设置。调整好各项参数，不仅可以组建共享数据的无线局域网，还能实现共享连接互联网。下面就来看看用无线路由器架设的无线网络如何设置。下面以TL－WN350G无线网卡以及TL－WR541G无线路由器为例，来看看无线网卡如何连接无线路由器。

图18－23 安装PCMCIA无线网卡

(1) 安装无线网卡驱动程序

要让无线网卡与无线路由器成功连接，必须先安装好无线网卡的驱动程序。

第1步，将无线网卡接入电脑的USB接口内，系统提示找到新硬件，选择

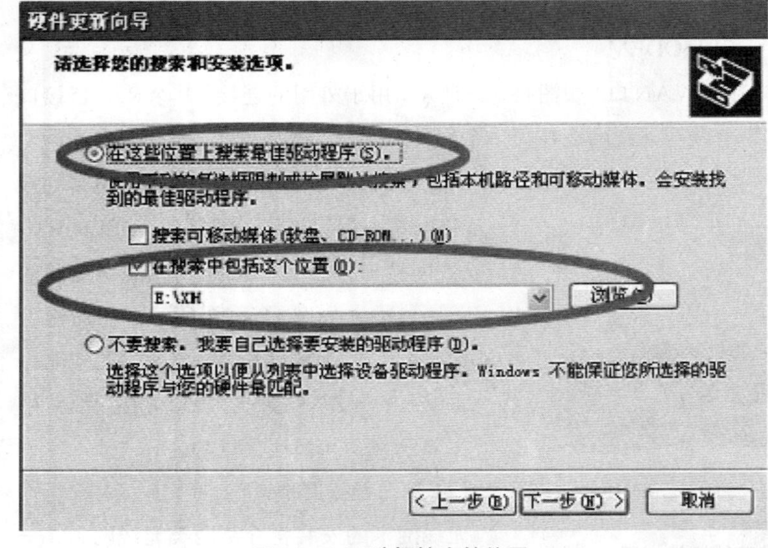

图18－24 选择搜索的位置

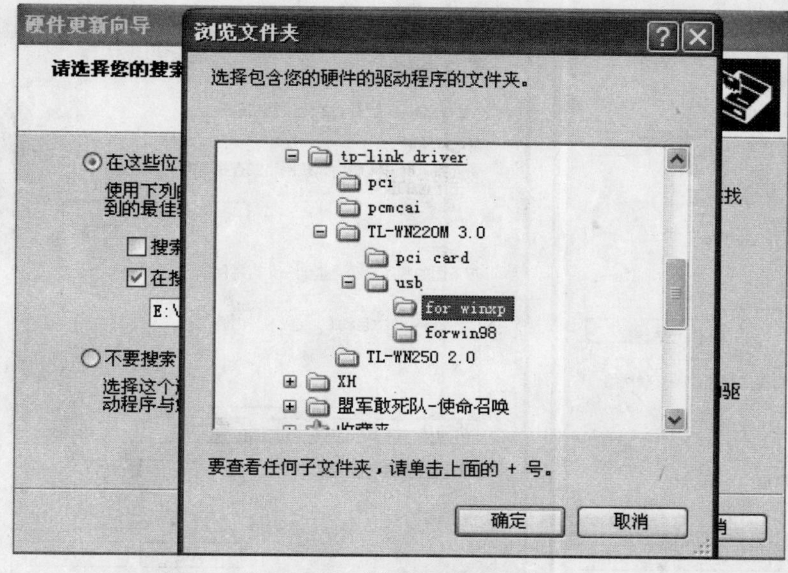

图18－25　选择驱动程序文件夹

“否，暂时不”项，单击“下一步”按钮。

第2步，出现要求你选择如何安装驱动程序软件的界面。选择“从列表或指定位置安装”项，然后单击“下一步”按钮。

第3步，出现“搜索和安装选项”界面，如图18－24所示。对电脑不熟悉的朋友可以选择搜索可移动媒体软盘、CD－ROM)，不过这样做会使安装过程的时间延长，建议选择“在搜索中包括这个位置”项，然后单击“浏览”按钮。

第4步，出现“打开文件夹”窗口，如图18－25所示。这里笔者已经将光盘里的驱动程序拷贝到了本地磁盘中。因而，只要将驱动程序的文件夹选中即可。

第5步，单击“确定”按钮。系统开始安装无线网卡的驱动程序，安装过程结束后会在电脑“设备管理器”中看到网卡驱动正常安装。同时桌面上产生一个图标“TP－LINK域展速展客户端管理程序”，这个程序就是管理网卡的管理工具。

安装网卡驱动程序后，在桌面右下角的任务栏图标上会看到如下显示：显示TL－WN350G已经和TL－WR541G建立好了无线网络连接。绿色图标是“TP－LINK域展速展”管理程序的显示。

小提示

TL－WN350G无线网卡在正常安装驱动程序后，就已经和无线路由器建立了无线连接，这是因为在默认情况下操作系统中的无线部分就可以自动运行，搜索并连接到已存在的无线接入点上，这个过程是智能化的无需用户干预，默认情况网卡自己会自动连接上无线路由器　。

第6步，如果电脑任务栏没有显示连接，是因为在“网上邻居”右键属性里面“无线网络连接”的显示属性没有选中。进入“网络连接”窗口，用鼠标右键单击网卡图标，然后单击“属性”。

第7步，选中“连接后在通知区域显示图标”项，如图18－26所示，在桌面右下角的任务栏上就会出现无线网络的连接图标。

第8步，单击“无线网络配置”标签，选中“用Windows来配置我的无线网络配置”项，如图18－27所示，Windows会自动将电脑连入无线局域网中。

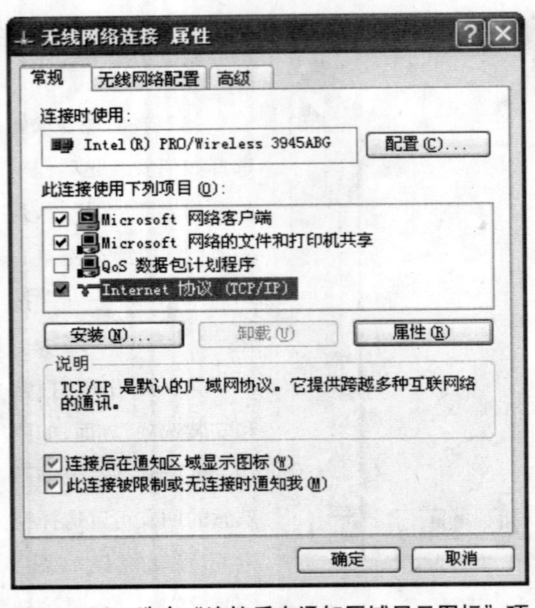

图18-26　选中“连接后在通知区域显示图标”项

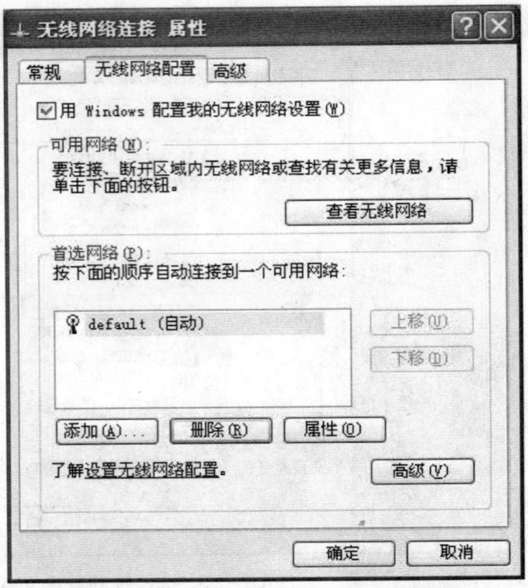

图18-27　设置Windows自动配置无线网络

注意

对TP-LINK无线网卡而言，这个管理程序和“TP-LINK 域展速展”客户端管理程序会产生冲突，建议使用TP-LINK无线网卡的用户不要勾选这项设置。

(2)无线路由器配置

成功连接无线网卡和无线路由器后，就可以来配置无线路由器。

①路由器基本设置

第1步，打开IE浏览器。在地址栏内输入“http://192.168.1.1”。将弹出路由器的登录窗口。按照说明书上的用户名，及密码(TP-Link的初始账号及密码均为admin)填入，然后按回车键。

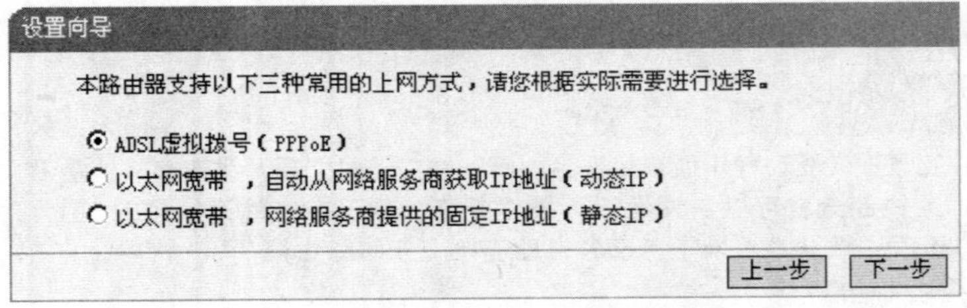

图18-28　根据实际选择上网方式

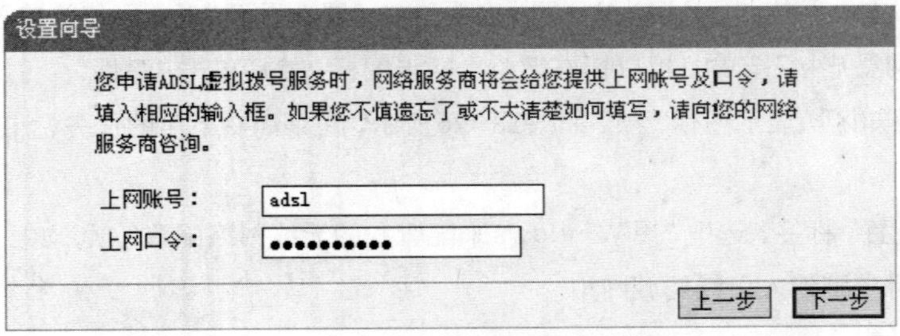

图18-29　输入上网账号及口令

第2步，出现TP-Link TL-WR541G路由器的配置向导窗口，单击“下一步”按钮。出现上网方式选择界面，如图18-28所示，根据实际选择相应的上网方式，然后单击“下一步”按钮。

第3步，输入上网的账号和口令，如图18-29所示，然

无线网络基本设置

本页面设置路由器无线网络的基本参数和安全认证选项。
注意：当启用108Mbps(Static)模式时，必须使用支持"速展"功能的无线网卡才能正常连接到本路由器。

SSID： TP-LINK
频道： 6
模式： 54Mbps (802.11g)

☑ 开启无线功能
☑ 允许SSID广播

☐ 开启安全设置
安全类型： WEP
安全选项： 自动选择
密钥格式选择： 16 进制
密码长度说明： 选择64位密钥需输入16进制数字符10个，或者ASCII码字符5个。选择128位密钥需输入16进制数字符26个，或者ASCII码字符13个。选择152位密钥需输入16进制数字符32个，或者ASCII码字符16个。

密钥选择	密钥内容	密钥类型
密钥 1:		禁用
密钥 2:		禁用
密钥 3:		禁用
密钥 4:		禁用

保存 帮助

图18—30 无线路由器的基本设置界面

后单击“下一步”按钮。

第4步，出现无线网络设置界面，如图18—30所示。设置SSID为“TP—LINK”，勾选“开启无线功能”选项，即开启无线功能；勾选“允许SSID广播”项，允许无线路由器向周围空间广播SSID通告自己的存在，这种情况下无线网卡都可以搜索到这个无线路由器的存在，默认情况下该项是被选中的。

在最下面一个小窗口中列出的全部是有关无线网络安全方面的配置选项，勾选“开启安全设置”项。需特别注意，在“安全认证类型”下拉列表中有三个选项：“自动选择”、“开放系统”和“共享密钥”。为了安全，建议选择“共享密钥”项，然后在“密钥格式选择”下拉列表中选择一种密钥格式，有“ASC Ⅱ码”和“16进制”两种选择。“ASC Ⅱ码”格式就是通常所用的字符串，而“16进制”就是则“0”和“1”组成的数字串。在此选择“ASC Ⅱ码”项。然后在下面的对应密钥项中的“密钥类型”下拉列表中选择密钥位数。如果选择64位，则只需输入5个ASC Ⅱ码字符；如果选择128位，则要输入10个ASC Ⅱ码字符，建议采用这一选项。

配置密钥后，客户端在进行无线网络连接时，路由器会要求用户输入对应的密钥，只有输入正确的密钥后，客户端的连接请求才能被路由器接收，这样就可避免非法用户与无线网络连接，确保了无线网络的安全。

第5步，单击“下一步”按钮，无线路由器的基础设置已经设置完毕。单击“完成”按钮结束设置向导回到路由器首页。

②设置DHCP服务器。

一般，在家庭无线网络中，没有必要为每个用户单独配置静态的IP地址，直接采用无线路由器的DHCP服务功能为连接客户机自动分配IP地址比较方便。

第1步，在路由器设置首页中，选择左边导航栏中的“DHCP服务器”项，在展开的菜单中选择“DHCP服务”项，出现其配置界面，如图18—31所示。

DHCP服务

本路由器内建有DHCP服务器，有了它，不用您亲自动手，就可以自动将您计算机中复杂的TCP/IP协议参数配置正确。

DHCP服务器： ○不启用 ◉启用
地址池开始地址： 192.168.1.2
地址池结束地址： 192.168.1.199
地址租期： 120 分钟（1～2880分钟，缺省为120分钟）
网关： 192.168.1.1 （可选）
缺省域名： （可选）
主DNS服务器： （可选）
备用DNS服务器： （可选）

保存

图18—31 DHCP服务设置界面

第2步，系统默认是启用了DHCP服务，并且配置的IP地址：192.168.1.2～192.168.1.199。用户可以重新配置网关、DNS服务器等选项。如果要为某些计算机或网络设备指定固定IP地址，则可在如图18—32所示的“静态地址分配”界面中进行设置。

静态地址分配

本页设置DHCP服务器的静态地址分配功能。通过此项功能，您可以更好地对局域网中的计算机进行管理和监控。

ID	MAC地址	IP地址
1	00-50-BA-C5-FA-6B	192.168.1.10
2		
3		
4		
5		
6		
7		
8		

上一页 下一页 清空 保存

图18—32 静态地址分配界面

③安全设置

第1步，在路由器设置首页的左边导航栏中选择“安全设置”项，在展开的选项中选择“防火墙设置”，出现防火墙配置界面，如图18—33所示。

第2步，勾选“开启防火墙”项，开启路由器自带的防火墙功能，加上在无线客户端所用的Windows XP防火墙，就有两道安全防火墙防线，双重保护，更加安全。设置好后单击“保存”按钮。

防火墙设置

本页对防火墙的各个过滤功能的开启与关闭进行设置。只有防火墙的总开关是开启的时候，后续的“IP地址过滤”、“域名过滤”、“MAC地址过滤”、“WAN口Ping”才能够生效，反之，则失效。

☑ 开启防火墙（防火墙的总开关）

☐ 开启IP地址过滤

缺省过滤规则

○ 凡是不符合已设IP地址过滤规则的数据包，允许通过本路由器

◉ 凡是不符合已设IP地址过滤规则的数据包，禁止通过本路由器

☐ 开启域名过滤

☐ 开启MAC地址过滤

缺省过滤规则

○ 仅允许已设MAC地址列表中已启用的MAC地址访问Internet

◉ 禁止已设MAC地址列表中已启用的MAC地址访问Internet，允许其他MAC地址访问Internet

保存

图18—33 防火墙的设置

第3步，为了网络的安全，还应该对无线路由器的初始密码进行修改，以防非法用户进入破坏设置。

小提示

修改后的密码最好长些，建议采用大小写字母、数字、特殊符号的组合，不要采用原用户账户或其他容易猜到的字符。

修改登录口令	
本页修改系统管理员的用户名及口令。	
原用户名：	
原口令：	
新用户名：	
新口令：	
确认新口令：	
保存	清空

图18－34　更改无线路由器用户名和口令

单击“系统工具”中“修改登陆口令”，打开如图18－34所示的窗口。按照提示输入新的用户名和登录密码。

第4步，设置完无线路由器的各项参数，单击“系统工具”中的“重启路由器”按钮重新启动路由器使设置生效。

(3)配置其他电脑的网络连接

无线网卡的配置比较简单，各种类型无线网卡的配置思路都相似，都是先将网卡与电脑进行连接，再安装驱动程序，然后设置网卡参数即可。

第1步，在其他电脑中安装无线网卡。例如，将准备好的无线网卡插入其他笔记本电脑中，系统提示发现新硬件，按提示安装无线网卡的驱动程序。

第2步，在桌面上用鼠标右键单击“网上邻居”图标，选择“属性”，弹出“无线网络连接属性”窗口，选中“Internet 协议（TCP/IP）”项，单击“属性”按钮，打开“Internet 协议（TCP/IP）”属性窗口。

第3步，由于启用了DHCP服务功能，所以在无线网卡属性设置的TCP/IP属性中，选择“自动获得IP地址”即可，如图18－35所示，完成后单击“确定”按钮。

第4步，返回“无线网络连接属性”窗口。选择“无线网络配置”选项卡，单击“添加”按钮。在弹出的对话框中的“网络名(SSID)”栏中输入你要接入的无线网络的SSID，接着在“无线网络密钥”框中进行安全认证设置。例如，这里在“网络验证”框中选择“共享式”，在“数据加密”

Internet 协议 (TCP/IP) 属性

常规　备用配置

如果网络支持此功能，则可以获取自动指派的 IP 设置。否则，您需要从网络系统管理员处获得适当的 IP 设置。

◉ 自动获得 IP 地址(O)
○ 使用下面的 IP 地址(S):
IP 地址(I):
子网掩码(U):
默认网关(D):

◉ 自动获得 DNS 服务器地址(B)
○ 使用下面的 DNS 服务器地址(E):
首选 DNS 服务器(P):
备用 DNS 服务器(A):

高级(V)...

确定　取消

图18－35　“Internet 协议（TCP/IP）”属性窗口

框中选择“WEP”。取消对“自动为我提供此密钥”勾选，然后在“网络密钥”栏中输入密钥，最后单击“确定”按钮，如图18－36所示。再次单击“确定”按钮。

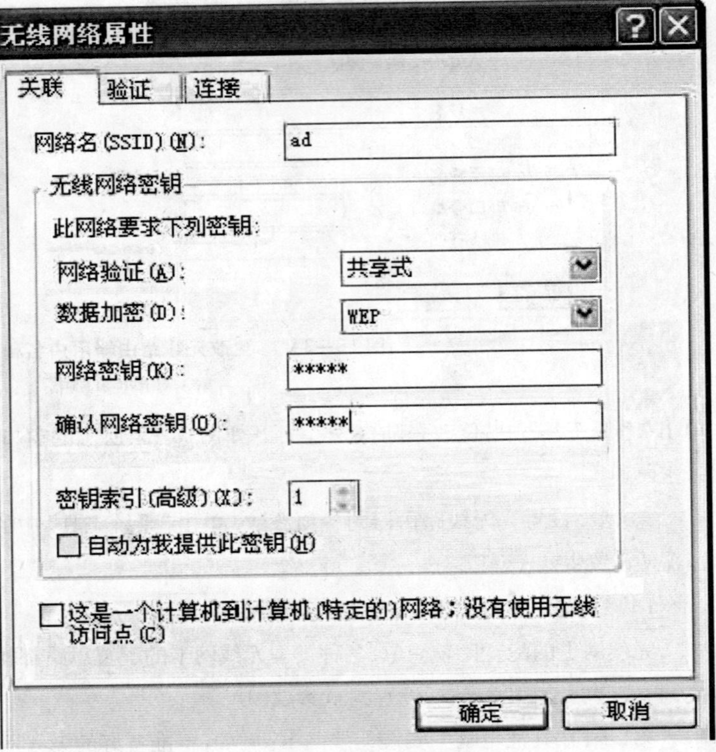

图18－36　添加无线路由器

五、巩固练习

本学习目标主要学习了多台电脑常用的共享上网方法。通过本学习目标的学习，读者应掌握双机共享上网的设置方法，如何设置SuperProxy代理服务器，利用无线路由器、有线路由器组建局域网让多台电脑通过路由器上网。

练习题：

1.练习配置双机互联共享上网。

2.练习设置SuperProxy代理服务器。

3.练习设置有线路由器，让多台电脑共享上网。

4.练习设置无线路由器，让多台电脑共享上网。

学习目标19 常见上网疑难解答

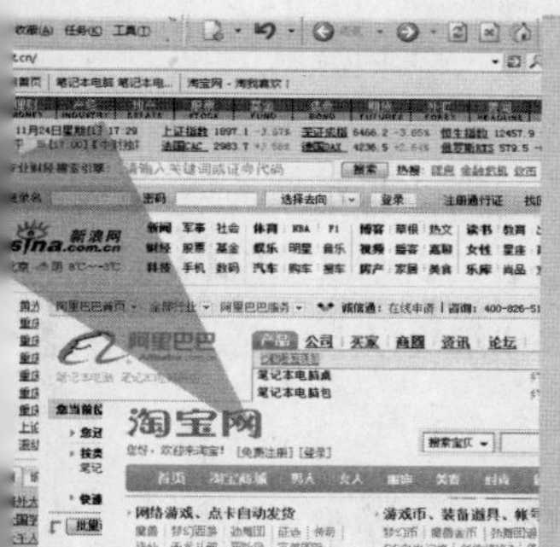

互联网在为我们提供便利的同时也并没有让我们少操心，除了病毒、木马程序可能会光顾你的电脑外，有时还会面临电脑本身的问题。例如各种软件、硬件、网络故障等都会让你不得安宁。下面针对上网用户介绍一些常见网络故障及其排除方法。

一、网络连接故障

问：当怀疑Internet连接有问题时，如何快速判断发生故障的位置？

问：判断的方式有几种：采用Ping的方式；采用Tracert方式；直接查看网络设备的LED指示灯。

1.采用Ping方式稍微麻烦一些，常需依次执行以下操作后，才能最终判断问题到底出在什么地方。

(1)Ping远程主机IP地址，以确定ISP与Internet的连接是否正常。

(2)Ping对端的IP地址，确定路由器是否正常。

(3)Ping本端路由器的IP地址，确定是否可达，如“ping 192.168.0.1 –t”。

(4)Ping代理服务器地址，确定代理服务器是否正常。

(5)Ping其他VLAN中计算机的IP地址(如服务器的IP地址)，以确定第三层交换机工作正常。

(6)Ping本地DNS服务器的IP地址及本地网络域名，以确定DNS是否工作正常。

(7)Ping同一网络内其他计算机的IP地址，以确定本地连接是否正常。

(8)Ping本地计算机的IP地址，以确定网卡和网络协议是否正确安装及配置正确。

网络拓朴结构越复杂，使用Ping命令也就越麻烦，需要考虑的因素也就越多。

2.采用Tracert命令只需追踪一下到Internet某一主机的路由，即可判断问题的出处。因为在哪里出现问题，连接就会在那里中断，在该位置也就无法追踪下去了。当然，这要求网络管理员必须明确各三层交换机、代理服务器和路由器IP地址的分配情况。

3.交换机、路由器和网卡的指示灯能够提供既直观又重要的网络连接信息。在发生故障时，不妨先去看一看这些LED的状态，然后查一查用户使用手册。

问:ADSL连接使用一段时间后,发现无法上线。检查ADSL MODEM,发现MODEM最左边的信号灯不亮,这是怎么回事?

答:位于MODEM三个指示灯最左边的是电源指示灯,正常情况下使用应为持续长亮。如果发现电源指示灯不亮,那么应该首先检查ADSL MODEM的电源接头是否插好,如果仍然出现问题,请检查设备的电源电路是否出现问题。不过一般情况下,不建议普通用户自行拆解设备,可请技术人员帮忙解决。

问:ADSL连接后,发现无法上线。检查ADSL MODEM,发现MODEM左边第二个信号灯不亮,这是怎么回事?

答:位于MODEM左边的第二个信号指示灯是数据指示灯。在正常情况下,如果该指示灯长亮,表示当前用户与局端的线路连接没有问题。如果发现不亮,可能有个原因:第一,ADSL MODEM本身出现物理故障;第二,连接线路出现问题;第三,局端设备出现问题。要检查或解决以上情况,建议请技术人员帮忙。

问:ADSL连接后,使用一段时间,发现上网时经常掉线,而且使用分机电话的杂音也很大。应该怎么解决?

答:此时应该首先检查电话线的连接是否正确。当连接ADSL并带有电话分机时,正确的连接方法是,电话线连入分离器,由分离器引出两条线路,一条连接至ADSL MODEM,并与用户计算机完成线路连接;另一条则连接至其他的分机。检查如果发现分离器前接有分机或传真机等,则先将这些设备取下检查,并尽量保证将分机、传真机连接在分离器之后。

问:ADSL MODEM不上线,结果无法上网。这时应该如何处理?

答:可以按照下面的步骤处理:

首先,可以通过观察ADSL MODEM设备上Link、WAN等指示灯状态,来判断设备是否上线。

然后,对用户线路进行检查,包括从ADSL MODEM到语音分离器。要注意检查用户线是否有铁芯线,接头是否过多,接头是否接触良好,检查线路对地绝缘性能,下户线是否过长等问题。

问:ADSL连接正常,开始使用也比较顺利。但是一段时间之后,老是出现掉线的情况。这是为什么?

答:出现连接掉线,可能有以下几种原因:

第一,使用时间较长,线路出现老化。

第二,用户端与局端的连接距离较远,连接过程中出现较多接头,因接触不良导致信号衰减过大。

第三,ADSL MODEM经常长时间运转而不关机,导致设备过热。

第四,在使用ADSL之外,采用分机数量较多。

第五,语音分离器安装不正确,正确安装方法参见前文介绍。

问:采用ADSL连接,安装好后ADSL MODEM指示灯一切正常。在完成系统设置后,却无法使用IE浏览器查看网页。这是怎么回事?

答:可以按照以下步骤进行检查:

第1步,检查ADSL MODEM与用户计算机的连接是否正常。可以Ping设备的IP地址,如果返回“Reply from ……”信息,则说明连接正常。如果出现“Request time out”等信息,就要进一步检查ADSL MODEM、网线、网卡等设备。

第2步,如果使用PPPoE,则检查其安装、运转是否正常。自动拨号用户可进入设备观察其状态,检查是否分配了IP地址。而手动拨号的用户可采用IPconfig命令,检查计算机的TCP/IP配置。

第3步,Ping本地路由器的IP地址,检查网络是否连通。

第4步,如果网络连通但打不开网页,则进一步检查本机设置的DNS服务是否正确。

问:采用ADSL连接,并接有分机。平时使用好好的,但只要分机有人打电话就会掉线。这是为什么?

答:出现这类问题主要有以下几个原因:

第一,语音分离器安装可能出现错误。语音分离器必须安装在用户分线器的前端,而且连接ADSL MODEM的电话线必须专线专用。

第二,线路中可能存在复连现象,即出现在同一主干上同时复接话音和信号。可能是由于同一外线安装了一个以上ADSL MODEM。

第三,语音分离器出现物理故障。

问:采用ADSL连接,平时使用正常,但是下雨时就会经常掉线。这是为什么?

答:在雨天ADSL容易掉线,主要是因为电话线受天气影响,使环阻发生变化,产生瞬间脉冲,从而造成断线。如果计算机的处理能力不够,或外线质量不好,都有可能造成ADSL掉线。此外,如果当网络处于使用高峰期,同时计算机的处理能力有限,那么死机、掉线的几率也将大大提升。

问:为什么ADSL有时不能正常上网?

答:ADSL是一种基于双绞线传输的技术。双绞线是将两条绝缘的铜线以一定的规律互相缠在一起,这样可以有效的抵御外界的电磁场干扰。但市面大多数电话线是平行线,从电话公司接线盒到用户电话这段线也多用平行线,这对ADSL传输不利。过长的非双绞线传输会造成连接不稳定、LINK灯闪烁等现象,从而影响上网。

问:正在使用ADSL时发现,ADSL MODEM上的Link指示灯不停闪烁,这是为什么,能否避免?

答:ADSL MODEM上的Link指示灯实际上有几种工作状态:

第一,如果呈绿色并长亮,则表明用户端的ADSL MODEM与局端已经成功建立物理上的连接,即为同步。

第二,如果出现闪烁,则表明用户端ADSL MODEM与局端的物理连接断开,即为失步。

如果使用过程中出现指示灯闪烁,则表明出现电话线路受到干扰,或某个接头出现故障或接触不良,线路故障等问题。此外,不良的天气状态也可能干扰ADSL的使用,此时耐心等待一段时间即可恢复正常。要避免这样的情况发生,首先要保证分机与ADSL线路连接正确,如前文所述;其次线路上的接头特别是入户的接头一定要接好;尽量缩短连接线路长度,并尽量不要在线路周围摆放可能引起电磁干扰的其他设备，如手机、传真机等。

问：采用ADSL宽带上网，开始上网速度还可以，但是一段时间之后，发现速度下降，有时甚至根本体会不出任何宽带上网的好处。这是为什么？

答：导致ADSL不“宽”的原因主要有以下几点：

第一，线路出现问题(如电话线等)。

第二，设备出现问题。

第三，出口带宽共享问题。

针对出口带宽问题，要科学地维护、挑选线路因为工程量较大，在短期内无法实现的可能。而线路问题和设备问题，解决办法可以分为两个方面：

第一，在使用时注意检查线路整体使用情况，看是否存在干扰，如有则需要去除干扰源。由于采用电话线，正规的解决办法是采用规范的双绞线。

第二，在配置设备时可先从局端网络设备端口带宽进行调整，用户端设备也需要调整至最优化。

问：使用ADSL过程中发现，ADSL MODEM电源灯正常，但同步灯不正常，这是为什么？

答：这种障碍出现较多，主要是由于MODEM不能初始化ADSL线路与局端接入设备形成的通道。检查可能是电话线脱落，或线路质量出现问题等。

问：ADSL MODEM电源灯、同步灯正常，而背面板上以太网口的指示灯却不亮，这是为什么？

答：这说ADSL MODEM不能接收从网卡发送过来的信号。可能是因为网卡损坏或网线连接出现问题，也可能是由于采用的网卡和连接方式不支持(如不是自适应网卡等)。

问：采用ADSL上网，开始家里没有分机，上网一切正常。后来因为工作需要，在卧室、书房、客厅分别加装分机电话。此后上网经常出现掉线的情况。这是为什么？

答：有些用户因为住宅面积较大或工作原因，安装了多台分机电话。一般情况下，不建议用户在ADSL电话线上接较多分机。在线路状况良好的情况下，终端数不宜超过4台(终端指ADSL−MODEM与电话机)。如有需要，应该另外申请一条专用ADSL线路。

问：交换机接通电源后，发现正面Power指示灯不亮。这是什么原因？

答：从故障现象来看，也许是电源插座、电源线和机内电源模板出现问题。可以通过下面的方法排除：将电源线插入另一台工作正常的设备以检查电源插座是否良好。通过另一台设备检查电源线和机内电源模板是否正常。

问：交换机接通电源后，发出蜂鸣声。这是怎么回事？

答：从故障现象来看，也许只有一个冗余电源供电。这时，可以通过“冗余电源报警消除按钮”来消除报警声。恢复另一个冗余电源供电，供电正常后在交换机背面的两个“单颗电源指示灯”必须点亮。

问：交换机和局域网内的电脑连接好后，打开电源，发现连接后的链路指示灯不亮，这是怎么回事？

答:从上述情况来看导致故障的原因可能是网络接口、网络连线或交换机端口这3处存在问题。可以通过下面的方法来排除:首先,用户可以检查交换机连接设备是否开机。其次,确认网络两端插入交换机及相关设备是否已经正确连接。第三,检查网线制作是否符合标准或长度是否超标。

问:局域网通过交换机连接,刚开始一切正常,但是交换机运行一段时间后就会自动关机。这是怎么回事?

答:从上述情况来看应该是电压不稳定造成的,交换机内电源模板可能出现故障。如果用户使用的电压不很稳定,最好配一个UPS。

问:通过交换机连接局域网,但是却发现交换机运行一段时间后就会自动发出报警声,这是怎么回事?

答:造成上述故障的原因可能是因为只有一个冗余电源供电。检查是否有一个冗余电源的电源线松动或者开关被关闭。这样只有一个冗余电源时,用已经使用的"冗余电源报警消除按钮"来消除报警,此后在供电电源下恢复供电,会产生报警声,此时重新按一次按钮即可解决。

问:已将所有设备安装完成,且路由器显示正常,但为什么无法连通网络?

答:主要从以下几方面着手解决:

1.请检查cable/xdsl router与宽频路由器是否确实安装连接,电源也已打开以及其他联机设备均依照产品指示架设无误。

2.确定个人电脑与宽频路由器是在相同的子网络内。如果无法确认,请将个人电脑的IP地址设为自动侦测以取得DHCP Server分配的IP地址。

3.原本使用拨号上网的用户,必须重设IE浏览器的"Internet选项"。设定步骤:在桌面上用右键单击IE浏览器图标,依次选择"属性"→"连接",选择"从不进行拨号连接"。

4.确认个人电脑网络设置无误,包括预设网关(192.168.1.1)、DNS、IP地址等。个人电脑的IP地址必须设定为内部网络限定的范围(192.168.1.2~192.168.1.254)之内,不可超出。

5.进入宽频路由器查看设定是否有误,若为ISP的资料数据或接口设定错误,请更正并重新输入。

6.倘若以上方法均无法解决问题,请联系经销商客服部门。

问:网卡与宽频路由器连接时,为何只有Link灯能亮?

答:只有在100Mb/s的传输速率下,"10/100"对应的灯才会亮。若只有Link灯会亮,表示当前网卡连接速率为10Mb/s。

问:最近给电脑安装了一块网卡,连接局域网(DHCP服务器动态分配IP地址),结果系统启动速度比原来慢了很多。但启动完成后就一切正常了。在"设备管理器"中进行查看,没有发现硬件冲突。怎样才能解决启动速度慢的问题?

答:安装网卡后电脑的启动速度变慢是正常现象,因为系统启动时除了检测网络连接,还会自动检测网络中的DHCP服务器,增加系统的启动时间。因此如果想要加快系统的启动速度,就应当为电脑指定固定的IP地址,以减少系统的检测时间,而不是采用自动获取IP地址的方式。

问：网卡安装正确，在设备管理器中显示正常，并且可以看到它的型号是8139，网络也是畅通的，但就是不能上网。重装操作系统也不能上网，如果把这个网卡安装到别的电脑上，则在设备管理器中有感叹号存在。这是什么原因？

答：试着通过以下几种方式解决：

第一，更新驱动程序。如果网卡的驱动程序有问题，会出现各种各样的奇怪现象，建议更新网卡的驱动程序。

第二，更换网卡。既然将该网卡安装到其他电脑上，在设备管理器中有感叹号存在，表示硬件冲突或设备无法正常工作。在电脑上安装另一块网卡，如果可以上网，说明原网卡是坏的。

第三，先从设备管理器中删除现有网卡，然后更换一个PCI槽安装上去，重新安装驱动程序，再尝试一下。

问：在重新安装网卡后，网卡的名称比以前多了一个"2#"。这是因为在拔除旧网卡之前没有能够将它完全卸载造成的，那现在怎样才能把原来的网卡完全卸载呢？

答：没有将原有网卡驱动程序卸载掉就从电脑中拔除，该网卡的驱动程序将仍然保存在系统中，虽然不会影响新网卡的使用，但是会在网卡的名称中加一个"2#"，用于区别原来的网卡。如果要完全卸载，可以在"设备管理器"窗口中依次单击"查看"→"显示隐藏的设备"，将原来和现在的网卡全部删除，重新启动电脑后安装新网卡驱动程序。

问：采用无线上网的速度非常慢，查看无线网络的连接属性时，发现连接速率只有2Mb/s，甚至有时只有1Mb/s。无线局域网内的电脑都在同一个房间，以前的正常连接速率是11Mb/s。这是什么原因造成的？

答：无线网络设备能够智能调整传输速率，以适应无线信号强度的变化，保证无线网络的畅通。执行以下操作，以恢复原有的传输速率。

第1步，查看是否开启了无线网卡的节能模式。在采用节能模式时，无线网卡的发射功率将大大下降，导致无线信号减弱，从而影响无线网络的传输速率。

第2步，查看在无线设备之间是否有遮挡物。如果在无线网卡之间，或者无线网卡与无线AP之间有遮挡物（特别是金属遮挡物），将严重影响无线信号的传输。建议将无线AP置于房间内较高的位置。

第3步，查看是否有其他干扰设备。微波炉、无绳电话等设备会对无线传输产生较大的干扰，导致通信速率下降。大多数微波炉使用了2.4GHz频段上14个通道中的第七到第十一个通道，所以，对于采用IEEE 802.11b协议的无线设备，只要将通信通道固定为14(最后一个Channel)即可。

问：一台采用了IEEE 802.11b标准的无线AP，针对50个无线客户端搭建了一个无线网络。但在网络搭建后，感觉网络传输速度慢得难以忍受，这是不是无线AP有问题？

答：一般情况下，一台IEEE 802.11b标准的无线AP连接30个左右的无线终端为最佳状态。虽然从理论上讲，一个无线接入点（AP）可接入70余台无线终端。但是，随着无线客户端的增多，网络传输速率会迅速下降。如果想针对50个无线客户端组建无线网络，建议你再增加一台无线AP，将两台无线AP连接在一起，并设置为互不相邻信道（如分别为信道1和信道6），并为无线AP设置MAC

地址过滤，从而实现无线接入任务的分担。

问：1台SOHO宽带路由器，4台电脑分别接入它的4个LAN端口，ADSL MODEM连接至WAN端口。除1台电脑安装Windows 2000外，其他电脑均安装Windows XP，并全部设置为“HOME”工作组。虽然接入电脑均可正常上网，但相互之间却无法联络，在“网上邻居”中也看不到对方。

答：由于所有电脑都能通过同一个路由器上网，所以其IP地址肯定在同一个子网内，可以排除IP地址信息设置故障。故障其实出在Windows XP和Windows 2000的网络设置上。建议作如下处理：

1.在Windows XP的“网络连接”窗口中，单击“设置家庭或小型办公网络”，运行“网络安装向导”，依次选择“其他”→“这台电脑属于一个没有Internet连接的网络”选项，使其接入局域网，并在Windows资源管理器中设置共享文件夹。

2.可以使用“查找”或“搜索”方式，利用IP地址或电脑名查找网络中的其他电脑。通常情况下，只要找到某台电脑，该电脑就会出现在“网上邻居”中。

3.关闭Windows XP的Internet连接防火墙，默认状态下，防火墙被启用。在“本地连接属性”对话框的“高级”选项卡中取消选择Internet连接防火墙复选框。如果在Windows 2000中也安装了防火墙软件，需要正确设置或关闭防火墙。

问：操作系统为Windows XP，以ADSL方式接入Internet。刚安装的时候一切正常，但现每隔一天或几天后拨号就提示“无法获得IP地址，检查网线是否插好”。重启几次后又一切正常（有时要过很长时间）。对此该怎么解决？

答：目前由于ADSL常用的虚拟拨号方式限制，只有用户拨入时才会获得一个IP地址，断开连接时又自动释放该地址。由于IP地址池中的IP地址数量毕竟有限，所以当突发用户数量较多时，IP地址将被分配殆尽，后面的用户再拨入时将无法获取IP地址，直到其他用户下线并释放出IP地址为止。如果确定是该类原因，不必重新启动电脑，只须稍过片刻重新拨号，即可获得IP地址。也就是说，如果过一会儿即可获取IP地址，故障原因就不在本地网络了。

如果排除了电信局方原因，就应当检查以下各项内容：

1.网线是否有问题，尤其是RJ-45头与网卡的接触是否良好。

2.ADSL是否设置为“桥接（Bridged）”方式。

3.网卡及其驱动程序是否有问题。

4.Windows XP操作系统的虚拟拨号组件是否出现错误。最好重新配置一次。

问：ADSL自安装以来一直都很正常，最近每天的上午10:00后和下午5:00后都要自动掉线若干次，而且短时间内无法恢复。说来也奇怪，就跟ADSL怕热似的，天气凉爽的时候几乎不掉线，而气温只要高于28℃，掉线的频率就开始增加（上网电脑所在房间无空调，但同一电力线上有空调运转）。这是怎么回事？

答：导致ADSL频繁掉线的原因可能是电压过低。随着温度的升高，空调使用率也不断增加。毫无疑问，空调在制冷运转时，不仅将导致电压降低，而且还会引发感应电流。虽然ADSL MODEM在设计时会考虑到电压和电流的波动问题，但过低或过高的电压，仍然无法保障ADSL MODEM正常工作。因此，为ADSL MODEM或宽带路由器配置一个UPS电源应当是最佳解决方案。

问：十多台电脑采用宽带路由器+集线器方式，利用集线器扩展端口组网共享Internet。连接完成后，直接连接至宽带路由器LAN口的3台电脑能上网，而通过集线器连接的电脑却无法上网，路由器与集线器之间无论采用交叉线或平行线都不行。集线器与路由器LAN端口连接的灯不亮。另外，集线器上的电脑无法Ping通路由器，也无法Ping通其他电脑，是什么原因？

答：导致连接集线器的电脑无法访问Internet的可能原因有三个：

1.集线器自身故障。故障现象是集线器上的电脑彼此之间无法Ping通，更无法Ping通路由器。该故障所影响的只能是连接至集线器上的所有电脑。

2.级联故障。如路由器与集线器之间的级联跳线采用了不正确的线序，或者是跳线连通性故障，或者是采用了不正确的级联端口。故障现象是集线器上的电脑之间可以Ping通，但无法Ping通路由器。但直接连接至路由器LAN端口的电脑的Internet接入将不受影响。

3.宽带路由器故障。如果是LAN端口故障，结果将与级联故障类似；如果是路由器故障，结果将是网络内的电脑都无法接入Internet，无论连接至路由器的LAN端口，还是连接至集线器。

从故障现象上来看，连接至集线器的电脑既无法Ping通路由器，也无法Ping通其他电脑，初步断定应该是集线器故障。

问：用GRT 1500 ADSL MODEM的路由功能+8口交换机实现共享上网。工作站IP地址范围是192.168.1.2～192.168.1.4。最近工作站关机一段时间后，再开机会发现无法连接上网。用Ping命令测试，各工作站间可以互相连通，但Ping做路由的ADSL MODEM的地址无法Ping通，只有重启ADSL MODEM才能恢复正常，原因何在？

答：可以Ping通其他电脑，说明局域网网络连接没有问题。无法Ping通ADSL MODEM，说明电脑与ADSL MODEM之间的连接发生故障。重新启动ADSL MODEM后故障可以解决，说明问题的原因就出在路由器上。建议降低ADSL MODEM的工作环境温度，撤去周围干扰源（手机、无绳电话等）并升级ADSL MODEM的Firmware。需要注意的是，有时候线路连接松动也会导致类似现象发生。因此，最好检查一下路由器与交换机间跳线的连通性，并且重新插拔一下两端的水晶头，或者重新制作一根跳线进行替换。另外，如果ISP电信局端设置有踢出空闲用户的功能，则网络内的所有电脑长时间都不访问Internet时电信局端会自动断开ADSL连接，此时重新启动ADSL MODEM才能启动内置的PPPoE自动拨号功能。

问：无法登录到宽带路由器设置页面，该怎么办？

答：首先确认路由器与电脑已经正确连接。检查网卡端口和路由器LAN端口对应的指示灯是否正常。如果指示灯不正常，重新插好网线或者替换双绞线，并在电脑中检查网络连接，将电脑的IP地址设置成自动获取IP地址。然后查看网卡的连接是否正确获得IP地址和网关信息，如果没有则手动设置。如果这些信息已经正确获得，请注意是否开启了防火墙服务，如果已开启请将它禁用。家庭使用的路由器多采用IE登录的方式进行维护，因此可以在IE的连接设置中选择“从不进行拨号连接”，再单击“局域网设置”，清空所有选项。然后在浏览器地址栏中输入宽带路由器的IP地址，按下回车键即可进入设置页面。如还不能登录，请尝试将网关设置为路由器的IP地址，本机IP地址设

为与路由器同网段的IP地址再进行连接。

如果用上面的方法还不能解决所遇到的问题，请检查网卡是否与系统的其他的硬件有冲突。

问：经常出现无法连接到路由器或连接速度非常慢，该怎么办？

答：这种情况与网线的关系比较大。如果经常出现连接问题，可能存在水晶头质量问题或接触问题，注意将各个接口插紧。并更换质量好的水晶头，同时检查网线的线序是否正确。

问：使用ADSL方式上网，设置好路由器以后却无法使用拨号软件进行拨号，该怎么办？

答：设置好路由器的PPPoE连接后就从路由器进行拨号了，无须再使用电脑里的拨号软件，只要将电脑的IP地址设置为“自动获取”或者设置为与路由器不冲突的IP地址即可。

问：路由器无法获取广域网地址，该怎么办？

答：首先检查路由器的WAN口指示灯是否已经亮起来，如果没亮则表示网线或者水晶头有问题。然后检查路由器是否已经正确配置，配置完成后并保存重启，否则设置不能生效。有时候还可能需要克隆网卡的MAC地址到路由器的广域网接口，具体设置参考路由器手册。

问：忘记了路由器的IP地址/密码，无法再进入设置页面，该怎么办？

答：每种路由器的默认IP地址和密码都不相同，有的需要一些命令行操作(如CISCO设备采用IOS操作系统)，可以由厂商算出某个设备的万能密码。如D-LINK设备通过产品串号来算出，还有利用设备上的Reset键复位几次就可以恢复原始密码。

问：采用ADSL设备接入Internet，带宽2Mb/s。使用优化软件后，访问某些网站反应比较慢，甚至“无法打开”，需要刷新一下才行。而HTTPS加密站点是无法刷新的，在进行访问时非常麻烦，该怎么办？

答：对于拥有2Mb/s带宽的ADSL用户而言，根本不需使用软件进行优化。事实上，各种优化软件的效果都不是特别明显，而且有时还会导致各种类型的故障发生。许多ADSL MODEM厂商和宽带服务提供商都建议用户不要对系统和Internet连接进行优化。以太网和IEEE 802.3标准对数据帧的长度都有一个限制，最大值分别是1500Byte和1492Byte，这个特性称作MTU(最大传输单元)。由此可见，当将MTU值调得较大时，可以传输更多的数据。然而，优化软件一般都将MTU调得太大，往往超过设备所允许的MTU最大限制，从而导致很多网站打不开。因此，建议将MTU的值调小。如果仍然无法解决问题，就应该删除优化软件，或者重新安装系统。

问：利用ADSL MODEM拨号不能立即上网，要等十几分钟后才能上，断线后再拨号又要等十几分钟才能上网，但“本地连接”显示一直有数据包收发。ADSL MODEM换到其他电脑上，一切正常。这是为什么？

答：通过情况来看，网络硬件是没问题的，可能是系统感染了病毒，尤其是冲击波类病毒，长时间有数据包收发而不能上网，是因为病毒所发送的数据包将大部分带宽占用了。应该立即打好系统补丁程序，接着进行全面杀毒，或者使用防火墙软件。

问：安装好无线网卡后，系统自动搜索到了附近的无线AP，信号也不错。同时可以看到系统中无

线网卡的IP地址和子网掩码，IP地址是169.254.148.78，子网掩码是255.255.0.0，只有网关地址为空。但是电脑怎么也连不上无线网络，这是为什么？该怎么办？

答：IP地址169.254.X.X不是无线路由器分配的IP地址，而是电脑在设置为自动获取IP地址后，无法从网络中的DHCP服务器获取IP地址时，由Windows自动为电脑随机选择的IP地址。导致这个故障产生的原因应当是没有正确设置无线客户端。在为无线客户端设置SSID、无线网络模式、WEP加密等网络参数后，才能使该无线客户端真正接入无线网络。

问：原来使用LAN接入方式（拥有固定IP地址，开机会自动连上网络），后来改为虚拟拨号方式上网（PPPoE），就出现开机上网几分钟后，有时会出现无流量的现象，而且此时无法断开网络连接，注销也无效，只有重启电脑才能恢复正常，这是为什么？该怎么办？

答：Windows XP自带PPPoE协议，当使用第三方PPPoE软件时，可能会导致Internet连接故障。建议采用新添加网络连接的方式，创建Windows XP的ADSL连接，使用系统本身的PPPoE协议即可。

问：两台装Windows XP系统的笔记本电脑在使用双绞线直连时，连接不稳定，且对方计算机经常无法浏览，甚至连工作组都打不开，提示"\\计算机名称\ShareDocs"无法访问。原因何在？

答：要解决上述故障就必须要解决IP地址和用户的权限问题，有以下几个方法可以解决上述故障：

1.可以给每一台笔记本电脑设置一个私有的IP地址，如一个为192.168.1.10，另一个为192.168.1.20，子网掩码都是255.255.255.0。或者两者均采用"自动获取IP地址"方式，使其自动获取"169.254.0.1～169.254.255.254"段的IP地址。

2.在每台笔记本电脑上启用"Guest"账户。从"管理工具"中运行"计算机管理"，选择"本地用户和组"→"用户"，在右侧的窗格中用鼠标右键单击"Guest"，选择"属性"，在"常规"选项卡中取消"账户已停用"。

3.打开"资源管理器"，从"工具"菜单选择"文件夹属性"，从"查看"选项卡的"文件和文件夹"中取消"使用简单文件夹共享（推荐）"。

4.打开"本地连接"，确认在"本地连接"属性的"高级"选项卡中，没有启用Internet连接防火墙。

5.在"网络连接"窗口中单击"设置家庭或小型办公网络"，运行"网络安装向导"，选择"这台计算机属于一个没有Internet连接的网络"。然后，打开Windows资源管理器，设置共享文件夹。经过以上几步，就能解决这个故障。

二、网页浏览故障

问：在Windows XP环境中，使用IE浏览网页时，不能正常显示网页中的Flash动画。

答：出现这种现象是因为Windows Windows XP SP2默认的安全设置禁止了用户在本地（硬盘和光盘）上打开包含有Flash等内容的文件，以防止用户在本地打开一些Flash文件过程中，被隐藏于Flash中的恶意代码引导到一些恶意网站，使电脑受到攻击。解决方法如下：

第1步，启动IE浏览器，单击菜单“工具”→“Internet选项”，打开“Internet选项”窗口。

第2步，选择“高级”选项卡，在“设置”下拉列表框中，选择“允许活动内容在我的计算机上的文件中运行”和“允许来自CD的活动内容在我的计算机上运行”复选框，如图19-1所示，然后单击“确定”按钮即可。

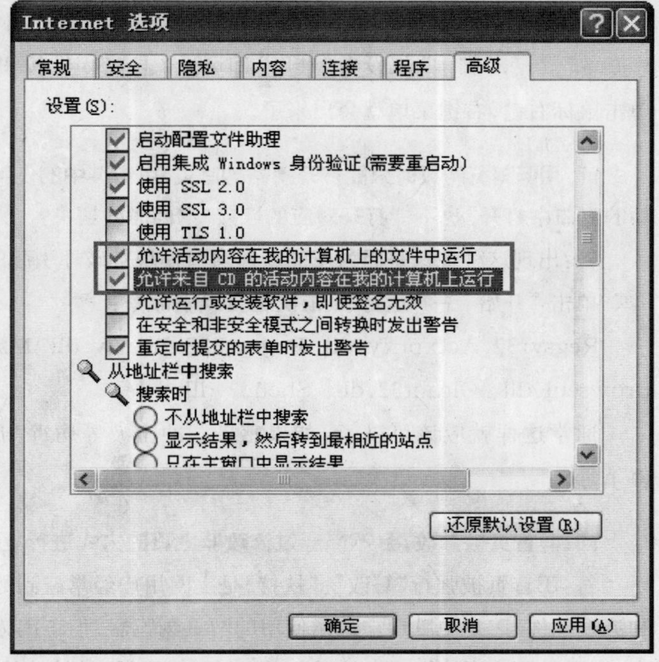

图19-1 修改IE安全设置

问：能用QQ聊天，却无法浏览网页。

答：出现这种现象，可以从以下三个方面来进行判断、解决。

1.浏览器“连接”选项设置错误。正确设置上网类型。如果是通过代理服务上网的，请正确填写代理服务器的IP地址与端口号；如果不是，请不要勾选“通过代理服务器”这个选项。

2.DNS服务器设置错误。如果ISP提供商分配给你的是固定IP地址，请正确填写ISP提供的IP地址与DNS服务器地址；如果ISP提供商分配的是动态的IP地址，那么无须填写DNS服务器地址；还有一个可能是ISP提供商的DNS服务器出错不能正确地进行域名与IP地址之间的转换，这时，你可以在浏览器地址栏输入网站的IP地址，即可浏览网页。

3.防火墙设置错误。如果防火墙设置不当，那么可能阻隔与外网进行信息交换，造成无法浏览网页的故障。我们可以修改防火墙设置。对于防火墙不太熟悉的朋友直接选默认级别，选“中”就可以了。

问：在浏览网页过程中，单击超级链接无任何反应。

答：出现这种现象通常是因为IE新建窗口模块被破坏所致。单击“开始”→“运行”，依次运行“regsvr32 actxprxy.dll”和“regsvr32 shdocvw.dll”将这两个DLL文件注册，然后重启系统。如果故障依旧，则可以将mshtml.dll、urlmon.dll、msjava.dll、browseui.dll、oleaut32.dll、shell32.dll也注册一下。

问：在使用IE浏览网页的过程中，保存图片时单击鼠标右键，发现右键菜单丢失，请问该如何解决呢？

答：出现这种现象主要是因为网页中包含了禁用鼠标右键的脚本程序，只要将其禁用即可解决。

单击菜单“工具”→“Internet选项”，打开“Internet选项”对话框。切换到“安全”选项卡下，单击“自定义级别”按钮。在打开的“安全设置”对话框中找到“脚本”，将其下的“Java小程序脚本”、“活动脚本”都设为“禁用”即可。单击“确定”按钮关闭打开的对话框后刷新该网页，再单击鼠标右键，右键菜单就会出来了。

问：用IE浏览网页时只能打开网站的首页，点击其中的任何链接时都无法打开，即使用右键中“在新的窗口中打开”也不能打开对应的连接，请问怎样解决？

答：出现这种现象是因为IE的新建窗口模块被破坏引起的。解决方法如下：

单击“开始”→“运行”，依次运行以下命令：

Regsvr32 Actxprxy.dll、Regsvr32Shdocvw.dll、Mshtml.dll、Urlmon.dll、Msjava.dll、Browseui.dll、Oleaut32.dll、Shell32.dll。

通常这样就应该可以了。如果感染了冲击波等病毒，也可能会有这种故障，请使用杀毒软件杀毒。

问：IE首页被修改，且不能通过修改IE主页的方式进行更改，请问该如何恢复。

答：IE首页被强行“篡改”、“挟持”是上网用户经常碰到的问题。其背后的罪魁祸首是电脑病毒和流氓软件。IE是电脑用户最常使用的网页浏览器，但正因为普及率高，其也成为了最容易受到黑客、病毒以及流氓软件攻击的对象。最常见的IE首页被篡改的现象是默认页被修改成了自己不熟悉的主页网址，每当用户开启IE浏览器时，这个主页就会自动跳出来。

由于受了恶意程序的控制，进入“IE工具栏”也无法再把其改回来。有时候，“可更改主页”的地址栏也变成了灰色，无法再进行调整；有时候，即使你把网址改回来了，再开启IE浏览器，那个恶意网址又跑回来了。这种情况下我们应该怎么办呢？最通常的办法是找到相应的注册表文件，把它改回来。以IE首页的注册表文件修改为例。

启动Windows的注册表编辑器。IE首页的注册表文件放在“HKEY_CURRENT_USER\Software\Microsoft\Internet Explorer\Main\Start Page”下，而这个子键的键值就是IE首页的网址。键值都为篡改网页的地址，用户可以将其改为自己常用的网址，或是改为“about：blank”，即空白页。这样，重启IE就可以看到效果了。

如果这种方法也不能奏效，那是因为一些病毒或是流氓软件在你的电脑里面安装了一个自运行程序，即使你通过修改注册表恢复了IE首页，只要重新启动电脑，这个程序就会自动运行再次篡改。这时候，我们需要对注册表文件进行更多的修改，打开注册表编辑器，依次展开“HKEY_LOCAL_MACHINE\Software\Microsoft\Windows\Current Version\Run”主键，将其下的“registry.exe”子键删除，然后删除自运行程序“c：\Program Files\registry.exe”，最后从IE选项中重新设置起始页即可。

除了上面的情况外，有些IE被改了起始页后，即使设置了“使用默认页”仍然无效，这是因为IE起始页的默认页也被篡改啦。对于这种情况，我们同样可以通过修改注册表来解决，打开注册表编辑器，展开“HKEY_LOCAL_MACHINE\Software\Microsoft\Internet Explorer\Main\Default_Page_URL”子键，然后将“Default_Page_UR”子键的键值中的篡改网站的网址改掉即可，或者设置为IE的默认值。

问:在网上登录一些需要输入验证码的网站时,无法显示验证码,请问该如何解决呢?

答:出现这种现象主要是由于Windows SP2默认去掉了对 image/x-xbitmap 图片格式的支持,因此IE中就不能显示Xbm格式的验证码图片了。

解决办法:单击菜单"开始"→"运行",运行"Regedit"命令,打开注册表编辑器。展开注册表定位到"HKEY_LOCAL_MACHINE\SOFTWARE\Microsoft\Internet Explorer\Security",在窗口右侧新建一个名为"BlockXMB"的DWORD键,设置键值为"0",最后重启动IE即可解决问题。

问:启动IE浏览器时,每次打开的新窗口都是最小化窗口,即使单击"最大化"按钮,下次启动IE后新窗口仍是最小化。请问该如何解决呢?

答:出现这种现象是由于IE具有"自动记忆功能",它能保存上一次关闭窗口后的状态参数。

解决办法:打开注册表编辑器,定位到"HKEY_CURRENT_USER\Software\Microsoft\Internet Explore\Desktop\OldWorkAreas",选中窗口右侧的"OldWorkAreaRects",将其删除;接下来定位到"HKEY_CURRENT_USER\Software\Microsoft\Internet Explorer\Main",选择窗口右侧的"Window_Placement",将其删除。重新启动电脑,打开IE将其窗口最大化,然后单击"往下还原"按钮将窗口还原,接着再次单击"最大化"按钮,最后关闭IE窗口。

问:在互联网上下载软件时,IE无法显示下载询问窗口,请问该如何解决。

答:正常情况下,只要用户在网页中单击要下载的文件(例如ZIP类型文件),IE就会自动弹出一个询问框,询问你"保存"还是"打开"该文件。但是安装Windows SP2后,IE 有可能不能显示这个下载询问框了。

由于网上要下载的文件通常是ZIP、RAR、EXE等类型,下面就以ZIP文件为例,介绍恢复的方法。

首先双击"我的电脑"打开资源管理器,单击菜单"工具"→"文件夹选项",在弹出的窗口中,单击"文件类型"选项卡;在"已注册的文件类型"列表中拖动滚动条,选中"ZIP WinZIP文件"选项;单击右下角的"高级"按钮,弹出"编辑文件类型"对话框(如图19-2所示),勾选"下载后确认打开"复选框,单击"确认"即可。

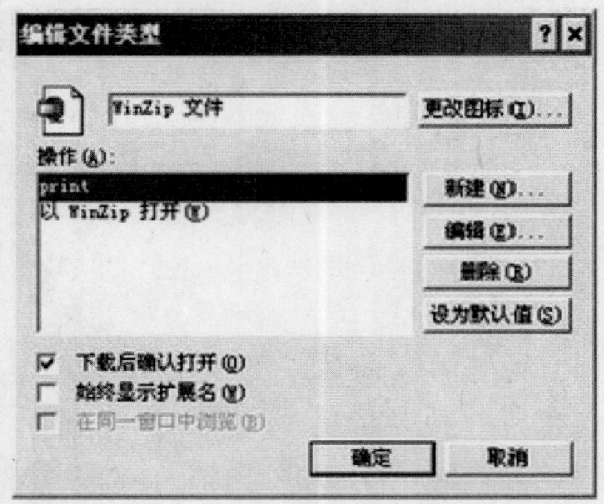

图19-2 "编辑文件类型"对话框

至此,重启IE后,只要你在网页中单击ZIP文件,就会弹出下载询问框。如果你希望单击其他类型文件时,也能弹出下载询问框,可以按照以上步骤如法炮制,只不过在"已注册的文件类型"列表中,选择其他类型文件。

三、巩固练习

本学习目标主要介绍了上网过程中常见的一些故障问题,以帮助读者在实际应用中自己独立解决一些简单的网络故障。

练习题:

1. 当怀疑Internet连接有问题时,如何快速判断发生故障的位置?
2. 经常出现无法连接到路由器或连接速度非常慢,该怎么办?
3. IE无法显示某些站点的验证码,该如何解决。
4. IE窗口始终最小化该如何解决。
5. IE无法显示下载询问对话框该如何解决.
6. 浏览网页时无法打开网页中的连接该如何解决。
7. 浏览网页时右键菜单丢失,该如何解决。
8. 能正常上QQ,却无法浏览网页,请问该如何解决。